[NCS 구조해석 L5 기반]

ANSYS Workbench를 이용한
폭발력 산정
AUTODYN Ⅲ

심관보 지음

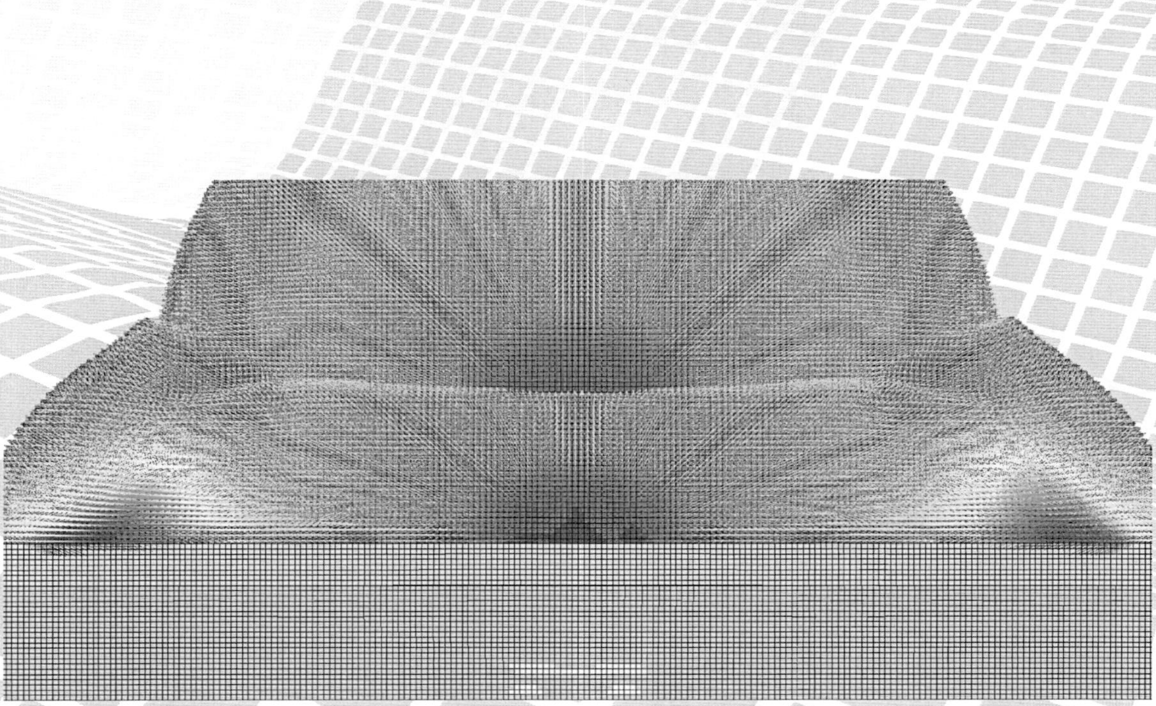

도서출판 홍릉

※ 모델링 데이터는 구글 드라이브에서 다운 받을 수 있습니다.
https://drive.google.com/drive/folders/15CPyVKxtJIri9f-Rufb1kBkbqbB-U9Ti?usp=sharing

※ 예제문제풀이는 유튜브에서 볼 수 있습니다(검색 : 심관보, KPS의 썸네일을 클릭하시면 됩니다).

[NCS 구조해석 L5 기반]

ANSYS Workbench를 이용한

폭발력 산정

AUTODYN II

인　쇄: 2024년 12월 20일 초판 1쇄
발　행: 2024년 12월 30일 초판 1쇄

저　자: 심관보
발행인: 송 준
발행처: 도서출판 홍릉
주　소: 01093 서울시 강북구 인수봉로 50길 10
등　록: 1976년 10월 21일 제5-66호

전　화: 02-999-2274~5
팩　스: 02-905-6729
e-mail: hongpub@hongpub.co.kr
http://www.hongpub.co.kr
ISBN: 979-11-5600-255-5(93550)

정　가: 24,000원

[NCS 구조해석 L5 기반]

ANSYS Workbench를 이용한

관련도서

구조해석(입문과정)

구조해석(심화과정)

정역학해석

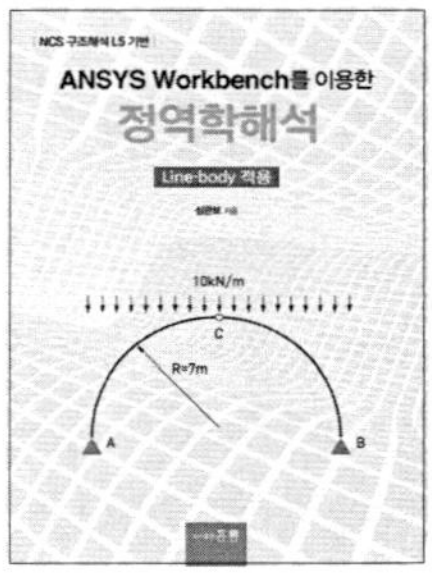

Explicit Dynamic

기계역학해석

구조해석사례집(IV)

구조해석사례집(V)

구조해석사례집(VI)

진동해석

LS-DYNA(1)

AUTODYN(I)

폭발력 산정
AUTODYN(II)

저자소개

심관보

현) 한국공학대학교 교수
LG전자(주) 근무
㈜유디피 근무
연세대학교 기계공학과 석사
한국산업기술대학교 기계시스템설계 박사
품질관리기술사, 공장관리기술사

- 하중분배법에 실험계획법을 적용한 콘크리트 충진형 강판문의 최적설계, 한국강구조학회 논문집32(6)pp.351~3612020.12
- 하중분배법을 사용한 격자형 방폭문의 최적화 설계, 한국강구조학회 논문집32(6)pp.397~4042020.12
- 방폭문 실증시험을 반영한 골조형 방폭문 설계, 한국강구조학회 논문집32(2)pp.67~742020.04
- 하중분배법과 수치해석을 사용한 방폭문의 최대탄성변위 실용 계산법, 대한기계학회논문집 A43(10)pp.737~7452019.10
- 3면 지지 철근콘크리트 복합구조 방폭문의 최대탄성변위 산정 방법, 국정밀공학회지36(12)pp.1165~11722019.12
- 폭발실증시험에서 철근 콘크리트 충전형 강판 방폭문의 성능등급 판정법, 표준인증안전학회지 11(4)pp.43~632021.12
- 슬라이딩 방폭문의 최대탄성변위 산정, 표준인증안전학회지9(2)pp.1~132019.06
- 하중분배법에 실험계획법을 적용한 콘크리트 충진형 강판문의 최적설계, 한국강구조학회 논문집 32(6)pp.351~3612020.12
- 하중분배법을 사용한 격자형 방폭문의 최적화 설계, 한국강구조학회 논문집 32(6)pp.397~4042020.12

목 차

1 폭풍파 이해하기

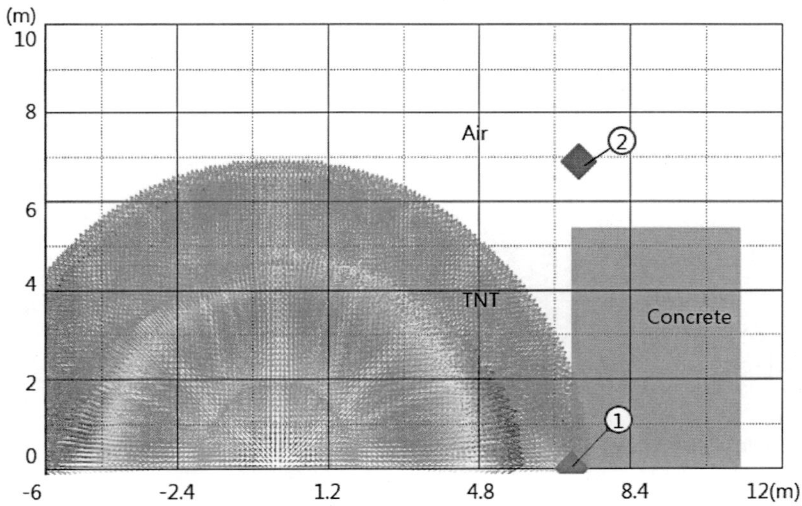
(m)
10
8
6
4
2
0
-6
-2.4
1.2
4.8
8.4
12(m)
Air
TNT
Concrete
①
②

1. 폭발압력 개요

1) 폭발압력 개요[1)]

미국 국방부에서는 폭발시험을 수행하고 폭발압력을 구하는 매개변수값을 정의하고 그래프로 도식화하여 UFC 3-340-02에 수록하였다. 그래프에서 40 bar 규격의 시험 조건에 대하여 삼제곱근환산법[2)]을 사용하여 폭약량과 이격거리를 산출한다. UFC에서 제공하는 폭발압력 계산 방법은 개개의 실험조건에 따른 실험 수치값을 공개하지 않고 있어서 국내의 방폭설계에서는 폭압, 충격량 산정 같은 하중관련 사항과 재료의 동적 강도, 부재의 휨, 전단 강도의 평가, 변형의 제한값 등을 실험적 검증 데이터가 없는 상황에서 설계에 그대로 적용할 수밖에 없는 실정이다.

2) 폭발 하중 특성

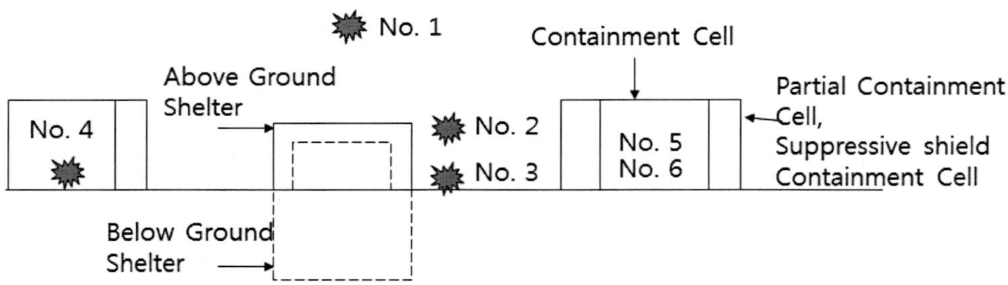

그림 1.1 Explosive location of explosives related to protective structure

폭발의 종류는 그림과 같이 폭발물의 위치 및 폭발 형태에 따라 구분할 수 있으며 이런 조건에 따라서 폭발하중에 대한 분석 기법이 달라진다. 폭발 작약의 구속 여부에 따라 비구속 폭발(unconfined explosion)과 구속 폭발(confined explosion)로 분류되며, 폭발 위치와 방호구조물의 형태 등에 의해서 더욱 세분화 될 수 있다.

---

1) 방폭문 실증시험을 반영한 골조형 방폭문 설계, 강구조학회, Vol.32, No.2, pp.67-74, April, 2020
2) W. Wang, D. zhahg, F. Lu, S. C. Wang and F. Tang, "Experimental study on scaling the explosion resistance of a one way square reinforced concrete slab under a close-in blast loading", International Journal of Impact Engineering, 49, pp. 158~164, 2012.

외부폭발은 폭발 압력의 반사가 없는 자유공간형태의 대기 중 폭발 (No. 1)과 지면 반사가 있는 공중 폭발(No. 2), 지면 반사가 있는 지면 폭발(No. 3)로 분류한다. 대기 중 폭발은 폭발물이 구조물보다 높은 공중에서 폭발이 일어나 폭발물을 중심으로 폭발 압력이 자유공간으로 펴져나가서 발생된 압력이 직접 구조물에 영향을 미치는 형태이다. 공중폭발은 1~2층 규모의 구조물 2~3배 높이에서 발생하는 폭발로 대기 중 폭발과 같이 공중에서 폭발이 일어나 폭발 압력이 자유공간에 펴져나가 지면에 폭발압력이 도달하면 반사되어 폭발 압력이 증폭되어 구조물에 영향을 미치는 형태이다. 지면 반사가 있는 지면 폭발은 반사가 있는 공중 폭발 보다 낮은 높이 또는 지면에서 폭발하는 형태로 폭발 압력과 지면으로부터의 반사된 압력이 합쳐져 단일파 형태로 구조물에 전달된다. 방폭문 실증시험은 비구속 폭발로서 지면폭발에 해당한다.
세 가지의 폭발하중에 대하여 각각의 폭풍파의 전달형태를 시뮬레이션으로 구하여 고찰하고 특징을 비교하였다.

(1) 대기 중 폭발

대기 중 폭발은 폭발이 구조물에 인접해서 일어나는 형태로 폭파조건과 시간에 따른 압력의 변화를 그림 1.2와 같이 도시하였다.

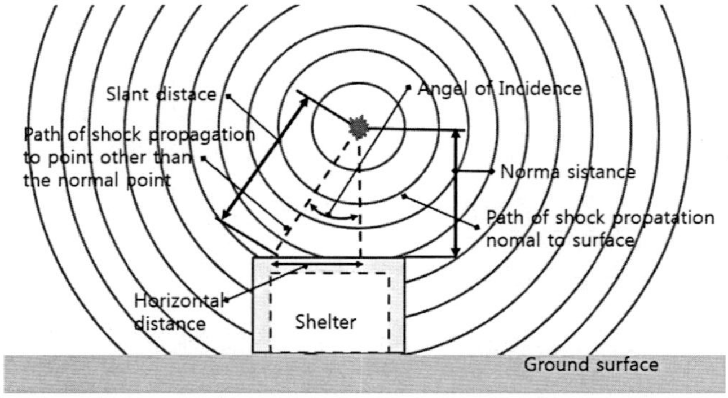

그림 1.2 Shock wave propagation in case of explosion in the atmosphere

폭발하중은 폭발 초기에 아주 빠른 속도로 주변의 대기와 평형상태를 이루기 위해 폭풍파를 발생시킨다. 그림 1.3은 Autodyn 폭발해석 소프트웨어로 시뮬레이션을 수행한 결과이다. TNT125 kg이 지상에서 7m의 높이에서 폭발되었을 때 기폭 후 3.0 ms에서 폭풍파의 전파하는 모습이다. 폭발파는 기폭점을 중심으로 방사형으로 퍼져나가나 지표면에 접하는 부분에서 압력이 높이 관측되는 현상을 볼 수 있다. 그림 1.3(a)는 전파되는 속도 벡터의 분포이며 압력을 관찰하면 그림 1.3(b)와 같다. 그림 1.3(b)에서 공기(air)부분은 그림을 이해하기 쉽도록 생략하여 표현했으며 공기 때문에 폭발압력이 전달된다. 초기 폭발파는 그림 1.5와 같이 순간적으로 대기업에서 최대 입사압력으로 증가하며, 이런 압력 증가로 인하여 폭풍파는 이동하면서 전파속도는 감소되고 폭발지점으로부터 공기 중으로 방사된다. 지표면에서는 폭풍파가 전진하지 못하고 폭풍파가 누적되어 압력이 증가하게 된다. 또한 기폭 점 주변은 압력이 낮아졌다가 초기압력과 같아지게 된다.

(2) 공중 폭발

공중폭발은 폭발 후 초기 폭풍파가 구조물에 도달하기 전에 먼저 지표면에 충돌하게 되는 형태이다. 입사파가 지면과 충돌하여 반사파가 생성되고, 이 반사파는 초기 폭풍파와 중첩하여 강화된 폭풍파가 구조물에 작용한다. 이런 중첩파의 맨 앞부분인 마하전단(mach front)은 그 형상이 평면의 모양을 갖기 때문에 평면파(plane wave)로 간주한다. 초기 폭풍파와 지면으로부터의 반사파가 만나는 점을 삼중점(triple point)이라 하고, 그 궤적을 삼중점 경로(path of triple point)라 한다. 평면파는 중첩파이기 때문에 초기 폭풍파에 비해 그 세기가 훨씬 크다. 폭풍파의 진행 방향이 수직방향이며 대상의 크기가 무한할 경우, 반사압력에 대한 값들이 예측되어야 한다. 따라서 그림 1.4과 같이 표적으로부터 이격거리가 긴 공중폭발의 경우, 폭풍파가 표적에 도달하기 전에 지면에 의한 반사가 발생하여 진행하고 있는 폭풍파의 중첩으로 인한 마하 전단이 발생한다. 입사파와 지면에 의한 반사파, 마하 전단이 만나는 점을 삼중점의 위치가 마하전단의 높이가 된다. 일반적으로 방호 설계 시 마하전단은 균일한 압력을 가지고 최대 입사압력과 동일하다는 가정을 전제로 한다.

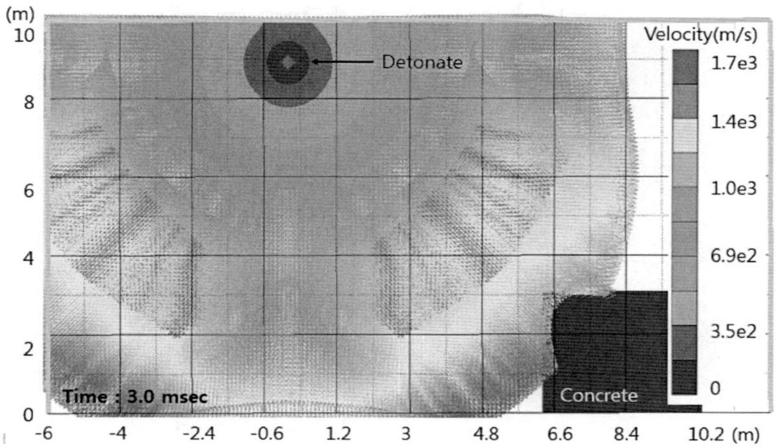

(a) Storm wave propagation speed distribution

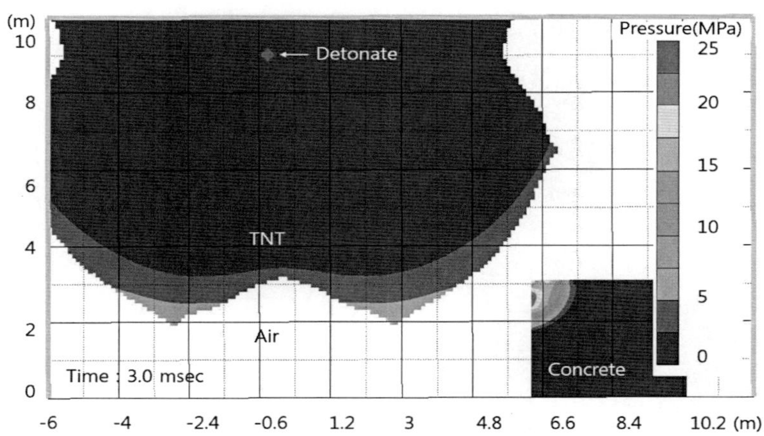

(b) Explosion pressure distribution

그림 1.3 Simulation of storm wave propagation in case of atmospheric explosions

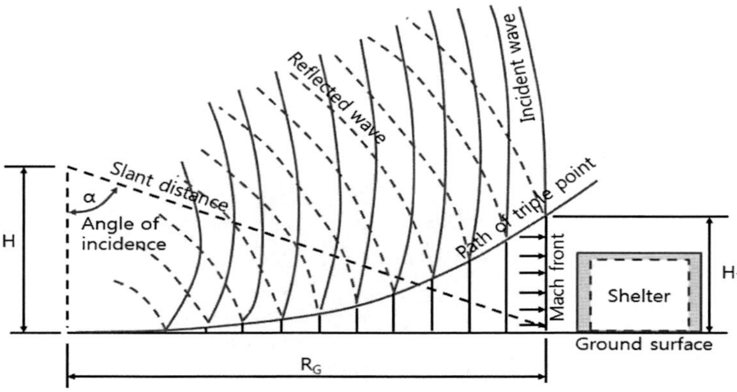

그림 1.4 Shock wave propagation in case of aerial explosion

공중폭발의 위치별 특성을 나타내는 압력-시간 관계 곡선은 그림 4와 같다. 그림 1.4(a) 공중폭발에서 지표면에 작용하는 압력을 이상화한 것이며, (b)는 3중점 경로에서의 압력을 이상화한 것이다. 최초 폭발파가 지표면에 닿아 반사되기 때문에 초기 입사파와 지표면에서 반사되는 파가 거의 동시에 중첩되므로 일종의 단일파로서 전파된다고 할 수 있다. 즉, 폭발로 인한 초기 폭풍파는 지표면에 의해 반사되어 강화된다.

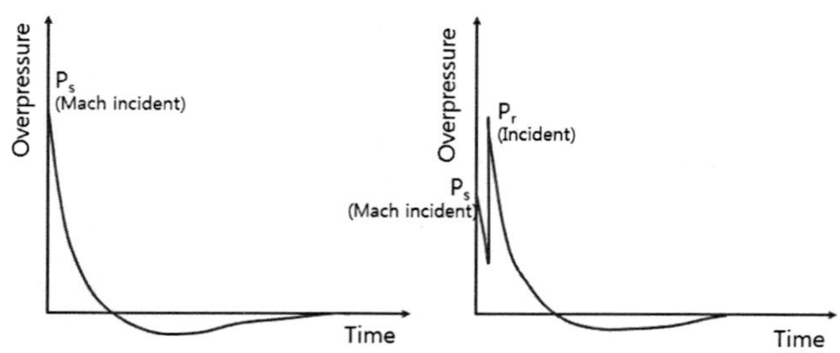

(a) Mach front (b) Point above triple point

그림 1.5 Pressure distribution of aerial explosion

공중폭발의 모델을 시뮬레이션하기 위하여 지표면으로부터 5m 위에서 방폭문과의 이격거리 6.3 m 위치에서 TNT 126 kg을 폭발한 결과 중 1.8 msec 일 때의 압력 분포를 그림 1.6에 도시하였다. 폭풍파는 폭발 기점 하부 지표면에 쌓여 균일한 하중을 이루어 측면으로 전진하게 되며 지표면에 쌓인 폭풍파의 압력은 매우 높게 상승한다. 폭발 기점의 근거리에서는 삼중점 발생 이전이기 때문에 수직방향의 압력이 일정하지 않은 것으로 관찰된다.

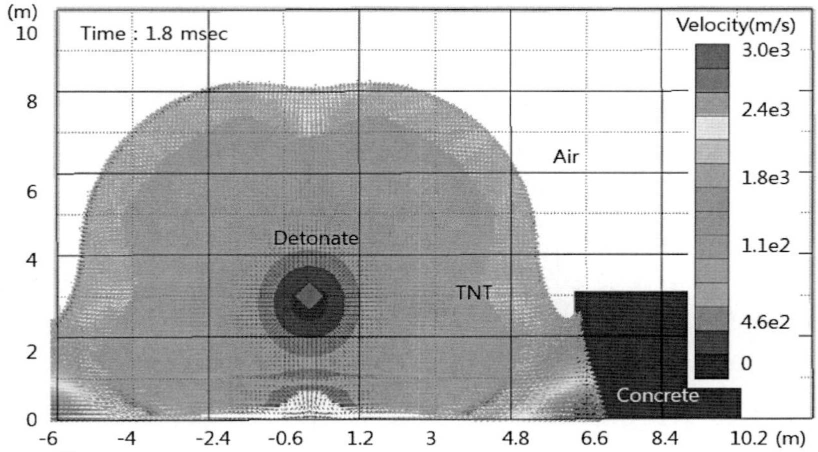

(a) Storm wave propagation speed

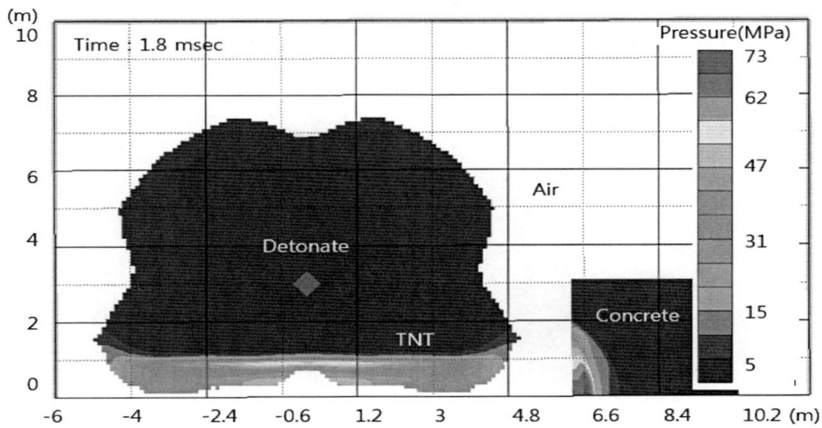

(b) Explosion pressure distribution

그림 1.6 Storm wave propagation simulation of an aerial explosion (at 1.8 msec after explosion)

(3) 지면폭발

지표면 기폭의 경우 폭발이 시작되는 순간부터 폭풍파는 지면에서 반사된다. 이 경우 폭풍파는 반구형으로 전파가 진행된다고 가정하고, 설계과정에서는 이격거리가 클 경우 그림 1.6과 같이 방호구조물에 균등한 압력이 가해지는 것으로 가정된다. 폭발의 위력은 일차적으로 폭약량에 좌우되지만 실제 도달압력의 크기는 폭발 원점으로부터의 거리에 크게 영향을 받는다. 일반적으로 폭발압력은 폭약량의 크기와 거리와의 관계를 이용하여 산정하는데 이때, 널리 쓰이는 계수는 환산거리(scaled distance) 이다. 삼제곱근 환산거리(cube -root distance)[3] 라고도 불리는 계수이며, 실험적으로도 증명되어 통상적으로 사용되는 계수이다. 환산거리(Z)는 다음과 같이 정의된다.

$$Z = \frac{R}{W^{\frac{1}{3}}}$$

여기서 Z 는 환산거리이며 R 은 폭발물과 구조물의 이격거리, W는 TNT 질량이다.

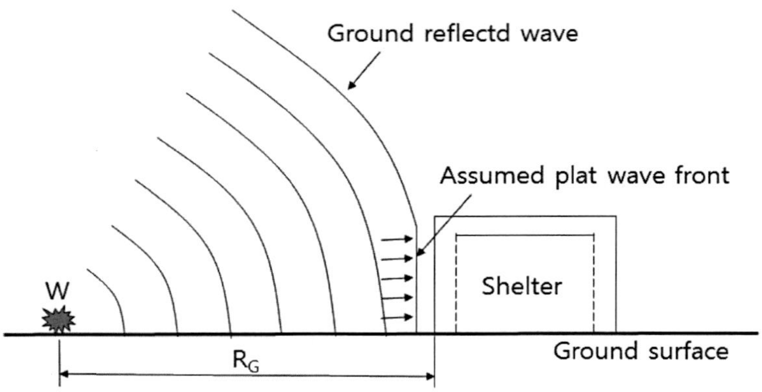

그림 1.7 Shock wave propagation in case of ground explosion

① 폭발 입사압력

폭풍파의 전파 모습을 기폭점을 중심으로 일정간격으로 센서를 배치하고 압력

3) T. Ngo, "Blast loading and blast effects on structures-an overview", Electronic Journal of Structural Engineering 7, pp. 76~91, 2007.

을 관측하여 지표면 폭발에서 폭풍파의 전파 모습을 시뮬레이션한 결과를 그림 1.7(a)에 나타냈다. 폭발압력은 기폭점에 가까울수록 압력이 높고 폭풍파가 지나가면서 압력이 떨어지는 현상을 그림 1.7(b)에 도시하였다.

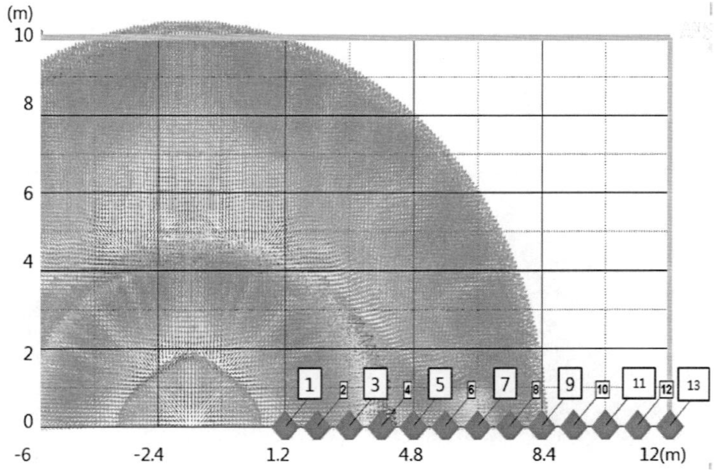

(a) Storm wave propagation speed

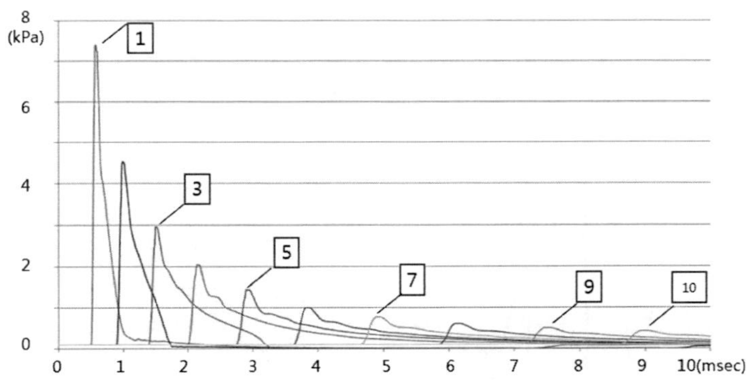

(b) Magnitude of incident pressure

그림 1.8 Incident pressure simulation of ground explosion

TNT 125kg과 폭발물과 구조물의 거리가 6.3m 일 때 지면폭발과 구조물과의 관계에서 한 지점의 시간에 따른 압력 변화를 그림 8에 도시하였다. 충격파가 목표지점에 도착한 시간(t_A)이후 짧은 시간 동안 순간 압력이 급격히 증가한다. 전파압력의 최대값인 P_{so}를 최대 입사압력(incident peak overpressure)이라 하며 기본 압력으로 사용한다. 이후 압력은 계속 감소하다가 t_o 이후에는 크기가 대기압(P_o)과 동일하게 된다. 이 구간을 정압력단계라 한다. 이후 압력이 대기압보다 작아져 이른바 부압단계로 t_0^- 동안 지속되다가 다시 대기압과 동일하게 된다.

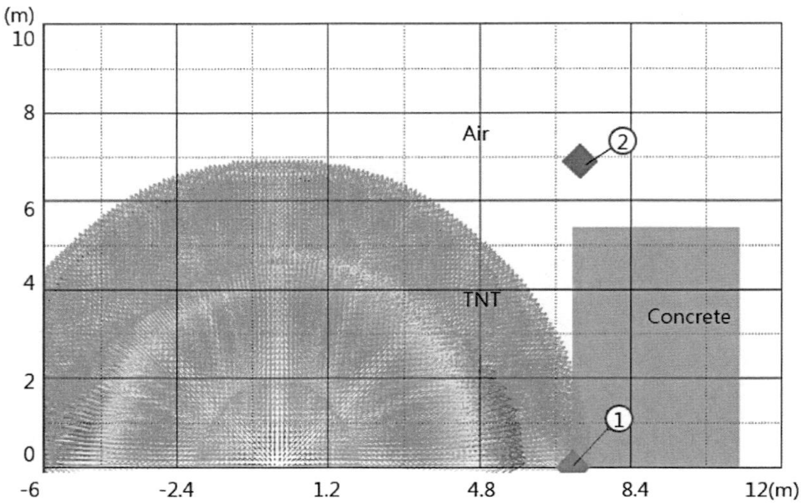

(a) Storm wave propagation speed

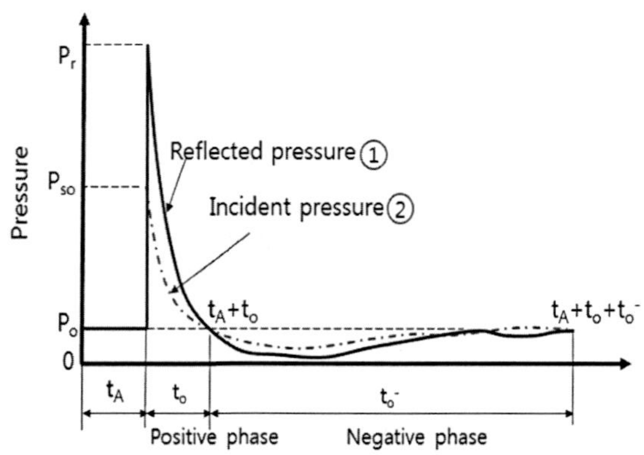

(b) Characteristics of incident pressure and reflected pressure

그림 1.9 Reflection pressure simulation of ground explosion

② 폭발 반사압

폭풍파는 장애물과 충돌하지 않는 한 위에서 설명한 방식으로 전파된다. 그러나 벽이나 구조물 같은 전파 방향과 평행하지 않은 표면에 도달하면 입사압력은 구조물과 부딪치고 반사된 압력이 발생한다. 이때의 압력을 반사압력(reflected pressure)이라고 하며 실제 구조물에 미치는 압력으로 설계에 사용된다. 폭발로 생성된 폭풍파는 구조물과 접촉하여 반사압력이 발생하며 최대 반사압력(Pr)은 최대 입사압력과 입사각에 의하여 결정된다. 또한, 반사압력의 지속시간은 폭발압력을 받는 구조물 면적의 크기에 좌우된다, 반사파가 구조물을 둘러싸고 이동하며 높은 압력에서 낮은 압력으로 반사파의 크기가 변화하게 되며 구조물의 크기에 비례하여 압력감소시간 (t_o) 이 증가한다. 지면폭발에서 구조물이 있는 경우의 압력(입사압력)과 구조물이 없는 경우의 압력(반사압력)과의 차이는 3배 이상이 된다. 구조물이 없을 때는 폭풍파의 압력이 최대가 된 후 급격하게 감소한다.

(4) 구속폭발

구조물 내부에 폭발이 일어나는 경우로 폭발효과의 예측은 매우 복잡하다. 기폭 후 아주 초기 단계에서의 압력변화는 외부폭발과 유사하다. 충격파는 닫혀진 장소를 이루는 여러 면에 충돌하여 반사파를 생성한다. 이렇게 반사된 반사파들이 서로 중첩이 되기도 하고 또 다른 면에 의해 반사하게 된다. 폭발의 위치에 따라 달라지는 충격파의 반사에 의한 증폭, 내부에 축적되는 열과 가스 성분이 구조물에 미치는 영향 등 구조물의 거동은 많은 요소에 의해 영향을 받는다. 이처럼 구속 폭발은 비구속 폭발에 비해 훨씬 복잡한 해석 절차가 요구된다.

하지만 본 연구의 경우 외부로부터의 폭발에 의한 폭발압을 산정하는 것이 주목적이므로 구속폭발에 대한 상세한 설명은 생략하고 특징만 간략하게 요약한다. 구속 폭발은 완전 환기폭발(Fully vented explosion), 부분 구속폭발(Partially confined explosion), 완전 구속폭발(Fully confined explosion)

세가지로 구분할 수 있다. 그림 1.10는 구조물의 내부중심에서 폭발물이 기폭한 후 1 ms에서 Autodyn으로 내부의 압력분포를 시뮬레이션한 결과이다.

(1) 완전환기폭발

완전 환기폭발은 폭발물이 방벽이나 한 개 이상의 면이 개방된 격실형태 구조물에 근접하여 폭발하는 경우이다. 초기 폭풍파와 폭발 부산물은 대기 중으로 완전히 분출되면서 폭풍파를 형성한다.

(2) 부분 구속폭발

부분 구속폭발은 방벽 내에서 또는 제한된 크기의 개구부를 가진 격실형태의 구조물에서 발생한다. 초기 폭풍파와 폭발 부산물은 일정 시간이 경과한 후에 대기 중에 분출된다. 고온의 가스 분출물로 구성된 폭발 부산물은 준정적 압력(가스 압력)을 형성한다. 가스에 의한 압력은 폭발압력에 비해 장기간 지속된다. 그림 1.10(b)에서 폭풍파가 개구부로 빠르게 유출되면서 폭풍파가 집중적으로 모이는 현상이 발생하여 개구부 주변에 국부적으로 압력이 크게 증가하는 현상이 발생한다.

(3) 완전 구속폭발

완전 구속폭발은 폭발물이 방벽에 거의 완전히 둘러싸인 채 발생하는 폭발이다. 내부 폭발하중은 건물 내부에 머물고 있는 폭발하중과 장기간 지속되는 가스 압력으로 구성되며, 건물 외부로 쉽사리 분출되지 못한다.

초기 폭풍파는 최초 구조물에서 반사되는 압력으로 실외폭발과 같고, 구조물의 크기와 폭발물의 크기에 따라 반사 때문에 증폭이 되므로 최대 압력은 동일한 값을 나타내지만, 충격량은 더 큰 값을 나타낸다. 구조물에 도달하기 전 반사되는 면들은 폭발하중에 대해 강체 거동을 한다고 가정한다. 반사압력뿐 아니라 온도 상승에 연관된 압력 또한 발생하게 된다.

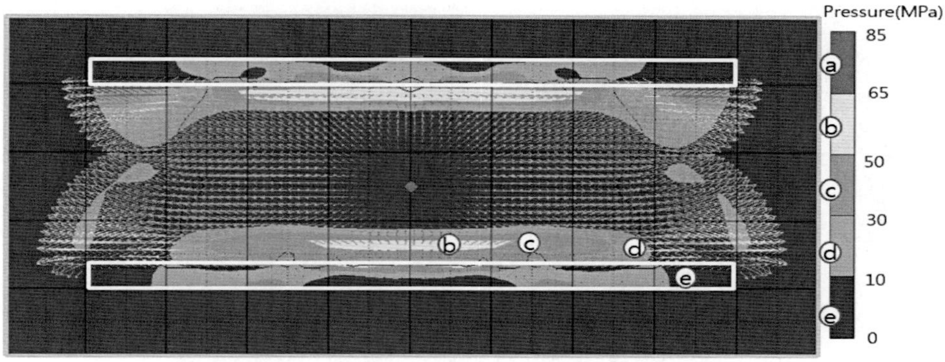

(a) Fully vented

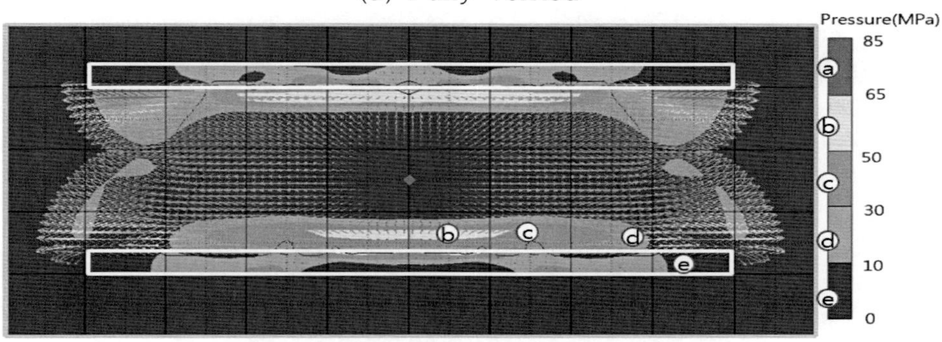

(b) partially vented

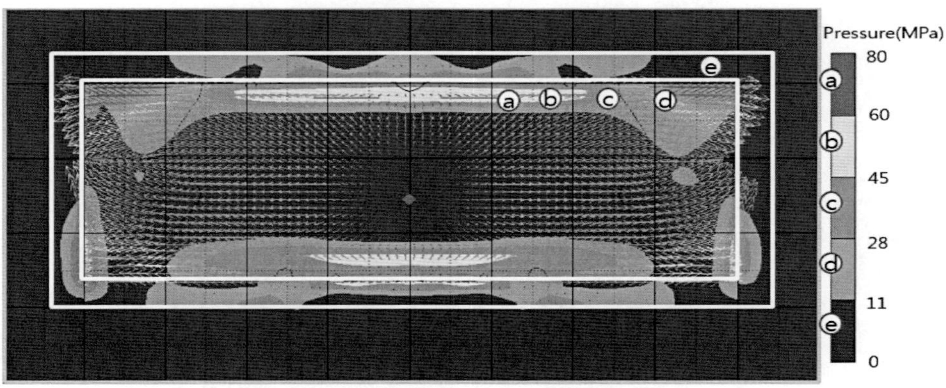

(c) Fully confined

그림 1.10 Kind of restraint explosion

2. UFC 폭발압력 산정

1) UFC 그래프에 의한 폭발압력 산정

① 개요

미국 국방부에서는 실제 폭발시험을 하여 폭발압력에 관한 매개변수 값을 측정하여 이를 그래프로 도식화하여 시설기준 UFC 3-340-02 에 수록하였다.
미군에서는 실제 폭파시험을 통해 폭발압 등의 매개변수 값을 측정하여 데이터를 산출한 후 이를 그래프로 도식화하여 美 국방부 시설기준 UFC 3-340-02 에 수록하였다.

$$Z = \frac{R}{W^{\frac{1}{3}}}$$

$$t_{as} = \frac{t_a}{W^{\frac{1}{3}}}$$: scaled time of arrival (폭풍파가 도달하는 환산시간)

$$i_o = \frac{i}{W^{\frac{1}{3}}}$$: scaled impulse (환산충격량)

여기서, Z : 환산거리 R : 폭발물과 구조물의 이격거리, t_a는 환산 충력량, i_s : 환산 충격파 도달 속도 TNT의 질량 및 폭발위치로부터 구조물까지의 거리를 사용하여 계산되는 환산거리(Z)를 사용하여 입사압력(P_s) 및 반사압력(P_r) 등의 값 이 그래프에 제시되어 있고, 그래프는 그림 10 와 같다.
그림 2.1은 대기 중 해수면에서 구형 TNT 폭발에 의해 전파되는 경우 P_r, P_{so}, $i_r/W^{1/3}$, $i_s/W^{1/3}$ 등의 값을 나타낸 그래프이다. 대기 중 해수면에서 반구형 TNT 폭발에 의해 전파되는 경우의 P_r, P_{so}, , $i_s/W^{1/3}$ 등의 값을 나타낸 그래프는 그림 2.1 와 같다. X축은 환산거리(Z)로 되어있고 Y값은 선 색깔에 따라 반사압력(P_r), 입사압력(P_{so}), 환산 반사 충격량($i_r/W^{1/3}$), 환산 충격량($i_s/W^{1/3}$) 등 값을 나타낸다.

② 폭발압력 산정 사례

방폭문이 7 Bar의 폭발하중이 받는 조건을 구하기 위하여 TNT중량과 거리를 산정해야 한다. 환산거리의 산정은 파운드 단위를 사용하여 그래프에서 구할 수 있다.

0.7 MPa은 580.12psi이고, 환산거리 Z는 3.2 에 해당한다. 동일한 환산거리를 갖기 위해서 TNT 125kg (275.6 lb)에 해당하는 거리는 20.82 ft (6.35 m)에 속한다.

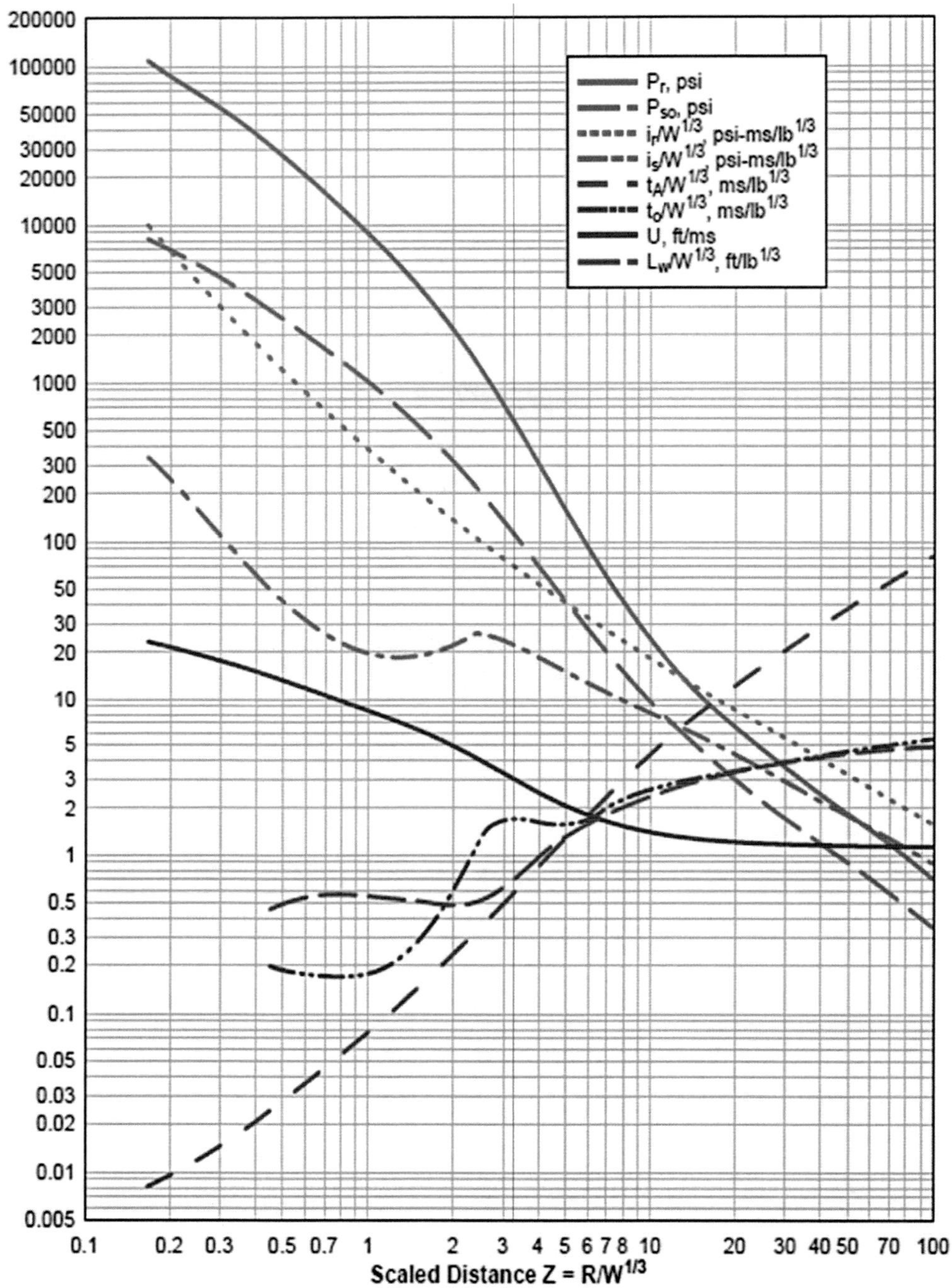

그림 2.1. positive Phase shock Wave Parameters for a Hemispherical TNT Explosion on the Surface at sea Level

반구형 TNT폭발에 대한 충격파 파라메터 그림을 사용하여 각 종 파라미터를 산정한다. 입사압 Pso 는 120psi 이다.

$i_r / W^{1/3}$ 은 60 이므로 i_r 은 390.5 이다.

$i_s / W^{1/3}$ 은 22 이므로 i_r 은 390.5 이다.

$t_a / W^{1/3}$ 은 0.6 이므로 t_a 은 3.9 이다.

$t_o / W^{1/3}$ 은 1.7 이므로 t_o 은 11.1 이다.

여기서 t_a 는 폭발지점에서 방폭문에 폭발압력이 도달하는 시간이며

t_o 는 폭발압력이 정압으로 작용하는 시간 동안을 의미한다.

즉 폭발하중이 방폭문에 도착하는 시간 ta는 3.9 ms 이다.

전면벽의 반사와 과 충격량을 계산하면 다음과 같다.

초과 입사압력에 대한 반사 압력 계수를 Cra = 5.1

반사압력 Pra = Cra x Pso = 612psi (4.22MPa) 이다.

반사압력 작용 시간은 $t_r = \frac{2 i_{ra}}{P_{ra}}$ = 1.28

반사압에 대한 충격량을 계산하면 다음과 같다.

$i_{ra} / W^{1/3} = 60, \quad i_{ra} = 390.5\text{psi}$

최대 동압력은 Pso 가 120psi일 때 q_o=170psi 이며 전면벽 견인계수를 1로 사용하면 동압력에 의한 방폭문에 가하지는 하중은 다음과 같다.

$P_{so} + C_D q_o = 290\text{psi}$ 이다.

반사 최대 압력에 대한 음속는 Cr = 1.325ft/ms 이다.

방폭문 구조체의 높이는 10.2ft (3.1 m), 구조체의 폭은 18.4 ft (5.6 m) 이므로

S = min(구조체의 높이, 구조체의 폭의 1/2) = 9.2

G = max(구조체의 높이, 구조체의 폭의 1/2) = 10.2

R = S/ G = 0.9

구조체에서 폭발압력이 사라지는 시간 tc 는 다음과 같다.

tc = 4 S / {(1+R) Cr} =14.57 ms

이렇게 산정된 값들을 도식화 하면 그림과 같다.

방폭문에 폭발압력이 작용하는 시간을 1.57 ms로 적용한다.

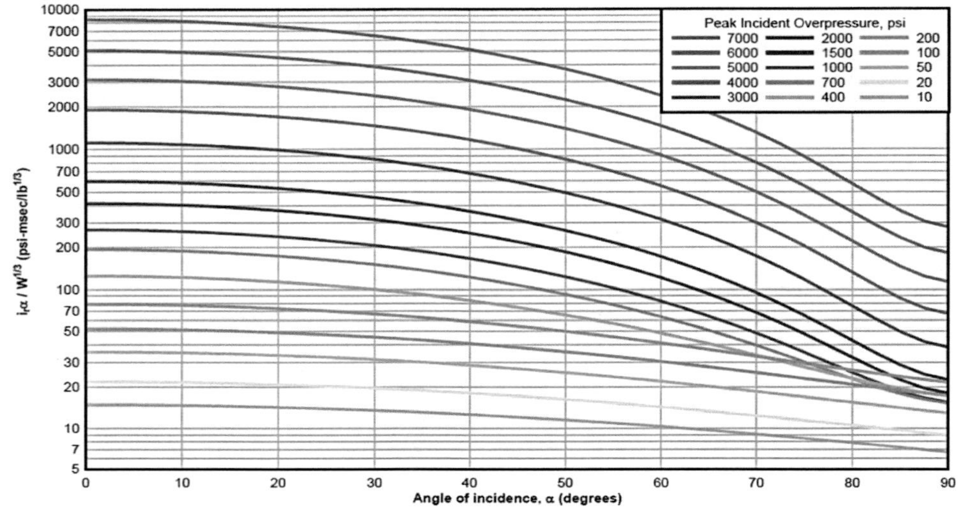

그림 2.2 Reflected Scaled Impulse versus Angle of Incidence

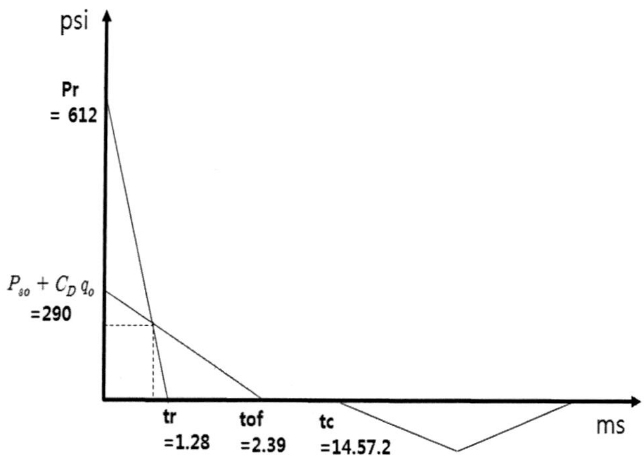

그림 2.3 Load-time lead to explosive load with 40 Bar

(TNT125Kg, Distance 6.35m)

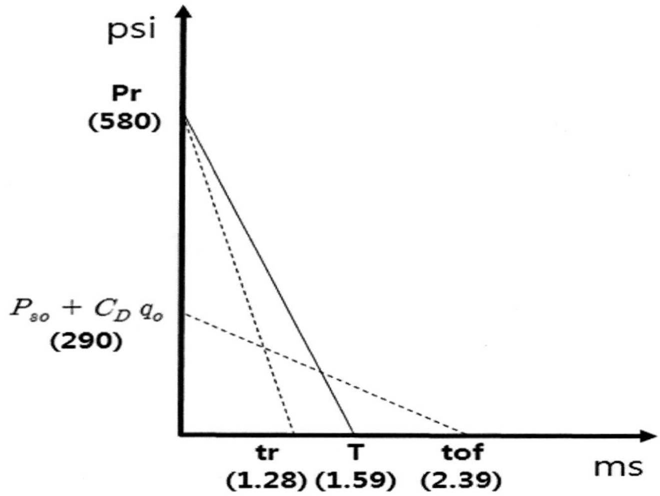

그림 2.4 Equivalent Load-time lead to explosive load with 40 Bar

2) 프로그래밍 방법

방호조치를 위해서는 우선 폭발하중에 대한 이해가 요구된다. 이는 폭발하중이 실질적으로 구조물에 피해를 주기 때문이다. 폭발하중을 예측하기 위해 실제 실험을 수행하여 폭압을 측정하는 것이 가장 정확한 방법이지만, 여러 제약조건이 따르기 때문에 경험 식이나 수칙해석 값을 사용하는 경우가 일반적이다.

(1) Hydrocode의 개요

최근 국외에서 발생한 노르웨이 정부청사 테러, 그리고 2001년에 발생한 WTC테러, 국내에서 발생한 북한의 연평도 포격 사건 또는 기타 테러 사건 사고들은 시대의 변화에 따라 우리가 쉽게 소식을 접할 수 있는 부분이 되었다. 이러한 테러 또는 포격 등과 같은 충돌, 폭발, 화재 등의 현상은 일반적인 구조해석 분야와는 다른 분야이다. 충돌, 폭발 등의 현상 발생 시, 구조물의 충돌 및 폭발 부위에서는 대변형(Large Deformation)이 발생하며, 2차 폭발 및 화재도 발생하게 된다.

이러한 현상들은 대부분 아주 짧은 시간 내에 모든 과정이 진행된다. Hypervelocity Impact에 의한 미소한 시간 내에 발생하는 대상 구조체의 재료의 대변형, 대회전(High-Speed Strain Response), 대변형률(Hypervelocity Impact Response), 상태변화 등의 비선형 거동 문제를 유한 차분, 유한 체적, 그리고 유한요소법을 사용하여 해석하는 코드를 Hydrocode라 한다.

Hypervelocity Impact, Blast해석을 위해 Explicit 해석법을 사용, 물체 사이의 상호 충돌 해석을 위한 접촉면 탐색기법을 보유하고 있으며, 재료의 상태방정식을 사용하고 있는 점이 일반적인 유한요소 해석 프로그램과 구별된다.

Hydrocode는 전산 연속체역학에 기반을 두며, 전산 유체역학과 전산 고체 역학을 포함하며, 고체 역학 분야에서 Lagrangian Code가 발달하였으며,

유체역학 분야에서는 Eulerian Code가 개발됐다. 하지만 Lagrangian, Eulerian Code의 단점을 극복하기 위해, ALE(Arbitrary Lagrangian-Eulerian), SALE(Simplified Arbitrary Lagrangian-Eulerian), CLE(Coupled Eulerian-Lagrangian), SPH(Smoothed Particle Hydrodynamics)의 이론이 Hydrocode를 구성하고 있다.

(2) CONWEP

미국에서는 그래프 상의 압력 등의 값을 다양한 조건에 대하여 수치적으로 구할 수 있는 프로그램인 ConWep(Conventional Weapon Program)을 개발하여 자국 내에서 사용할 수 있도록 하고 있다.

CONWEP은 Kingery와 Bulmash (1984)가 폭발물을 구 형태로 가정하여 공기 중에서 변수로 정의하는 식을 제안하였고 이 식을 컴퓨터에서 압력 이력을 산정하도록 프로그램화하였다. CONWEP은 아래을 사용하여 폭발압력을 산출한다.

$$P_{initial}(t) = P_{so}[1-\frac{t-t_a}{t_o}]\exp^{-A\frac{t-t_o}{t_o}}$$

$$P_{ref}(t) = P_r[1-\frac{t-t_a}{t_o}]\exp^{-A\frac{t-t_o}{t_o}}$$

여기서, $P_{initial}(t)$ 는 시간 t에서의 입사 폭발압력, $P_{ref}(t)$는 시간 t에서의 반사 폭발 압력, P_{so}는 최대 입사압력을 나타낸다. P_r는 최대 반사압력, t_o는 정압력 단계의 지속시간, t_a는 폭발압력이 구조물에 도달한 시간이고 A는 감쇠상수를 나타낸다. 다양한 조건에 대한 폭발 압력 등을 수치적으로 구할 수 있지만 미국에서 개발된 CONWEP 프로그램은 국내에서 사용이 허가되지 않는다. 국내에서는 LS-DYNA에 내장된 LOAD_BLAST 명령어를 사용하여 간접적으로 CONWEP 하중을 사용하고 있다. CONWEP 또는 LS-DYNA의 *LOAD_BLAST 명령어를 사용하는 경우는 구조물과의 상호작용이 고려되지 않고 일방적으로 계산된 압력하중이 구조물에 재하되기 때문에 하중이 과대평가 될 수 있다. 또한 TNT에 의한 폭발압력이 구형 또는 반구형으로 대기를 통하여 전파되는 경우로 한정하여 폭발압력을 계산하기 때문에 폭발물이 TNT가 아닌 경우는 환산계수를 사용하여 환산하여야 하며, 폭발물에 방향성이 있는 경우나 폭발압력이 대기 중이 아닌 수중이나 지중으로 전파되는 경우 등에는 적용하기가 쉽지 않다.

(3) Autodyn에 의한 폭발압력 산정

Autodyn은 실제와 비슷한 시뮬레이션으로 방위산업, 항공우주, 플랜트, 토목 분야 등 사회의 다양한 곳에서 활용 중이다. 특히 충격, 관통, 운동 에너지 탄두 해석 및 폭발압력에 대한 평가 등의 해석에 폭넓게 사용되고 있다. Autodyn은 다양한 종류의 폭약 모델을 제공하며, 복잡한 형상의 폭약 폭발 순서를 자동으로 계산해 준다. 구조물은 압력을 받는 물체로 모델링되고 Fluid-structure interaction이 고려된 해석을 할 수 있다. 이러한 방법은 eulerian formulation으로 수행되는 전산유체동 역학과 lagrange formulation으로 수행되는 구조 동역학이 서로 연계되어 있다. 이로써 Coupled field analysis가 구현되며 이는 폭발압력의 특성과 구조물의 거동 특성을 파악할 수 있게 한다. Autodyn에서 제공하는 솔버는 고체 물질과 같은 연속체 해석에 사용되는 라그랑주 솔버, 유체와 기체 해석에 사용되는 오일러 솔버, 자동재분할 기능이 적용되는 ALE(arbitary lagrange eulerian)솔버의 사용이 가능하다.

① 1차원 모델(1D model)

Autodyn에서는 유한요소해석 모델 설정의 편의성 및 효율성 때문에 그림 12와 같이 1차원 쐐기형 모델(1D wedge model)을 많이 사용한다. 이 모델의 장점은 일정 거리만큼 폭발압력을 미리 계산함으로써 해석 시간을 단축시킬 수 있고, 조밀한 격자(mesh)를 가지므로 해석의 정확성을 향상시킬 수 있다. 1D-wedge에서는 반사압력를 계산하지 못하고 입사압력만 계산할 수 있기 때문에 Autodyn-2D를 사용할 때 계산하고자 하는 폭발거리 중 반사가 일어나기 전 까지만 수행한다. 폭발 형태를 반구형이라 가정하고 TNT 125kg은 구형의 반지름을 262mm로 입력하고 폭발중심으로부터 처음 반사가 발생하기 직전까지의 거리인 1000mm만큼 공기를 모델링한다. 이와 같이 계산된 압력파는 1D 환경에서 거리에 따른 폭발하중을 산정하는 목적으로 쓸 수 있고, 2D 또는 3D 모델에서 결과를 불러서 사용한다.

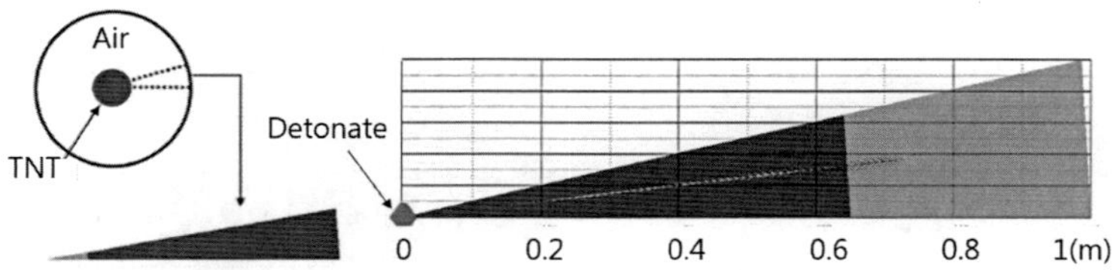

그림 2.5 Explosion load modeling using 1D-wedge

② 2차원 모델(2D model)

Autodyn-2D에서는 지면의 반사파를 고려할 수 없고, Autodyn-3D는 지면의 반사파를 고려할 수 있는 해석이 가능하다. 지면의 반사파를 고려하기 위해서는 지면으로부터 일정 거리 떨어진 위치에 맵핑(mapping)을 해야 하지만, Autodyn-2D에서는 항상 지면(XY평면)에만 맵핑을 할 수 있기 때문이다. 또한 Autodyn-2D는 각 축에 대한 대칭 조건을 선택할 수 없고, X, Y축의 양(+)의 방향에 접해 모델링을 할 경우 자동으로 대칭이 적용되어 마치 반구형 폭발과 유사한 형태로 압력파가 전달된다. Autodyn-2D를 해석하기 위해서는 폭발형태를 구형이 아닌 반구형으로 해야 하므로, 1D-wedge TNT의 반지름은 구형의 262 mm가 아닌 331 mm로 설정해야 한다. Autodyn-2D해석에서 1D에서 산정된 데이터를 불러올 때 폭발물의 좌표를 지표면에서 폭발물의 반지름 (331 mm) 만큼 옵셋(offset)시켜서 설정한다.

그림2.6은 TNT 125kg에서 이격거리 6.35 m의 폭풍파의 전파 모습과 방폭문 하단의 반사압력을 해석한 결과이다. 이격거리 6.35 m에서는 방폭문 선단의

반사압력이 최대 3.4 MPa이다. UFC의 그래픽 방법으로 폭발압력을 산정하는 것은 그래프가 로그 스케일로 되어 있어 눈금을 읽을 때 오차가 발생하기 때문에 폭발압력 계산의 오차가 크게 발생할 수 있다. 그림 15(b)에서 방폭문의 하단에서 3 m 까지는 콘크리트 구조체의 영향으로 반사압력이 발생하고 4 m 이상에서는 콘크리트 구조체에 반사되지 않으므로 반사압이 발생하지 않는다.

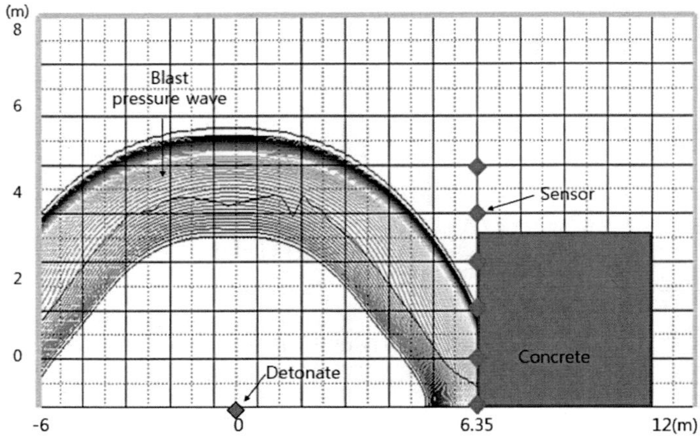

(a) Explosion pressure distribution

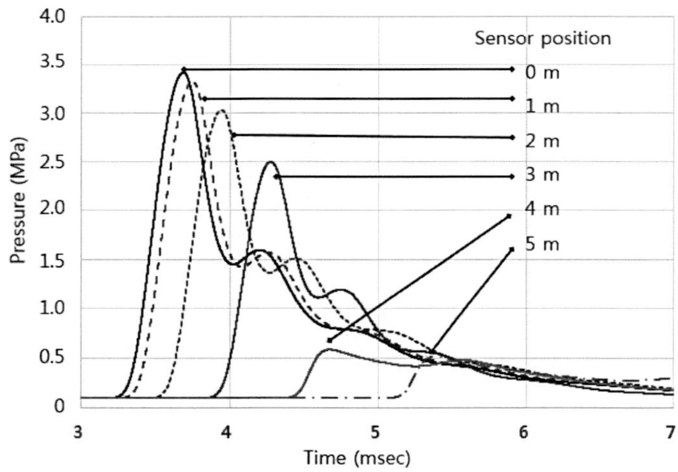

(b) Reflection pressure

그림 2.6 Storm wave propagation simulation (TNT125kg, distance=6.35 m)

폭발물의 이격거리를 5.66 m로 변경하여 방폭문 선단의 반사압력을 산정하면

그림 16.에서와 같이 4.037 MPa이 된다.

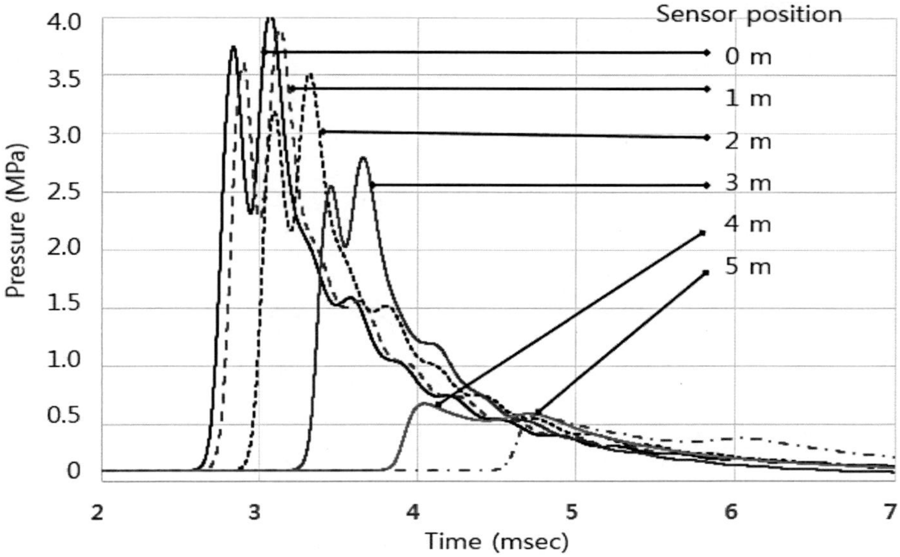

그림 2.7 Reflection pressure simulation (TNT125kg, distance= 5.66 m)

3. OverPressure로 폭발압력 산정

1) OverPressure

OverPressure는 UFC 03-340-02(2008)에 설명된 절차에 따라 폭발 매개변수를 결정하기 쉽도록 개발된 컴퓨터 프로그램이다. 이 프로그램은 사용자가 정의한 폭발 위협에 대한 폭발 매개변수와 압력 시간 이력을 계산할 수 있다. 또한 알려진 압력-충격 조합을 사용하여 폭발의 충전 중량과 이격 거리를 역산하는 데 사용할 수도 있다.

(1) Blast Parameter Calculator (폭발 매개변수 계산기)

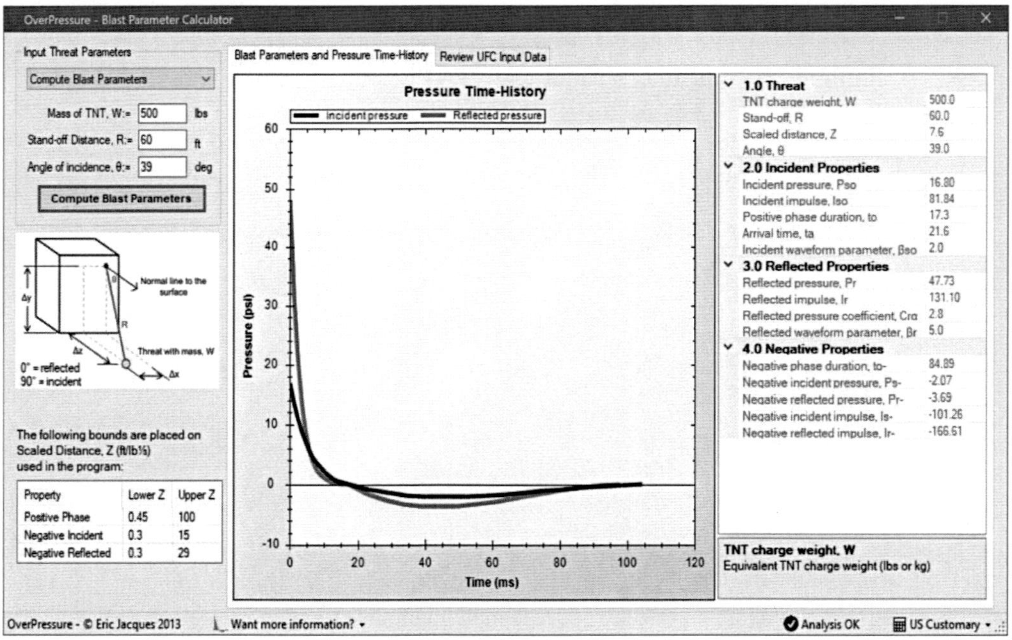

그림 3.1 OverPressure 그래픽 사용자 인터페이스.

(2) Calculate Blast Parameters(폭발 매개변수 계산)

① OverPressure는 UFC 03-0340-02(2008) 폭발 매개변수 데이터를 사용하여 TNT의 반구형 폭발의 폭발 특성을 계산한다. 이 도구는 단일 자유도(SDOF) 분석에 적합한 사고 및 반사 압력 시간 이력을 생성할 수 있다.

② 생성된 압력-시간 이력은 폭발 하중 구조물의 비탄성 동적 분석을 위해 RCBlast로 직접 가져올 수 있다.

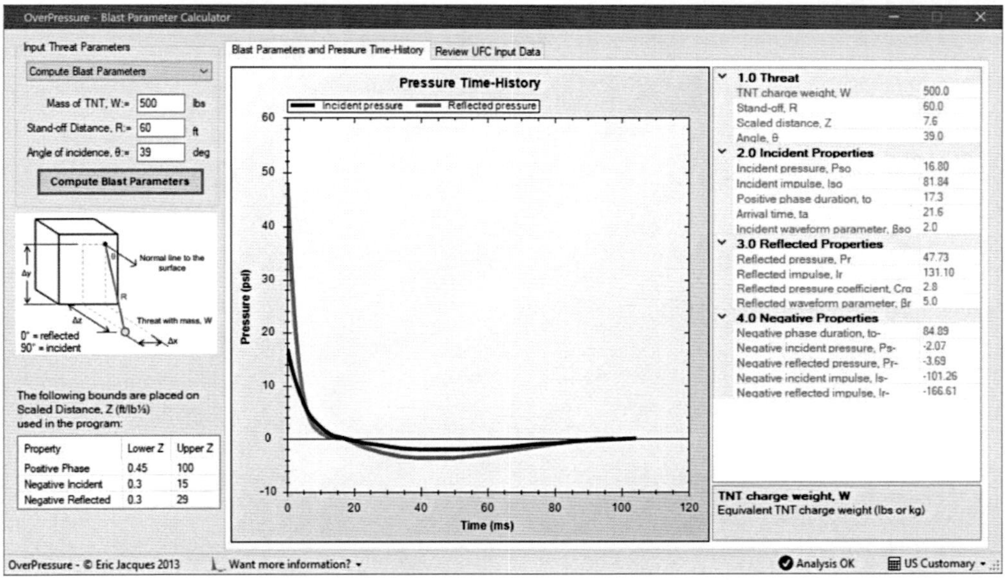

그림 3.2 OverPressure 그래픽 사용자 인터페이스.

2) Back-calculate Threat based on P-I-θ (P-I-θ에 기반한 위협 역산)

소프트웨어를 사용하면 특정 압력-충격 조합을 고려하여 TNT 충전 중량과 스탠드오프 거리를 역산할 수 있다. 이 프로그램은 간소화된 분석 환경을 보장하기 위해 사용자 친화적인 인터페이스를 기반으로 구축되었다. 사용자는 미국 관습 단위와 SI 단위를 원활하게 전환할 수 있다. 이 프로그램은 수동 방식과 다른 유사한 소프트웨어를 사용하여 검증되었다. 검증 결과는 폭발 위협에 대한 반구형 폭발 매개변수와 압력 시간 이력을 성공적으로 계산하는 데 사용할 수 있음을 나타낸다.

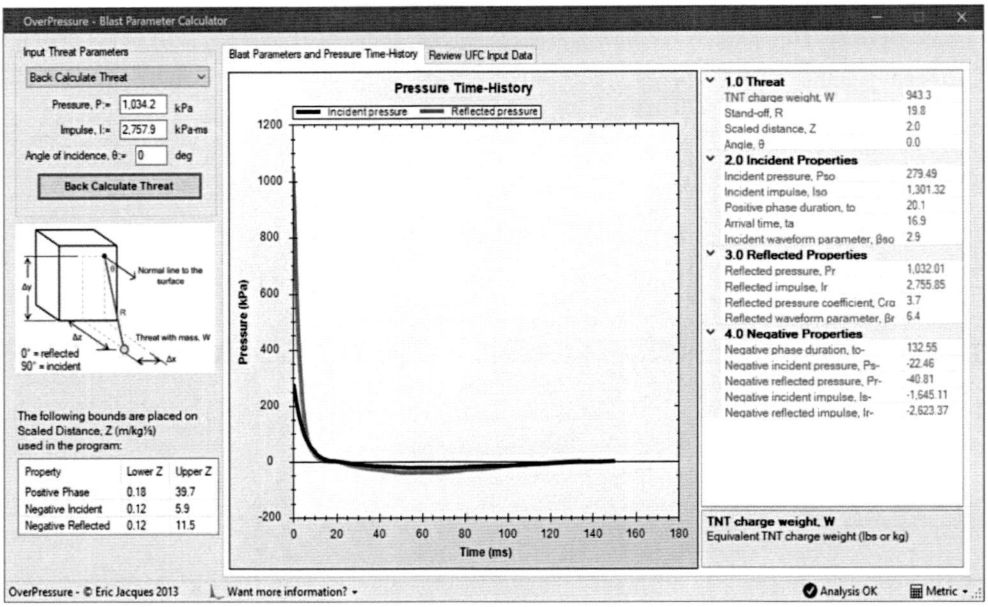

OverPressure는 실험 테스트 데이터 또는 기타 조건에 따라 설계 기준 위협을 역산할 수 있다.

3) 구조물 높이에 따른 폭발압력 산정

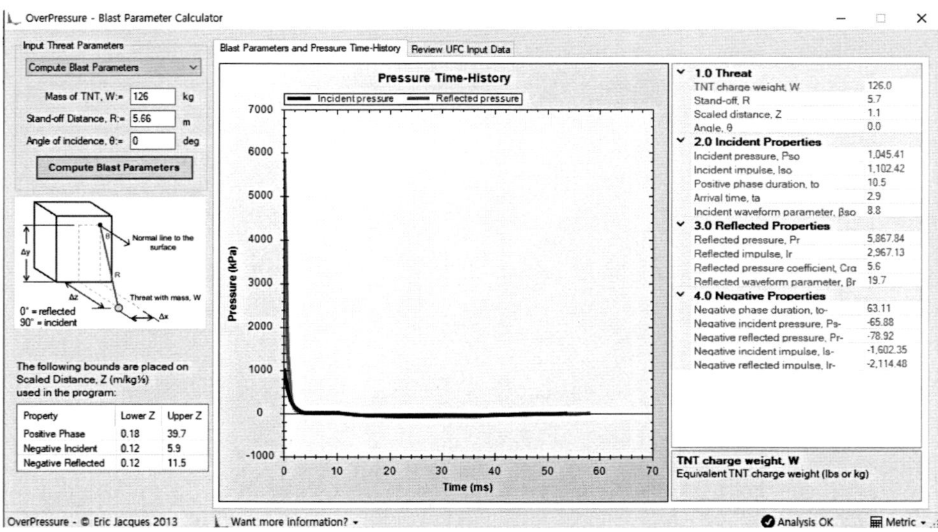

(1) TNT의 질량이 126kg이고, DX = 5.66m 일 때 구조물의 높이에 따라 반사압의 변화를 산정한다.

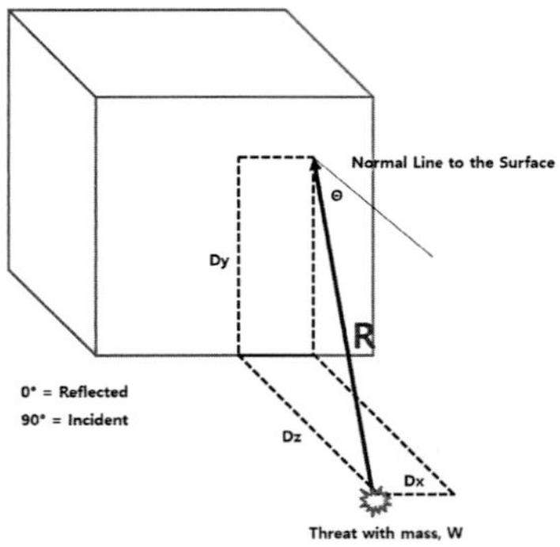

본 계산에서는 폭발압력을 받는 구조체 크기에 대한 규제는 없다.

따라서 구조체의 크기에 따라서 폭발압력은 달라진다.

	Dz	5.66	5.66	5.66	5.66	5.66	5.66
	Dy	0	1	2	3	4	5
	R	5.66	5.74766	6.002966	6.405904	6.930772	7.552192
	Scal Distance	1.1	1.1	1.2	1.3	1.4	1.5
No.	Time (ms)	H=0	H=1	H=2	H=3	H=4	H=5
1	0	5.867844	5.619435	4.953921	0.793772	3.278342	2.520054
2	0.700147	1.471242	1.433071	1.341799	0.447549	1.146067	1.038936
3	1.400295	0.367002	0.363598	0.36158	0.251052	0.398607	0.426134
4	2.100442	0.091007	0.091706	0.09686	0.139994	0.137817	0.173751
5	2.800589	0.022411	0.022969	0.025767	0.077523	0.047319	0.070353
6	3.500737	0.005473	0.005705	0.006798	0.042574	0.016112	0.028251
7	4.200884	0.001323	0.001403	0.001775	0.023147	0.005432	0.011231
8	4.901031	0.000316	0.000341	0.000458	0.012429	0.001808	0.00441
9	5.601179	7.43E-05	8.15E-05	0.000116	0.00657	0.000593	0.001704
10	6.301326	1.71E-05	1.91E-05	2.89E-05	0.003402	0.00019	0.000645
11	7.001473	3.83E-06	4.34E-06	7E-06	0.001713	5.94E-05	0.000238
12	7.70162	8.23E-07	9.5E-07	1.62E-06	0.000828	1.78E-05	8.39E-05
13	8.401768	1.66E-07	1.95E-07	3.54E-07	0.000375	5E-06	2.78E-05
14	9.101915	2.97E-08	3.55E-08	6.84E-08	0.000151	1.25E-06	8.19E-06
15	9.802062	3.99E-09	4.84E-09	9.92E-09	4.56E-05	2.34E-07	1.81E-06
16	10.50221	0	0	0	0	0	0
17	13.38505	-0.03094	-0.03059	-0.02957	-0.0217	-0.02547	-0.02273
18	16.26789	-0.05335	-0.05276	-0.05099	-0.03741	-0.04392	-0.03919
19	19.15074	-0.06819	-0.06743	-0.06517	-0.04782	-0.05614	-0.05009
20	22.03358	-0.0764	-0.07554	-0.07302	-0.05358	-0.0629	-0.05612
21	24.91642	-0.07892	-0.07804	-0.07543	-0.05535	-0.06498	-0.05797
22	27.79926	-0.07671	-0.07586	-0.07332	-0.0538	-0.06316	-0.05635
23	30.6821	-0.07071	-0.06992	-0.06758	-0.04959	-0.05822	-0.05194
24	33.56495	-0.06187	-0.06118	-0.05914	-0.04339	-0.05094	-0.04545
25	36.44779	-0.05114	-0.05057	-0.04888	-0.03586	-0.0421	-0.03757
26	39.33063	-0.03946	-0.03902	-0.03771	-0.02767	-0.03249	-0.02899
27	42.21347	-0.02778	-0.02747	-0.02655	-0.01948	-0.02287	-0.02041
28	45.09631	-0.01705	-0.01686	-0.01629	-0.01195	-0.01403	-0.01252
29	47.97916	-0.00821	-0.00812	-0.00784	-0.00576	-0.00676	-0.00603
30	50.862	-0.00221	-0.00219	-0.00211	-0.00155	-0.00182	-0.00162
Max		5.867844	5.619435	4.953921	0.793772	3.278342	2.520054

(2) 폭발압력 분석

① 폭발압력은 최대 압력이 발생하는 시점에서 60msec까지 폭발압력을 산정한다. 폭발압력은 삼각형 파형으로 계산된다.

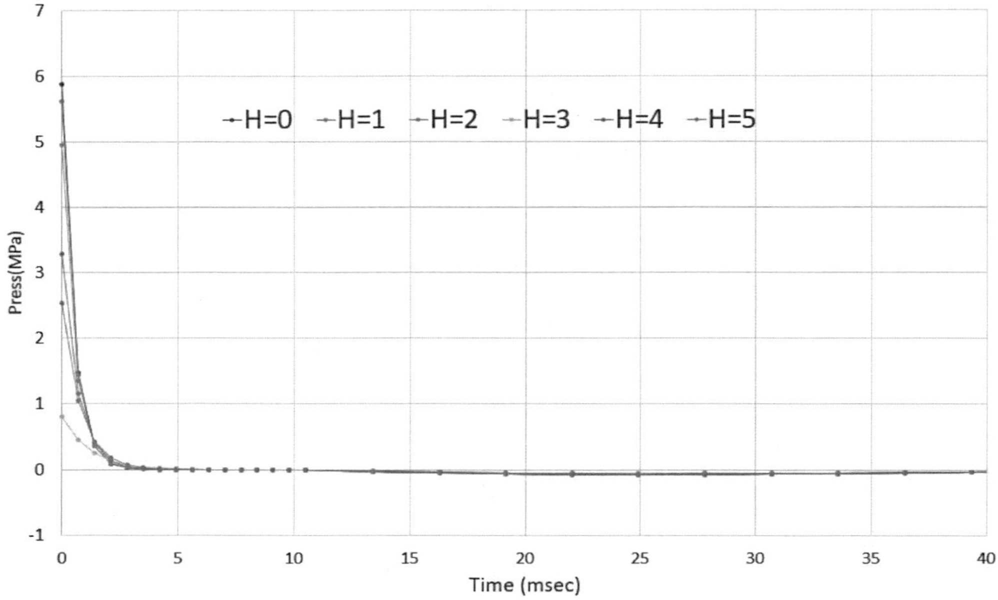

② 측정 높이에 따라서 폭발압력의 최댓값은 감소한다.

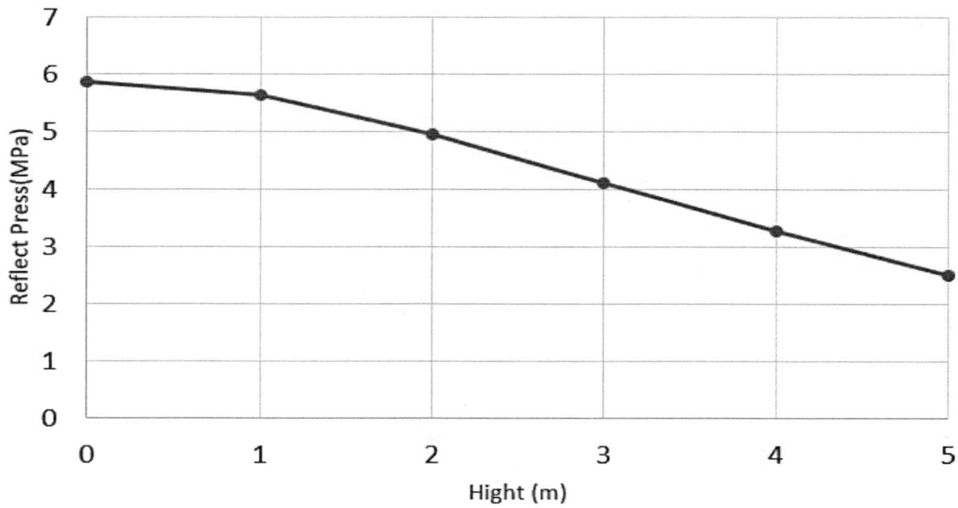

③ 의미 있는 압력은 1.5 msec 후에 소멸한다.

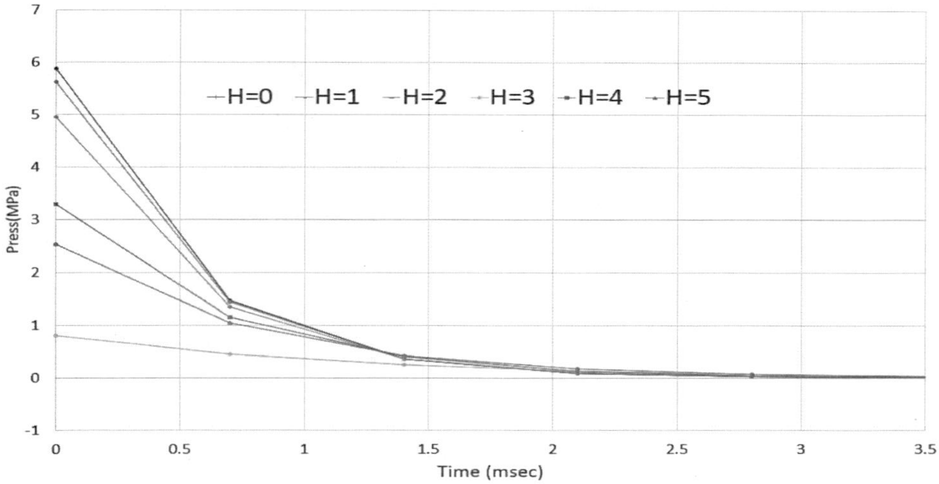

따라서 폭발하중을 단순화하면 최대 반사압과 1.5msec 동안 작용하는 삼각파로 형상화할 수 있다.

④ 폭발 하중을 각 높이에 따라 다르게 적용하는 불편함을 없애고, 구조체 하단에 발생하는 반사압력을 구조체 전체에 적용하여 폭발 관련 구조해석을 수행한다.

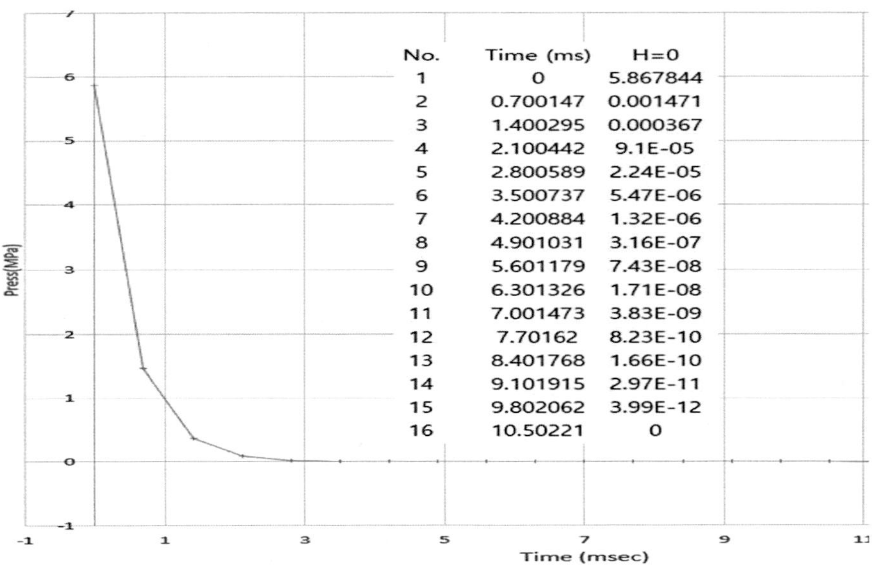

No.	Time (ms)	H=0
1	0	5.867844
2	0.700147	0.001471
3	1.400295	0.000367
4	2.100442	9.1E-05
5	2.800589	2.24E-05
6	3.500737	5.47E-06
7	4.200884	1.32E-06
8	4.901031	3.16E-07
9	5.601179	7.43E-08
10	6.301326	1.71E-08
11	7.001473	3.83E-09
12	7.70162	8.23E-10
13	8.401768	1.66E-10
14	9.101915	2.97E-11
15	9.802062	3.99E-12
16	10.50221	0

(3) 환산거리에 따른 반사압의 크기

환산거이에 따른 반사압의 크기는 기하학적으로 변화한다.

TNT 100kg으로 이격거리 3.1m이면 반사압력은 21.68MPa이다.

Z	Pr	TNT	L
0.180	211.18	125	0.9
0.184	203.97	20	0.5
0.186	201.53	80	0.8
0.200	180.18	125	1.0
0.232	143.90	10	0.5
0.271	111.49	50	1.0
0.292	98.63	40	1.0
0.292	98.63	5	0.5
0.322	84.21	30	1.0
0.400	58.63	125	2.0
0.464	45.28	10	1.0
0.600	28.33	125	3.0
0.669	21.68	100	3.1
0.800	14.28	125	4.0
0.928	9.82	10	2.0
1.132	**5.83**	**125**	**5.7**
1.185	5.11	100	5.5
1.392	3.21	10	3.0
1.663	1.86	9.64	3.5
1.857	1.34	10	4.0
2.321	0.67	10	5.0
2.579	0.50	20	7.0
2.785	0.40	10	6.0
3.249	0.27	10	7.0

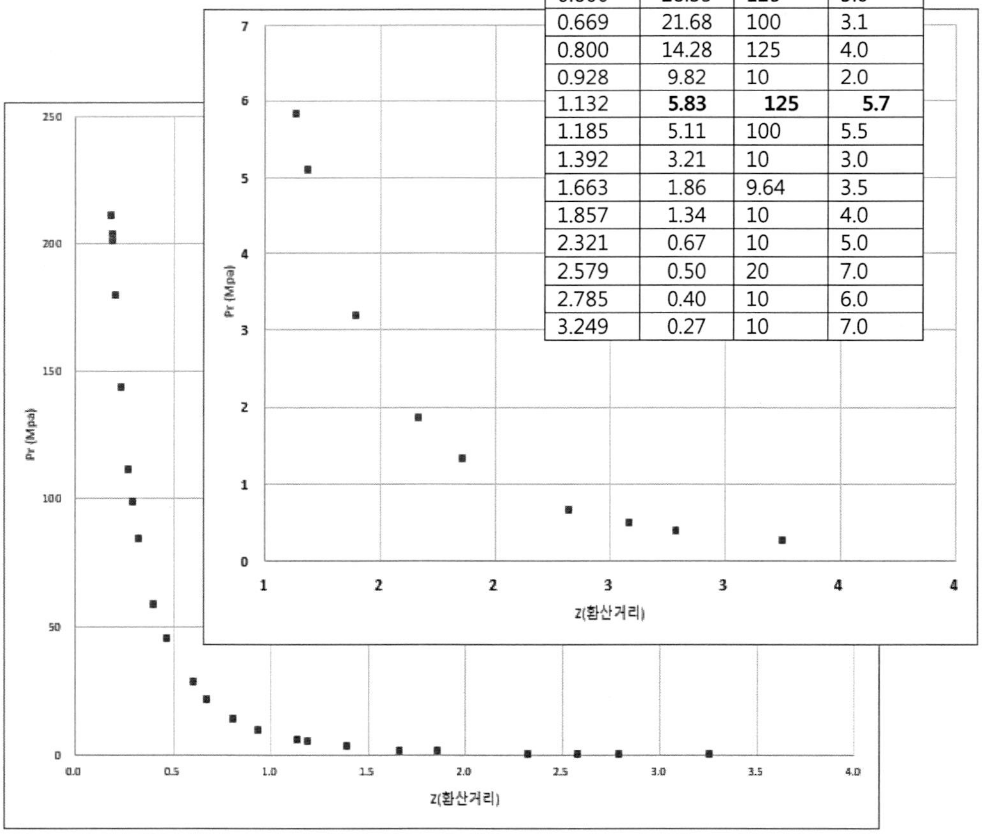

4. RC-Blast로 1자유도 모델 폭발해석

1) Over view

우리는 최첨단 구조 엔지니어링 도구, 기술 및 실험 시설을 활용하여 극한 하중에 대한 향상된 인프라 복원력과 견고성을 위한 새로운 구조 형태를 개발하고 구축한다. 보호 엔지니어링에 대한 연구의 초석은 버지니아 공대 블랙스버그 캠퍼스에 있는 대규모 가스 폭발 시뮬레이터이다.

이 페이지에서는 고유한 실험 시설에 대한 요약을 제공하고 무료로 제공되는 소프트웨어 도구를 공유한다. 메뉴의 탭을 방문하여 리소스에 대해 자세히 알아볼 수 있다.

2) RCBlast

(1) Blast Analysis SDOF Software (폭발 분석 SDOF 소프트웨어)
RCBlast는 단일 자유도(SDOF) 접근 방식을 기반으로 하는 사용하기 쉬우면서도 강력하고 직관적인 폭발 분석 도구이다. 폭발로 인한 충격파에 노출된 구조 부재의 비탄성 분석을 위해 개발된 RCBlast는 사용자 정의 폭발 위협에 대한 SDOF 시간 이력과 PI 다이어그램을 빠르게 생성할 수 있다.

(2) Dynamic SDOF Analysis (동적 SDOF 분석)
RCBlast는 비선형 저항 함수를 수용하기 위해 예측-교정 체계와 평균 가속 기법을 사용하여 동적 운동 방정식을 직접 값으로 적분하여 SDOF 변위 시간 이력을 생성한다. 사용자는 사용자 정의 하중-변형 함수(테스트 데이터, 수동 계산 또는 기타 소스에서 얻음)를 입력하거나 구조 분석 모듈 내에서 일방향 철근 콘크리트 부재에 대해 계산된 함수를 활용할 수 있다. 사용자 정의 적용 압력-시간 이력, Pr(t) 및 저항 곡선에는 제한이 없습니다. 이 프로그램은 인바운드 및 리바운드 변위를 모두 처리할 수 있으며 히스테리시스 거동(비열화 및 열화 강성 히스테리시스 모델 모두 사용 가능)을 고려하여 피크 이후 멤버 응답을 결정할 수 있다. 마지막으로 이 프로그램은 누적 손상 서브루틴을 사용하여 여러 사이클의 하중 또는 기존 손상을 설명할 수 있다.

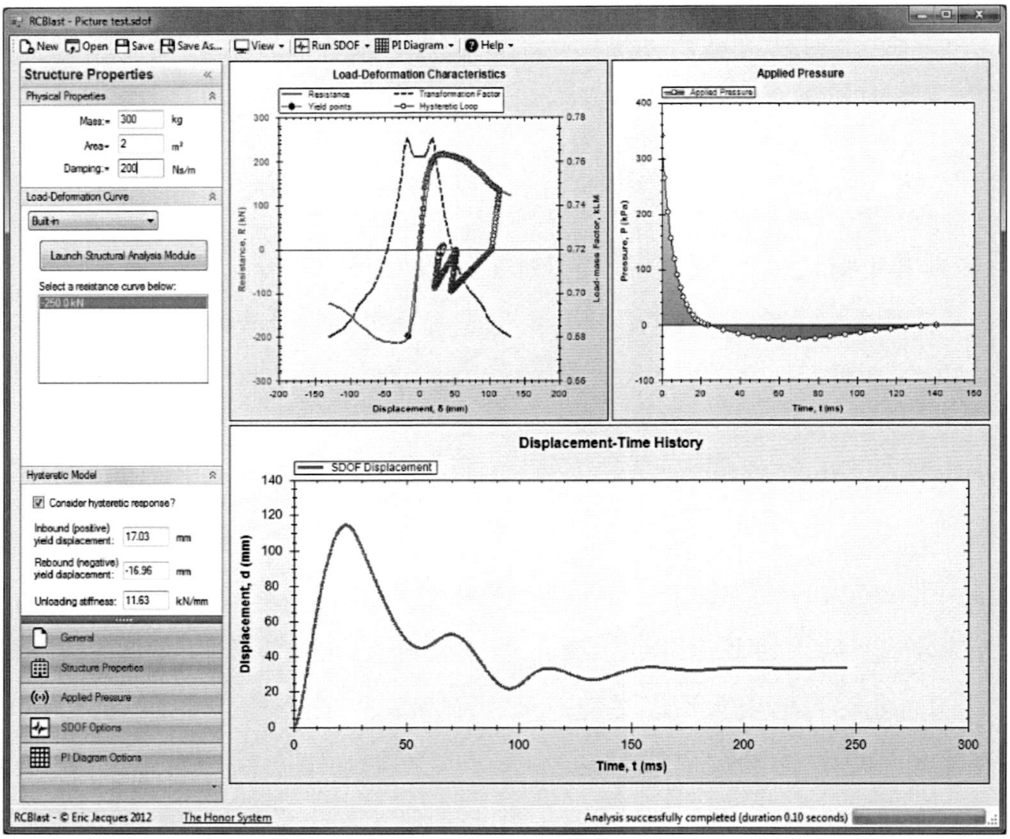

(3) 폭발 하중을 받는 구조물의 단일 자유도 운동 방정식을 빠르게 풀어본다.

① Blast Load Input (폭발 하중 입력)

폭발 하중은 사용자가 정의한 일련의 압력-시간 데이터 포인트로 입력할 수 있다. 사용자는 또한 TNT 등가 폭발 질량과 스탠드오프 거리를 지정하고 RCBlast가 폭발 압력 분포를 자동으로 계산하도록 할 수 있다. 또는 피크 압력과 지속 시간을 지정하여 삼각형 폭발 하중 근사치와 함께 사용할 수 있다.

② Built-in Structural Analysis Module (내장 구조 분석 모듈)

RCBlast에는 일방향 철근 콘크리트 부재에 대한 저항 함수를 생성하는 내장 기능이 있다. 이 프로그램은 다음과 같이 다른 도구에서는 고려하지 않는 일부 고급 구조 분석 현상을 통합한다.

- 소성 힌지의 형성 및 진행
- 피크 후 거동으로 인한 부재 연화
- 재료 속성에 따른 최종 변위
- 자세한 재료 모델링
- 응답 중 축 하중의 변화

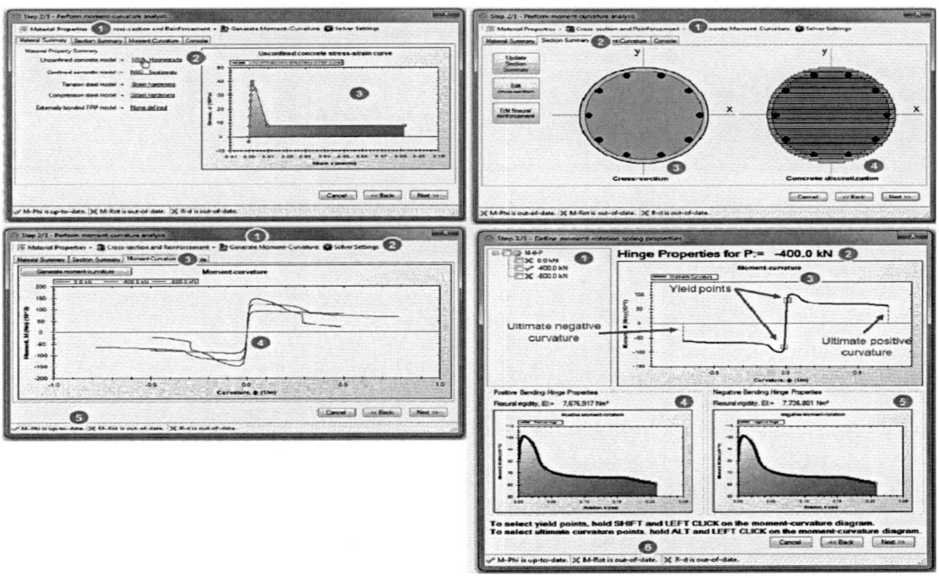

③ Pressure-Impulse Diagrams (압력-충격 다이어그램)

압력-충격 다이어그램은 아무리 간단하거나 복잡하더라도 모든 저항 함수에 대해 생성할 수 있다. 이 프로그램은 피크 적용 압력과 선형적으로 감소하는 하중-시간 함수를 갖는 삼각형 강제 함수를 가정한다. 이 도구는 양의 위상만 고려할 수 있고 PI 다이어그램에서 양의 위상과 음의 위상을 모두 고려할 수 있다.

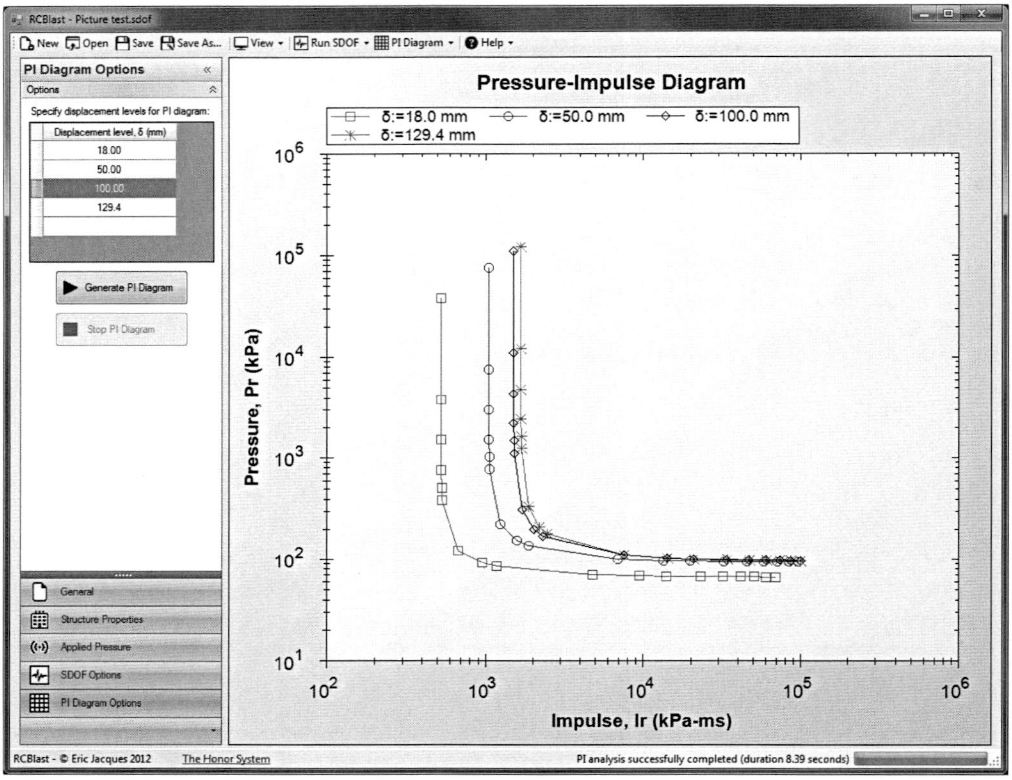

특정 폭발 위협에 대한 구조 성능을 시각적으로 평가하기 위해 압력-충격(PI) 다이어그램을 생성한다.

④ Graphical User Interface (그래픽 사용자 인터페이스)

그래픽 사용자 인터페이스(GUI)는 분석 프로세스를 간소화하기 위해 개발되었다. 동적 운동 방정식 솔루션에 사용된 모든 매개변수는 GUI 내에서 사용자가 수정할 수 있다. 결과는 화면에 표시되고 소프트웨어는 데이터 분석을 용이하게 하기 위해 실험 결과와 이론적 예측의 플롯을 오버레이라는 기능을 갖추고 있다. 프로그램 출력은 스프레드시트 조작을 위해 쉽게 사용할 수 있다.

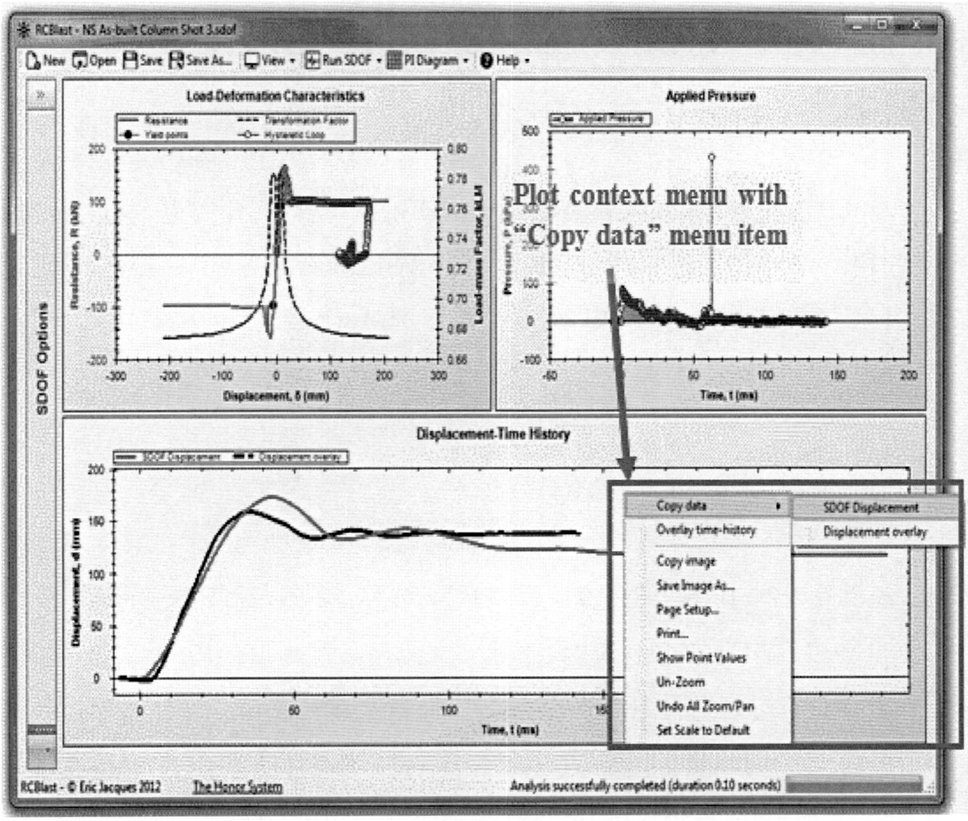

스프레드시트 프로그램에서 복사/붙여넣기 기능을 갖춘 대화형 그래프이다

5. Blast Resistant Anchor Design Soft ware

1) BRADS : Blast Resistant Anchor Design Software (폭발 방지 앵커 설계 소프트웨어)

폭발 방지 창문 앵커 설계 소프트웨어(BRADS)는 폭발 방지 창문 유리에 사용되는 앵커링 시스템의 분석 및 설계를 위한 Windows® 기반 도구이다. 이 소프트웨어는 엔지니어, 건축가 및 제조업체가 테러리스트 폭탄 공격 및 산업 폭발에 대한 중요 인프라의 회복력을 강화하도록 돕기 위해 고안되었다.

2) Methodology Overview (방법론 개요)

컴퓨터 소프트웨어 BRADS는 오타와 대학교에서 2자유도(TDOF) 분석 및 창 앵커 설계를 수행하기 위해 개발되었다. 이 소프트웨어의 기반이 되는 알고리즘은 폭발 방지 창 앵커 시스템에 대한 새로운 캐나다 표준인 CSA S852의 요구 사항을 충족하도록 개발되었다. 이 도구는 앵커리지 용량에 영향을 미치는 것으로 알려진 주요 매개변수(기판 유연성, 유리 반응, 창 종횡비, 프레임 강성, 동적 반응 분포, 결합 응력 및 앵커 경계 조건 포함)를 기반으로 창 고정 앵커의 필수 구성을 계산할 수 있다.

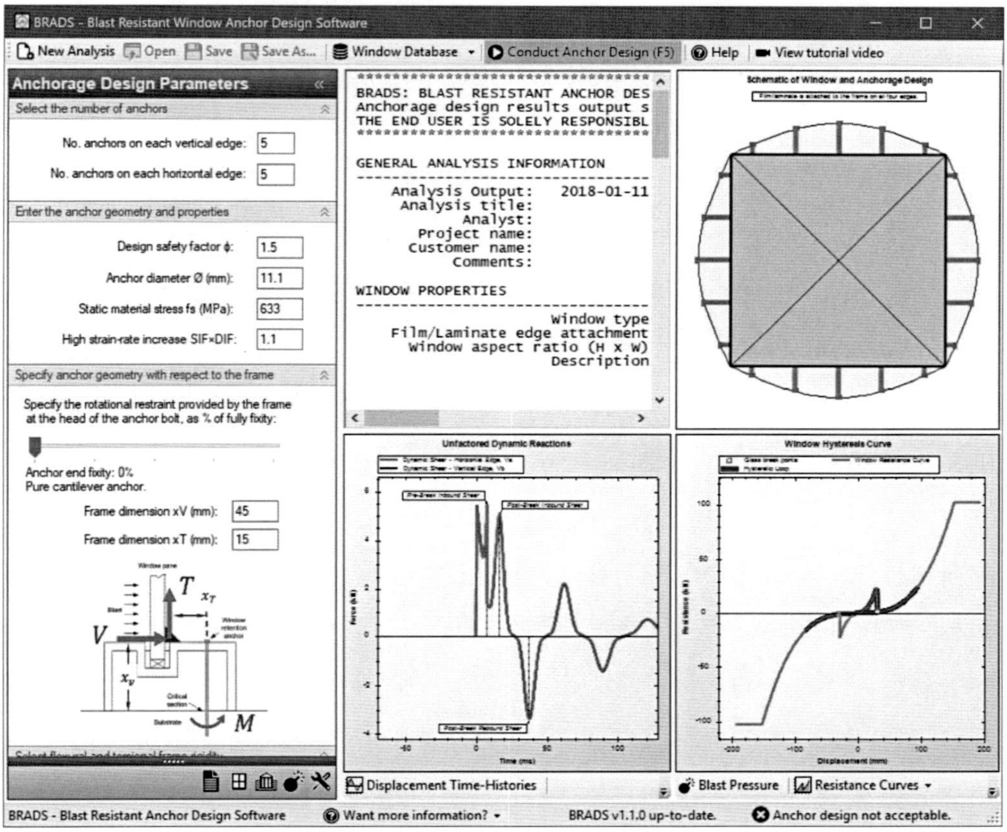

그림 5.1 BRADS 그래픽 사용자 인터페이스.

3) Two-Degree-of-Freedom Analysis (2자유도 해석)

소프트웨어의 창/기판 조립체는 기판에 적용되는 하중을 포함하여 총 폭발 하중을 받는다. 기판 형상과 재료 속성이 지정된다. 사용자는 미리 정의된 세 가지 탄성 기판(콘크리트, 석조 또는 강철) 중 하나를 선택하거나 기판에 대한 사용자 지정 비선형 질량-스프링-댐퍼 요소를 지정할 수 있다. 저항, 질량 및 댐핑과 같은 창 시스템의 동적 속성은 소프트웨어 내의 데이터베이스에 저장되며 드롭다운 메뉴에서 지정한다. 소프트웨어에는 폭발 방지 건설 산업에서 일반적으로 사용되는 창 시스템에 대한 동적 속성이 포함되어 있다. 특정 창 시스템의 속성을 입력하여 소프트웨어의 기능을 확장하기 위해 데이터베이스에 새 창을 추가할 수 있다. 이러한 속성은 보호 창 설계 소프트웨어, 수동 계산, 유한 요소 분석 또는 실험 테스트에서 얻을 수 있다. 앵커리지 설계에 사용되는 폭발 하중은 다음 중 하나로 구성될 수 있다.

① 삼각형 이상화를 사용한 충격 압력-시간 함수
② TNT 충전 질량과 스탠드오프 거리를 사용하여 정의된 지수적 감소 압력-시간 이력
③ 사용자가 입력한 일련의 조각별 압력-시간 이력 포인트. 소프트웨어는 TDOF 분석을 수행하고 기판과 창에 대한 최대 변위를 계산한다.

분석에서 창이 안정적인 평형을 달성하여 창 고장이 발생하지 않았다고 예측하는 경우 소프트웨어는 창 주변에 분포된 창 가장자리 지지 반응을 계산한다. 자동화된 분석 절차는 파손 전 및 파손 후 단계에서 생성된 동적 반응을 평가하고 인바운드 및 리바운드 반응 중 설계 앵커리지 힘을 결정할 때 하중 역전 가능성을 고려한다.

BRADS는 실험적 테스트 데이터와 유한요소 분석 결과에 대해 광범위하게 검증되었다.

4) 그래픽 사용자 인터페이스

그래픽 사용자 인터페이스(GUI)는 분석 프로세스를 간소화하기 위해 개발되었다. 동적 운동 방정식의 솔루션에 사용된 모든 매개변수는 GUI 내에서 사용자가 수정할 수 있다. 결과는 화면에 표시되고 프로그램 출력은 반복 설계 조작을 위해 쉽게 사용할 수 있다. 필요한 앵커 용량이 적용된 설계력보다 높으면 설계 계산이 수행되는 특정 위치의 앵커리지 설계 플롯에 녹색 앵커 기호가 표시된다. 그렇지 않으면 빨간색 앵커 기호가 표시된다. 개별 앵커를 클릭하면 사용자가 설계력과 용량을 표시할 수 있다.

출력은 설계 데이터, 기판 및 창 변위, 앵커 전단, 축 방향 장력 및 굽힘 모멘트 값, 앵커 용량을 설명하는 전자 파일로 내보낼 수 있는 인쇄된 설계 보고서로 구성된다. 출력은 또한 변위 시간 이력, 저항 함수, 적용된 하중 및 용량에 따른 앵커 힘의 분포를 표시하는 그래픽 형식으로 제공된다.

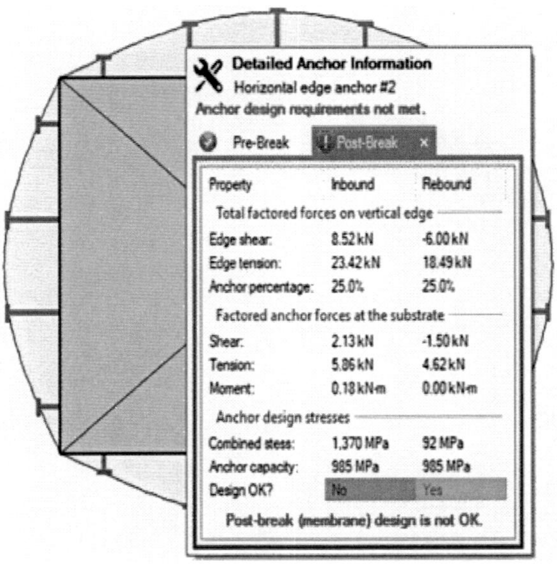

프로그램 출력(힘과 설계 매개변수)은 그래픽 및 텍스트 형식으로 편리하게 표시된다.

5) Anchorage Design(앵커리지 설계)

앵커 수, 지름, 강도 및 프레임에 대한 형상은 입력 매개변수이다. 소프트웨어는 각 앵커의 용량을 확인하고 적용된 하중을 초과하는 용량 요구사항을 충족하는지를 나타냅니다. 용량 확인은 결합한 응력 하에서 수행된다. 창과 앵커로 구성된 색상으로 구분된 그래픽 출력이 제공되며, 녹색 앵커는 충분한 용량을 나타내고 빨간색은 앵커 크기를 늘리거나 앵커 간격을 줄이거나 더 큰 재료 용량이 있는 앵커를 선택해야 함을 나타냅니다. 이를 통해 설계자는 설계 프로세스를 완벽하게 제어할 수 있다.

6. 폭발물의 종류와 효과 [4)]

1) 폭발물의 종류

폭발물은 여러 종류가 있고 그 효과도 다양하며, 폭발위력에 따라 고성능 폭약(High explosives)과 저성능 폭약(Low explosives)으로 구분된다. 고성능 폭약은 폭발 시 충격과, 파쇄 또는 분쇄효과를 유발할 수 있는 폭발물로 파괴 목적의 군용 폭약은 대부분 고성능 폭약으로 분류되어 작약으로 사용된다. 저성능 폭약은 폭발 속도가 낮아 고성능 폭약보다 천천히 연소되므로 폭발위력도 낮다. 또한 점화감도(Sensitivity to ignition)에 따라 1차 폭약과 2차 폭약으로 분류된다. 1차 폭약은 전기 스파크, 열 또는 충격에 의해 쉽게 점화가 되는 폭발물을 말하여 아지화납(Lead azide) 등이 있으며, 2차 폭약은 점화에 덜 예민하나 일단 점화가 되면 강력한 폭발력을 발휘하는 TNT, RDX, Tetryl등이 해당된다. 군용폭약은 완전한 폭발을 위해서 감도가 높은 폭약으로 된 기폭제와 감도가 보다 낮은 2차 폭약이 함께 사용된다.(국방부, 1998) 주요 폭발물의 종류와 구성비, 특성은 아래 표와 같다.

폭발물의 효과는 구성비에 따른 폭발열, 폭발속도, 밀도 등과 같은 특성에 따라 결정된다. 폭발물이 폭발하는 과정에서 고압이 방출되는것을 폭발압력(Detonation pressure)이라 하고, 이는 그 폭발물의 밀도, 폭발속도와 관계가 있으며 개략식은 아래와 같이 표시할 수있다.

$$P = 2.5\rho D^2 10^{-6}$$

여기서, P : 폭발압력(kilo bar), ρ : 밀도(g/㎤), D : 폭발속도(m/sec)를 의미한다. (1 kilo bar = 1019.7 kg/㎠)

이 식에서 폭발속도는 폭발압력을 결정하는 폭발물의 주요 성질임을 알 수 있다. 그러나 구조물에 영향을 미치는 폭발압은 폭발물과 구조물 사이의 이격거리와 폭약량에 따라 달라지는데, 이를 이용하여 폭발압을 산정한다.

4) 김가연, 방호구조물 설계를 위한 폭발압 산전 표준방식 연구, 서울과학기술대학교, 건설시스템공학과, 석사학위 논문, 2017.

폭 발 물	구 성 비	폭 발 열 E (cal/g)	폭발속도U (m/sec)	밀 도 ρ (g/cm^3)	Gurney상수 (m/sec)
컴포지션 B	RDX/60, TNT/40	1240	7840	1.68	3220
컴포지션 C-2	RDX/79 등	1120	7660	1.57	3050
컴포지션 C-3	RDX/77 등	1100	7630	1.60	3040
컴포지션 C-4	RDX/91 등	1230	8040	1.59	3200
RDX		1280	8180	1.65	3270
PETN		1390	8300	1.70	3410
Tetryl		1100	7850	1.71	3040
Cyclotol	RDX/75, TNT/25	1230	8000	1.70	3200
Pentolite	PETN/50, TNT/50	1220	7470	1.66	3200
니트로글리세린		1600	7700	1.60	3660
피크르산		1000	7350	1.71	2890
저속 다이너마이트	TNT/68	625	4400	0.90	2290
중속 다이너마이트	RDX/75, TNT/15	990	6000	1.10	2800
TNT		1080	6700	1.56	3000
Minol-Ⅱ	질산암모늄/20, TNT/40 등	1620	5820	1.68	3680
Torpex	RDX/42, TNT/40 등	1800	7500	1.81	3880
Tritonal	TNT/80, 알루미늄粉/20	1770	6700	1.72	3950
Lead azide		370	4070	2.00	1750
무연화약	질소/14.14	1060	7300	1.2	2980

표 6.1 주요 폭발물의 특성 (국방부, 2014)

2) 환산거리 산정

폭발하중은 폭발물의 특성인 종류, 무게, 형태, 케이싱과 위치, 방호대상 요소의 민감도 혹은 허용수준, 방호구조물의 물리적 특성 및 배치에 따라 달라지나 본 연구에서는 폭발물의 종류와 폭약량, 거리만 고려를 하였다.

폭발의 위력은 일차적으로 폭약량에 좌우되지만 실제 도달압력의 크기는 폭발 원점으로 부터의 거리에 크게 영향을 받는다. 일반적으로 폭발압력은 폭약량의 크기와 거리와의 관계를 이용하여 산정하는데 이때, 널리 쓰이는 계수는 환산거리(Scaled distance) 이다. 이는 Hopkinson-Cranz scale 또는 삼승근 환산거리(Cube-root - 28 distance)라고도 불리는 계수이며, 실험적으로도 증명되어 통상적으로 사용되는 계수이다. 환산거리(Z)는 다음과 같이 정의된다.

$$Z = \frac{R}{W^{1/3}}$$

여기서, R은 어떤 지점과 폭발물 사이의 거리(이격 거리)이며, W는 폭약량 (TNT로 환산)이다.

이와 비슷한 개념으로 폭풍파 도달시간과 충격량을 다음과 같이 폭약무게의 삼승근을 사용하여 환산하면 폭발현상의 해석이 훨씬 명료해진다.

$\frac{t_a}{W^{1/3}}$: scaled time of arrival (폭풍파가 도달하는 환산시간)

$\frac{i_s}{W^{1/3}}$: scaled impulse (환산충격량)

여기서, t_a는 폭풍파 도달시간, i_s는 충격량을 의미한다.

그러나 위 식을 사용할 때는 단위의 통일이 필수적이며(예 : lbs-ft, kg-m), TNT의 폭발을 근거로 하고 있다. 따라서 TNT가 아닌 어느 특정 폭발물은 TNT 등가무게 (TNT Equivalency of Explosives)로 환산하여 사용하여야 한다. TNT 등가무게는 아래 식에 의해서 표현된다.

$$W_E = \frac{H^d_{\mathrm{exp}}}{H^d_{TNT}} W_{\mathrm{exp}}$$

여기서, W_E 는 특정 폭발물의 TNT 등가무게이며, H^d_{exp}는 특정 폭발물의 폭발열, H^d_{TNT} 는 TNT의 폭발열, W_{exp}는 특정 폭발물의 무게를 의미한다.

표 6.2은 폭발물의 종류에 따른 폭발열을 나타낸 값이다

폭 발 물	폭발열 E	TNT 기준 환산계수
컴포지션 B	1240	1.148
컴포지션 C-2	1120	1.037
컴포지션 C-3	110	0.102
컴포지션 C-4	1230	1.139
RDX	1280	1.185
PETN	1390	1.287
Tetryl	1100	1.019
Cyclotol	1230	1.139
Pentolite	1220	1.130
니트로글리세린	1600	1.481
피크르산	1000	0.926
저속 다이너마이트	625	0.579
중속 다이너마이트	990	0.917
TNT	1080	1.000
Minol-Ⅱ	1620	1.500
Torpex	1800	1.667
Tritonal	1770	1.639
Lead azide	370	0.343
무연화약	1060	0.981

표 6.2 폭발물의 종류에 따른 폭발열

폭 발 물	폭풍압력	충 격 력
TNT	1.00	1.00
컴포지션 B	1.09	1.08
컴포지션 C-4	1.37	1.19
Cyclotol (70/30)	1.14	1.09
HBX-1	1.17	1.16
H-6	1.38	1.15
MINOL-Ⅱ	1.20	1.11
PETN	1.27	
Tetryl	1.07	
Tetrytol	1.06	
Pentolite	1.42	1.0
Tritonal	1.07	0.96

표. 폭발물의 폭발효과 비교(국방부, 2014)

따라서 환산거리(Z)를 구할 때 폭발물의 종류가 TNT가 아닐 때는 위 표의 TNT 기준 환산계수를 특정 폭약량의 무게에 곱하여 TNT 등가 무게로 환산한 후 폭약량을 입력하여야 한다.

폭발물의 종류에 따라 상대적인 효과를 비교하는 다른 방법은 특정 폭발물이 공중에서 폭발하였을 때 폭발효과를 나타내는 폭풍압력과 충격량을 TNT 동일 무게의 폭발효과와 비교한 환산표를 활용하는 것이다. TNT의 폭발효과를 1.0 기준으로 하였을 때의 다른 폭발물과의 상대적인 폭발효과를 비교한 결과이다.

3) TNT 당량법 (TNT Equivalency Method)

가연성 가스의 경우, 가스 조성비 및 혼합 특성, 압축 상태 등에 따라 폭발 압력 및 폭발 속도가 크게 달라지며, 비정형화된 형상으로 인해 상용 소프트웨어에 바로 적용하기는 어려움이 있다.[5)6)7)8)] TNT 당량법(TNT Equivalency Method)은 미국군사기술매뉴얼(US Army Technical Manual TM 5-1300)에 기재되어 있으며, 폭발 확산 거리의 환산 및 폭발 피해 예측에 주로 사용되고 있다.[9)]

TNT 당량이란 어떤 물질이 폭발할 때 발생하는 에너지를 그와 동일한 에너지를 발생시키는 TNT의 중량으로 나타내는 것을 의미한다. TNT의 경우, 폭발 시의 폭발압력이나 폭발 에너지 등의 폭발 특성이 실험으로 상세히 측정되어 있어 TNT의 특성은 신뢰도가 높다. 이러한 TNT 당량법을 이용하여 가연성 가스의 조성비 및 누출량에 따른 폭발 압력 특성을 산출할 수 있으며, 상용 소프트웨어에 적용함으로써 폭발 해석 수행이 가능하다. 다만 여러 가정이 필요하고 폭발 전파 거리가 짧은 해석의 경우 오차가 발생할 수 있다.

---

5) K. H. Oh, H. S. Kim and C. H. Lee, "A Study on The Explosion Characteristics of Flammable Gases", Journal of Korean Institute of Industrial Safety, Vol.7, No.3, pp.66-72, 1992.

6) S. Dan, D. J. Moon, E. S. Yoon and D Shin, "Analysis of Gas Explosion Consequence Models for the Explosion Risk Control in the New Gas Energy Filling Stations", American Chemical Society, Vol.52, No.22, pp. 7265-7273, 2013.

7) S. B. Vanessa and S. P. Dale, "Reinforced Concrete Structure Failure Mechanisms Resulting from Explosively-induced Overpressure", International Society of Explosives Engineers, Vol. 1, pp. 1-11, 2004.

8) M. S. Cowler and T. Wilson, "A Parallel Algorithm for the Deformation and Interaction of Structures Modeled with Lagrange Meshes in AutoDyn-3D", 3rd International Symposium on Impact Engineering, 1998

9) W. K. Crowl, "Structures to Resist the Effects of Accidental Explosions, Technical Manual TM 5-1300", U.S. Army, Navy, and Air Force, U.S. Government Printing Office, Washington D.C., 1969.

Case 1) Battery TNT 등가량 [10)]

열 폭발은 단열 조건에서 가장 위험한 조건입니다.
따라서 이 경우 연구는 실제 연구의 안전 고려사항에 매우 중요합니다.
첫째, EV+-ARC 실험 데이터와 배터리 질량, 비열 용량 및 과도 온도 분포를 기반으로 이 연구에서는 단열 TR 과정에서 배터리가 방출하는 총 에너지를 계산할 수 있습니다. 계산 방법은 아래에 나와 있습니다.

$$\Delta H = m\ c_p\ (T_{max} - T_3)$$

여기서 H는 배터리에서 방출되는 총 에너지를 나타내고,
c_p는 EV+-ARC로 측정한 배터리의 비열 용량을 나타내며, 1020 J/kg/K이고, m은 배터리의 질량을 나타내며, 47g이고, Tmax는 배터리 표면의 최대 온도를 나타내고, T_3는 배터리 TR의 트리거 온도를 나타냅니다.

폭발과 에너지 방출에 대한 조사는 TNT와 다른 폭발물 간의 변환에 매우 중요하며, TNT는 일반적으로 사용되는 폭발물의 구성 요소 중 하나입니다. 리튬 이온 배터리의 열 폭주 반응도 한 가지 폭발 유형으로 볼 수 있습니다. 열 폭주 중에 리튬 이온 배터리에서 방출되는 에너지를 직관적으로 설명하기 위해 TNT 등가 방법을 사용하여 열에너지를 TNT 등가로 변환합니다. 이는 아래 식[11)] 에 나와 있습니다. 계산 결과는 표에 나와 있습니다.

$$W = \eta\ \Delta H/H_{TNT}$$

---

10) The Hazards Analysis of Battery Thermal Runaway under Different States of Charge. Electronics 2021, 10, 2376. https://doi.org/10.3390/electronics10192376 , https://www.mdpi.com/journal/electronics

11) 29. Lu,T.-Y.; Chiang, C.-C.; Wu, S.-H.; Chen, K.-C.; Lin, S.-J.; Wen, C.-Y.; Shu, C.-M. Thermal hazard evaluations of 18650 lithium-ion batteries by an adiabatic calorimeter. J. Therm. Anal. Calorim. 2013, 114, 1083-1088. [CrossRef]
30. Chen,W.-C.; Wang, Y.-W.; Shu, C.-M. Adiabatic calorimetry test of the reaction kinetics and self-heating model for 18650 Li-ion cells in various states of charge. J. Power Sources 2016, 318, 200-209. [CrossRef

여기서 W는 TNT의 질량(TNT 등가)을 나타내며, 이는 열에너지에서 TNT의 질량으로 전달됩니다. η 는 재료의 폭발효율을 나타내며,
여기서 배터리의 열에너지는 계산식에서 계산할 수 있으므로 1로 설정할 수 있습니다. H_{TNT} 는 TNT의 폭발 에너지를 나타내며, 4437~4765kJ/kg입니다.
이 논문에서 H_{TNT}의 값은 4500kJ/kg입니다.

표 6.3 다양한 SOC 조건에서 배터리의 에너지 및 TNT 등가 값.

SOC (%)	T_3 (°C)	T_{max} (°C)	ΔH (kJ)	TNT-Equivalent (g)
100	183.3	490.9	14.75	3.28
75	215.3	530.9	15.13	3.36
50	239.2	401.4	7.78	1.73
25	243.6	321.5	3.73	0.83

이 연구에서는 다양한 SOC 조건을 가진 니켈이 풍부한 18650 리튬 이온 배터리의 TR 위험을 EV+-ARC를 사용한 단열 열량측정 실험을 통해 연구합니다.
모든 배터리는 특정 SOC로 충전된 다음 EV+ARC에 넣어 자체 발열이 감지될 때까지 가열합니다. 결국 배터리는 단열 조건에서 TR을 트리거한다.
TR 특성을 평가하기 위해 배터리 전압, 표면 온도, 온도 상승률 등과 같은 일부 특성 매개변수를 실험에서 선택하여 SOC가 TR의 임계 상태에 미치는 영향을 분석합니다.
단열 TR 실험은 18650 리튬 이온 배터리의 TR 위험이 SOC가 증가함에 따라 증가함을 보여줍니다. SOC가 100%인 리튬 이온 배터리의 경우 자체 가열 시작 온도는 88.9C, TR의 트리거 온도는 183C, 배터리 표면의 최대 온도는 약 490.9C입니다. 폭발로 인해 배터리의 강철 쉘이 파열되어 14.75kJ의 열 에너지가 방출되는데, 이는 3.28g TNT와 동일합니다. SOC가 25%인 리튬 이온 배터리의 경우 자체 가열 온도는 142C로 증가하고, TR의 트리거 온도는 243.6C로 증가하고, 최대 표면 온도는 약 321C로 감소합니다. 안전 통풍구가 열릴 때의 온도와 전압이 0으로 떨어질 때의 온도는 0%~100% SOC 범위에서 크게 변하지 않지만, SOC가 증가함에 따라 여전히 하락 추세를 보입니다. 또

한 SOC가 감소함에 따라 자체 가열 반응과 TR의 지연 시간이 증가합니다. 또한 SOC가 0%일 경우 배터리는 TR을 트리거하지 않습니다.

전기자동차에 사용되는 리튬이온 배터리 내 전해질에 포함된 유기용매(DEC, DMC 등)는 인화성 액체로서 발열반응이 일어나 폭발을 일으킬 수 있다. 배터리 폭발에 의한 폭발압력과 충격량은 배터리의 폭발에너지를 TNT 등가량으로 환산하여 산정할 수 있다. 이 등가 TNT 환산법은 TNT가 아닌 대부분의 폭발 현상을 구현할 때 주로 사용되는 방법으로 전산유체역학(CFD)을 이용하여 복잡한 형상의 구조물에 대한 폭압 평가가 가능하다. TNT 이외의 폭발물들을 TNT 등가량으로 환산하는 방법으로는 대표적으로 압력을 기준으로 하는 환산법, 충격량을 기준으로 하는 환산법, 에너지를 기준으로 환산하는 방법 등이 있다. 여기서 배터리의 열폭발은 에너지를 이용한 TNT 등가량 환산법이 주로 사용된다. 전기자동차에 사용되는 리튬이온 배터리의 경우 다수의 문헌에서 에너지 기반 등가 TNT 환산법에 따라 TNT 등가량을 산정하고 있어, 본 연구에서는 이 방법을 사용하여 다음의 식에 따라 TNT 등가량 계산이 가능하다.

$$W = \eta \ \Delta H / H_{TNT}$$

여기서 Wb는 리튬이온 배터리의 TNT 등가량(kg), η는 무차원 폭발효율계수, Hb는 배터리의 열폭주 (thermal runaway, TR)에 의해 방출된 총 에너지(kJ), 그리고 H_{TNT}는 TNT의 폭발에너지(kJ/kg)이다. 배터리의 열폭주(TR)는 폭발의 한 종류이며 열폭주시 방출된 열에너지를 이용하여 TNT 등가량을 산정한다. 열폭주 에너지 Hb는 다음의 식을 이용하여 계산된다.

$$Hb = m \ c_p \ (T_{max} - T_3)$$

여기서 m은 배터리 셀의 질량(kg), cp는 배터리의 비열용량(J/kg/K), Tmax는 배터리 표면의 최대온도(°C), 그리고 Ti는 TR(열폭주)가 유발되는 임계 온도(°C)이다.

전기자동차의 리튬이온 배터리 용량이 90kWh일 경우 배터리의 열폭주 에너지 Hb는 324,000 kJ로 계산할 수 있다. 배터리의 방출에너지는 충전상태(State of Charge, SOC)에 따라 다르며 SOC는 시간에 따라 감소하는 경향이 있다.

폐 리튬이온 배터리의 SOC가 0%라면 👎Hb는 0에 가깝게 된다. 구조해석에서는 가장 불리한 조건인 100% SOC를 가정하여 리튬이온 배터리의 최대 열폭주 에너지(Hb = 324,000 kJ)를 고려하였다.
TNT의 폭발에너지 H_{TNT}는 일반적으로 4437~4765 kJ/kg의 값을 갖고 있으며, 여기서는 H_{TNT}의 값으로 4500 kJ/kg의 값을 사용하였다. 폭발효율 계수 η 는 경험적으로 정해지는 값으로 1%~15% 범위를 갖는 것으로 알려져 있다. η 는 고려된 범위에서 폭발효율이 가장 큰 불리한 조건을 가정하여 15%로 가정하였다. 본 연구에서 고려한 90 kWh 리튬이온 배터리에 대하여 열에너지 기반 TNT 등가량 환산법에 따라 TNT 등가량을 최종적으로 11kg으로 산정하였다. 배터리 폭발에 의한 폭압해석은 지표면 폭발(surface burst)를 가정하여 수행되었으며, 지표면 폭발 시 지면의 반사효과를 해석에 반영하기 위하여 반사계수 1.8을 TNT 무게에 적용하였다. [12)]

12) Kingery, C. N. and Bulmash, G., 1984, Airblast parameters from TNT spherical air burst and hemispherical surface burst, Report ARBRL-TR-02555, US Army Ballastic Research Laboratory, Aberdeen Proving Ground, MD.

Case 2) LNG TNT 등가량 [13)]

가스폭발에 대한 TNT 당량 산출 적용식은 식(1)과 같다.

$$W = \frac{\mu M E_c}{1100}$$

W : TNT equivalent (kg)

μ : Explosion yield factor (using 0.5)

M : Leaked flammable gas amount (kg)

Ec: Combustion heat caused by the explosion material (kcal/kg)

LNG가 3.2×2.4×5.6 m^3 크기의 원룸 내에 누설되어있다고 가정하였다. LNG의 폭발 특성은 Fig에 나타낸 바와 같이, 대기압(1 kgf/cm2)에서 폭발 범위는 4.9 ~ 15%이고, 최대 폭발 압력이 작용하는 범위는 중간 범위인 9%에 해당된다.[14)] 따라서 폭발 하한계인 4.9%의 경우와 최대 폭발 압력이 작용하는 9%의 경우에 대해 TNT 당량법을 이용하여 가스 폭발 위력의 특성을 비교, 평가하였다. LNG의 주성분은 메탄(CH4)99%로 가스 분자량은 16g/gmol이며, 가스 연소열은 13,000 kcal/kg으로 이상기체방정식을 통해 공간내 누출된 가연성 가스량(kg)을 산출할 수 있다. 이렇게 산출된 가연성 가스량을 식에 적용함으로써 등가 폭발에너지를 갖는 TNT 당량을 산출할 수 있다. TNT 당량 산출을 위한 변수 및 TNT 당량값을 Table과 같다. 산출 결과 LNG 농도 4.9%의 경우 TNT 당량은 8.29 kg, LNG 농도 9%의 경우 TNT 당량은 15.2 kg으로 환산된다.

---

13) 김의수, 김종혁, 심종헌, 김진표, 고재모, 박남규, AUTODYN을 이용한 LNG 폭발 사고 위력 평가에 관한 법공학적 연구, Journal of the Korean Society of Safety, Vol. 30, No. 4, pp. 56-63, August 2015

14) J. W. Choi, I. S. Lee and S. T. Park, "The Explosion Characteristics of City Gas on the Change of Oxygen Concentration and Pressure", Journal of the Korean Institute of Gas, Vol.9, No.1, pp. 38-43, 2005

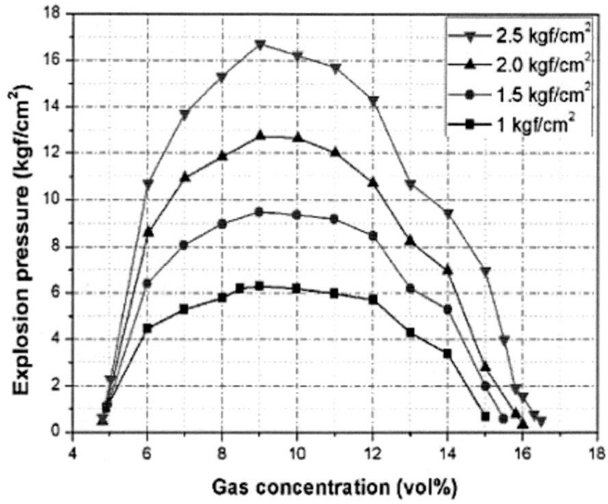

Fig 6.1 Explosive property and range of LNG.

표 6.4 TNT equivalent quantity calculated by LNG concentration

Classification	Spec.
Common contents	
Space total volume (L)	43
Initial pressure (atm)	1.0
Molecular weight of methane (g/gmol)	16
Ideal gas constant (ℓ·atm/K·gmol)	0.082
Temperature (K)	293
Burning calorie of LNG (kcal/kg)	13,000
Explosion yield coefficient	0.5
Separate contents	
Gas volume (L)	2.10
Leakage gas weight (kg)	1.40
TNT equivalent (kg)	8.29

표 6.5 Application value of TNT 2D model

Explosion limit	TNT equivalent (kg)	TNT radius (m)
4.9%	8.05	0.106
9%	24.1	0.153

TNT Modeling 반지름 : $R = \sqrt[3]{\dfrac{W}{\rho \dfrac{4\pi}{3}}}$

여기서　R ; TNT Model Radius

TNT 밀도 (ρ) : 1654 kg/m^3

W : TNT equivalent (kg)

TNT 부피(V) : $\dfrac{4\pi}{3}R^3$

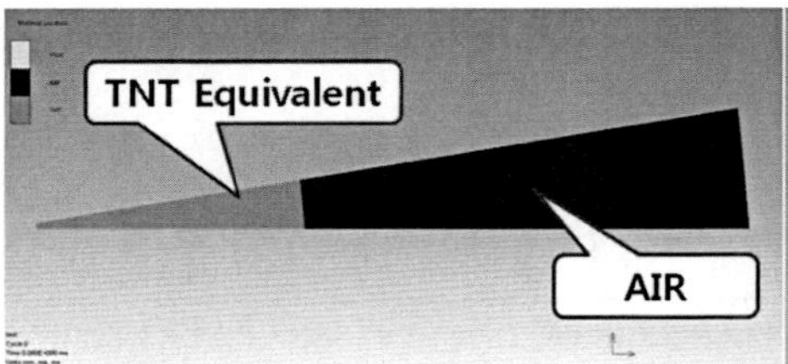

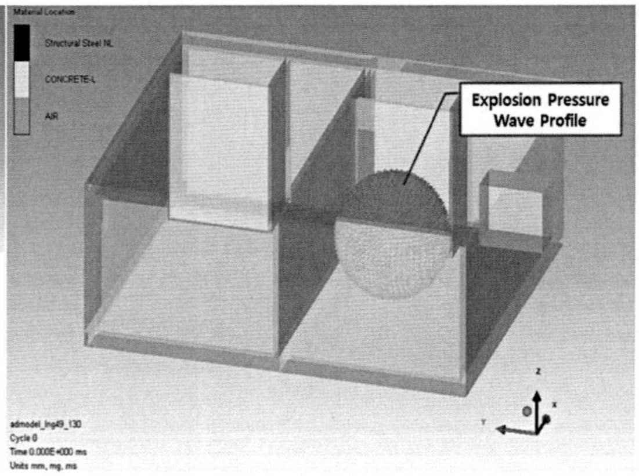

Fig 6.2 2D solver model

Fig 6.3 Applying explosion pressure wave profile to calculate TNT explosive property.

II AUTODYN을 사용한 TNT Modeling

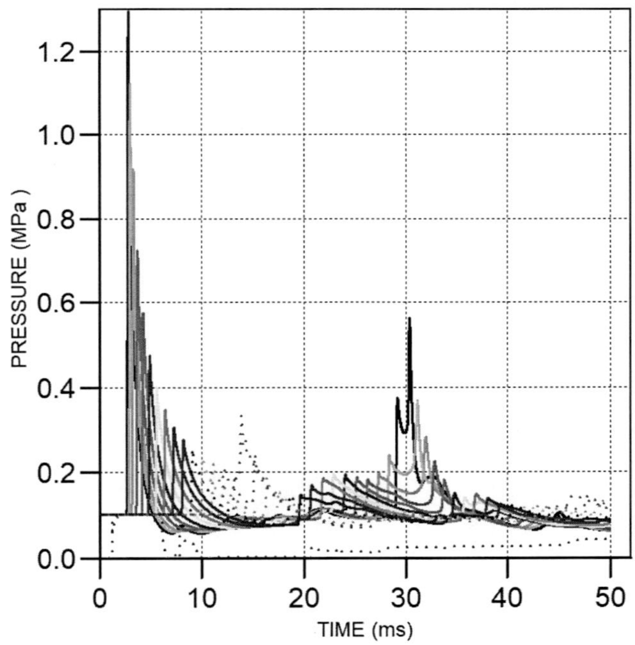

1. 지름 200mm 2D-Circle Modeling의 TNT 질량 산정

1) 구조 계획

① 모듈의 목표 :

- 2차원 평면에서 TNT를 모델링한다.
- 오일러 솔버 적용하여 공기를 모델링하고 TNT를 채워 넣는다.
- TNT 모델링에 따른 TNT 질량 변화를 확인한다.

Case 1) 메쉬 10mm

② 모델링 개요 (단위 : mm)

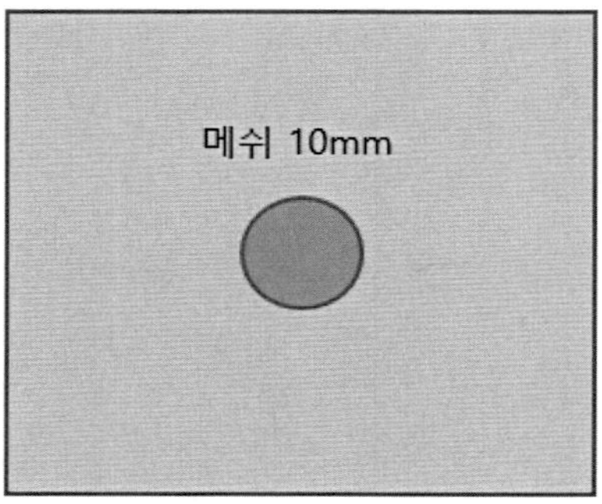

2) 구조해석

(1) Start > AUTODYN 시작
AUTODYN stand alone을 시작한다. (autodyn·exe를 더블 클릭하십시오)

> C: \Program Files \ANSYS Inc\v161 \aisol\AUTODYN \winx64 \autodyn.exe

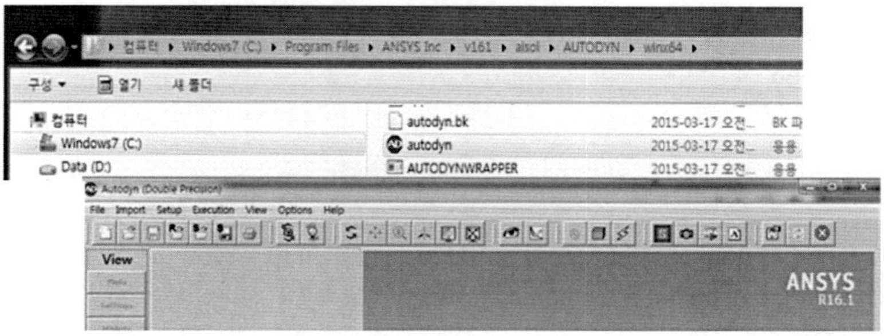

(2) Start > 프로젝트 시작

① 새로운 프로젝트 시작
② 찾아보기 프로젝트 폴더
③ Ident를 입력하십시오. : 2D fragment Impact 및 설명
④ 선택 2D 축 대칭설정

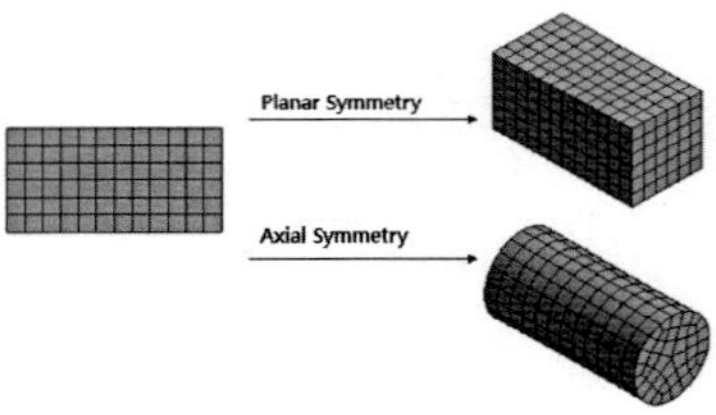

⑤ 단위의 기본 설정 유지 (정확도를 위해 권장됨)
⑥ 선택을 클릭한다.

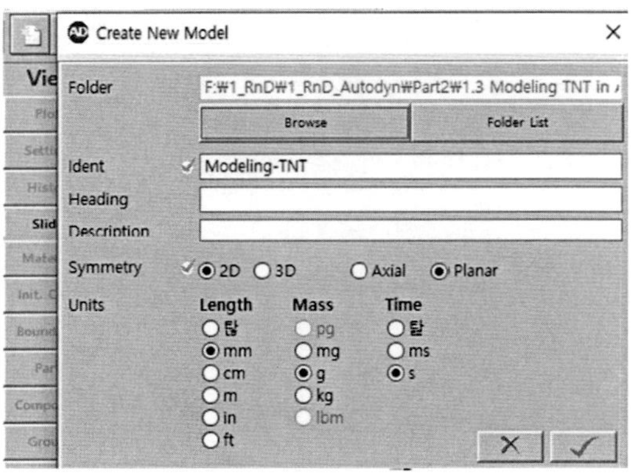

(3) Material > 재료 검색

(3.1) 라이브러리에서 재료 데이터 검색

① 메뉴에서 "Material"를 클릭하고 "Load"로 재료 데이터를 불러온다

② 라이브러리에서 다음 자료를 선택한다. : AIR, TNT

③ 데이터를 선택 확인한다.

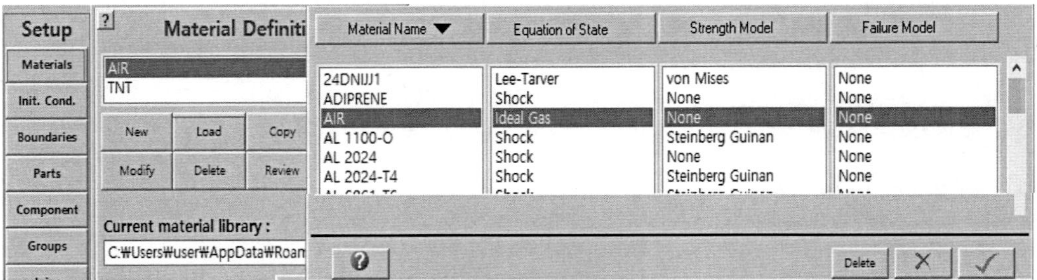

※ 라이브러리에서 여러 개를 선택하려면 CONTROL + Click을 통하여 여러 가지를 선택할 수 있다.

④ 결과 확인하면 다음과 같이 보인다.

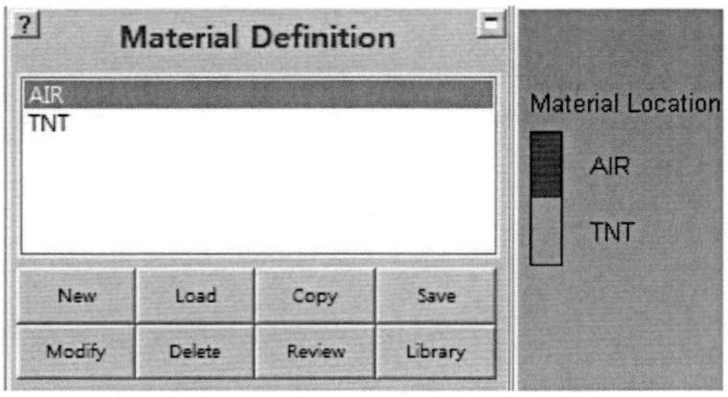

(4) 초기조건 설정 - 설정 내용 없음.

(5) 경계조건 정의

① Boundary를 선택한다.

② 대화 상자에서 New를 선택한다.

③ Boundary Name을 기록한다. : Outflow

④ Type을 정한다 : Flow_out

sub option을 정한다. : Flow_out(Euler)

⑤ Preferred Material을 설정한다 : ALL_EQUAL

⑥ 데이터를 수용한다.

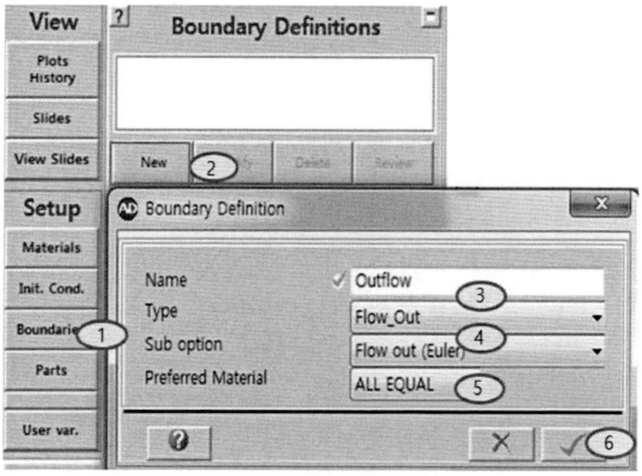

사용단위 : 길이 mm, 무게 g, 시간 s

(6.1) 오일러 파트 생성

① Parts를 선택한다.

② 대화 상자에서 "New"를 선택한다.

③ 팝업창의 Part Name을 입력한다 : space

④ Solver를 선택한다. : Euler 2D Multi

⑤ Definition을 설정하다. : Part Wized

⑥ 다음 단계로 이동

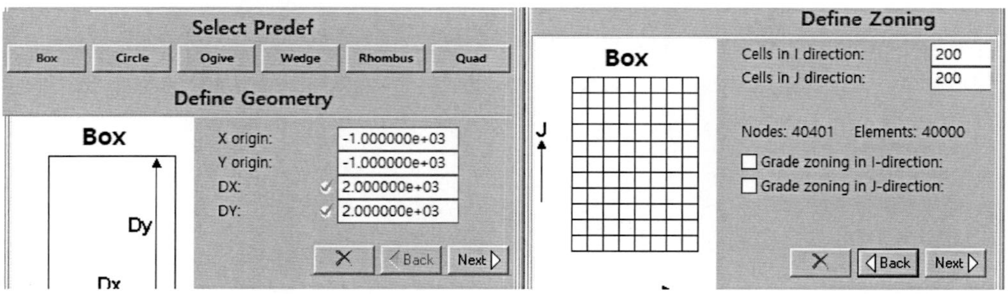

⑦ Predef를 선정한다. : Box

⑧ Box Size : -1000, -1000, 2000, 2000

⑨ 다음 단계로 이동한다.

⑩ 셀 수를 입력한다. : 200, 200

⑪ 다음 단계로 이동한다.

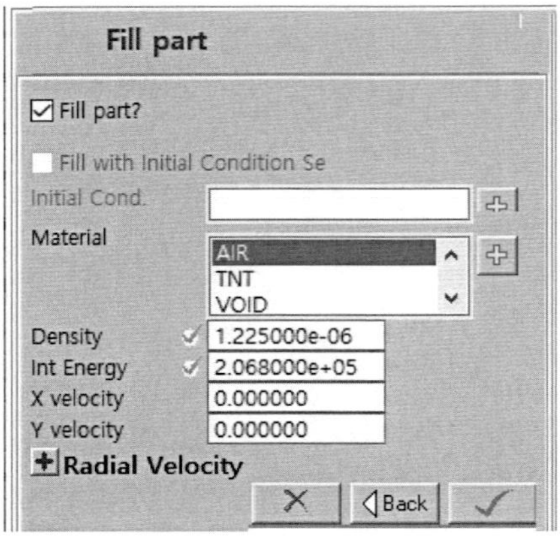

⑫ Fill with Initial Condition : 선택하기 않음
⑬ Material을 선택한다. : Air
⑭ 공기의 내부에너지를 입력 : 206800
⑮ 데이터를 수용한다.

(6.2) 오일러 파트(TNT) 채우기
① Parts를 선택한다.
② 채우기 선택한다.
③ 타원 채우기 옵션을 선택하십시오.
④ 타원의 x와 y 반지름을 입력한다 : 100,100
⑤ 재질(Material)을 선택한다.: TNT (Density, Int Energy 자동설정됨)
⑥ 데이터 수용한다.

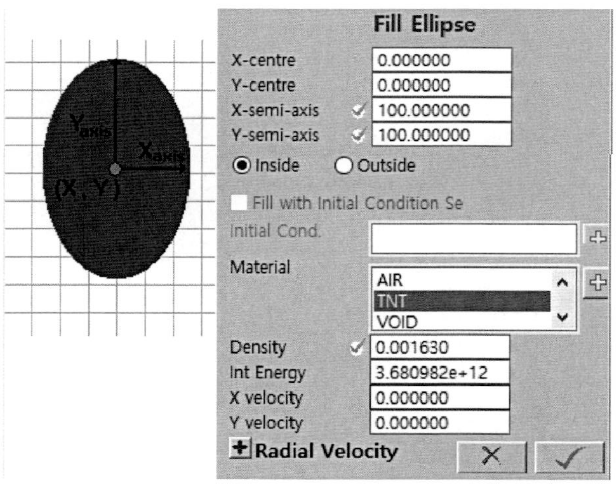

⑦ 설정 결과는 오른쪽과 같다.

(6.3) 오일러 메쉬에 경계조건을 설정

① 탐색 표시 줄에서 "부품"을 선택하십시오.

② 채우기(Fill) 선택한다.

③ Apply Boundary에서 I Line 선택

데이터 입력 : I =1, J = 1-201   Bounda

④ Apply Boundary에서 I Line 선택

데이터 입력 : I =201, J = 1-201 Bounda

⑤ Apply Boundary에서 I Line 선택

데이터 입력 : I =1-201, J = 1   Bounda

⑥ Apply Boundary에서 I Line 선택

데이터 입력 : I =1-201, J = 201 Boundary : Outflow

⑦ 데이터 수용

(7) Interaction - 설정하지 않음

(8) Component - 설정하지 않음

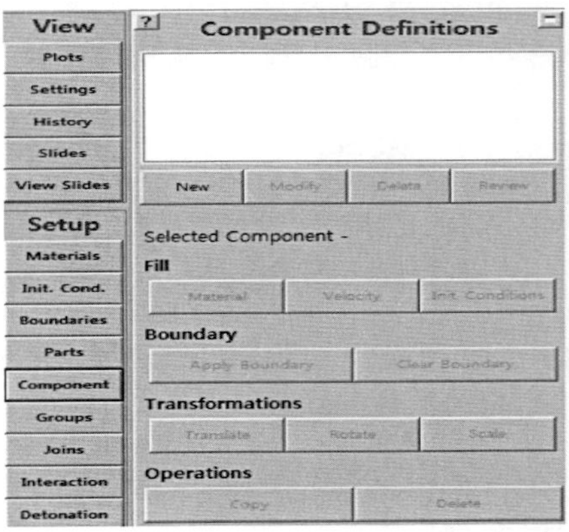

(9) Group - 설정하지 않음

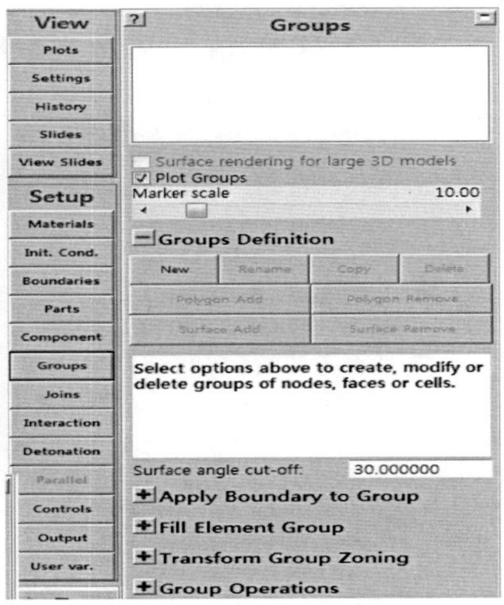

(10) Joints -설정하지 않음.

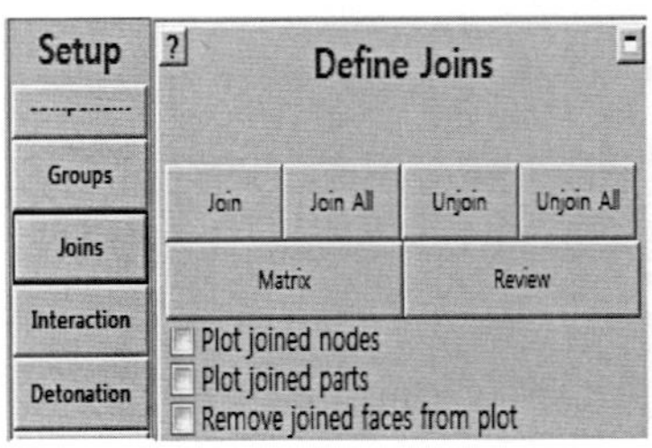

(11) Parallel-설정하지 않음.

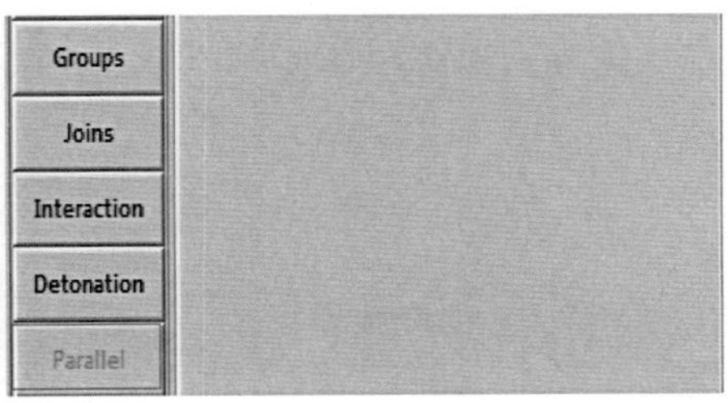

(12) TNT에 대한 폭발지점 정의

-원점 (0, 0)

(13) 솔루션 컨트롤 설정

① 탐색 표시 줄에서 “Controls"을 선택하십시오.

② Wrapup Criteria에서 다음과 같이 설정한다.

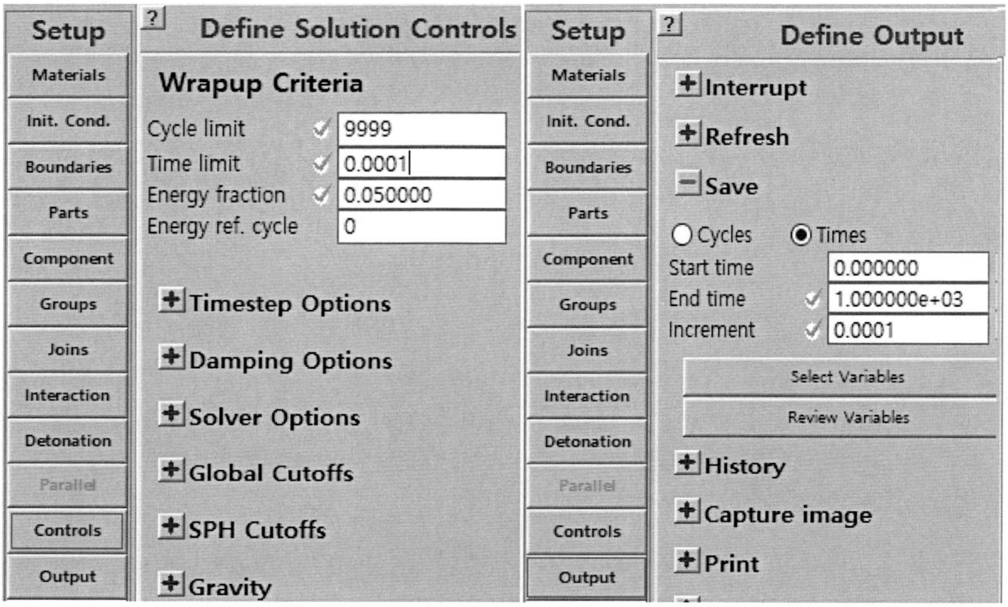

(14) 결과저장설정

① 탐색 표시 줄에서 “Output"을 선택하십시오.

② 저장 시간 설정을 위와같이 설정한다.

(15) user var. -설정하지 않음

(16) 해석실행

① 데이터 저장

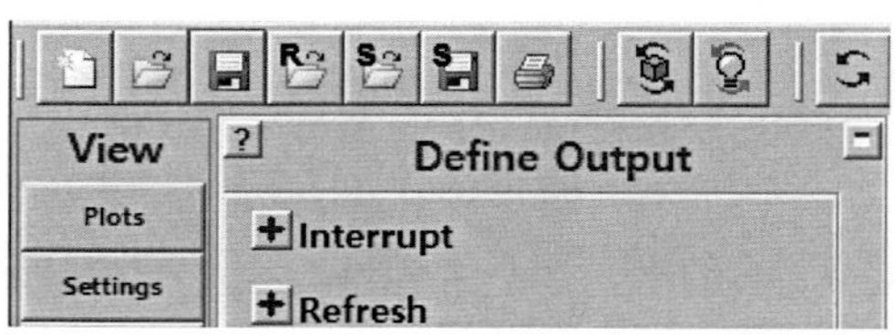

② 해석결과 (폭발 후 0.0001sec)

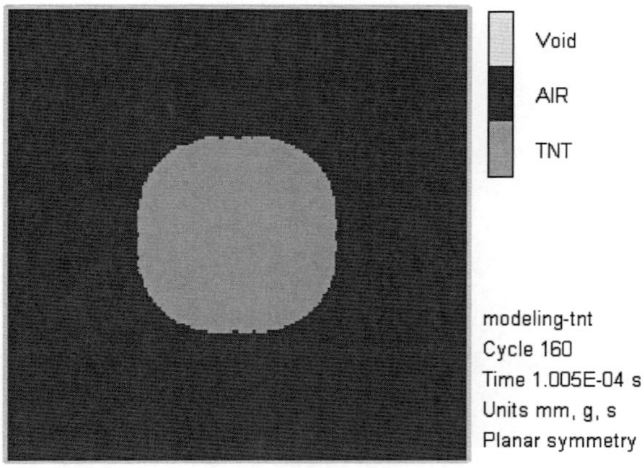

(17) 해석결과 분석

① TNT 질량 변화 추이

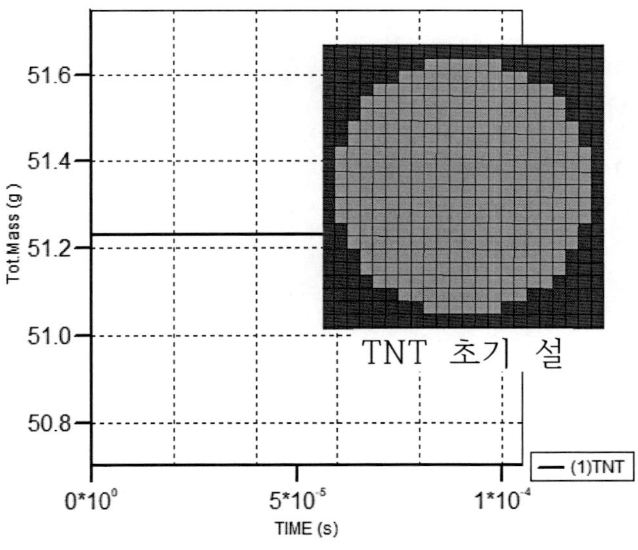

Space 길이 2000mm, 요소 개수 200개 요소 1개의 길이는 10mm이다. TNT 요소 수는 316개이므로 요소 한 개의 TNT 단위 중량은 51.2g/316개는 0.1605g이다.

Case 2) 메쉬 12mm

② 모델링 개요 (단위 : mm)

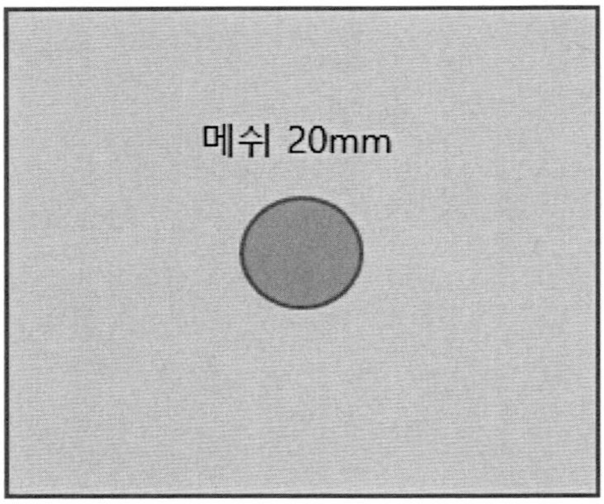

사용단위 : 길이 mm, 무게 g, 시간 s, 2D-Planar

(6.1) 오일러 파트 생성

① Parts를 선택한다.

② 대화 상자에서 "New"를 선택

③ 팝업창의 Part Name을 입력한다 : space

④ Solver를 선택한다 : Euler 2D Multi

⑤ Definition을 설정하다. : Part Wized

⑥ 다음 단계로 이동

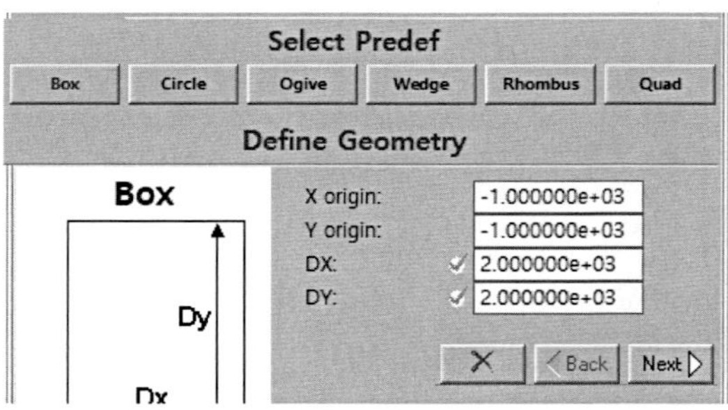

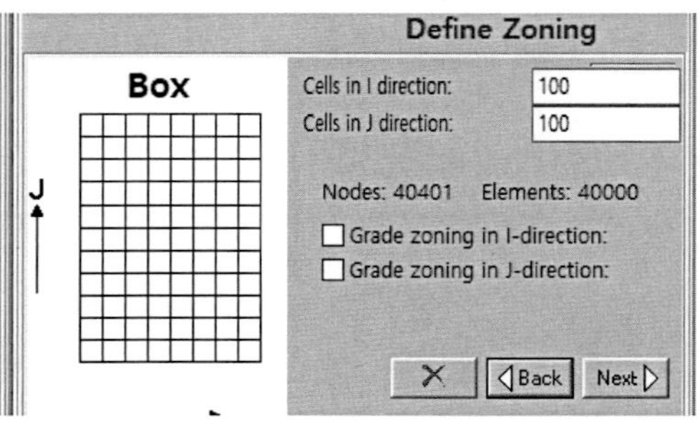

⑦ Predef를 선정한다. : Box

⑧ Box Size : -1000, -1000, 2000, 2000

⑨ 다음 단계로 이동한다.

⑩ 셀 수를 입력한다. : 100, 100

⑪ 다음 단계로 이동한다.

(6.2) 오일러 파트(TNT) 채우기

① Parts를 선택한다.

② 채우기 선택한다.

③ 타원 채우기 옵션을 선택하십시오.

④ 타원의 x와 y 반지름을 입력한다 : 100,100 (즉, 원)

⑤ 재질(Material)을 선택한다. : TNT

⑥ 데이터 수용한다.

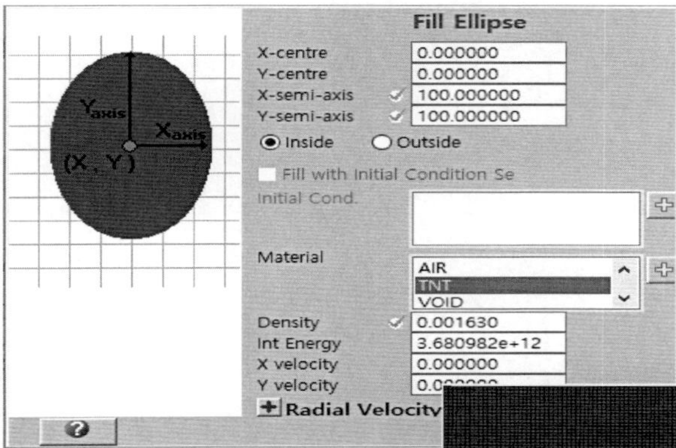

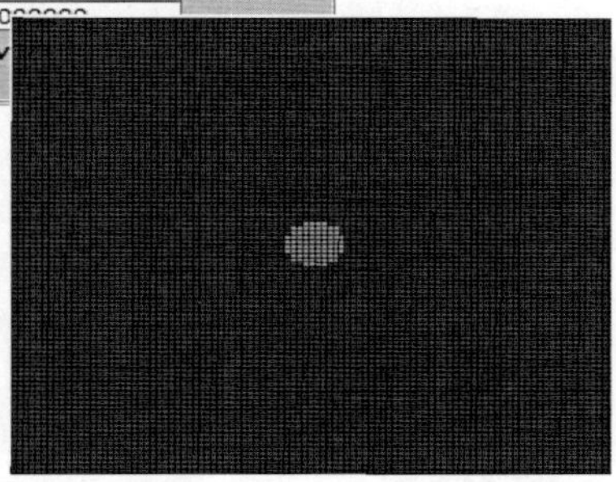

⑦ 설정 결과는 오른쪽과 같다.

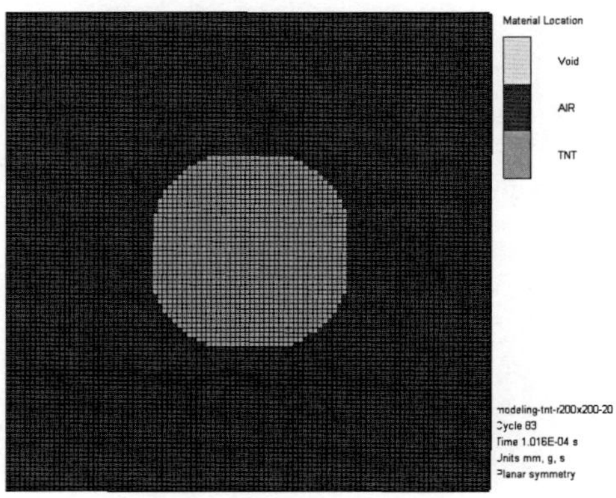

(17) 해석결과 분석

① 해석결과 (폭발 후 0.0001sec)

전체 길이 2000mm 요소 갯수 100개이므로 요소 길이는 20mm, 요소 면적은 400mm^2 이다. TNT 100x100mm이므로 요소 개수는 80개이다.

② TNT 질량 변화 추이

AUTODYN의 TNT값은 51.24g으로 측정된다.

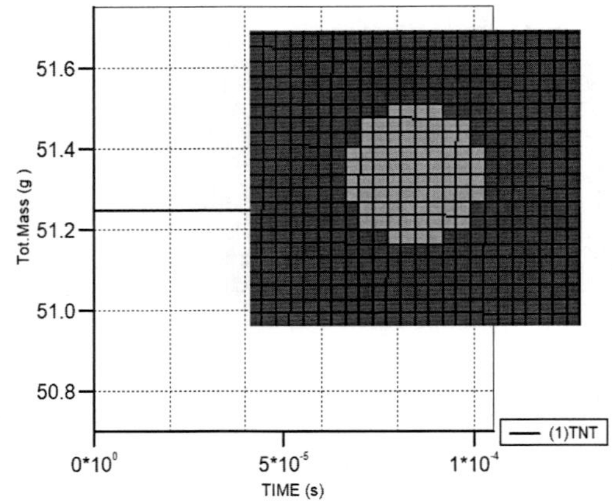

그림. TNT 질량 : Mesh 10mm의 결과

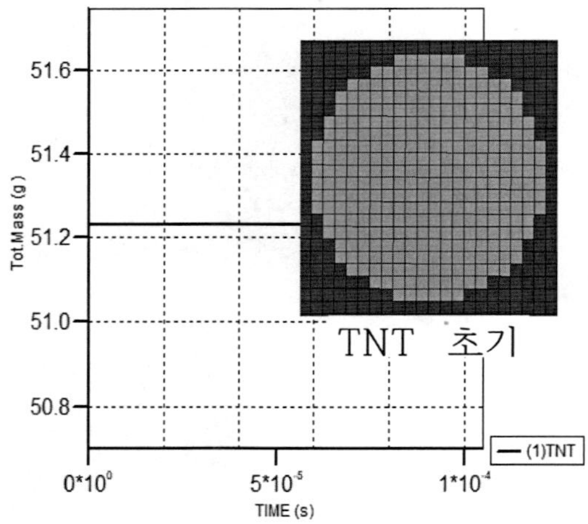

그림. TNT 질량 : Mesh 20mm의 결과

2. 200x200 직사각형 Model의 TNT 질량

※ 이전 문제와 절차가 같으며, 부분적으로 변경된 부분만 작성한다.

② 모델링 개요 (단위 : mm)

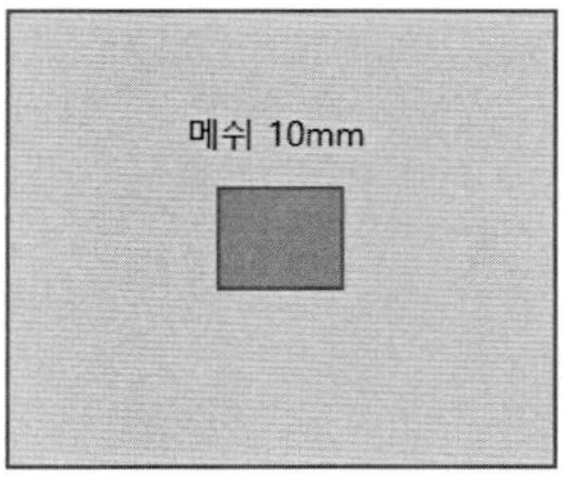

(6.1) 오일러 파트 생성

① Parts를 선택한다.

② 대화 상자에서 "New"를 선택

③ 팝업창의 Part Name을 입력한다 : space

④ Solver를 선택한다 : Euler 2D Multi

⑤ Definition을 설정하다. : Part Wized

⑥ 다음 단계로 이동

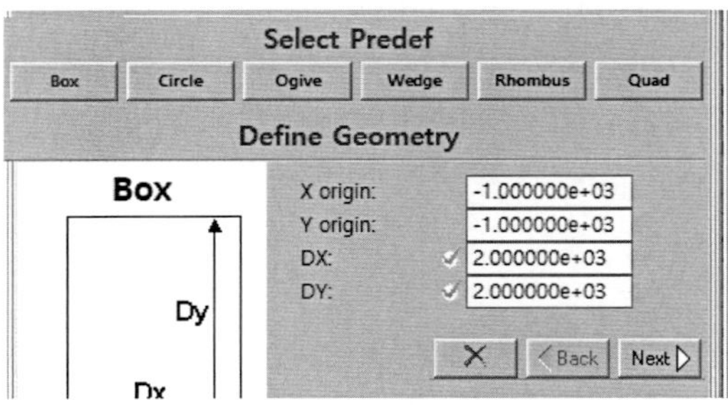

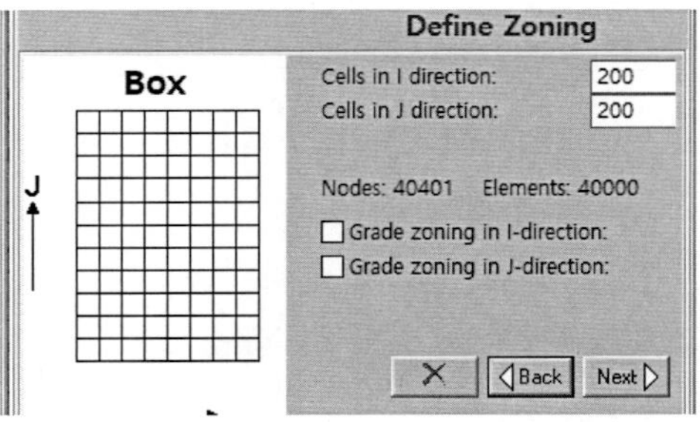

※ 요소(Element) 수는 40,000이다.

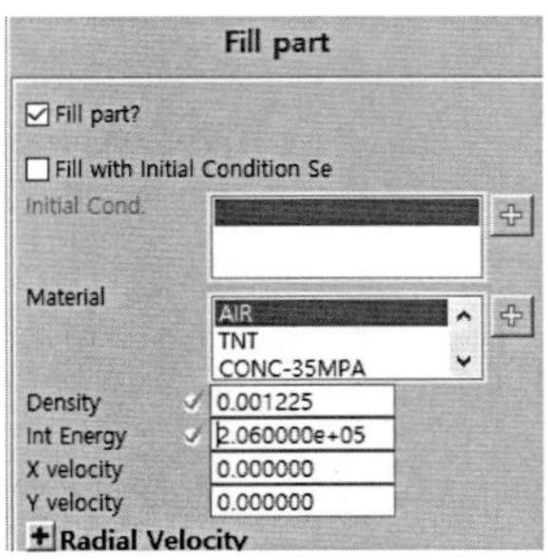

(6.2) 오일러 파트(TNT) 채우기

* 당량 TNT 2차원 모델링 (평면)		
무게	65.2	g
폭	200	mm
높이	200	mm
부피	40000	
TNT밀도	0.00163	g/mm^2

① Parts를 선택한다.
② 채우기 선택한다.
③ 직사각형 채우기 옵션을 선택하십시오.
④ x1, x2, y1, y2를 입력한다 : -100, 100, -100, 100
(길이 200x200의 사각형)
⑤ 재질(Material)을 선택한다. : TNT
⑥ 데이터 수용한다.

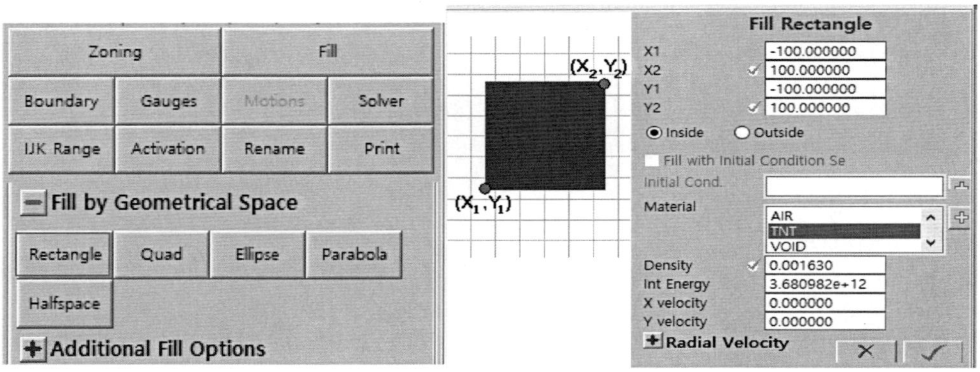

⑦ 설정 결과는 오른쪽과 같다.

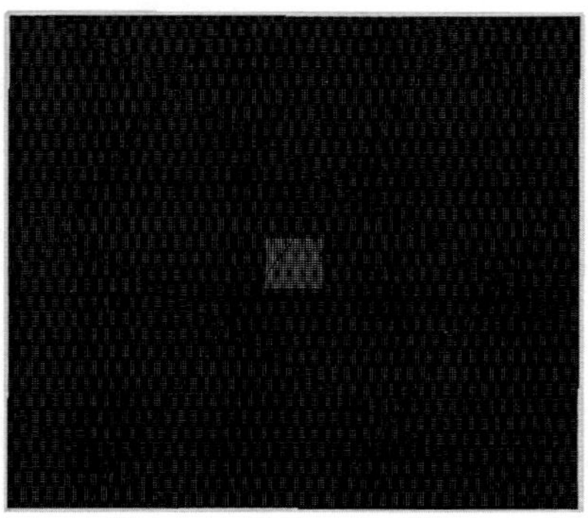

(17) 해석결과 분석

① 해석결과 (폭발 후 0.0001sec)

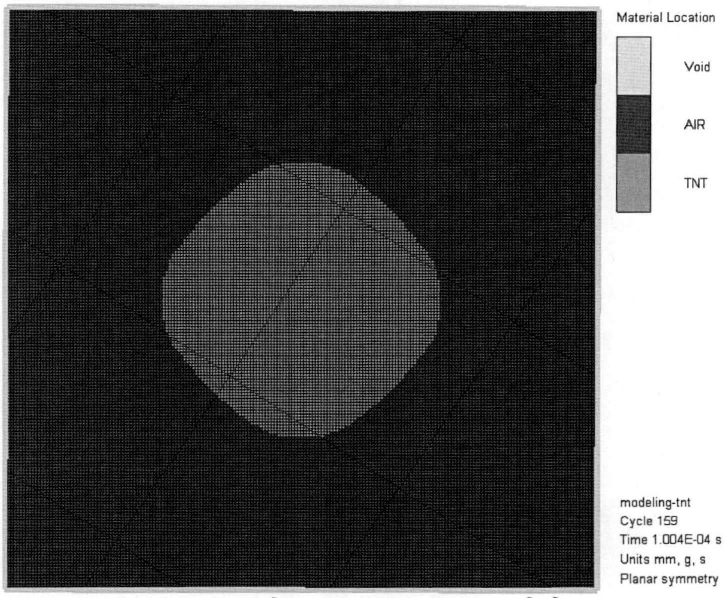

TNT 200x200mm 이고, 요소는 10mm이다.
요소 개수 400개 질량은 400x0.1605 =64.2g 으로 계산된다.

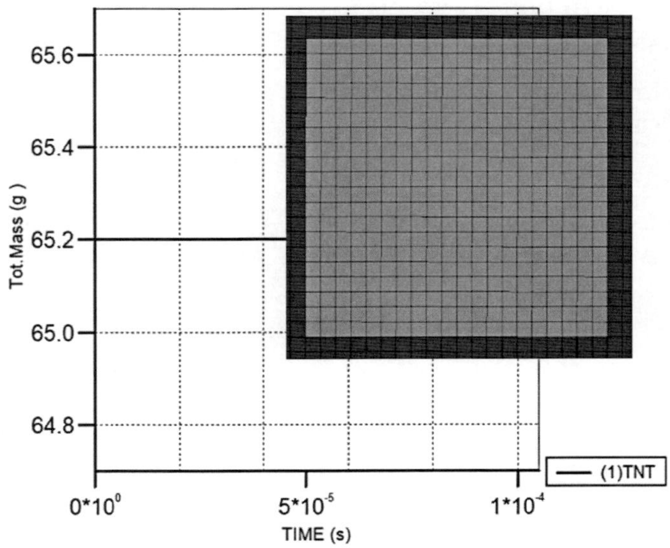

② TNT 질량 변화 추이

AUTODYN의 TNT값은 65.2g으로 측정된다.

Case 2) 메쉬 20mm, 사용단위 : 길이 mm, 무게 g, 시간 s, 2D-Planar

※ 이전 문제와 절차가 같으며, 부분적으로 변경된 부분만 작성한다.

② 모델링 개요 (단위 : mm)

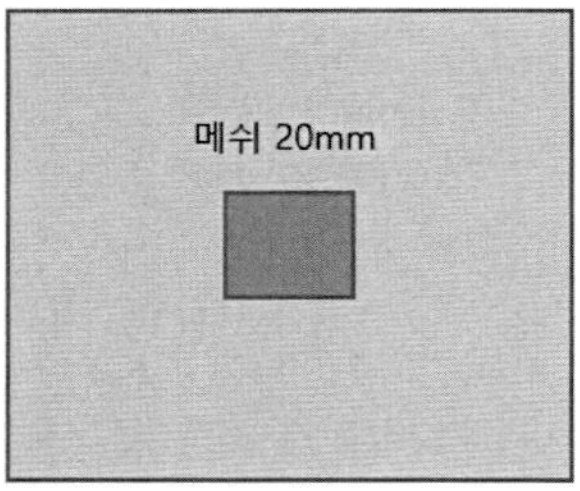

(6.1) 오일러 파트 생성

① Parts를 선택한다.

② 대화 상자에서 "New"를 선택

③ 팝업 창의 Part Name을 입력한다 : space

④ Solver를 선택한다 : Euler 2D Multi

⑤ Definition을 설정하다. : Part Wized

⑥ 다음 단계로 이동

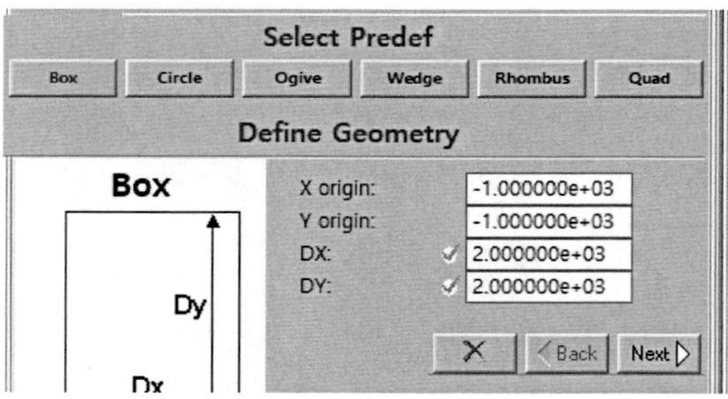

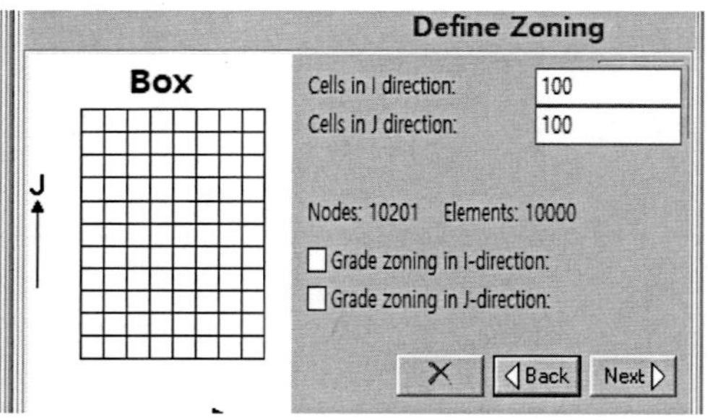

※ 요소(Element) 수는 10,000이다.

(6.2) 오일러 파트(TNT) 채우기

① Parts를 선택한다.

② 채우기 선택한다.

③ 직사각형 채우기 옵션을 선택하십시오.

④ x1, x2, y1, y2를 입력한다 : -100, 100, -100, 100
   (길이 200x200의 사각형)

⑤ 재질(Material)을 선택한다. : TNT

⑥ 데이터 수용한다.

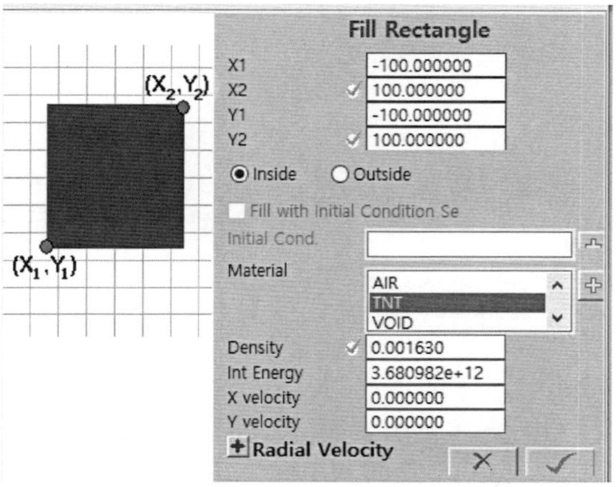

⑦ 설정 결과는 오른쪽과 같다.

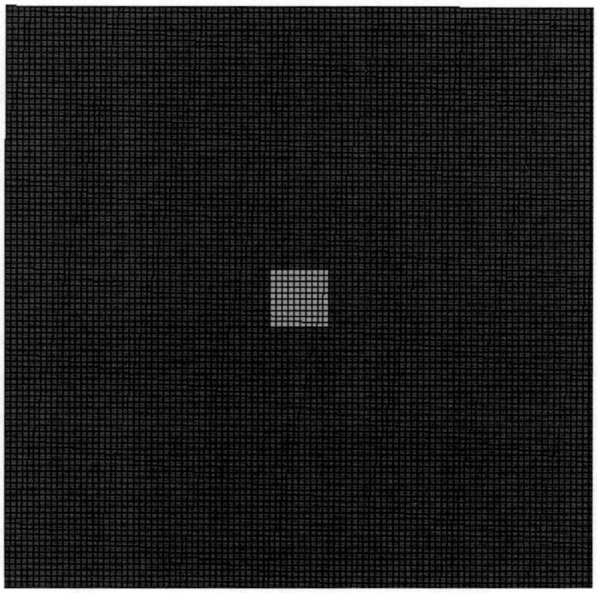

(17) 해석결과 분석

① 해석결과 (폭발 후 0.0001sec)

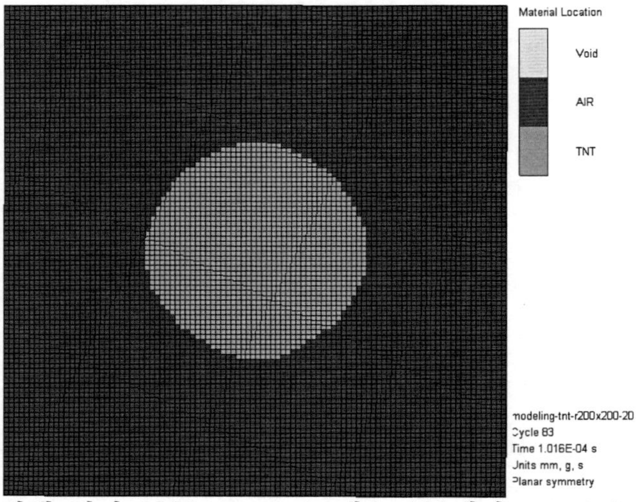

전체 길이 2000mm 요소 갯수 100개이므로 요소 길이는 20mm, 요소 면적은 400mm^2 이다.

TNT 200x200mm이므로 TNT 면적은 변화가 없다.

② TNT 질량 변화 추이

AUTODYN의 TNT값은 65.2g으로 측정된다.

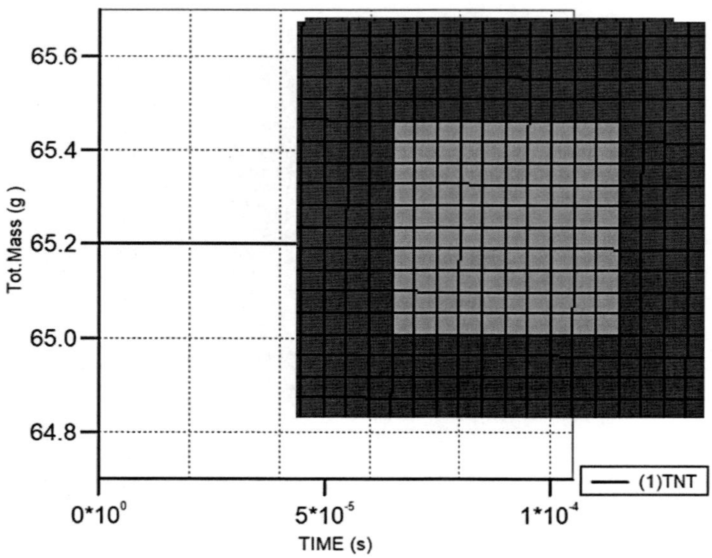

3. TNT 306Kg을 직사각형으로 모델링 (메쉬=10mm) 2D-Axial

1) 구조 계획

① 모듈의 목표

- 2차원 평면에서 TNT를 모델링한다.
- 오일러 솔버 적용하여 공기를 모델링하고 TNT를 채워 넣는다.
- TNT 모델링에 따른 TNT 질량 변화를 확인한다.
- 오일러 솔버 적용 사례
- TNT 모델링에 따른 TNT 질량 변화를 확인한다.

② 모델링 개요 (단위 : mm)

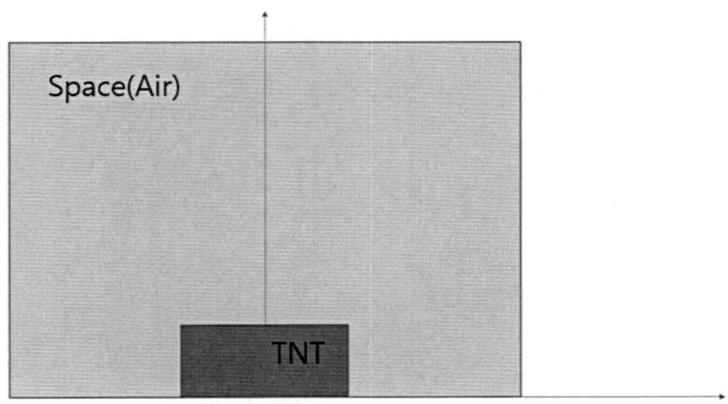

2) 구조해석

(1) Start > AUTODYN 시작

AUTODYN stand alone을 시작한다. (autodyn·exe를 더블 클릭하십시오)

> C: \Program Files \ANSYS Inc\v161 \aisol\AUTODYN \winx64 \autodyn.exe

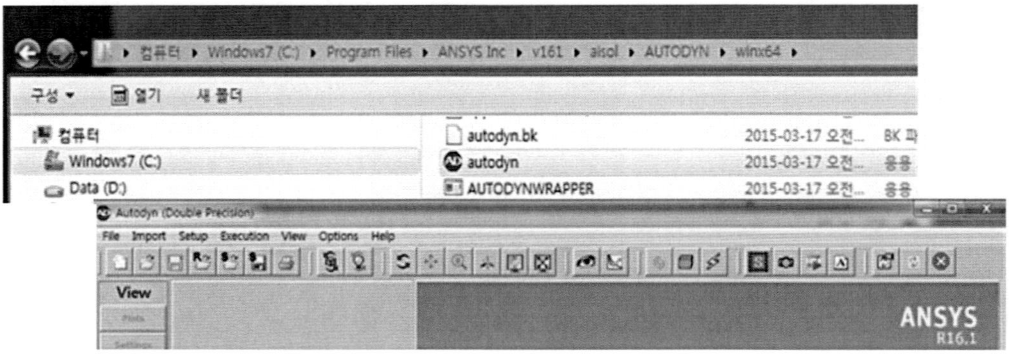

(2) Start > 프로젝트 시작

① 새로운 프로젝트 시작

② 찾아보기 프로젝트 폴더

③ Ident를 입력하십시오. : 2D fragment Impact 및 설명

④ 선택 2D 축 대칭설정

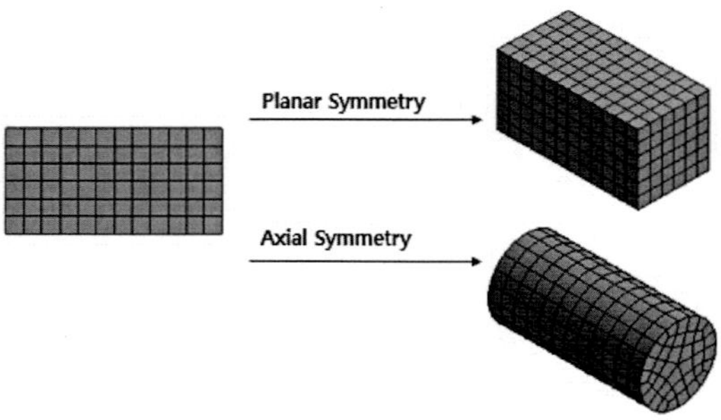

⑤ 단위의 기본 설정 유지 (정확도를 위해 권장됨)

⑥ 선택을 클릭한다.

사용단위 : 길이 mm, 무게 g, 시간 s

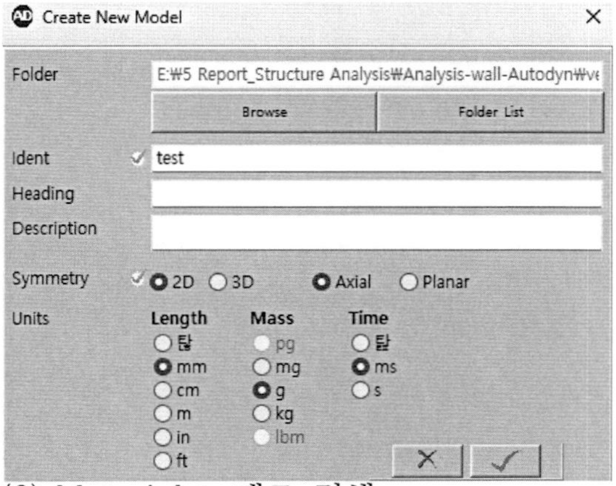

(3) Material > 재료 검색

(3.1) 라이브러리에서 재료 데이터 검색

① 메뉴에서 "Material"를 클릭하고 "Load"로 재료 데이터를 불러온다

② 라이브러리에서 다음 자료를 선택한다. :

AIR, TNT

③ 데이터를 선택 확인한다.

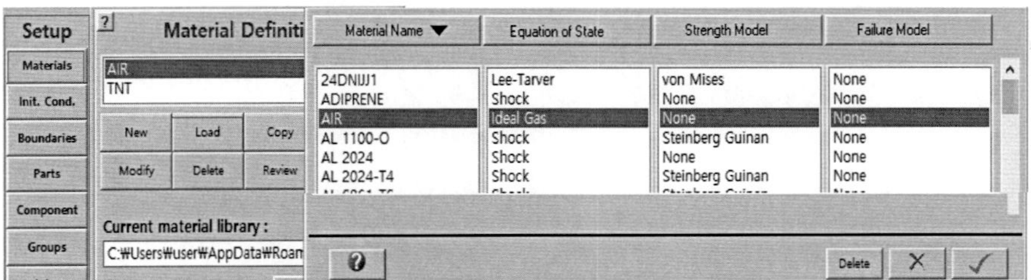

※ 라이브러리에서 여러 개를 선택하려면 CONTROL + Click을 통하여 여러 가지를 선택할 수 있다.

④ 결과 확인하면 다음과 같이 보인다.

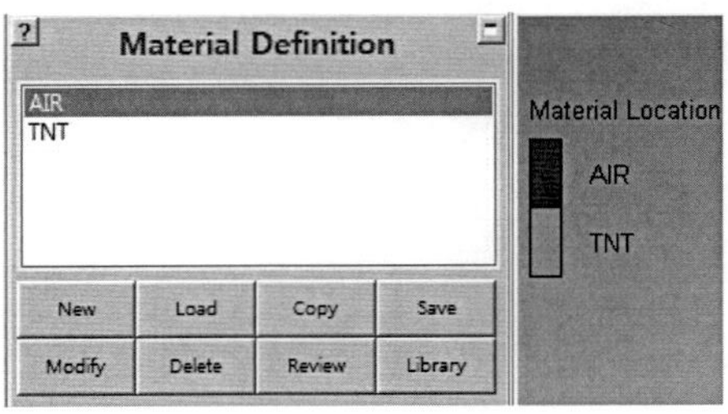

(4) 초기조건 설정 - 설정 내용 없음.

(5) 경계조건 정의

① Boundary를 선택한다.

② 대화 상자에서 New를 선택한다.

③ Boundary Name을 기록한다. : Outflow

④ Type을 정한다 : Flow_out

sub option을 정한다. : Flow_out(Euler)

⑤ Preferred Material을 설정한다 : ALL_EQUAL

⑥ 데이터를 수용한다.

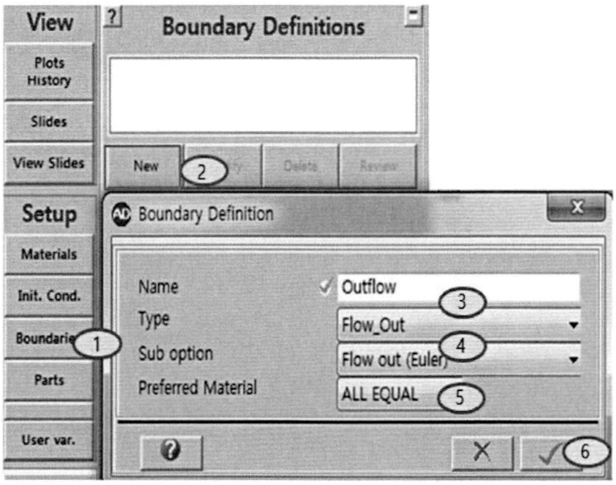

사용단위 : 길이 mm, 무게 g, 시간 s

(6.1) 오일러 파트 생성

① Parts를 선택한다.

② 대화 상자에서 "New"를 선택

③ 팝업창의 Part Name을 입력한다 : space

④ Solver를 선택한다 : Euler 2D Multi

⑤ Definition을 설정하다. : Part Wized

⑥ 다음 단계로 이동

⑦ Predef를 선정한다. : Box

⑧ Box Size : -1000, -1000, 2000, 2000

⑨ 다음 단계로 이동한다.

⑩ 셀 수를 입력한다. : 200, 200

⑪ 다음 단계로 이동한다.

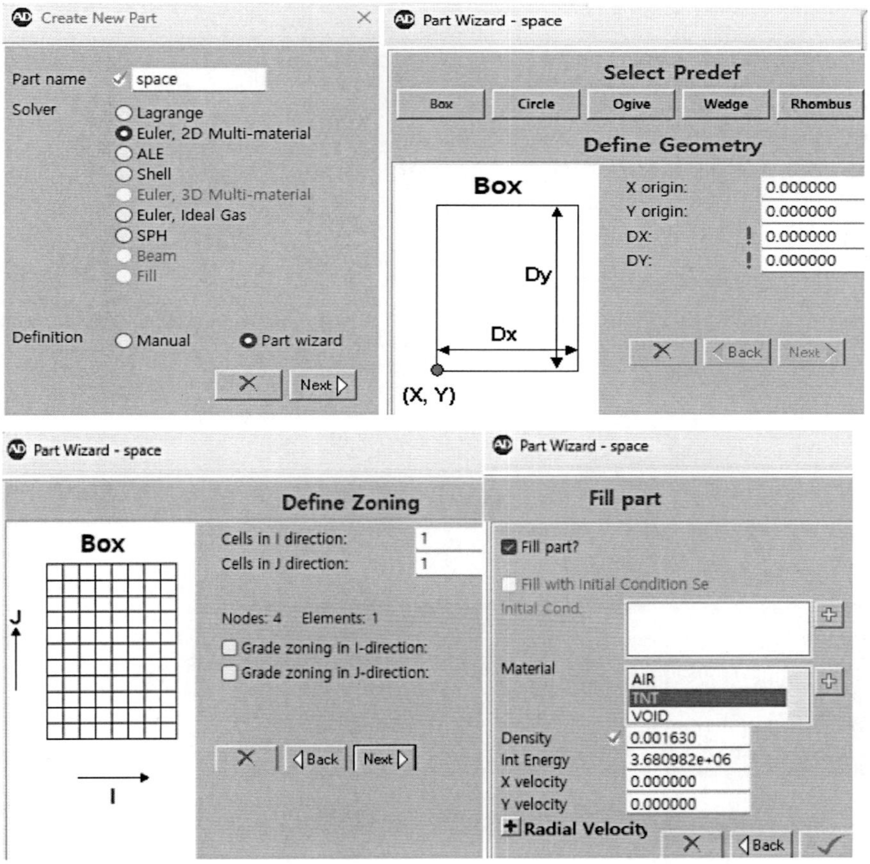

사용단위 : 길이 mm, 무게 g, 시간 s Axail에 적용함

* 당량 TNT 3차원 모델링 (평면)		
무게	307	kg
TNT밀도	1.63E-06	kg/mm^3
부피	188343558	mm^3
W(폭)	1000	mm
H(높이)	245	mm

(6.2) 오일러 파트(TNT) 채우기

① Parts를 선택한다.
② 채우기 선택한다.
③ 직사각형 채우기 옵션을 선택하십시오.
④ x1, x2, y1, y2를 입력한다 : -500, 500, 0, 245
⑤ 재질(Material)을 선택한다. : TNT
⑥ 데이터 수용한다.

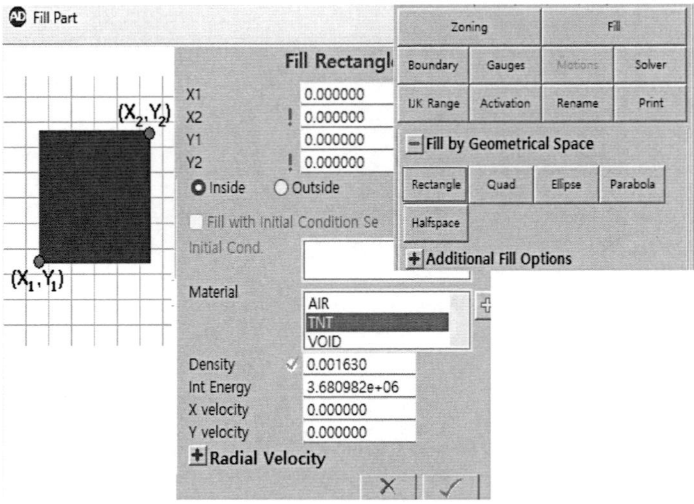

⑦ 설정 결과는 다음과 같다.

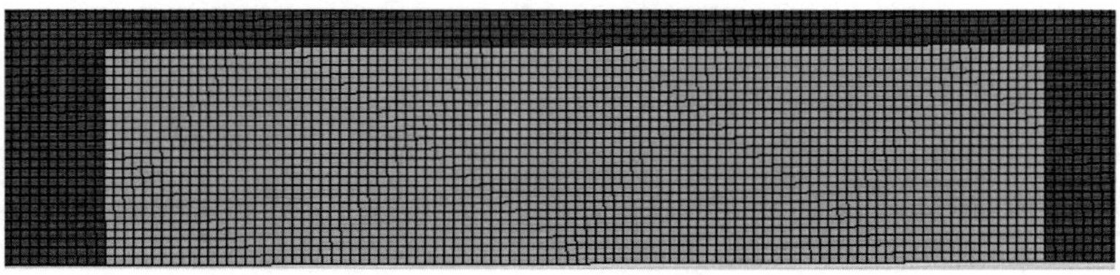

(17) 해석결과 분석

① 해석결과

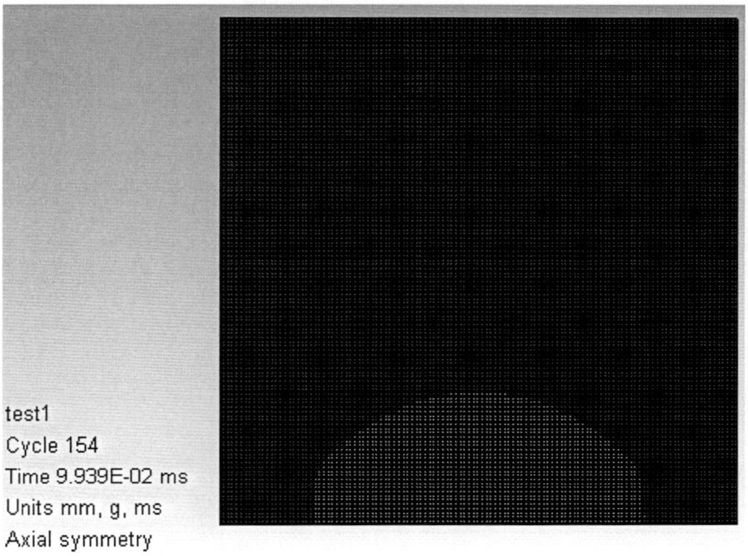

TNT 100x24mm 이고, 요소는 10mm이다.
요소 개수 2400개 이다.

② TNT 질량 변화 추이

AUTODYN의 TNT값은 307.3kg으로 측정된다.

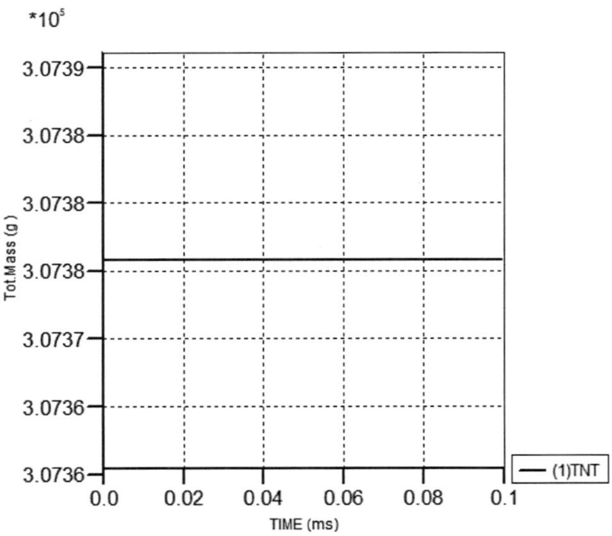

4. TNT 9.64kg에 대한 모델링 비교(Planar, Axial)

1) 구조 계획

① 모듈의 목표 :

- 오일러 솔버 적용 사례
- TNT 모델링에 따른 TNT 질량 변화를 확인한다.

② 모델링 개요 (단위 : mm)

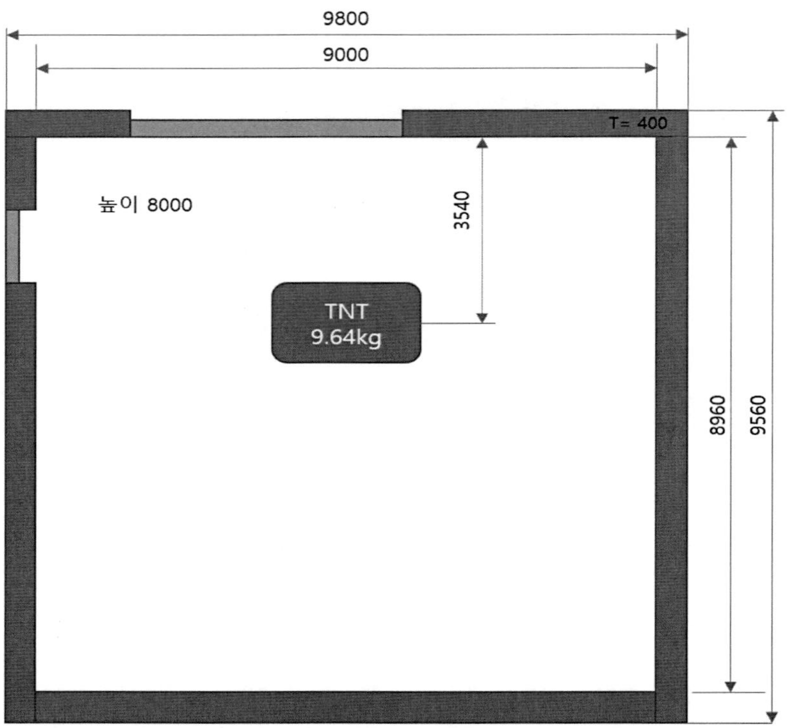

2) 구조해석

Case 1) 2D-Planar

(1) Start > AUTODYN 시작

AUTODYN stand alone을 시작한다. (autodyn·exe를 더블 클릭하십시오)

> C: \Program Files \ANSYS Inc\v161 \aisol\AUTODYN \winx64 \autodyn.exe

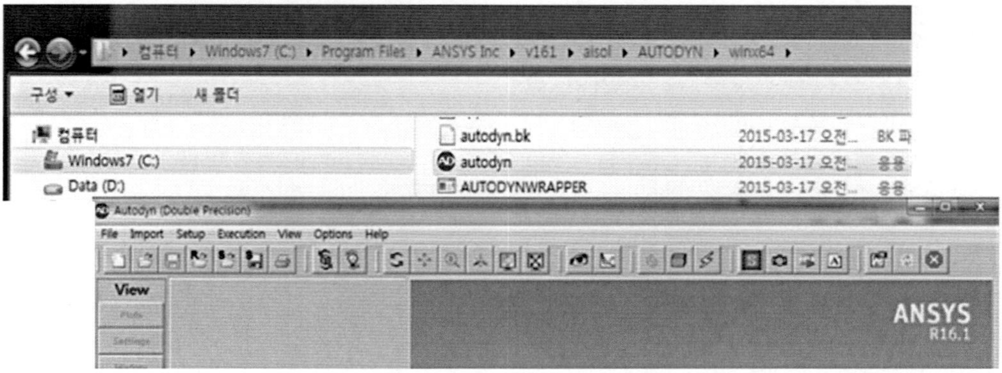

(2) Start > 프로젝트 시작

① 새로운 프로젝트 시작

② 찾아보기 프로젝트 폴더

③ Ident를 입력하십시오. : 2D fragment Impact 및 설명

④ 선택 2D 축 대칭설정

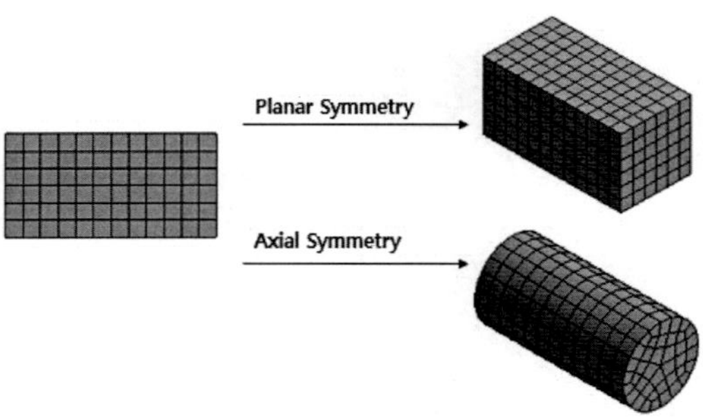

⑤ 단위의 기본 설정 유지 (정확도를 위해 권장됨)

⑥ 선택을 클릭한다.

사용단위 : 길이 mm, 무게 g, 시간 s

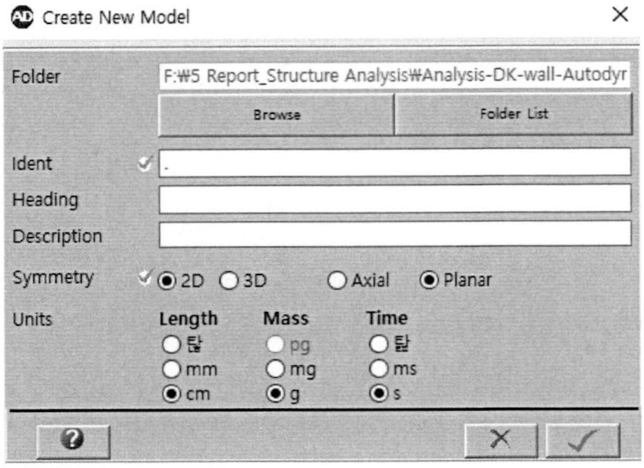

(3) Material > 재료 검색

(3.1) 라이브러리에서 재료 데이터 검색

① 메뉴에서 “Material”를 클릭하고 “Load“로 재료 데이터를 불러온다

② 라이브러리에서 다음 자료를 선택한다. :

AIR, TNT

③ 데이터를 선택 확인한다.

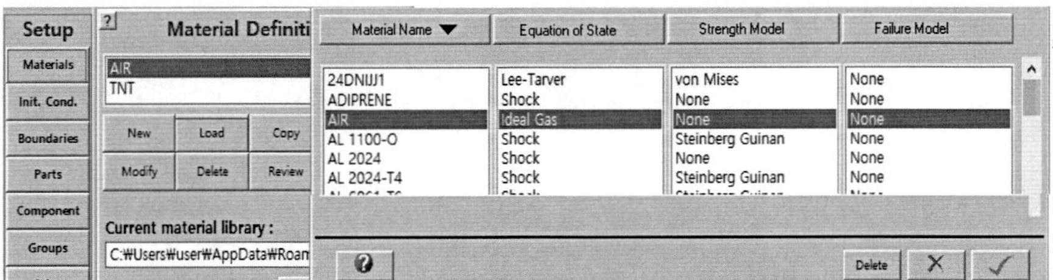

※ 라이브러리에서 여러 개를 선택하려면 CONTROL + Click을 통하여 여러 가지를 선택할 수 있다.

④ 결과 확인하면 다음과 같이 보인다.

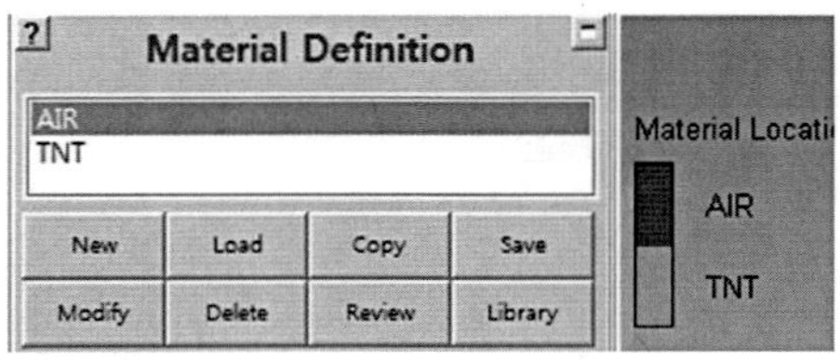

(4) 초기조건 설정 - 설정 내용 없음.

(5) 경계조건 정의

① Boundary를 선택한다.

② 대화 상자에서 New를 선택한다.

③ Boundary Name을 기록한다. : Outflow

④ Type을 정한다 : Flow_out

sub option을 정한다. : Flow_out(Euler)

⑤ Preferred Material을 설정한다 : ALL_EQUAL

⑥ 데이터를 수용한다.

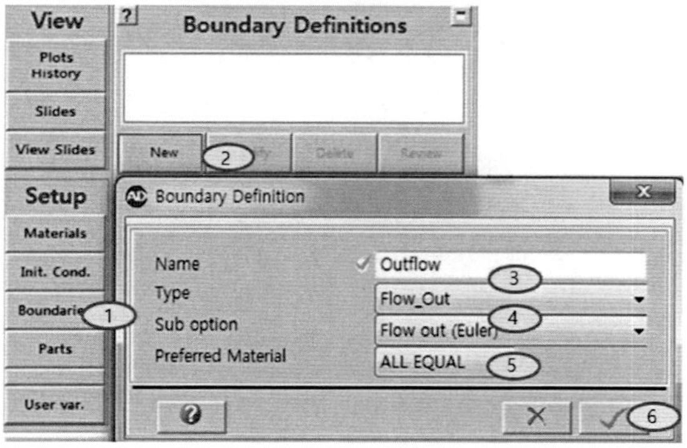

사용단위 : 길이 mm, 무게 g, 시간 s

(6.1) 오일러 파트 생성

① Parts를 선택한다.

② 대화 상자에서 "New"를 선택

③ 팝업창의 Part Name을 입력한다 : space

④ Solver를 선택한다 : Euler 2D Multi

⑤ Definition을 설정하다. : Part Wized

⑥ 다음 단계로 이동

⑦ Predef를 선정한다. : Box

⑧ Box Size : X=-800, Y=0, DX=4750, DY=8000

⑨ 다음 단계로 이동한다.

⑩ 셀 수를 입력한다. : 118, 400

⑪ 다음 단계로 이동한다.

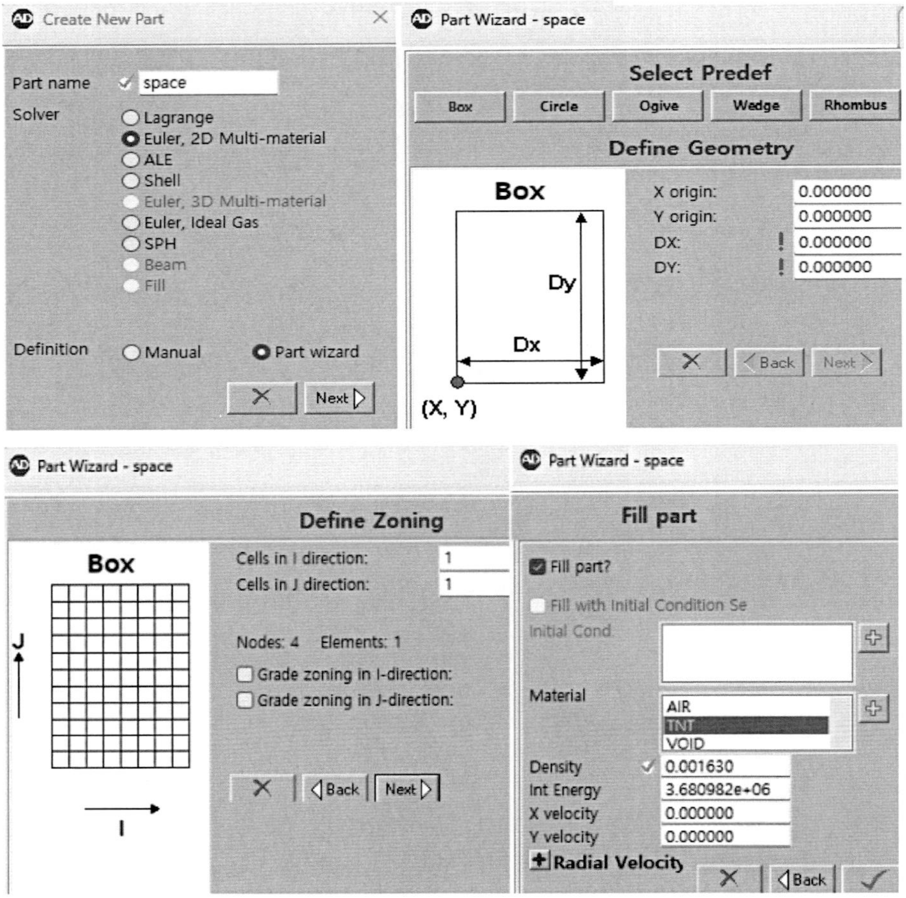

(6.2) 오일러 파트(TNT) 채우기

* 당량 TNT 2차원 모델링 (평면)		
무게	9.4	kg
폭	1500	mm
높이	3845	mm
부피	5766871	
TNT밀도	1.63E-06	kg/mm^2

① Parts를 선택한다.
② 채우기 선택한다.
③ 직사각형 채우기 옵션을 선택하십시오.
④ x1, x2, y1, y2를 입력한다 : -750, 750, 0, 3845
⑤ 재질(Material)을 선택한다. : TNT
⑥ 데이터 수용한다.

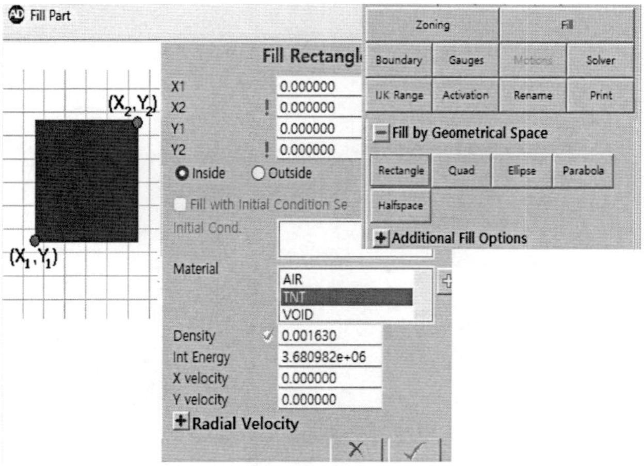

(6) Detonation 설정

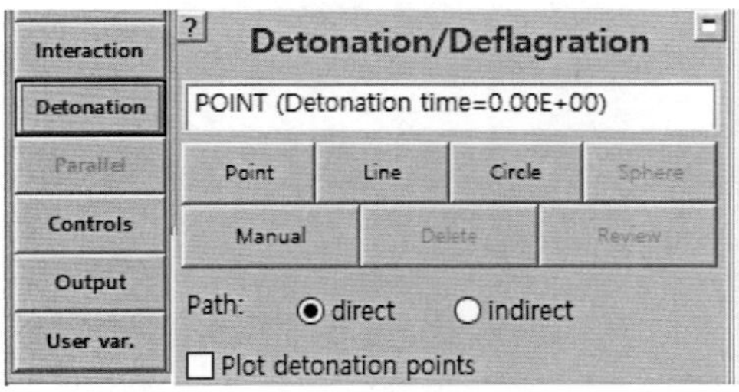

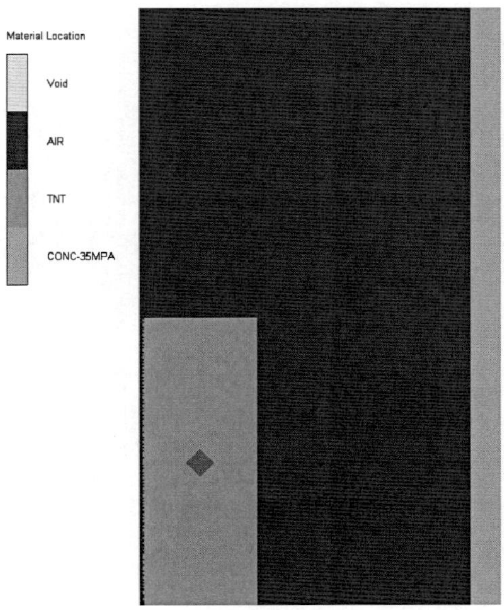

(17) 해석결과 분석

① 해석결과

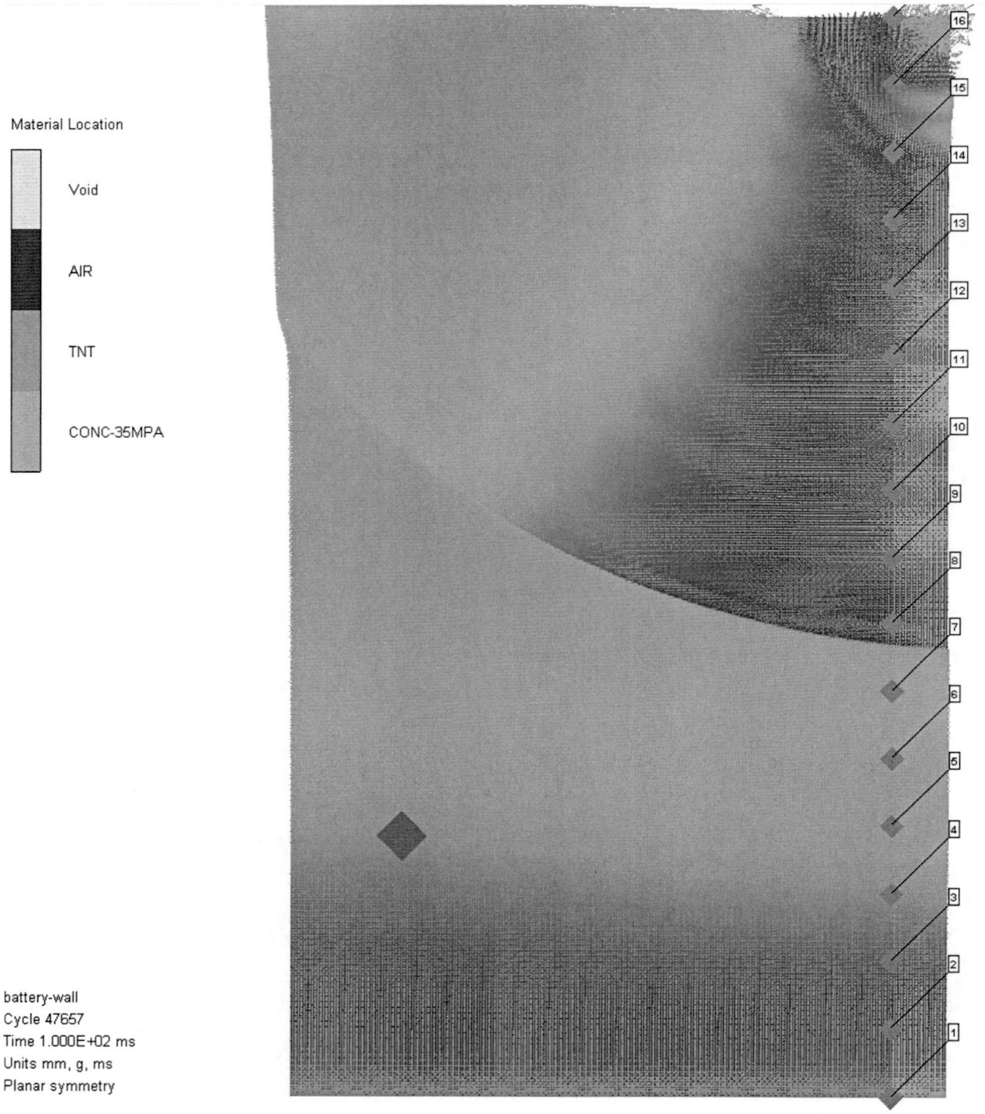

② TNT 질량 변화 추이

AUTODYN의 TNT값은 9.39kg으로 측정된다.

ANSYS AUTODYN

History Output

	IDENT	battery-wa	battery-wa	battery-wa	battery-wa
	MATERIAL	ALL	AIR	TNT	CONC-35MPA
	TIME	Tot.Mass	Tot.Mass	Tot.Mass	Tot.Mass
1	0.00000E+00	1.68376E+04	3.94906E+01	9.39329E+03	7.40480E+03
2	7.48974E-04	1.68376E+04	3.94906E+01	9.39329E+03	7.40480E+03
3	1.57285E-03	1.68376E+04	3.94906E+01	9.39329E+03	7.40480E+03
4	2.47911E-03	1.68376E+04	3.94906E+01	9.39329E+03	7.40480E+03
5	3.47599E-03	1.68376E+04	3.94906E+01	9.39329E+03	7.40480E+03

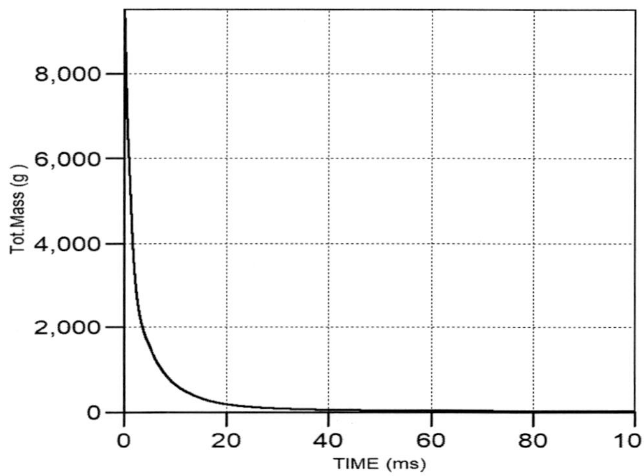

③ 압력 변화 추이

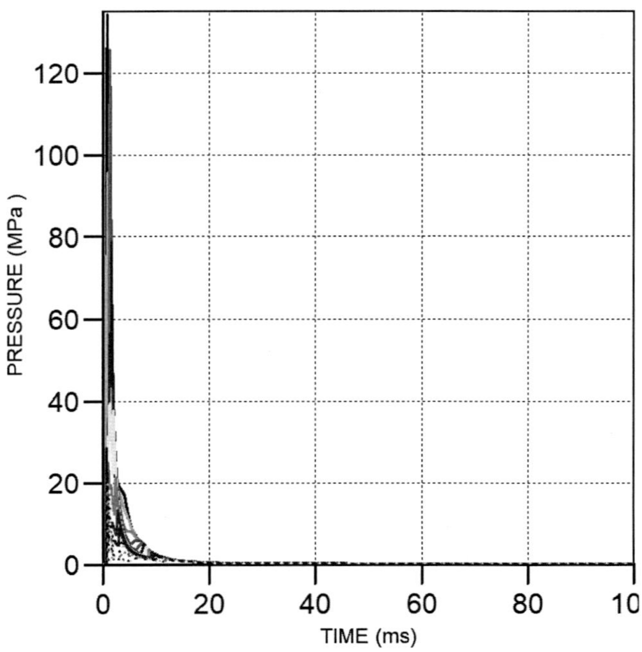

Case 2) 2D-Axial

(1) Start > AUTODYN 시작
AUTODYN stand alone을 시작한다. (autodyn·exe를 더블 클릭하십시오)

> C: \Program Files \ANSYS Inc\v161 \aisol\AUTODYN \winx64 \autodyn.exe

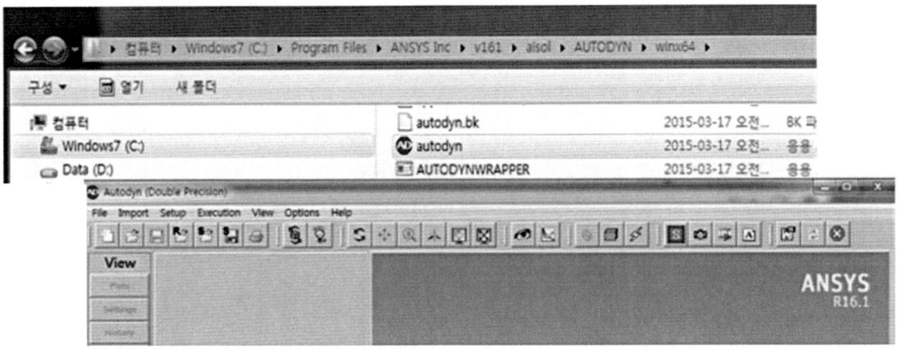

(2) Start > 프로젝트 시작
① 새로운 프로젝트 시작
② 찾아보기 프로젝트 폴더
③ Ident를 입력하십시오. : 2D fragment Impact 및 설명
④ 선택 2D 축 대칭설정

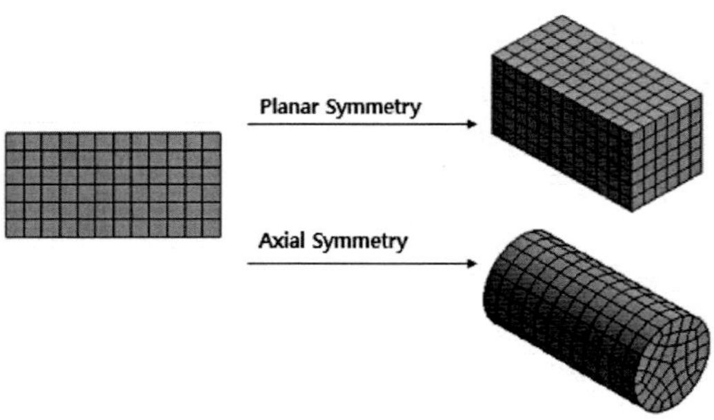

⑤ 단위의 기본 설정 유지 (정확도를 위해 권장됨)
⑥ 선택을 클릭한다.

사용단위 : 길이 mm, 무게 g, 시간 s

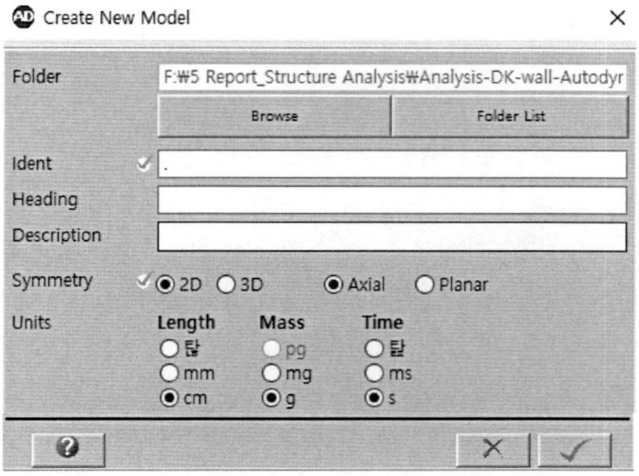

(Case 1)과 다른 부분만 작성한다.

(6.2) 오일러 파트(TNT) 채우기

사용단위 : 길이 mm, 무게 g, 시간 s Axail에 적용함

* 당량 TNT 3차원 모델링 (평면)		
무게	9.64	kg
TNT밀도	1.63E-06	kg/mm^3
부피	5914110	mm^3
W(폭)	100	mm
H(높이)	137	mm

① Parts를 선택한다.
② 채우기 선택한다.
③ 직사각형 채우기 옵션을 선택하십시오.
④ x1, x2, y1, y2를 입력한다 : -50, 50, 0, 137
⑤ 재질(Material)을 선택한다. : TNT
⑥ 데이터 수용한다.

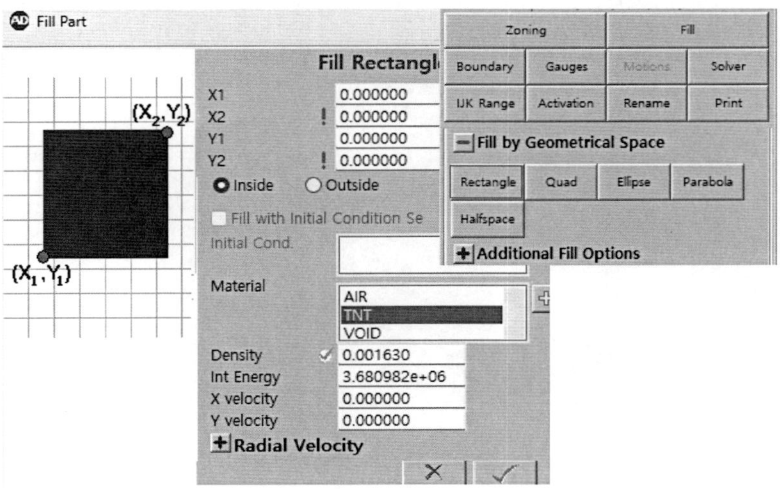

⑦ 설정 결과는 다음과 같다.

Material Location
Void
AIR
TNT
CONC-35MPA
batter-964tnt
Cycle 0
Time 0.000E+00 ms
Units mm, g, ms
Axial symmetry
17
16
15
14
13
12
11
10
9
8
7
6
5
4
3
2
1

(17) 해석결과 분석

① 해석결과

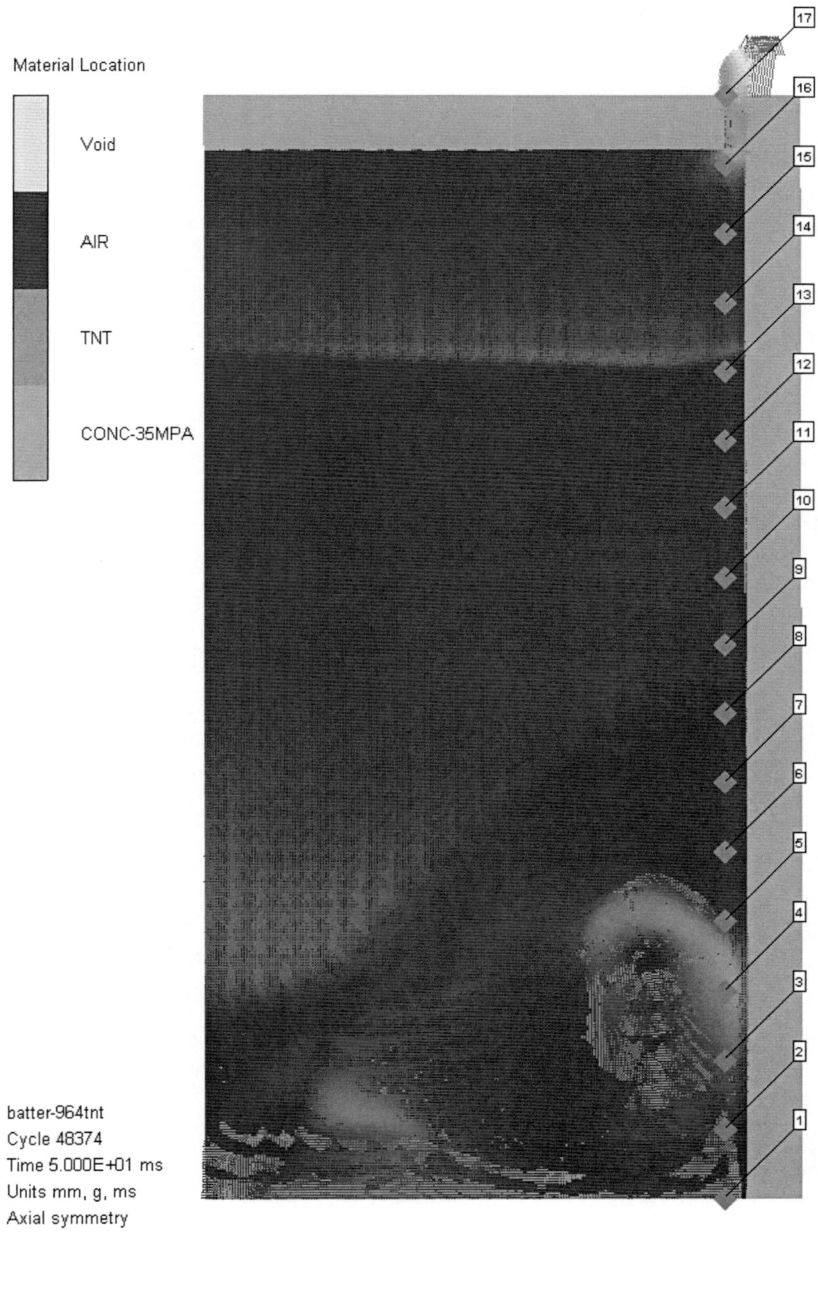

② TNT 질량 변화 추이

AUTODYN의 TNT값은 9.752kg으로 측정된다.

History Output

	MATERIAL	ALL	AIR	TNT	CONC-35MPA
	TIME	Tot.Mass	Tot.Mass	Tot.Mass	Tot.Mass
1	0.00000E+00	3.54777E+08	8.22453E+05	9.75204E+03	3.53944E+08
2	7.48186E-04	3.54777E+08	8.22453E+05	9.75204E+03	3.53944E+08
3	1.57119E-03	3.54777E+08	8.22453E+05	9.75204E+03	3.53944E+08

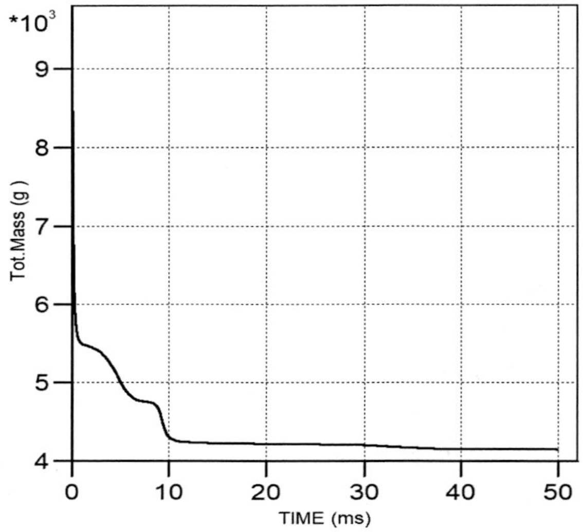

③ 압력 변화 추이

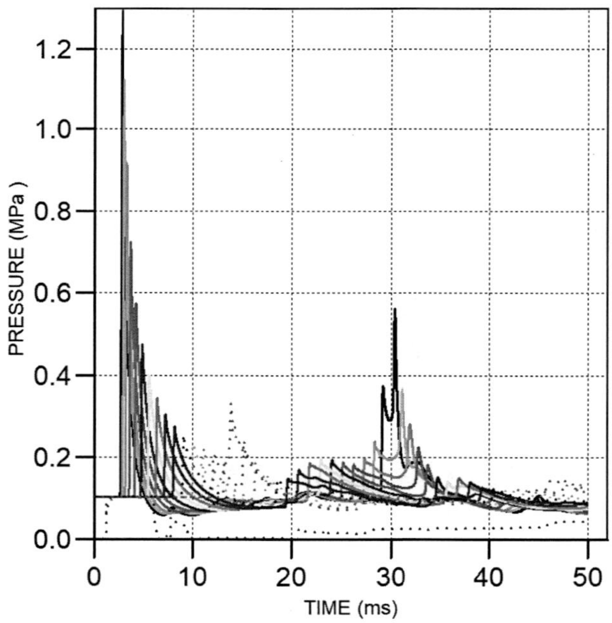

참고 : ConWep (Overpressure) 의한 반사압과 비교

1.0 Threat	
TNT charge weight, W	9.6
Stand-off, R	3.6
Scaled distance, Z	1.7
Angle, θ	0.0
2.0 Incident Properties	
Incident pressure, Pso	431.57
Incident impulse, Iso	337.65
Positive phase duration, to	4.4
Arrival time, ta	2.6
Incident waveform parameter, βso	4.4
3.0 Reflected Properties	
Reflected pressure, Pr	1,848.57
Reflected impulse, Ir	761.22
Reflected pressure coefficient, Crα	4.3
Reflected waveform parameter, βr	9.6

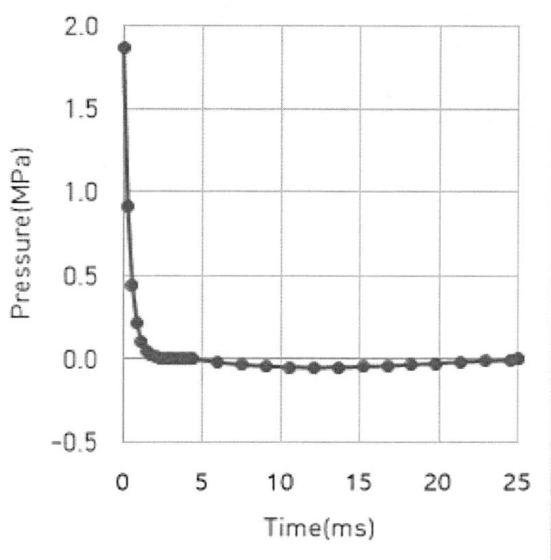

III 폭풍파의 2D 유동 해석

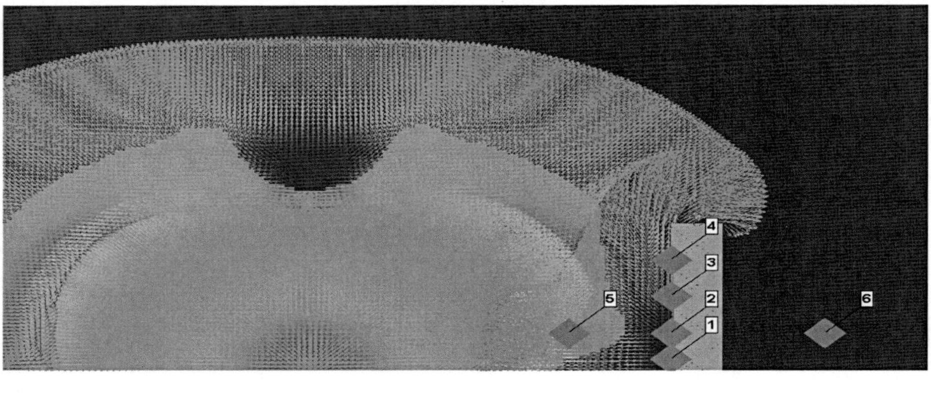

1. 폭발 하중의 특징

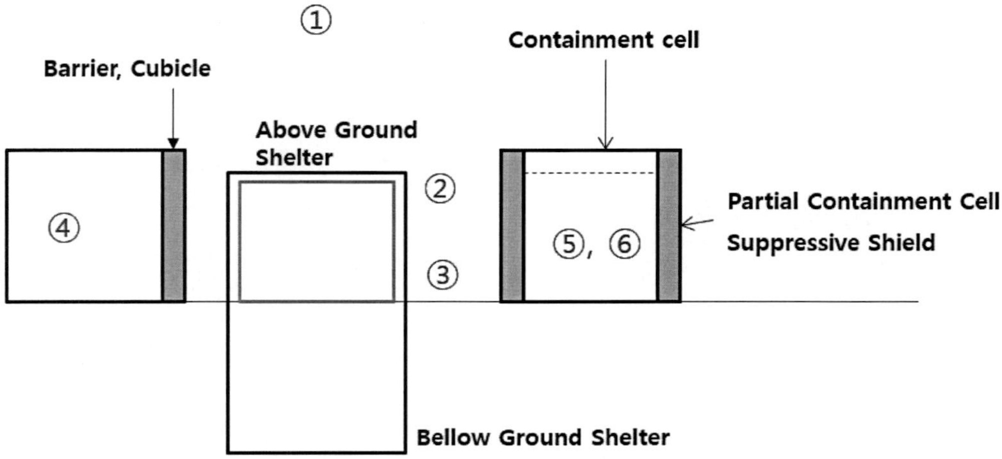

그림 3.1 방호구조물에 따른 폭발물의 폭발 위치

<table>
<tr><th colspan="2">폭발위치</th><th>폭발형태</th><th>작용하중</th><th>방호구조물</th></tr>
<tr><td rowspan="3">외부폭발</td><td>①</td><td>자유공중폭발</td><td>미반사</td><td rowspan="3">군시설 ,
대피소동</td></tr>
<tr><td>②</td><td>공중폭발</td><td>반사</td></tr>
<tr><td>③</td><td>지면폭발</td><td>반사</td></tr>
<tr><td rowspan="7">내부폭발</td><td rowspan="2">④</td><td rowspan="2">완전유출</td><td>내부충격</td><td rowspan="2">방벽 또는 분리</td></tr>
<tr><td>누출</td></tr>
<tr><td rowspan="3">⑤</td><td rowspan="3">부분밀폐</td><td>내부</td><td rowspan="3">부분봉쇄 또는 차단</td></tr>
<tr><td>내부가스</td></tr>
<tr><td>누출</td></tr>
<tr><td rowspan="2">⑥</td><td rowspan="2">완전밀패</td><td>내부충격</td><td rowspan="2">완전봉쇄</td></tr>
<tr><td>내부가스</td></tr>
</table>

1) 폭발물의 위치 및 폭발 형태

폭발물은 위치 및 폭발 형태에 따라 그림 3.1과 같은 다양한 폭발 위치를 나타낼 수 있다. 공중 또는 지면에서 폭발되어 넓은 지역의 폭발 반경을 갖는 외부폭발(Unconfined Explosions, ①, ②, ③)과 구조물과 같이 내부에서 국한된 지역 내 폭발되는 내부폭발(Confine Explosions,④, ⑤, ⑥)로 나눌 수 있다. 여기서, 외부 폭발의 경우 구조물이나 폭발물들의 형태 외에도 여러 환경이나 변수에 영향을 많이 받으며, 다음 표와 같이 지면이나 구조물의 폭발압력 반사에 따라 분류할 수 있다.

외부폭발에는 3가지 종류가 있다.
①은 자유공중의 외부폭발은 폭발압력의 반사가 없는 자유 공간 형태의 폭발이다. 폭발물이 구조물보다 높은 공중에서 폭발이 일어나 폭발물을 중심으로 폭발 압력이 자유공간(대기)에 퍼져나가 발생된 압력이 직접 구조물에 영향을 미치는 형태이다. ③은 지면폭발로 지면 반사가 있는 폭발로 구분 된다. 지면 반사가 있는 지면 폭발 반사가 있는 공중 폭발(②)보다 낮은 높이 또는 지면에서 폭발물이 폭발하는 형태로 폭발압력과 지면으로부터의 반사된 압력이 합쳐져 단일파 형태로 구조물에 전달되며, 폭발 압력의 형태와 전파 과정은 '3) 폭발물의 효과'에 나타내었다.

내부폭발은 구조물의 내부 공간에서 폭발 발생 시 발생되는 내부충격에 의해 외부 공간 또는 외부 구조물에 폭발 압력 유출여부에 따라 ④, ⑤, ⑥으로 분류된다. ④의 경우 내부폭발이 발생되는 구조물에서 발생된 폭발압력이 1개 이상의 개방된 경로(벽, 천장)를 통해 외부로 완전히 유출되는 경우이며, 이를 위해 개방된 경로에 방벽을 설치하여 폭발압력으로부터 방호하거나, ④ 구조물 자체를 외부 구조물들과 분리를 시켜 폭발로부터 방호할 수 있다. ⑤ 의 내부폭발 형태는 발생된 폭발압력이 구조물 내에서만 전파가 되다가, 구조물 내벽의 창(Window)과 같은 개구부 또는 취약 부분으로 인해 폭발 압력이 외부로 유출될 수 있는 경우이다. 이 경우 개구부를 봉쇄하거나 개구부를 없애 차단하는 구조로 방호할 수 있다. ⑥완전 밀폐 형태는 내부 공간에서 폭발 시 폭발 압력을 외부로 유출 시키지 않기 위해 구조물을 폭발압력으로부터 견딜 수 있도록 완전히 밀폐한 형태를 말한다.

2) 폭발물의 효과

폭발 하중은 매우 짧은 시간 동안에 많은 양의 에너지가 방출되어 공간 안에 압력파(Pressure Wave)형태의 폭발파(Blast Wave)와 충격파(Shock Wave)가 발생하게 된다.

외부 폭발물에 의한 방호 구조물의 설계 시 고려되는 효과는 폭풍효과, 충격효과가 주된 요소이며 그 외 파편효과, 화염효과, 관입효과 등이 있다.

(1) 폭풍파(Blast Wave) 효과

폭발에서의 폭풍 효과는 거리에 따라 압력 강도가 감소되면서 폭발 원점으로부터 밖으로 확산하는 고압의 충격 전단으로 구성된 충격파의 형태로 나타난다. 충격 전단이 구조물에 충돌하면 구조물은 그 일부 또는 전체가 충격 압력 속으로 빠져들게 된다. 구조물에 대한 폭풍파의 크기와 분포는 폭발물의 종류, 무게, 방호, 구조물에 대한 폭발물의 상대적인 위치, 충격파와 지면 또는 구조물과의 상호 작용 등에 의해 결정된다.

폭발물이 폭발하면 분출되는 가스의 압력이 폭풍파가 되어 공기 속으로 전파되며, 이러한 폭풍파의 선단을 충격전단(Shock Front)이라 부른다.

폭풍파의 압력-시간 관계는 다음 그림과 같이 최대 입사 압력(Pso)으로 급상승한 다음 대기압 이하로 떨어졌다가 서서히 대기압상태로 회복한다.

ta에서 to까지를 압단계(Positive Phase)라 하고 대기압 이하인 구간을 부압 단계(Negative Phase)라 한다. 구조물의 방호 설계에 있어 이 정압 단계가 중요하며 이 단계의 곡선 아래 면적을 충격량(is)이라 정의한다.

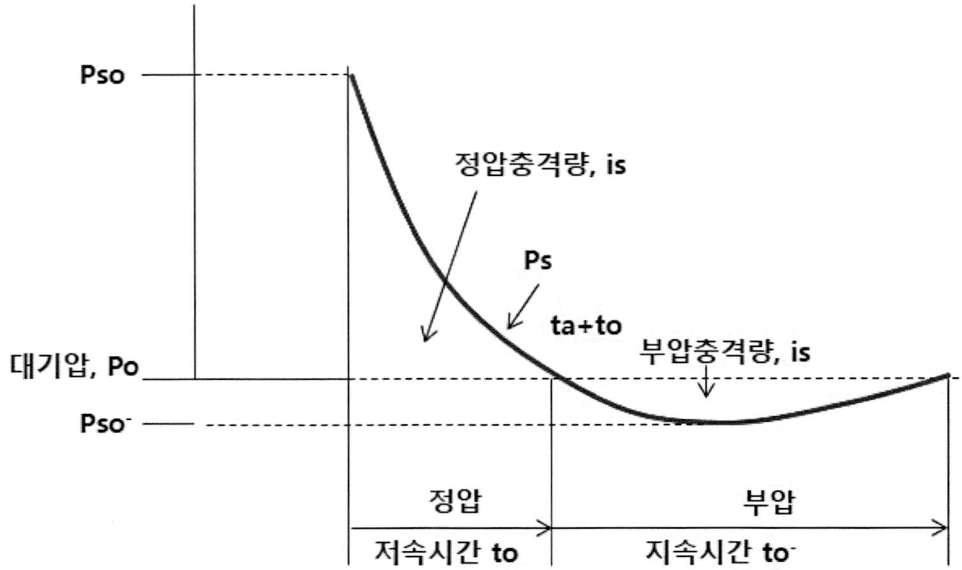

그림 3.2 장애물이 없을 시 압력과 시간관계

방호구조물 설계에 필요한 대부분은 충격파가 진행방향과 수평이 아닌 면(벽이나 구조물 등)을 만났을 때 일어나는 현상이다. 충격파가 이러한 장애물을 만났을 때는 반사압력이 발생한다. 반사압력은 입사압력과 비슷한 이력형태를 가지나 더 큰 최대 압력을 가진다. 최대 입사압력과 입사각에 의해 결정된다. 반사압력의 지속시간은 장애물 면적의 크기에 영향을 받는다. 충격파가 일정한 크기의 장애물을 만나면 장애물 면과 충돌에 의해 생긴 반사파가 장애물이 둘러싸고 흘러나감으로써 반사파의 크기를 감쇠시키게 된다. 반사압력이 감쇠되지 않을 경우 충격파는 모든 점에서 반사되고 반사파의 지속시간은 입사파의 지속시간과 동일하게 된다.

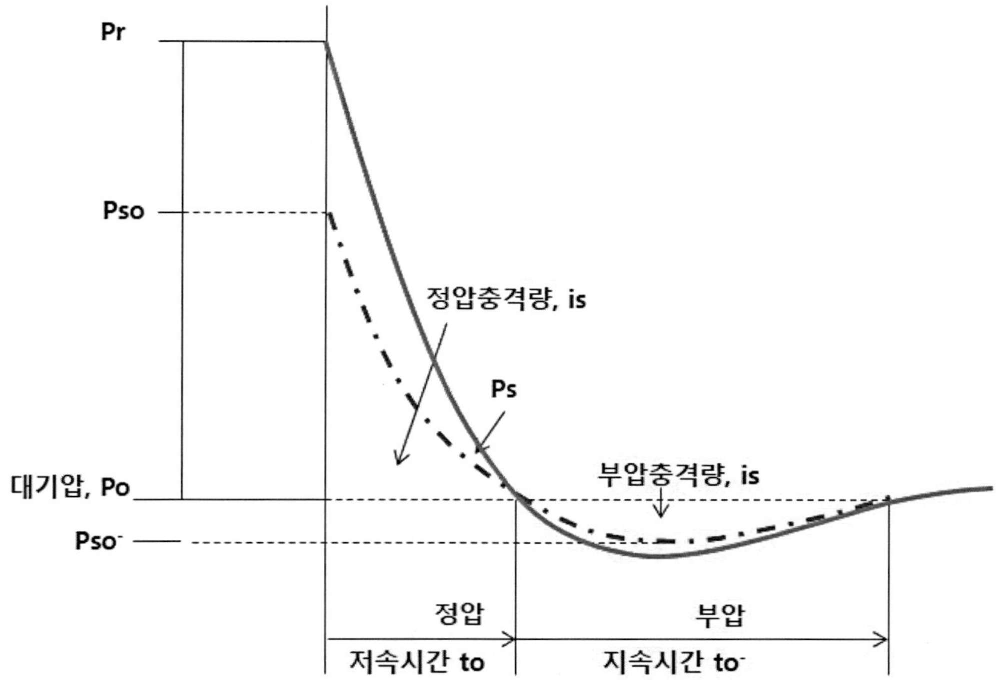

그림 3.3 장애물이 없을 시 압력과 시간관계

3) 공기 중에서 폭발하중 전달

UFC 3-340-02 기준에 따라 크게 구조물의 반사효과가 고려되지 않는 개방된 공간에서의 폭발과 구조물의 반사효과가 고려되는 폐쇄된 공간에서의 폭발로 구분할 수 있다. 개방된 공간에서의 폭발 중에서도 지면의 영향을 고려하지 않는 free air burst와 지면의 영향을 고려한 surface burst로 나눌 수 있는데, 이 논문에서는 free air burst에 대한 조건을 중점적으로 다룬다. 폭발하중은 폭발 초기에 아주 빠른 속도로 주변의 대기와 평형상태를 이루기 위해 충격파를 발생시킨다. 이러한 폭발 하중에 의한 초기 폭발파는 순간적으로 대기업에서 최대 입사압력으로 증가시키며, 이런 압력 증가나 충격파는 감소하는 충격속도를 가지고 폭발지점으로부터 공기 중으로 방사 형태로 이동한다. 충격파가 지속시간 동안 진행됨에 따라 정면에서의 최대 입사 압력(Ps)은 감소하는 특징을 가지고 있다.[15]

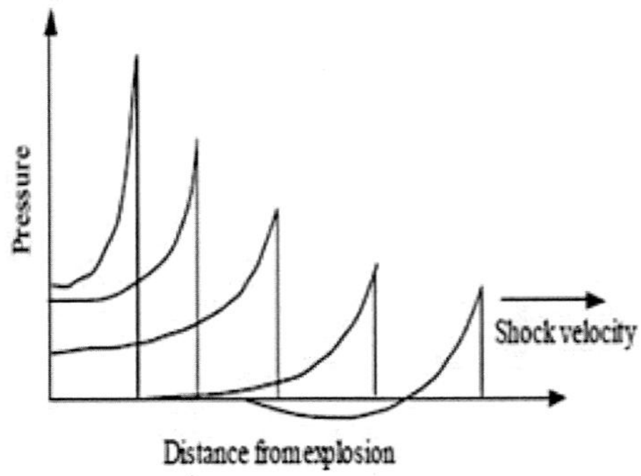

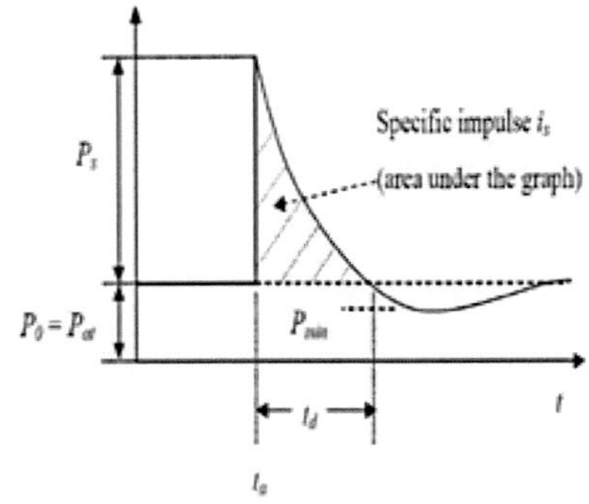

그림에서처럼 폭발이 발생하기 이전에는 대기업 (=101.33kPa)를 유지하고 있지만, 폭발이 발생한 이후에 폭발파가 공기 중의 어느 지점에 도달하게 되면 그 지점에는 최대 입사 압력(Ps)이 작용하게 된다. 그리고 이 최대 입사 압력은 지속시간 is동안 점차적으로 대기압 Po로 복귀하게 되는데, 이 구간을 정압기라고 하며, 이 시간 동안 작용한 압력을 지속시간으로 적분한 값이 구조물에 충격량(is)으로 작용하게 된다. 정압기 이후 폭발파에 의해 팽창되었던 대기가 축소되기 위해 대기압보다 낮은 약한 부압 영역을 갖게 되는데, 이 구간을 부압기라고 한다. 이 구간은 지속시간은 길지만 대개 그 크기와 영향이 미미하므로 무시해도 좋다. 부압기 이후에는 평상시의 대기압과 같은 압력으로 다시 돌아오게 되며 폭발파의 영향이 끝나게 된다.
이처럼 폭발 하중의 최대크기와 충격량은 최대 입사 압력(Ps)과 정압기 동안의 지속시간(td)에 의해서 결정되며, 이는 폭발물의 종류 및 무게와 폭발물과 측정 지점간의 거리에 따라 다르게 나타난다.

15) Smith P.D and Hetherington J.G., Blast and Ballistic Loading of Structure, Laxton's, Great Britain, 336, 1994.

2. 공중 폭발의 폭풍파 전파 해석

1) 구조 계획

① 모듈의 목표

- Euler 2D Multi 솔버를 적용한다.
- 폭풍파 모델의 물리적 의미를 고찰하기 위하여 시간적으로 폭풍파의 전파 과정을 해석하고자 한다. 모델은 AUTODYN에서 제공하는 게이지(gauge)를 사용하여 폭풍파와의 거리에 따라는 압력을 측정한다. 해석을 위한 모델은 경희대 석사 논문[16]에서 제시한 모델을 따라 AUTODYN을 어떻게 사용하는지를 순차적으로 적용해보도록 한다.

지표면에서 1m 높이에 TNT 100 Kg을 기폭하고 15m, 20m, 25m의 거리에 측정 센서를 설치하고 시간에 따른 압력의 변화를 관찰하고자 한다.

② 모델링 개요 (단위 : mm)

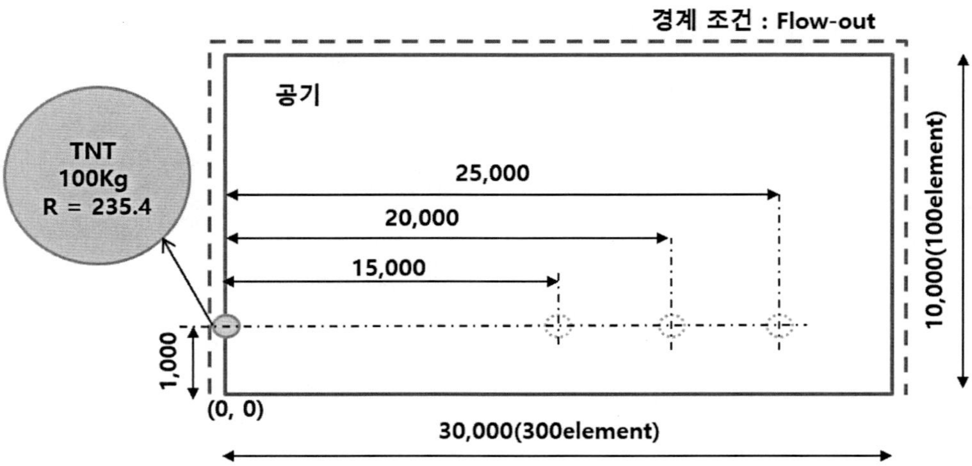

16) 조은선 "폭발하중을 받는 일방향 패널의 동적 거동에 관한 연구"경희대학교 석사논문 2016.2 pp20

2) 구조해석

(1) Start > AUTODYN 시작

AUTODYN standalone을 시작하십시오. (autodyn.exe를 더블 클릭하십시오)
> C: \Program Files \ANSYS Inc\v161 \aisol\AUTODYN \winx64 \autodyn.exe

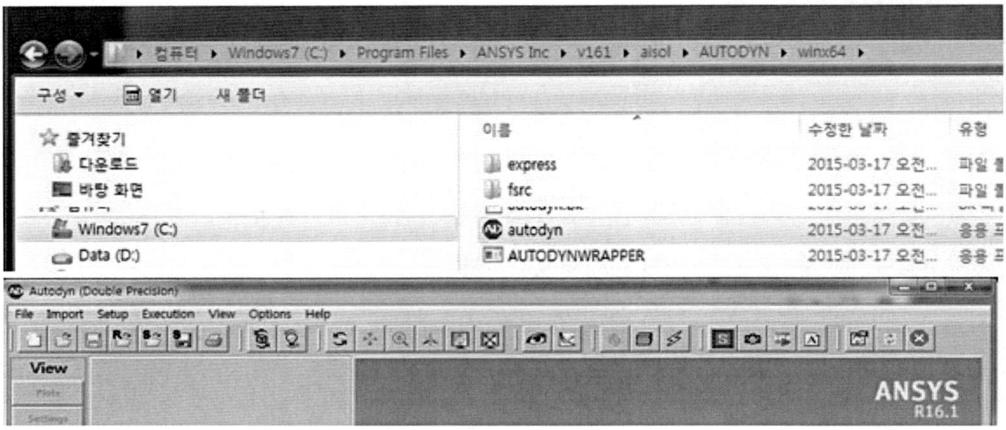

(2) Start > 프로젝트 시작

① 새로운 프로젝트 시작
② 찾아보기 프로젝트 폴더
③ Ident를 입력하십시오. : TNT100
④ 선택 2D 축 대칭 설정한다.
⑤ 단위의 기본 설정 유지
(정확도를 위해 권장 됨)
⑥ 선택을 클릭한다.

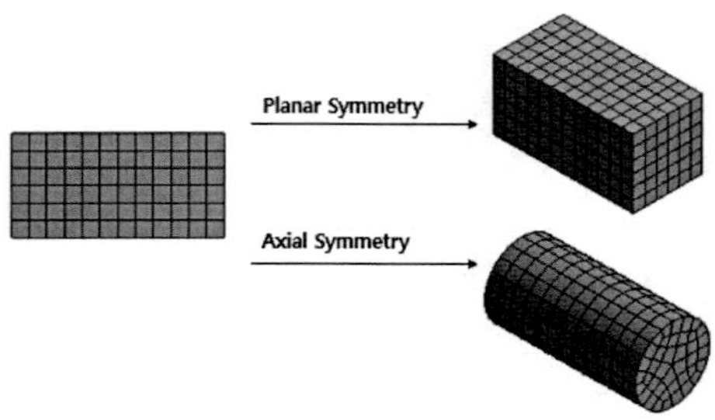

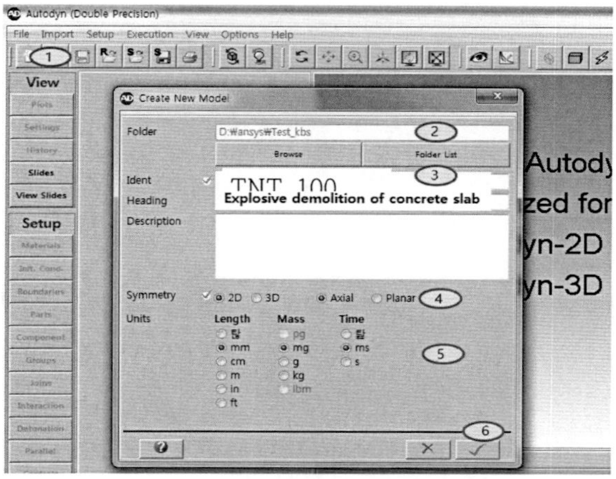

(3) Material > 재료 검색

① 메뉴에서 “Material” 를 클릭하고 “Load“로 재료 데이터를 불러온다.

② 라이브러리에서 다음 자료를 선택한다. : 공기, TNT

③ 데이터를 선택 확인한다.

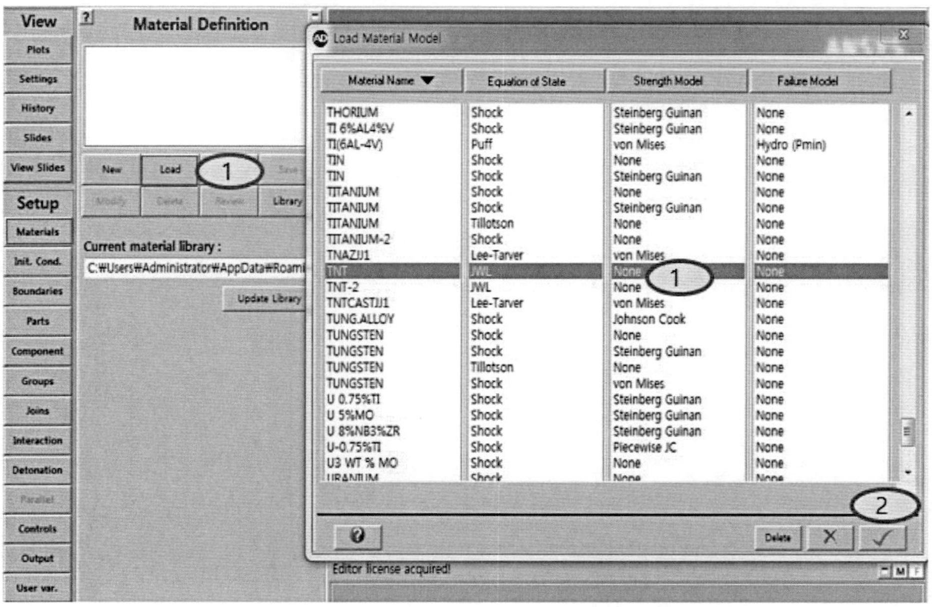

④ 결과를 확인하면 다음과 같이 보인다.

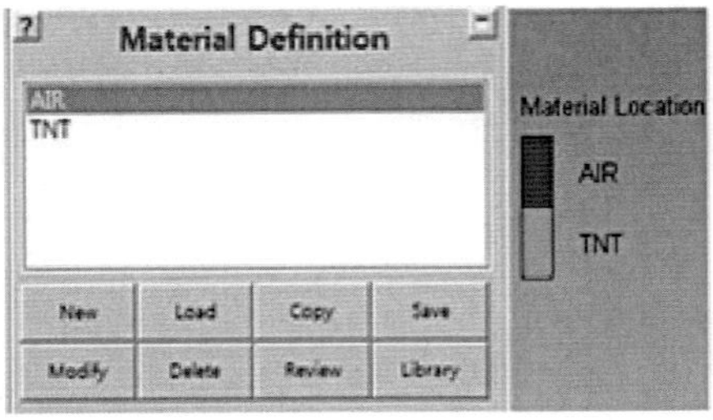

(4) 초기조건 설정 - 설정하지 않는다.

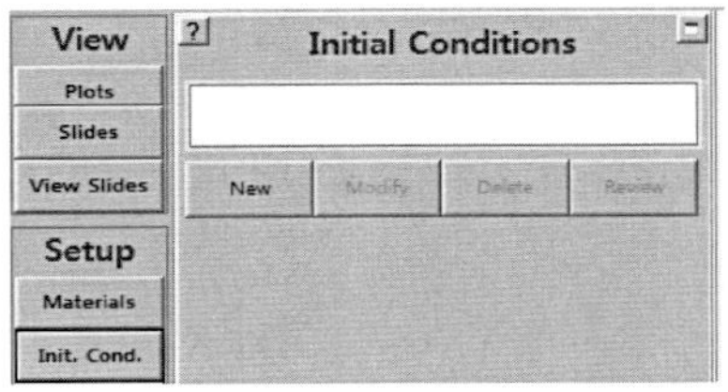

(5) 경계조건 정의

① Boundary를 선택한다.

② 대화 상자에서 New를 선택한다.

③ Boundary Name을 기록한다. : Outflow

④ Type을 정한다 : Flow_out

sub option을 정한다. : Flow_out(Euler)

⑤ Preferred Material을 설정한다 : ALL_EQUAL

⑥ 데이터를 수용한다.

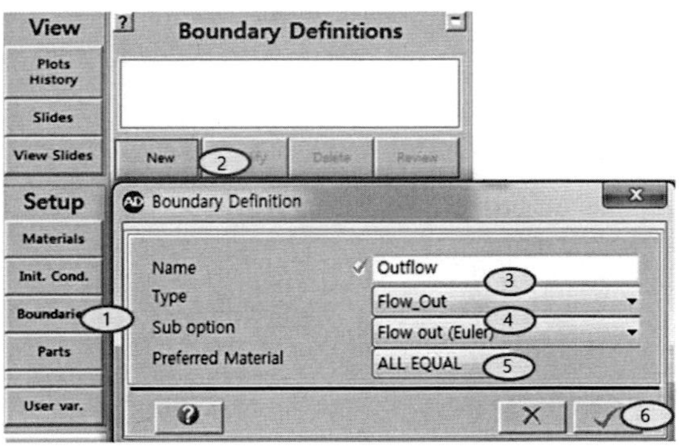

(6.1) 오일러 파트 생성

① Parts를 선택한다.

② 대화 상자에서 "New"를 선택한다.

③ 팝업창의 Part Name을 입력한다. : sp

④ Solver를 선택한다 : Euler 2D Multi

⑤ Definition을 설정하다. : Part Wized

⑥ 다음 단계로 이동한다.

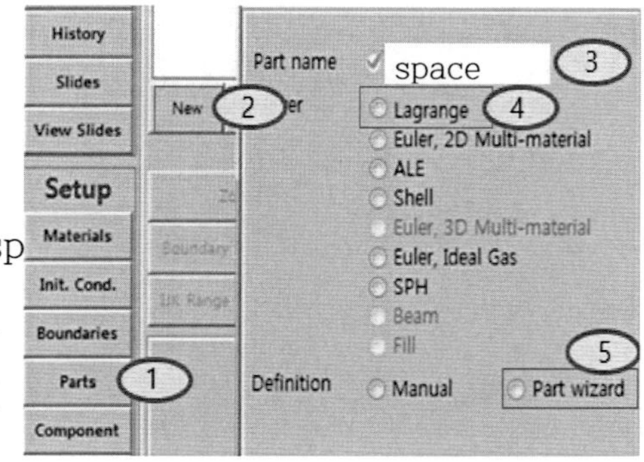

⑦ Predef를 선정한다. : Box

⑧ Geometry를 정의한다 : 원점(0, 0) 폭 (30000, 10000)

⑨ 다음 단계로 이동한다

⑩ Cell의 크기를 입력한다: I=300,

J=100

⑪ 다음 단계로 이동한다

⑫ Fill Part에서 Fill with Initial Condition Set을 선택하지 않는다.

⑬ Material을 선택한다. : AIR

⑭ Internal Energy를 입력한다.

: 2.068e5

⑮ 데이터를 수용한다.

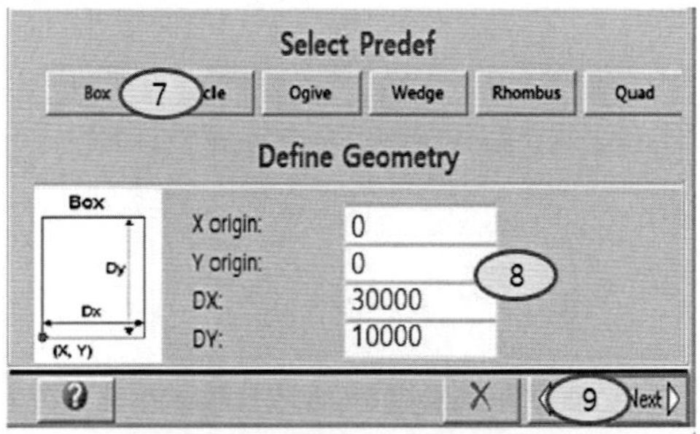

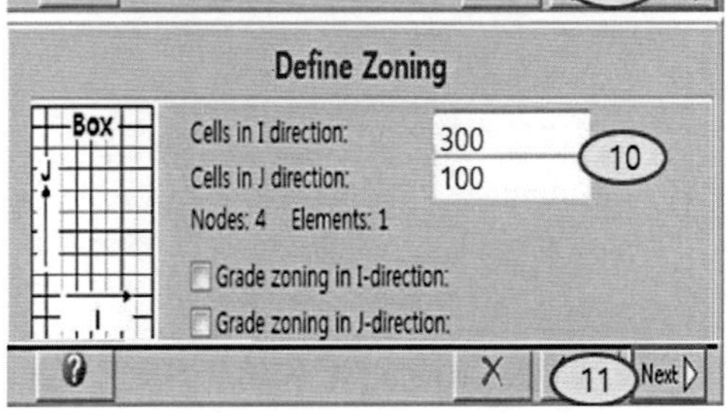

(6.2) 오일러 채움 생성

① Parts를 선택한다.

② 대화 상자에서 "Fill"를 선택

③ 타원 채우기 옵션을 선택하십시오.

④ 타원의 x와 y 반지름을 입력한다 : 235.4 (즉, 원)

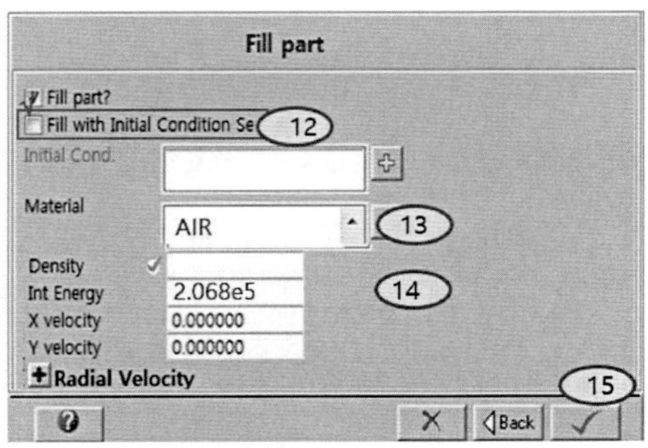

⑤ 재질(Material)을 선택한다 : TNT.

⑥ 데이터 수용한다.

⑦ 결과화면으로 다음과 같이 나타난다.

- 녹색 TNT가 보인지 않는 경우에는 줌인 을 하면 볼 수 인다

(줌인은 마우스의 스크롤을 사용한다)

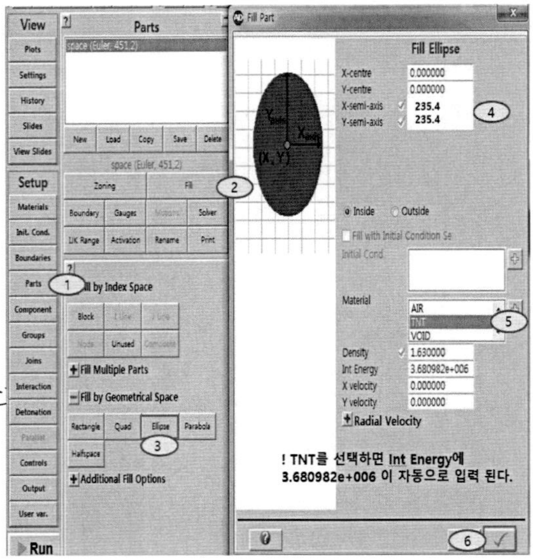

(6.3) 오일러 메쉬에 경계조건을 설정

① 탐색 표시 줄에서 "부품"을 선택하십시오.

② 채우기(Fill) 선택한다.

③ Apply Boundary에서 I Line 선택

데이터 입력 : I =1, J = 1-101

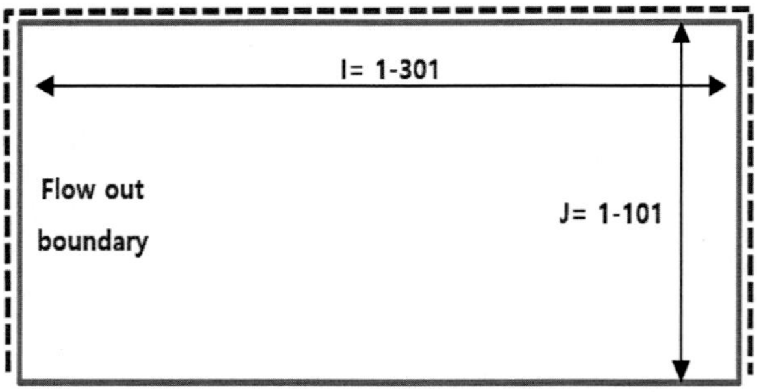

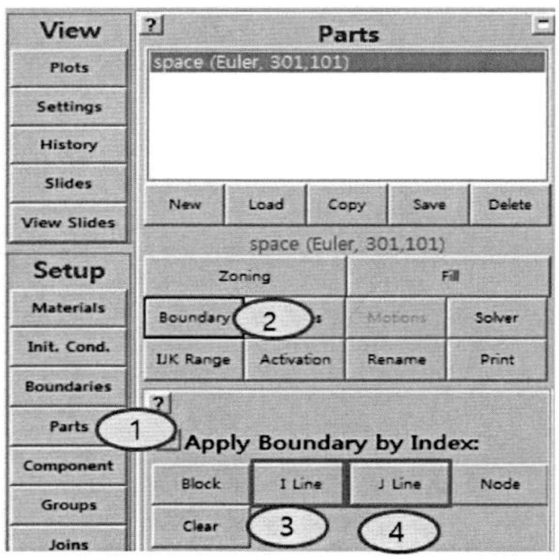

④ Apply Boundary에서 I Line 선택

데이터 입력 : I =301, J = 1-101

Boundary : Outflow

⑤ Apply Boundary에서 I Line 선택

데이터 입력 : I =1-301, J = 101

Boundary : Outflow

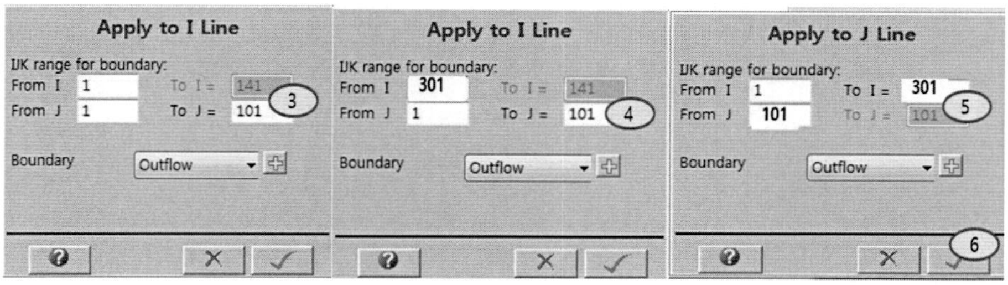

⑥ 데이터 수용

---- 참고 ---

Boundary

○ Plots를 클릭하면 Select Plot for Selected Part(s)로 진입한다. Additional Components에서 Boundaries를 선택하면 Boundary 설정상황을 확인할 수 있다.

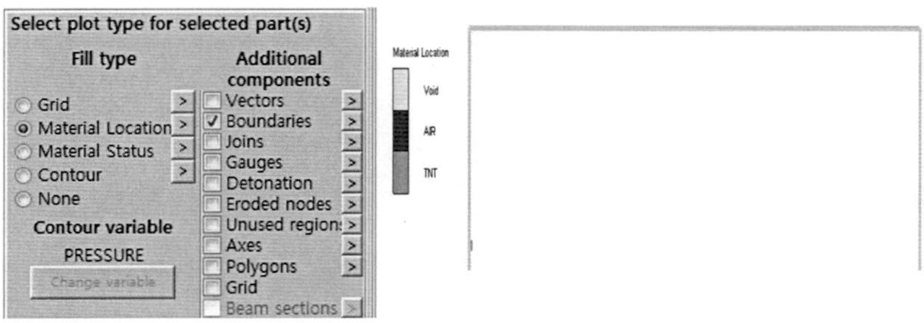

○ 상기 화면은 Material Location의 팝업메뉴에서 AIR를 보이지 않게 한 모습이다.

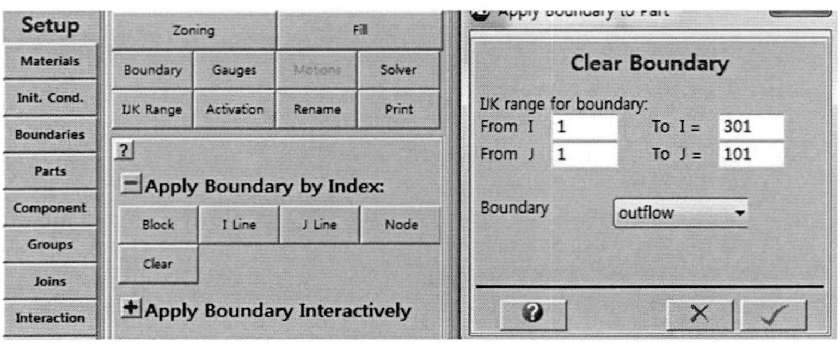

○ boundary가 잘못 설정되었으면 Parts > Boundary > Clear를 클릭하여 잘못 입력된 Boundary를 지운다.

(6.4) 오일러 부품에 Gauge 설정

① 네비게이션 메뉴에서 Parts를 선택한다.

② Gauges를 선택한다.

③ Add를 선택한다.

④ Add Gauge 팝업메뉴에서 Point, Fixed, XY-Space를 선택한다.

⑤ Gauge의 좌표값을 입력한다. : (0, 1000)

⑥ 데이터를 수용한다.

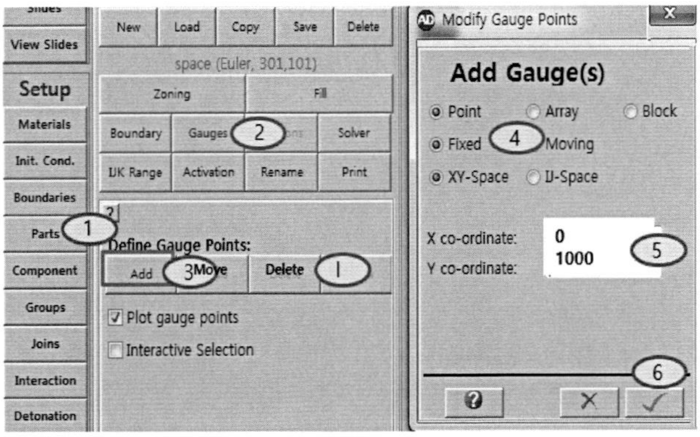

⑦ 결과화면으로 다음과 같이 나타난다.

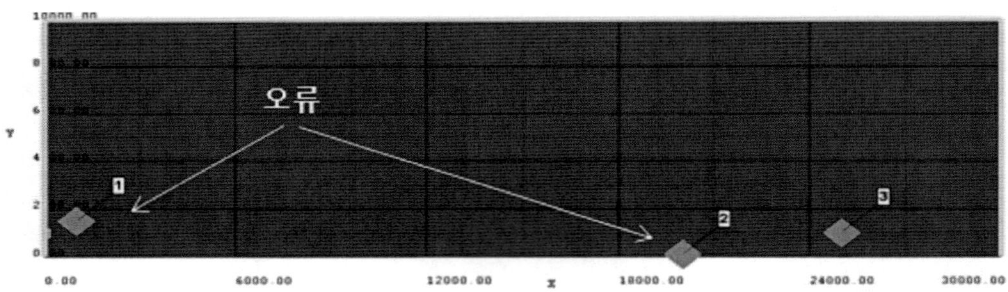

⑧ Gauge의 위치가 잘못되었으면 Move를 또는 Delete를 사용하여 수정한다.

⑨ Delete를 선택한다. 파업 메뉴에서 삭제할 Gauge를 입력한다.

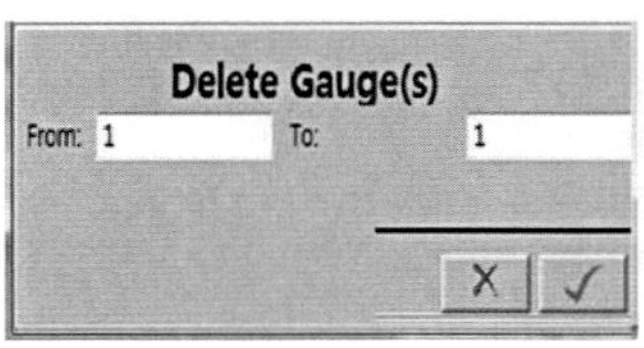

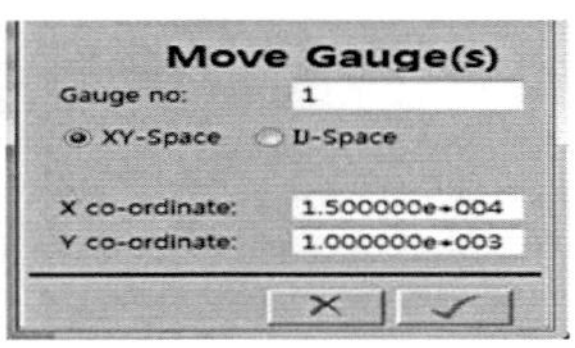

(재입력)

⑩ Gauge의 좌표값을 입력한다.

: (15000,1000), (20000, 1000), (25000,1000)

(7) Interaction

① Interaction을 클릭한다

② Lagrange-Lagrange

③ Type을 설정한다. : External Gap

④ Calculate를 클릭한다.

AUTODYN은 계산을 해서 Gap Size를 제공한다 : 1.001

⑤ 나머지는 Default를 수용

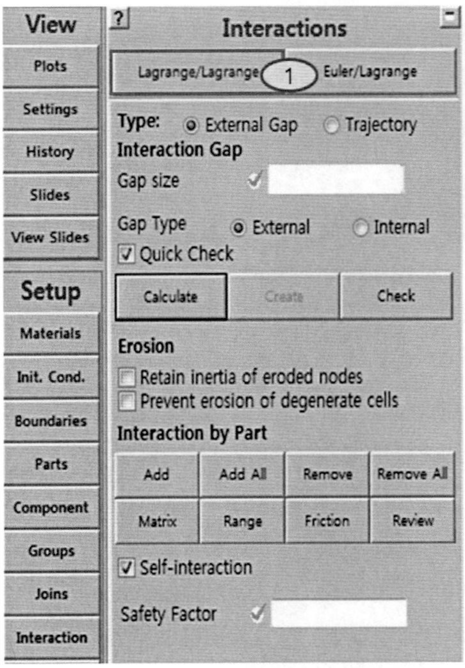

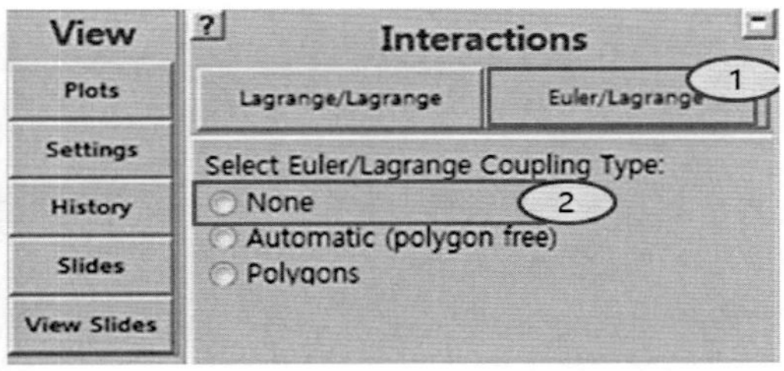

① Euler-Lagrange를 클릭한다.

② 선택하지 않는다.

(8) Component - 설정하지 않음

(9) Group - 설정하지 않음

(10) Joints - 설정하지 않음.

(11) Parallel-설정하지 않음.

(13) 솔루션 컨트롤 설정

① 탐색 표시 줄에서 “Controls"을 선택하십시오.

② 사이클 제한에 큰 숫자를 입력하고 "50.0"ms 시간 제한

(이것은 폭풍이 전파하는 데 걸리는 시간입니다. 반경 45m까지)

③ Wrapup Criteria에서

ⓐ Cycle Limit : 99999

ⓑ Time Limit : 50ms

ⓒ Energy Fraction : 0.05

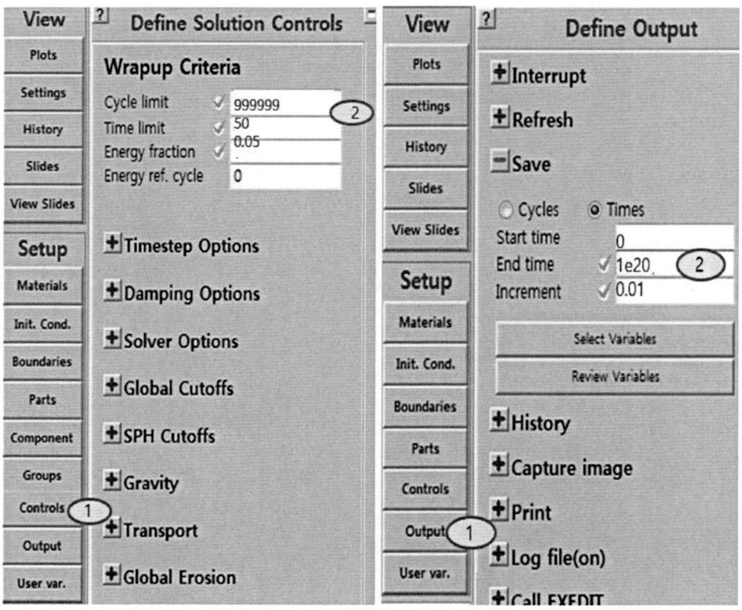

(14) 결과저장설정

① 탐색 표시 줄에서 “Output"을 선택하십시오.

② 저장 시간 설정:

ⓐ Start Time : 0.0 ⓑ End times : 1e20 , ⓒ Increment : 0.01 ms

(15) user var. -설정하지 않음

(16) 해석실행

① 데이터 저장

② 문제 해결

해결하는 동안 보기가 자동으로 업데이트됩니다.

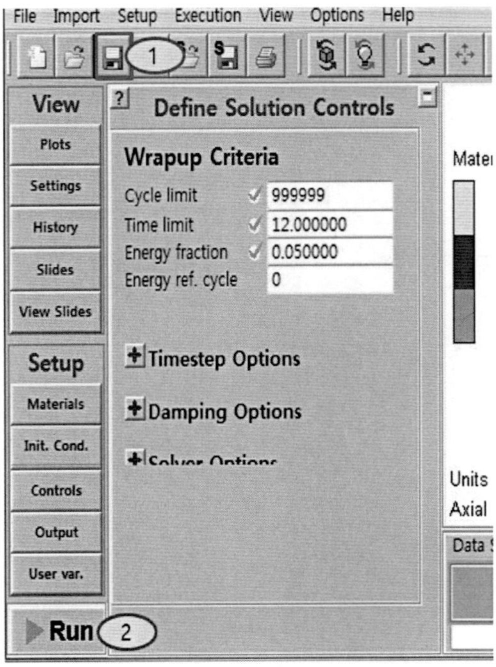

해석결과 : Cycle 1194, 50ms

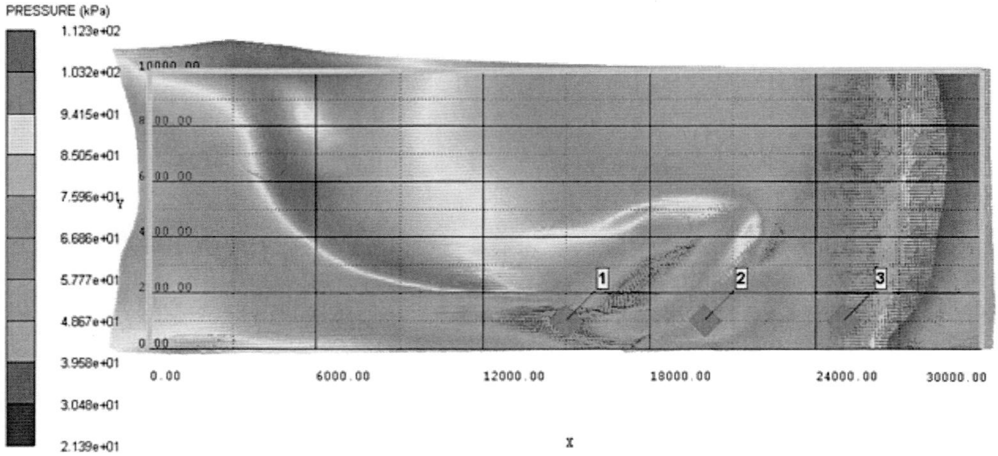

(17) 해석결과분석

① 해석결과를 그래프로 보기

A. 네비게이션 메뉴에서 History를 선택한다.

B. Multiple VariablePlots를 선택한다.

C. 팝업 메뉴에서 Add plot에 선택하여 Gauge를 부르고 축을 Pressure를 선택한다.

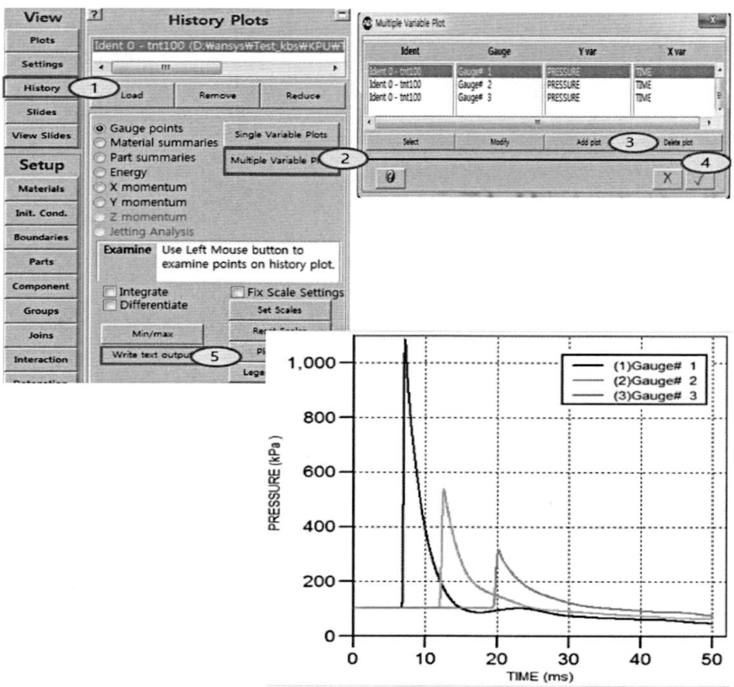

D 데이터 수용한다.

② Writetext output

ⓐ 데이터를 엑셀파일 형식으로 저장한다.

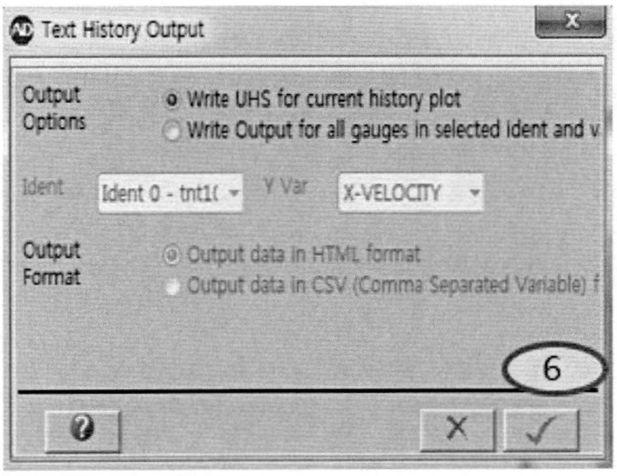

ⓑ 실행 결과

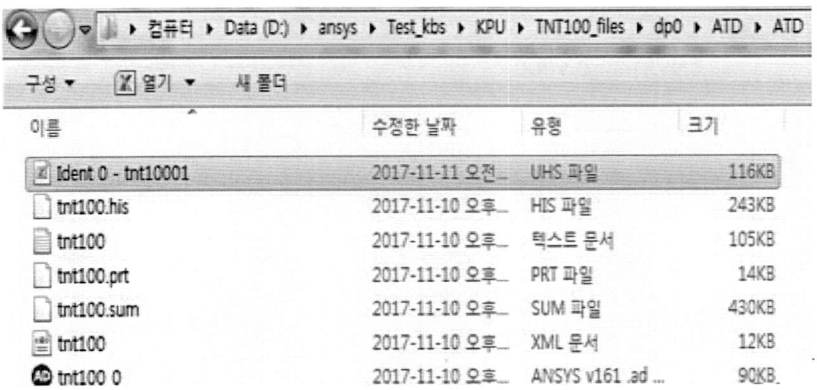

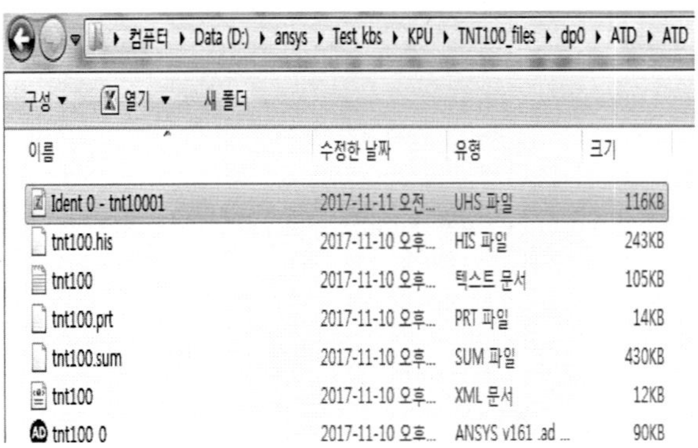

ⓒ TNT의 위치에 따른 폭풍파거동 차이.

폭풍파 이동

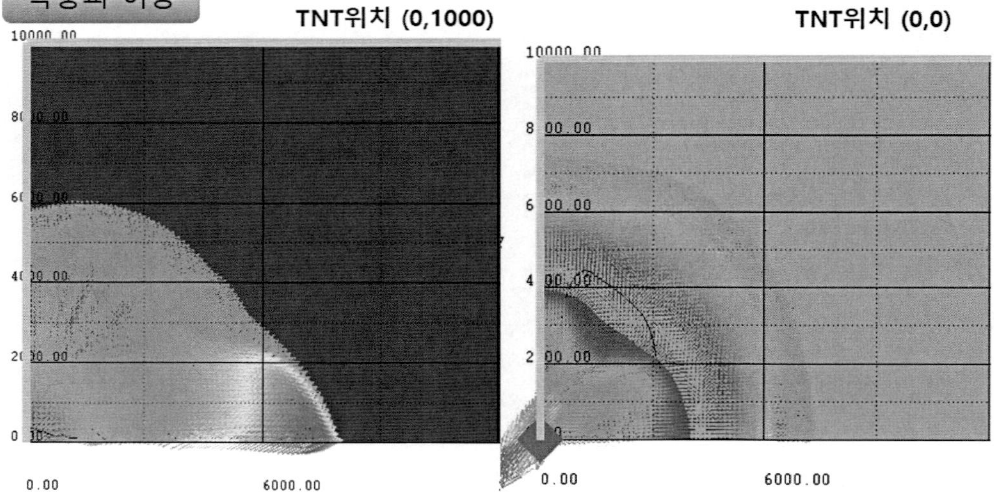

폭풍파 압력

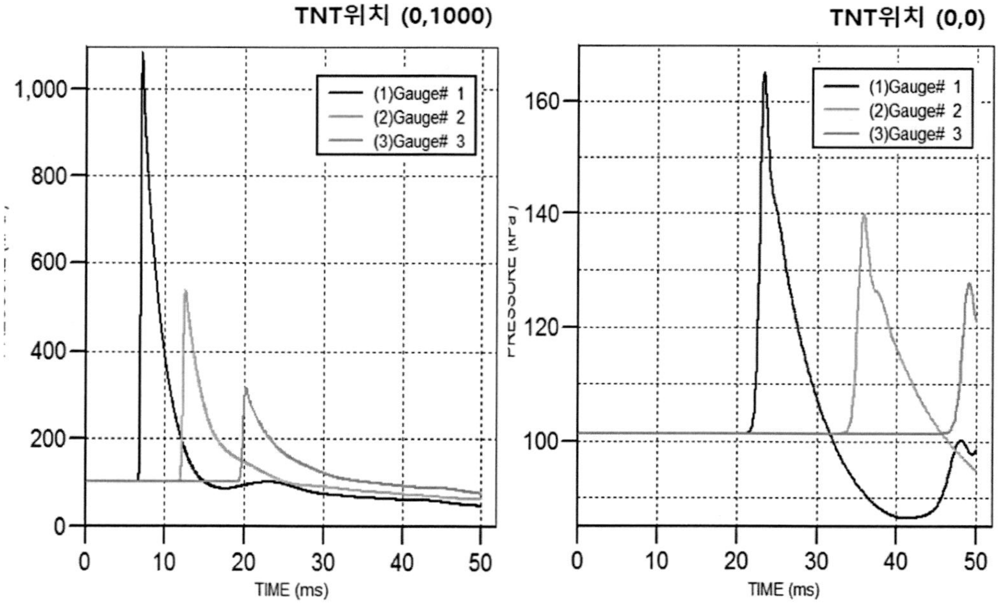

폭풍파 이동

TNT위치 (0,1000)

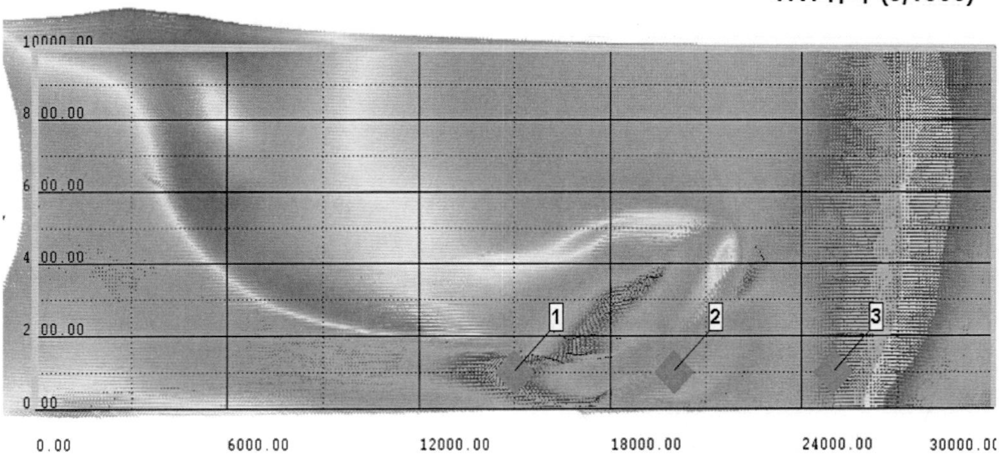

폭풍파 압력

TNT위치 (0,0)

해석결과 : Cycle 781, 50ms

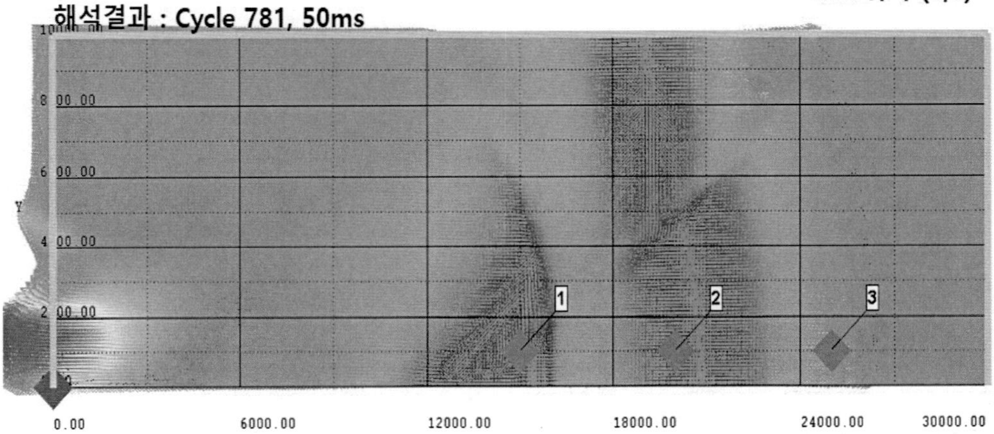

3. 지표면 폭발의 폭풍파 전파 해석

1) 구조 계획

① 모듈의 목표

- Euler 2D Multi 솔버를 적용한다.

- 지표면에서 폭발물(폭약)이 폭발하여 충격파가 전파되는 과정을 해석하고자 한다. 지표면의 영향에 의해 입사파와반사파가 합쳐져 반구형의 단일파형태의 충격파로 전달되는 것을 고찰한다.

지표면에서 TNT 125Kg을 기폭하고 5m, 7m, 10m의 거리에 측정 센서를 설치하고시간에 따른 압력의 변화를 관찰하고자 한다. 또한 7m거리에서 센서의 높이를 지상으로 부터 0.3m, 1m, 2m, 3m의 높이서 압력의 분포를 고찰하고자 한다.

② 모델링 개요 (단위 : mm)

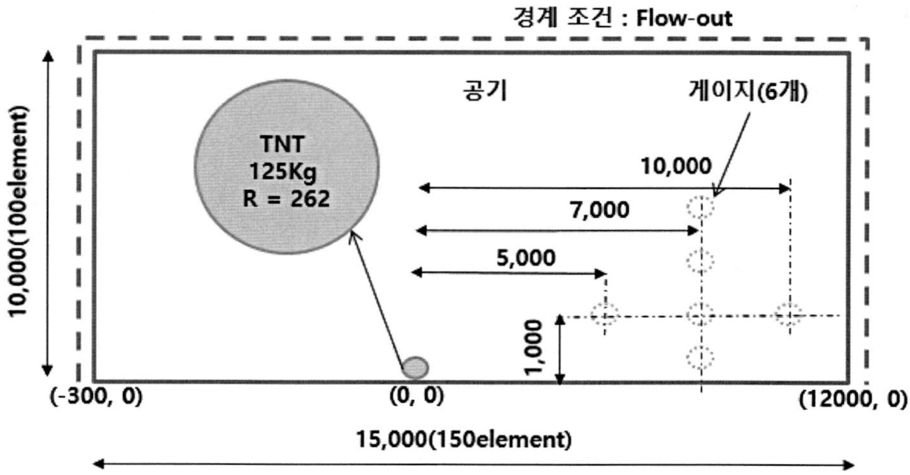

2) 구조해석

(1) Start > AUTODYN 시작

AUTODYN standalone을 시작하십시오. (autodyn.exe를 더블 클릭하십시오)

> C: \Program Files \ANSYS Inc\v161 \aisol\AUTODYN \winx64 \autodyn.exe

(2) Start > 프로젝트 시작

① 새로운 프로젝트 시작

② 찾아보기 프로젝트 폴더

③ Ident를 입력하십시오. : "TNT125" 및 설명

④ 선택 2D 축 대칭 설정한다.

⑤ 단위의 기본 설정 유지 (정확도를 위해 권장 됨)

⑥ 선택을 클릭한다

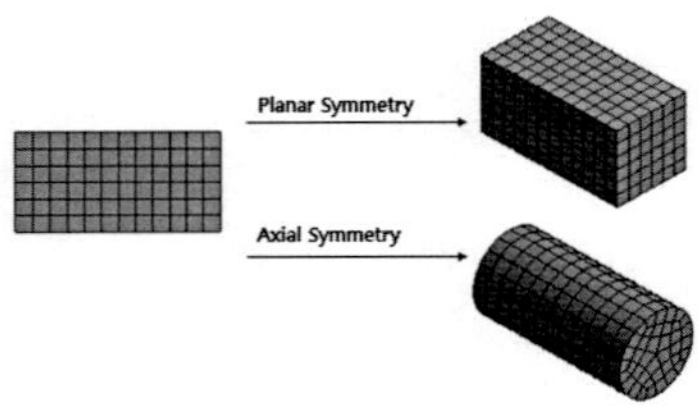

(3) Material > 재료 검색

(3.1) 라이브러리에서 재료 데이터 검색

① 메뉴에서 "Material" 를 클릭하고 "Load"로 재료 데이터를 불러온다.

② 라이브러리에서 다음 자료를 선택 하십시오. : 공기, TNT

③ 데이터를 선택 확인한다.

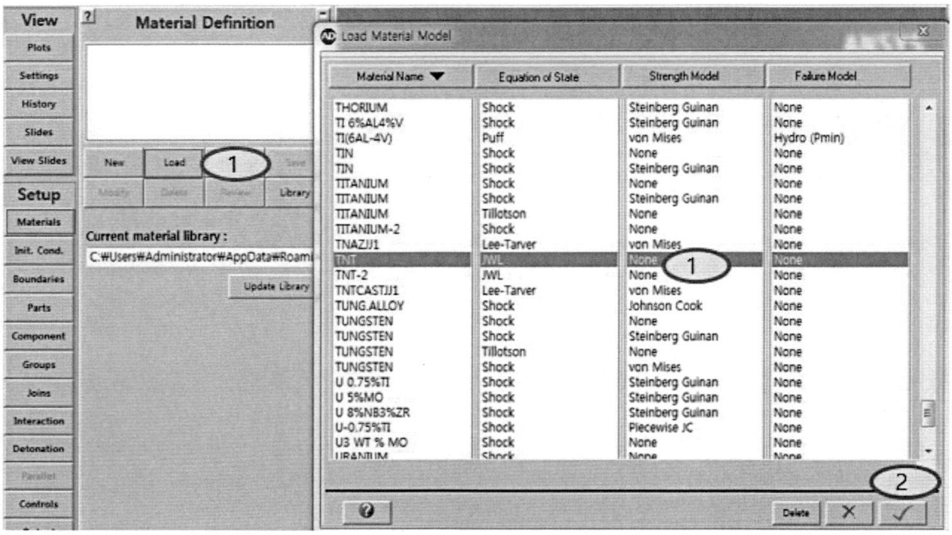

④ 결과 확인하면 다음과 같이 보인다.

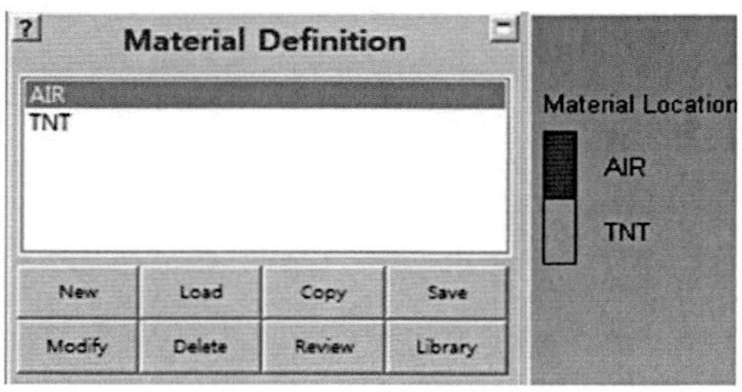

(4) 초기조건 설정 - 설정하지 않는다.

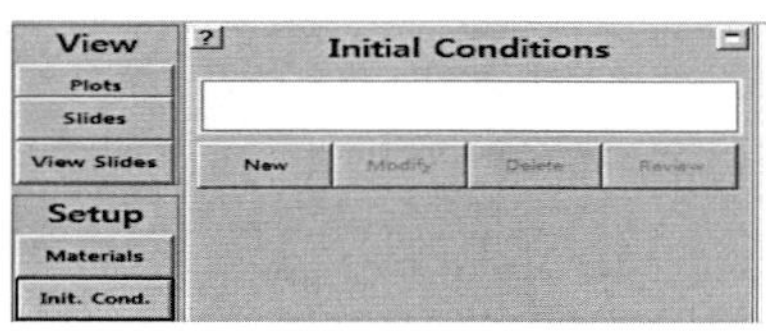

(5) 경계조건 정의

① Boundary를 선택한다.

② 대화 상자에서 New를 선택한다.

③ Boundary Name을 기록한다 : Outflow

④ Type을 정한다. : Flow_out

sub option을 정한다. : Flow_out(Euler)

⑤ Preferred Material을 설정한다. : ALL_EQUAL

⑥ 데이터를 수용한다.

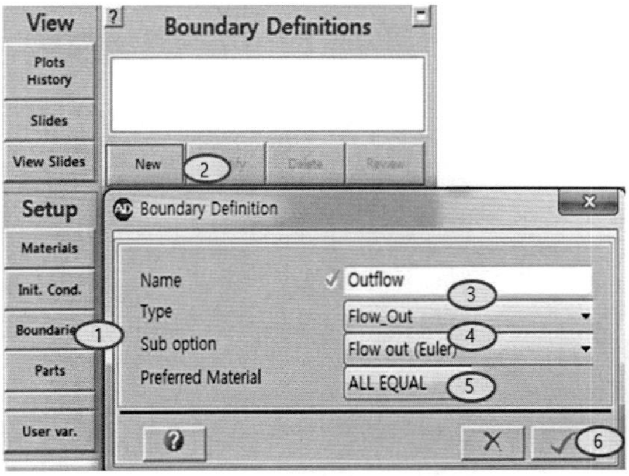

(6.1) 오일러 파트 생성

① Parts를 선택한다.

② 대화 상자에서 "New"를 선택

③ 팝업창의 Part Name을 입력한다.

: space

④ Solver를 선택한다 : Euler 2D Multi

⑤ Definition을 설정하다. : Part Wized

⑥ 다음 단계로 이동한다.

⑦ Predef를 선정한다. : Box

⑧ Geometry를 정의 한다 :

원점 (-3000,0) 폭 (15000, 10000)

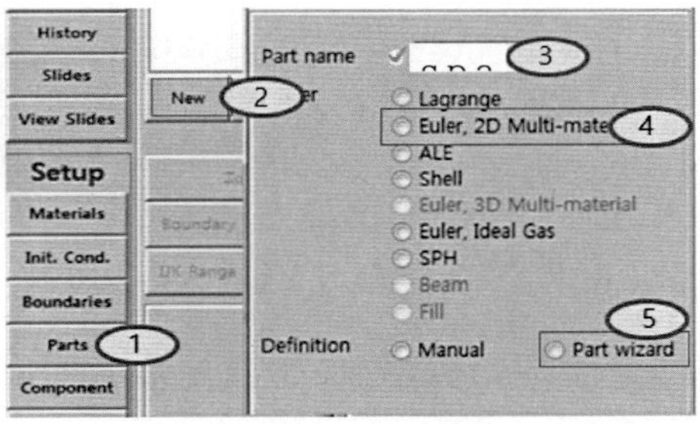

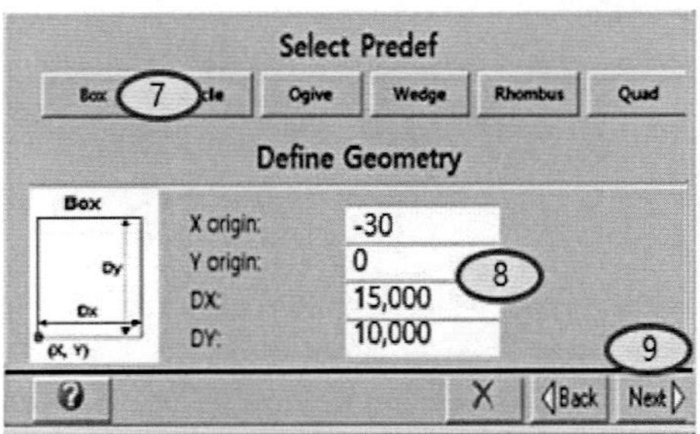

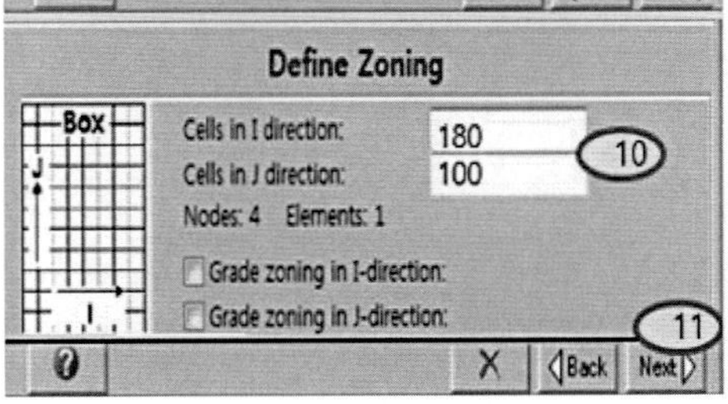

⑨ 다음 단계로 이동한다

⑩ Cell의 크기를 입력한다.

: I=180, J=100

⑪ 다음 단계로 이동한다.

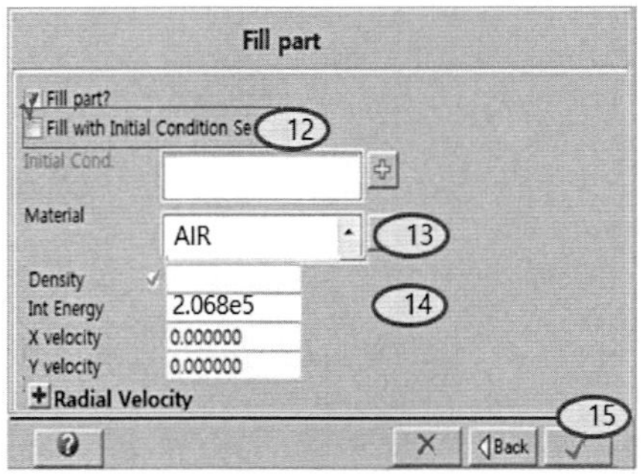

⑫ Fill Part에서 Fill with Initial Condition

⑬ Material을 선택한다. : AIR

⑭ Internal Energy를 입력한다. : 2.068e5

⑮ 데이터를 수용한다.

(6.3) 오일러 메쉬에 TNT 채우기

① 탐색 표시 줄에서 "부품"을 선택하십시오.

② 채우기(Fill) 선택한다.

③ Fill by Geometry space를 선택한다 : 타원(Ellipse)

④ 타원의 위치와 x와 y 반지름을 입력한다 : (0, 262) (262,262) (즉, 원)

⑤ 재질(Material)을 설정한다 : TNT

⑥ 데이터 수용

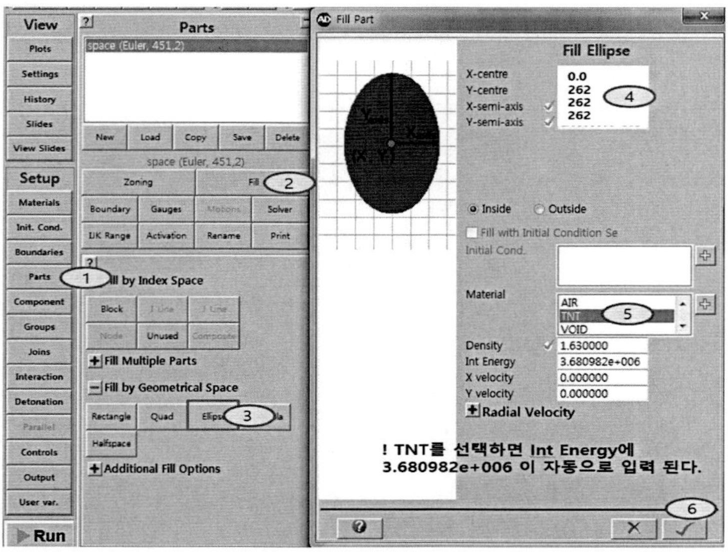

⑦ 결과화면으로 다음과 같이 나타난다.

- Plot에서 Material Location에서 Void, Air는 off하고 TNT만 On한 그래픽

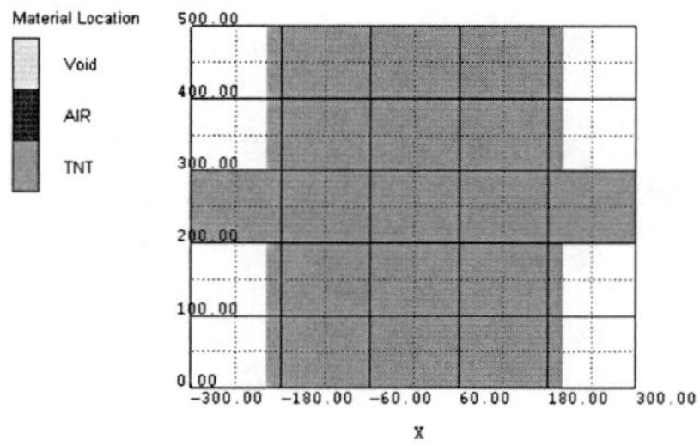

(6.4) 경계조건을 적용한다

① 네비게이션 바에서 " Parts"를 클릭하고 Part를 선택한다. : 넴ㅊㄷ

② "Boundary"를 선택하십시오

③ Apply Boundary에서 I Line 선택

데이터 입력 : I =1, J = 1-101

Boundary : Outflow

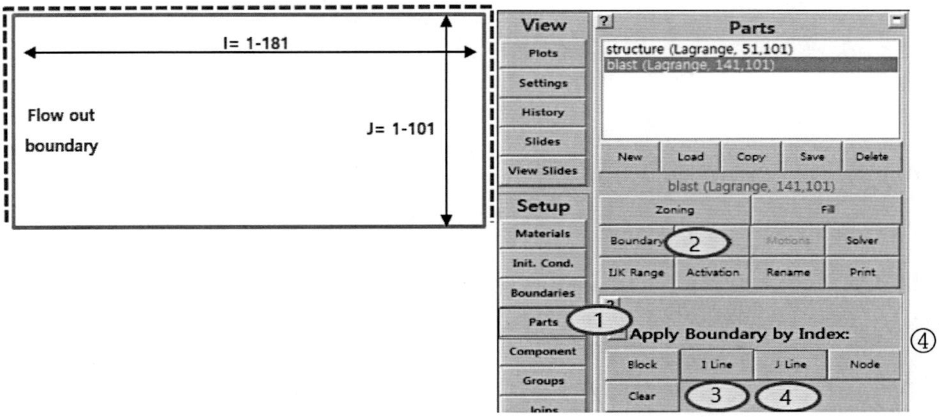

Apply Boundary에서 I Line 선택

데이터 입력 : I =181, J = 1-101 Boundary : Outflow

⑤ Apply Boundary에서 I Line 선택

데이터 입력 : I =1-181, J = 101 Boundary : Outflow

⑥ 데이터를 수용한다.

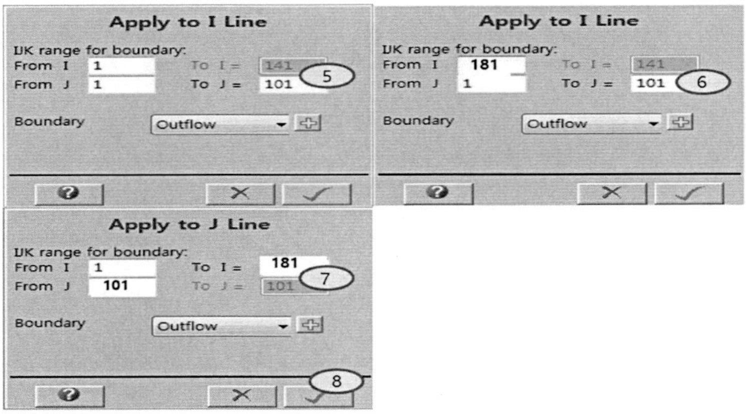

(6.4) 오일러부품에 Gauge 설정한다.

① 네비게이션 메뉴에서 Parts를 선택한다

② Gauges를 선택한다

③ Add를 선택한다.

④ Add Gauge 팝업메뉴에서 Point, Fixed, XY-Space를 선택한다.

⑤ Gauge의 좌표값을입력한다. : 7개의 Gauge값을 각각 입력한다.

(7000,300) (7000,1000) (7000,2000) (7000,3000) (5000,1000) (10000,1000)

⑥ 데이터를 수용한다.

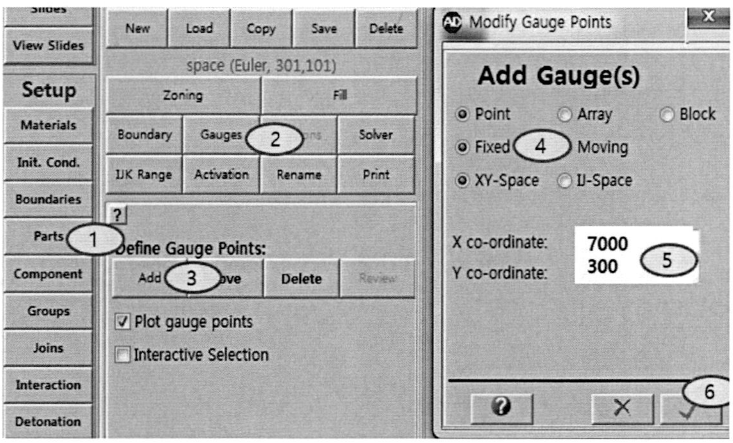

⑦ 결과화면으로 다음과 같이 나타난다.

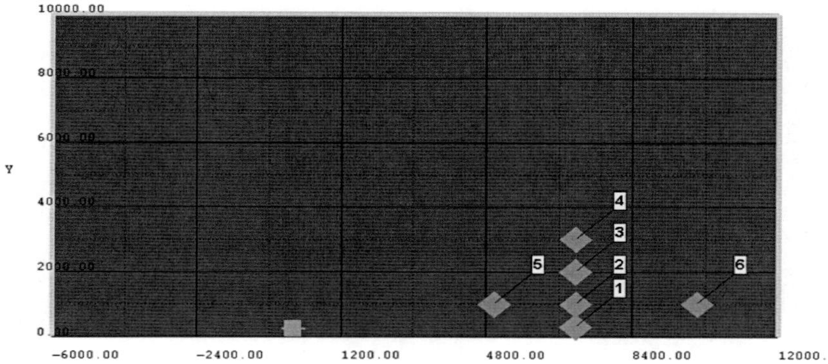

(7) Interaction :

① Interaction을 클릭한다

② Lagrange-Lagrange

③ Type을 설정한다. : External Gap

④ Calculate를 클릭한다.

AUTODYN은 계산을 해서 Gap Size를 제공한다 : 1.001

⑤ 나머지는 Default를 수용

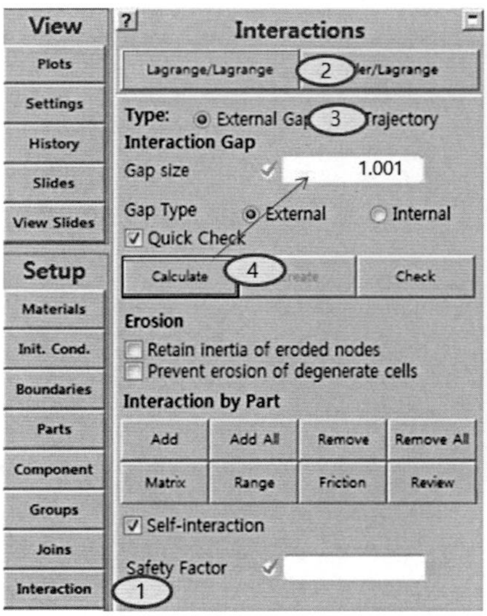

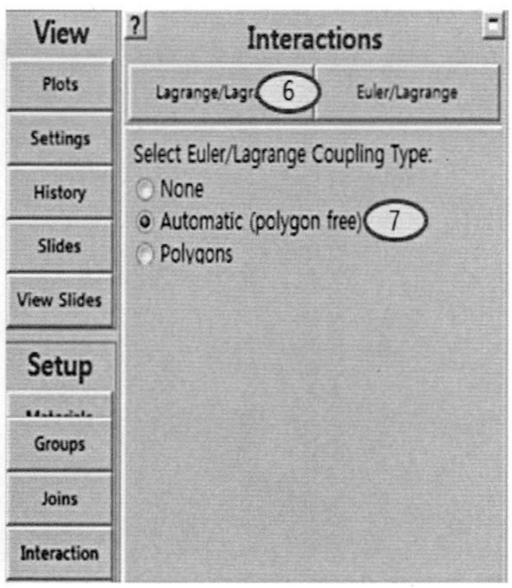

⑥ Euler-Lagrange를 클릭한다.

⑦ Type을 설정한다. : Automatic(polygon free)

(8) Component - 설정하지 않음

(9) Group - 설정하지 않음

(10) Joints - 설정하지 않음.

(11) Parallel-설정하지 않음.

(12) TNT에 대한 폭발 지점 정의

① 탐색 표시 줄에서 "Detonation"을 선택하십시오.

② 점(Point) 선택한다.

③ Node 점을 입력한다. x, y = (0, 262)

④ "Plot detonation points"를 체크하여 점의 위치를 확인하십시오.

⑤ 데이터를 수용한다.

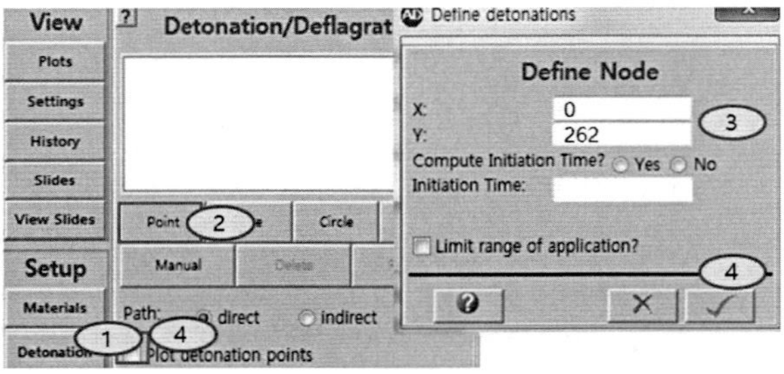

(13) 솔루션 컨트롤 설정

① 탐색 표시 줄에서 “Controls"을 선택하십시오.

② 사이클 제한에 큰 숫자를 입력하고 "50.0"ms 시간 제한

(이것은 폭풍이 전파하는 데 걸리는 시간입니다 반경 45m까지)

③ Wrapup Criteria에서

- Cycle Limit : 99999
- Time Limit : 50ms
- Energy Fraction : 0.05

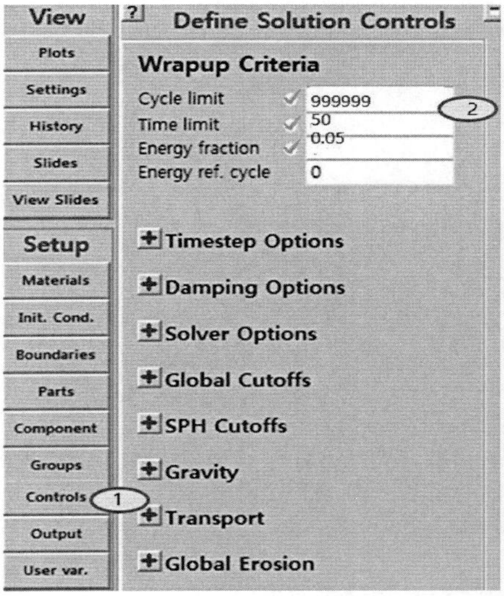

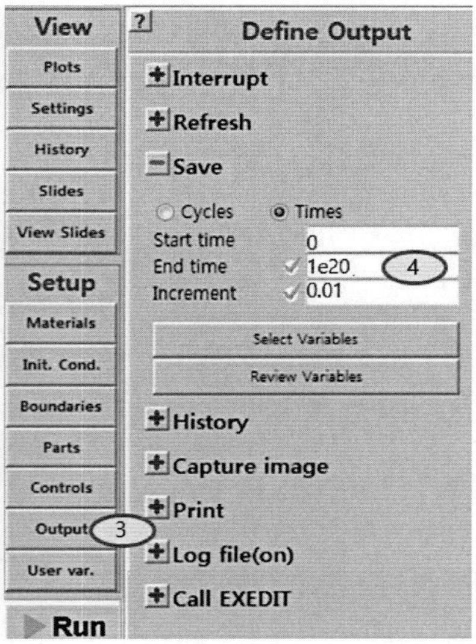

(14) 결과저장설정

① 탐색 표시 줄에서 “Output"을 선택하십시오.

② 저장 시간 설정:

- Start Time : 0.0

- End times : 1e20 ,

- Increment : 0.01 ms

(15) user var. -설정하지 않음

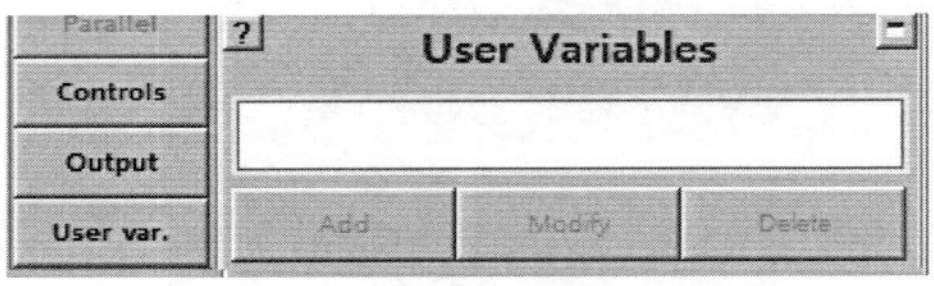

(16) 해석실행

① 데이터 저장

② 문제 해결 : 해결하는 동안 보기가 자동으로 업데이트됩니다.

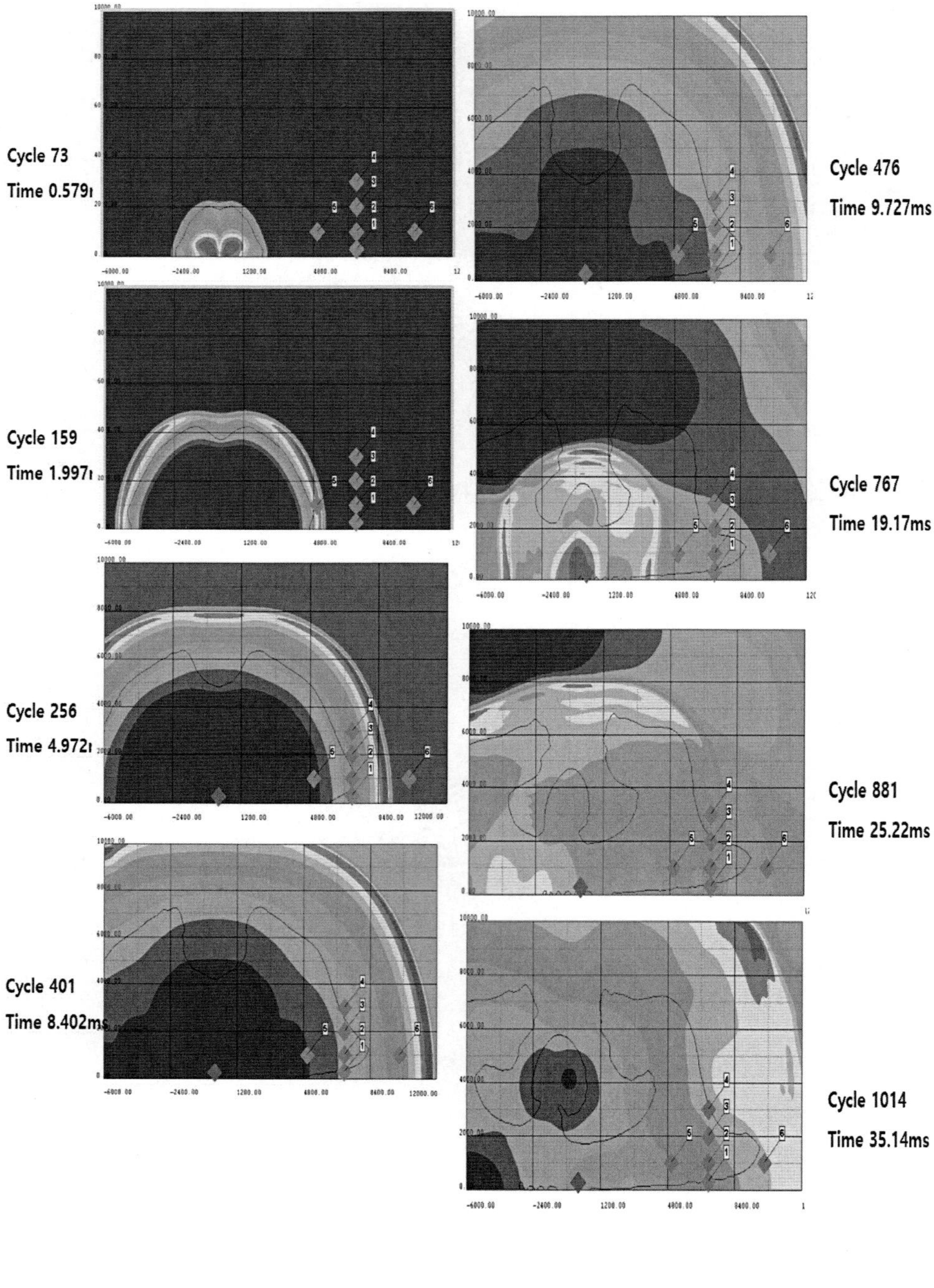

(17) 해석결과 분석

① 네비게이션 메뉴에서 History를 선택한다

② Multiple VariablePlots를 선택한다

③ 팝업 메뉴에서 Add plot에 선택하여 Gauge를 부르고축을 Pressure를 선택한다.

④ 데이터 수용

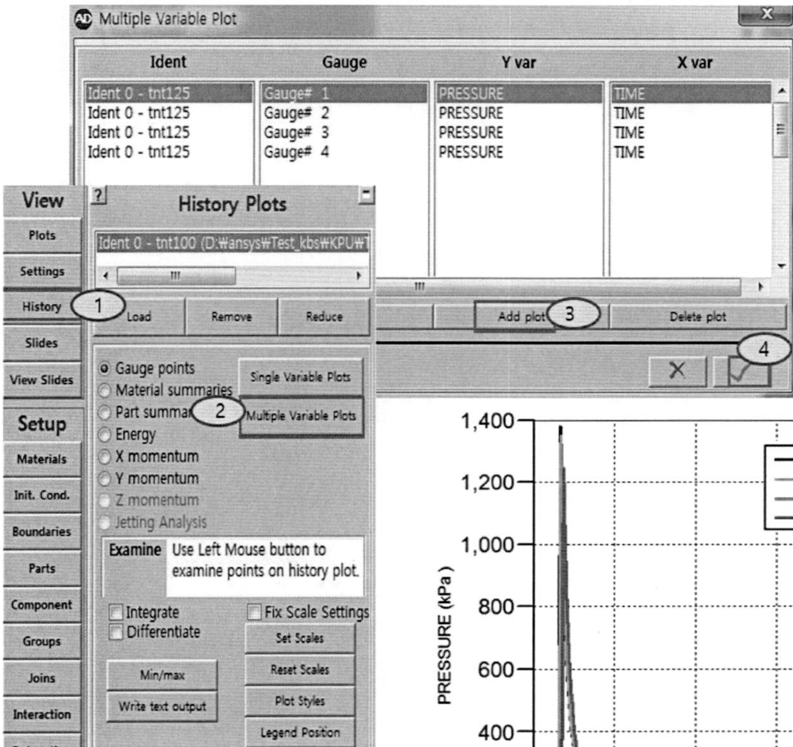

실행 결과

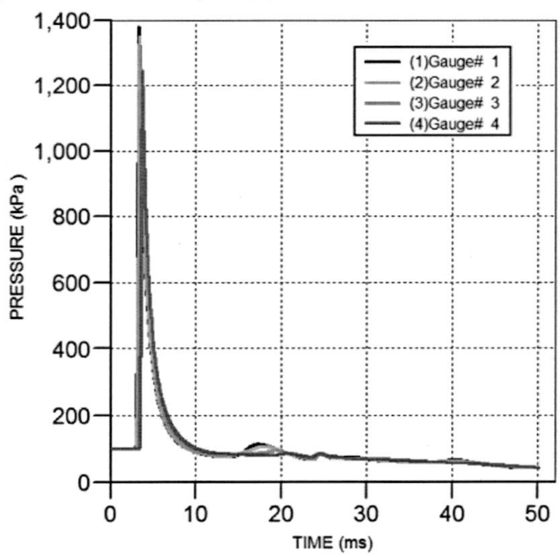

(17.2) 상세 그래프 보기

① History Plot에서 “Set Scale”을 선택한다.

② 팝업메뉴에서 Scale을 조정한다.

③ 데이터를 수용한다.

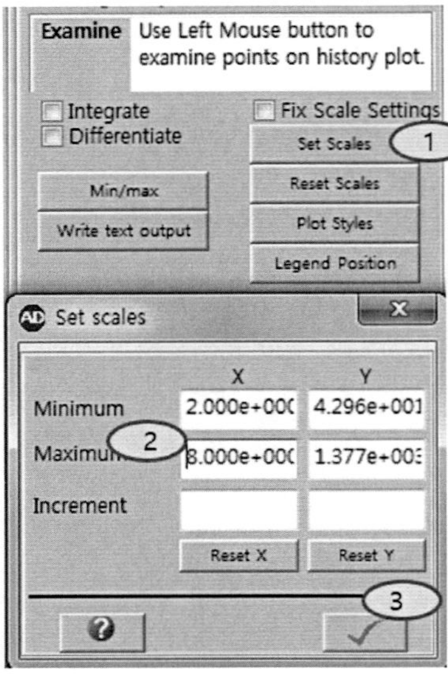

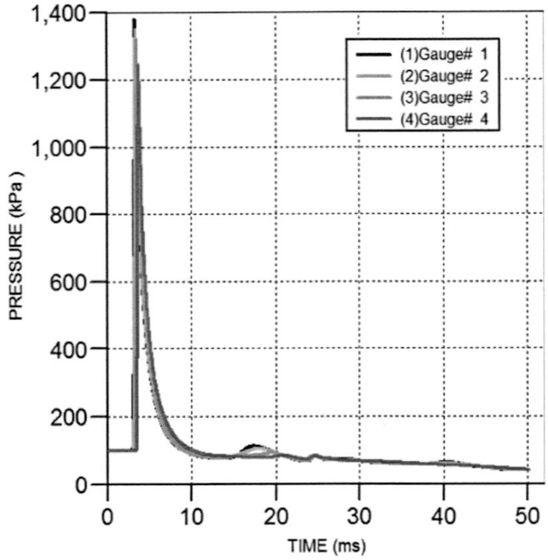

※ 하기 결과는 TNT와의 거리 7m에서의 압력 분포이다.

Gauge1 : 높이 0.3m

Gauge2 : 높이 1m

Gauge3 : 높이 2m

Gauge4 : 높이 3m

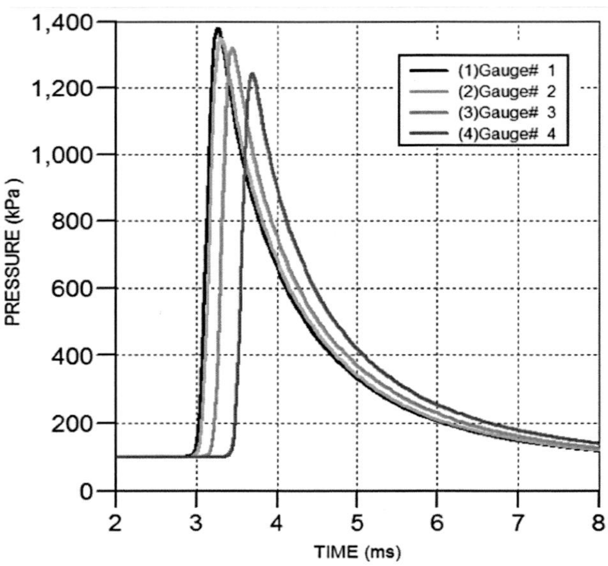

(17.3) 그래프의 색깔 및 스타일을 변경

① History Plot에서 “Plot Stype”을 선택한다.

② Plot을 선택하고 색깔과 선의 종류를 선택한다.

③ 데이터를 수용한다.

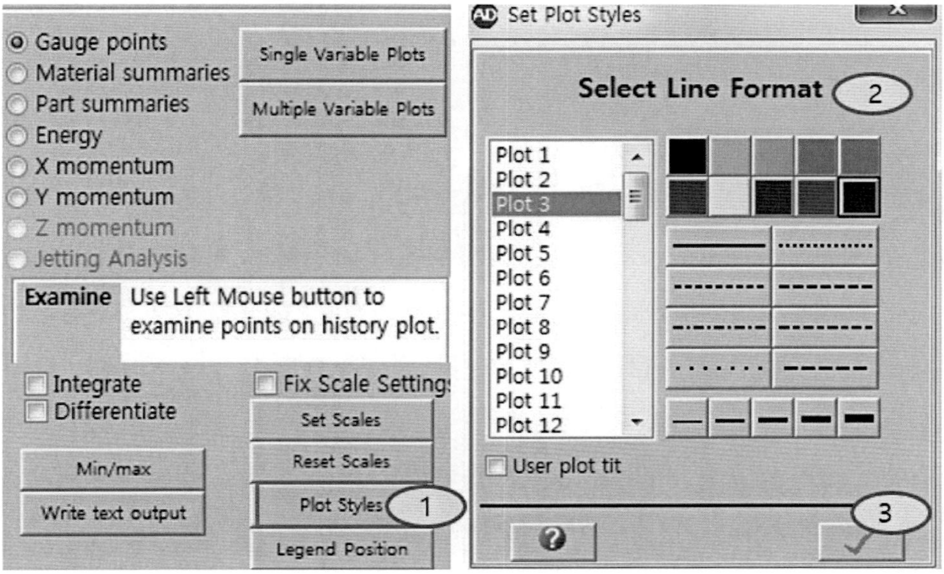

※ 하기 결과는 Gauge 2,5,6 의 압력 분포를 도시한 것이다.

Gauge2 : TNT와의거리 5m

Gauge5 : TNT와의거리 7m

Gauge6 : TNT와의거리 10m

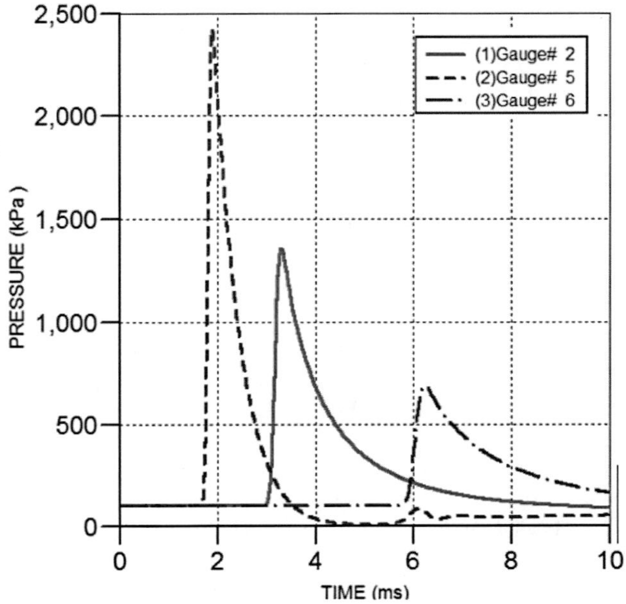

4. 폭풍파 차단 강판의 효과 분석

1) 구조 계획

① 모듈의 목표

- Euler 2D Multi, Lagrange 솔버를 적용한다.
- 폭풍파 모델의 물리적 의미를 고찰하기 위하여 시간적으로 폭풍파의 전파 과정을 해석하고자 한다. 모델은 AUTODYN에서 제공하는 게이지(gauge)를 사용하여 폭풍파와의 거리에 따라는 압력을 측정한다. 해석을 위한 모델은 경희대 석사 논문17)에서 제시한 모델을 따라 AUTODYN을 어떻게 사용하는지를 순차적으로 적용해보도록 한다.

지표면에서 1m 높이에 TNT 100Kg을 기폭하고 15m, 20m, 25m의 거리에 측정 센서를 설치하고 시간에 따른 압력의 변화를 관찰하고자 한다.

Case 1) 메쉬 사이즈 50mm

② 모델링 개요 (단위 : mm)

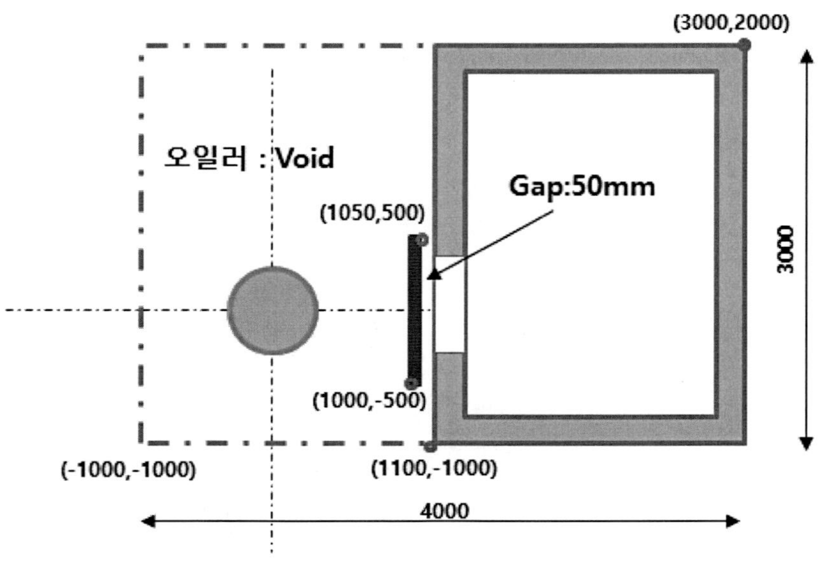

17) 조은선 "폭발하중을 받는 일방향 패널의 동적 거동에 관한 연구"경희대학교 석사논문 2016.2 pp20

2) 구조해석

[1] AUTODYN 실행

(1) Start > AUTODYN 시작

AUTODYN standalone을 시작하십시오. (autodyn.exe를 더블 클릭하십시오)

　> C: \Program Files \ANSYS Inc\v161 \aisol\AUTODYN \winx64 \autodyn.exe

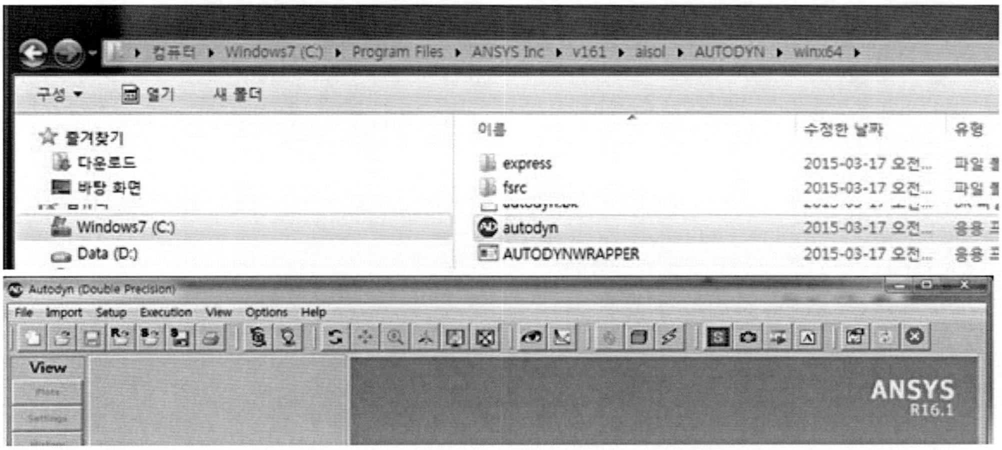

(2) Start > 프로젝트 시작

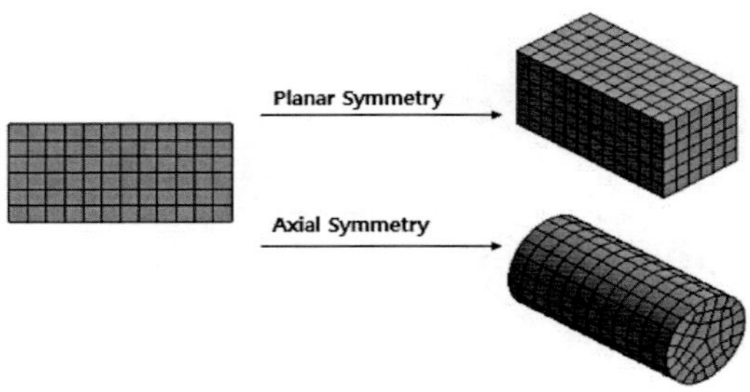

① 새로운 프로젝트 시작

② 찾아보기 프로젝트 폴더

③ Ident를 입력하십시오. : TNT100

④ 선택 2D 축 대칭 설정한다.

⑤ 단위의 기본 설정 유지 (정확도를 위해 권장 됨)

⑥ 선택을 클릭한다.

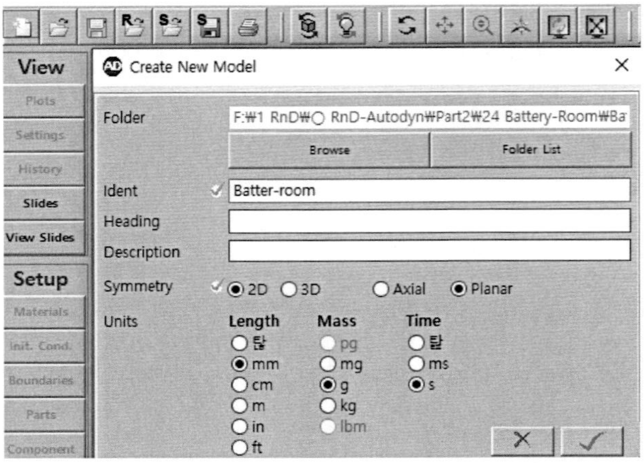

(3) Material > 재료 검색

① 메뉴에서 “Material” 를 클릭하고 “Load“로 재료 데이터를 불러온다.

② 라이브러리에서 다음 자료를 선택한다.:

공기, TNT, Conc-35MPa, Steel 1006

③ 데이터를 선택 확인한다.

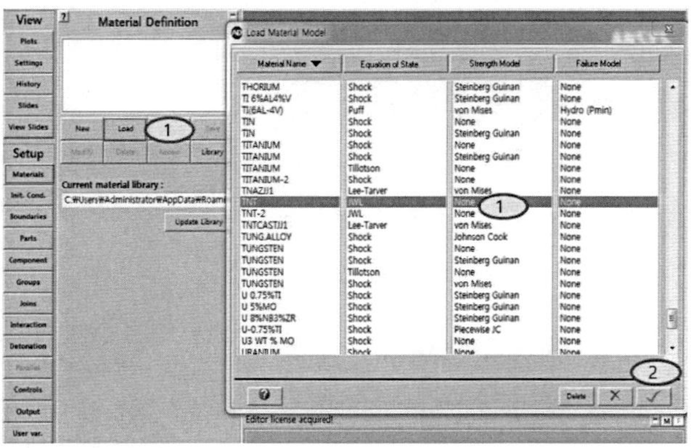

④ 결과를 확인하면 다음과 같이 보인다.

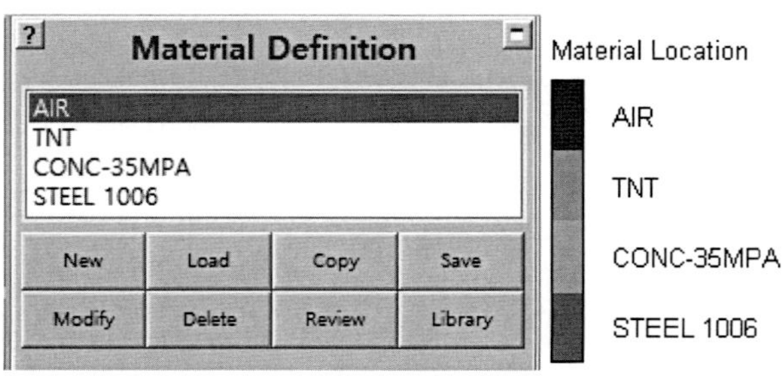

(4) 초기조건 설정 - 설정하지 않는다.

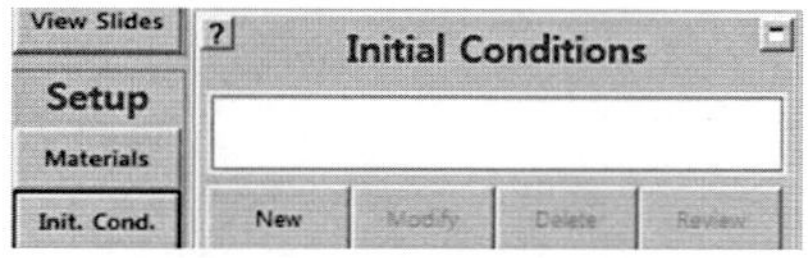

(5) 경계조건 정의

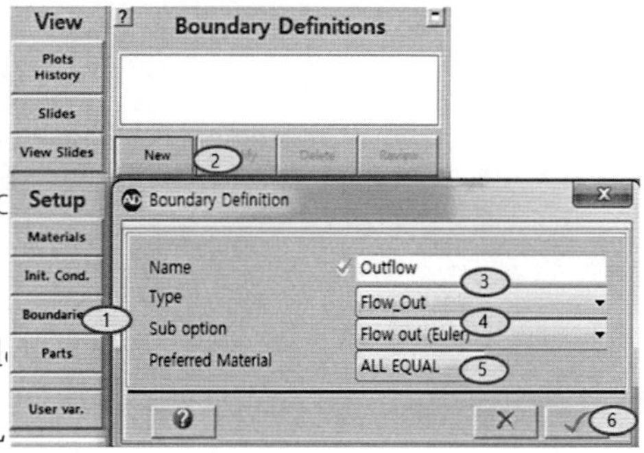

① Boundary를 선택한다.

② 대화 상자에서 New를 선택한다.

③ Boundary Name을 기록한다. : Outflc

④ Type을 정한다 : Flow_out

sub option을 정한다. : Flow_out(Eul

⑤ Preferred Material을 설정한다 : ALL

⑥ 데이터를 수용한다.

(6.1) 라그랑쥐 파트 생성 (Cover-Plate)

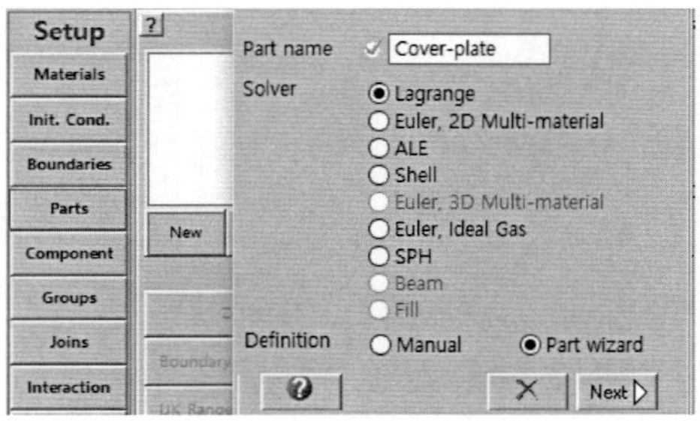

① Parts를 선택한다.

② 대화 상자에서 "New"를 선택한다.

③ 팝업창의 Part Name을 입력한다.

: Cover-plate

④ Solver를 선택한다 : Lagrange

⑤ Definition을 설정하다. : Part Wized

⑥ 다음 단계로 이동한다.

⑦ Predef를 선정한다. : Box

⑧ Geometry를 정의한다 : 원점(1000, -800) 폭 (80, 1200)

⑨ 다음 단계로 이동한다

⑩ Cell의 크기를 입력한다: I=5, J=100

⑪ 다음 단계로 이동한다

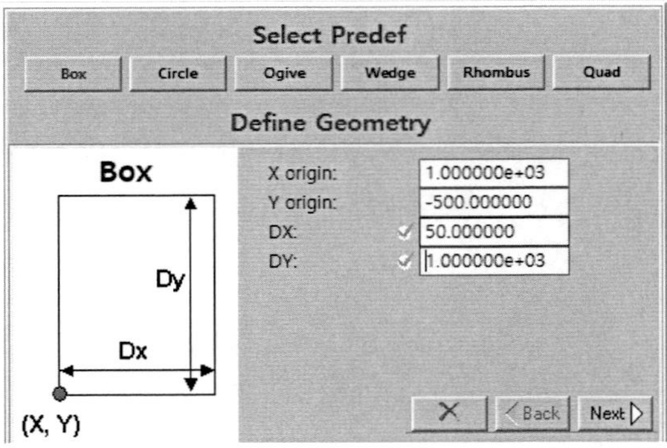

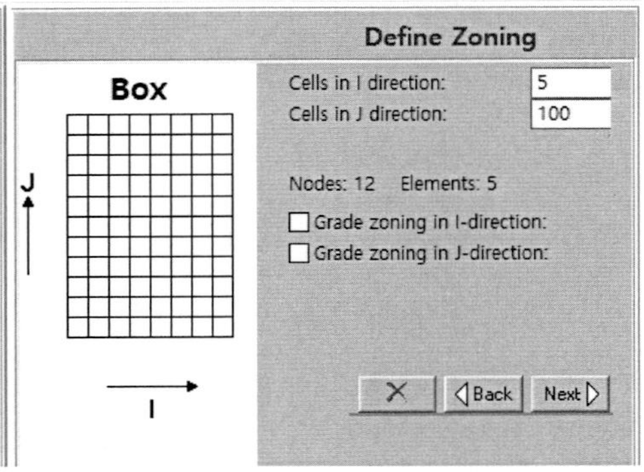

⑫ Fill Part에서 Fill with Initial Condition Set을 선택하지 않는다.

⑬ Material을 선택한다. : Steel 1006

⑭ 데이터를 수용한다.

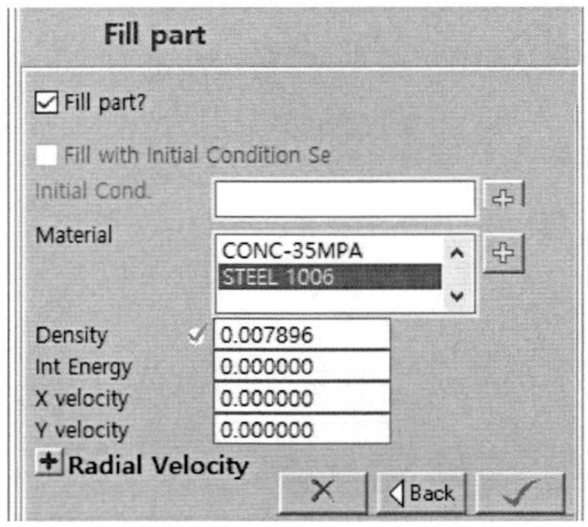

(6.2) 라그랑쥐 파트 생성 (Conc-frame)

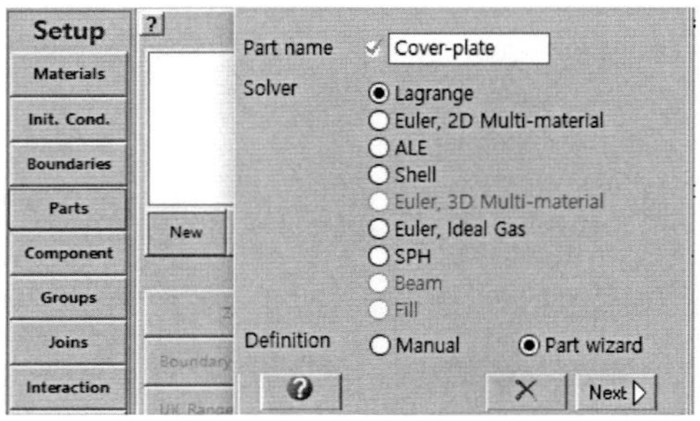

① Parts를 선택한다.

② 대화 상자에서 "New"를 선택한다.

③ 팝업창의 Part Name을 입력한다.

: Conc-frame

④ Solver를 선택한다 : Lagrange

⑤ Definition을 설정하다. : Part Wized

⑥ 다음 단계로 이동한다.

⑦ Predef를 선정한다. : Box

⑧ Geometry를 정의한다 : 원점(1100, -1000) 폭 (1900, 3000)

⑨ 다음 단계로 이동한다

⑩ Cell의 크기를 입력한다: I=7, J=100

⑪ 다음 단계로 이동한다

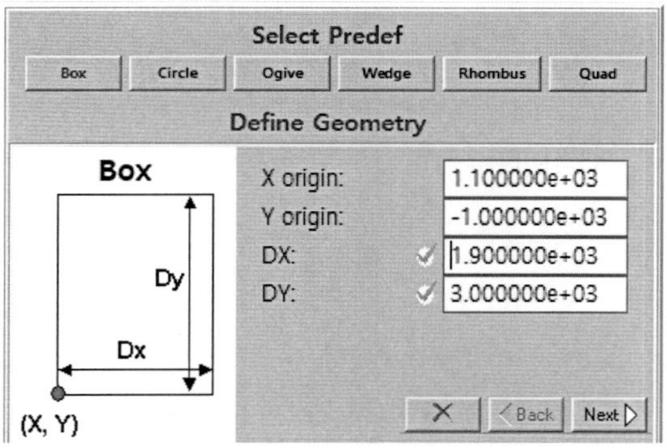

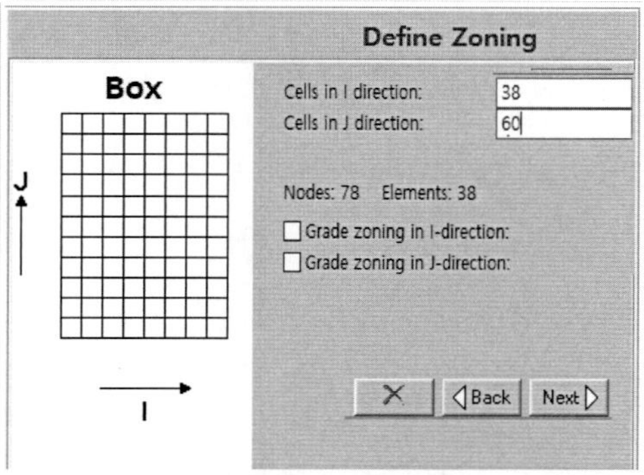

⑫ Fill Part에서 Fill with Initial Condition Set을 선택하지 않는다.

⑬ Material을 선택한다. : Steel 1006

⑭ 데이터를 수용한다.

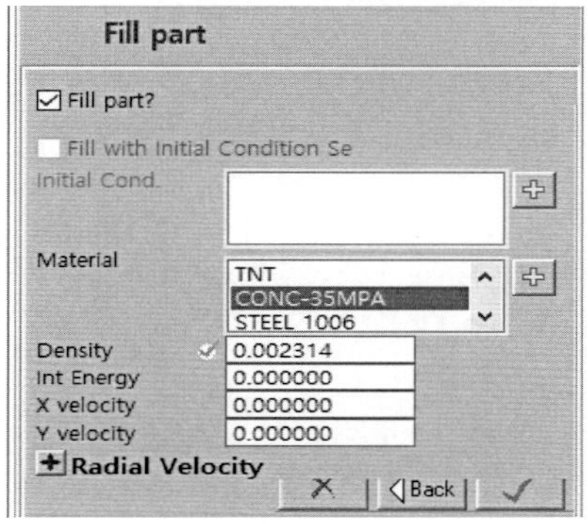

(6.3) 라그랑쥐 파트 (Conc-frame) 제거

① Parts를 선택한다.

② 대화 상자에서 "Fill"를 선택한다.

③ Fill by Index Space에서 Unused 선택한다.

④ Fill Unused 입력한다 : I = 6 ~ 33, J = 6 ~ 55

⑤ 데이터 수용한다.

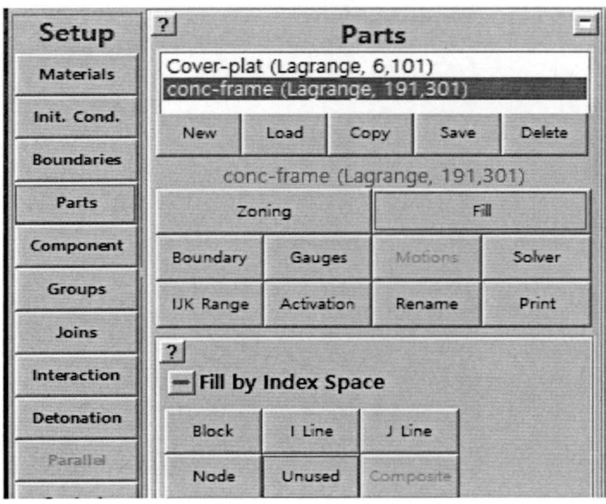

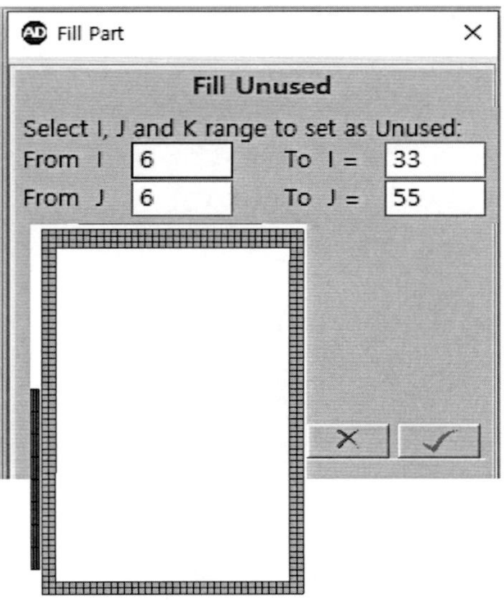

① Parts를 선택한다.

② 대화 상자에서 "Fill"를 선택한다.

③ Fill by Index Space에서 Unused 선택한다.

④ Fill Unused 입력한다 : I = 1 ~ 30, J = 15 ~ 20

⑤ 데이터 수용한다.

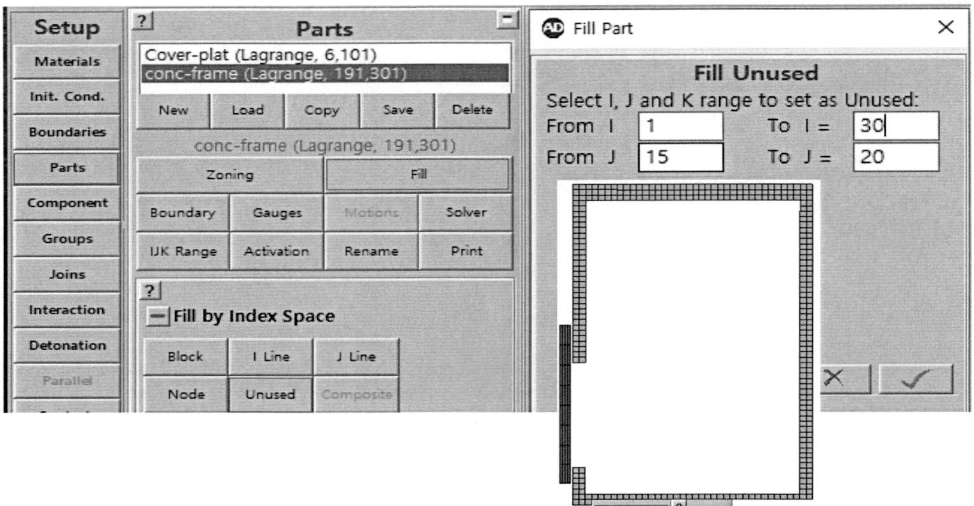

(6.4) 오일러 파트 생성

① Parts를 선택한다.

② 대화 상자에서 "New"를 선택한다.

③ 팝업창의 Part Name을 입력한다. : space

④ Solver를 선택한다 : Euler 2D Multi

⑤ Definition을 설정하다. : Part Wized

⑥ 다음 단계로 이동한다.

⑦ Predef를 선정한다. : Box

⑧ Geometry를 정의한다

: 원점(-1000, -1000) 폭 (3000, 3000)

⑨ 다음 단계로 이동한다

⑩ Cell의 크기를 입력한다: I=38, J=60

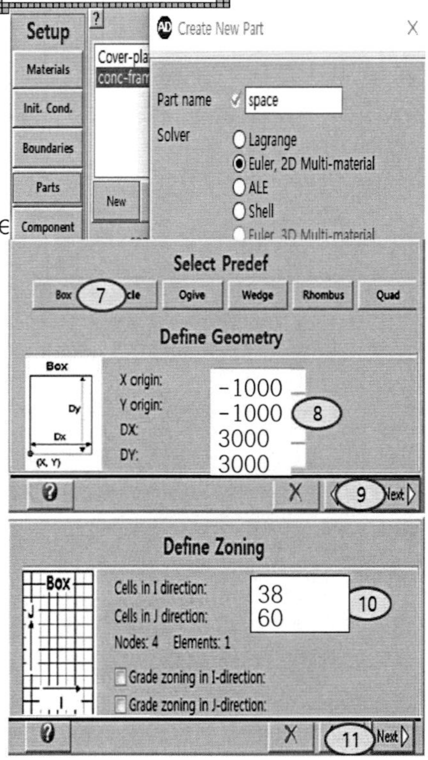

⑪ 다음 단계로 이동한다

⑫ Fill Part에서 Fill with Initial Condition Set을 선택하지 않는다.

⑬ Material을 선택한다. : AIR

⑭ Internal Energy를 입력한다.
: 2.068e5

⑮ 데이터를 수용한다.

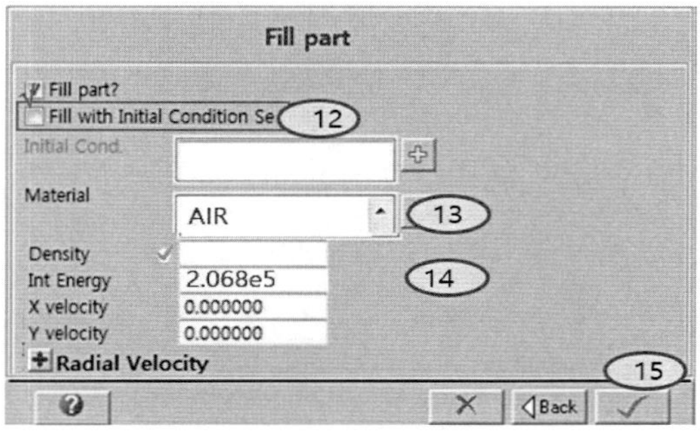

(6.2) 오일러 파트에 TNT 충전

① Parts를 선택한다.

② 대화 상자에서 "Fill"를 선택한다.

③ 타원 채우기 옵션을 선택하십시오.

④ 타원의 x와 y 반지름을 입력한다.
: 중심 (0,0) 반지름 (100,100)

⑤ 재질(Material)을 선택한다 : TNT.

⑥ 데이터 수용한다.

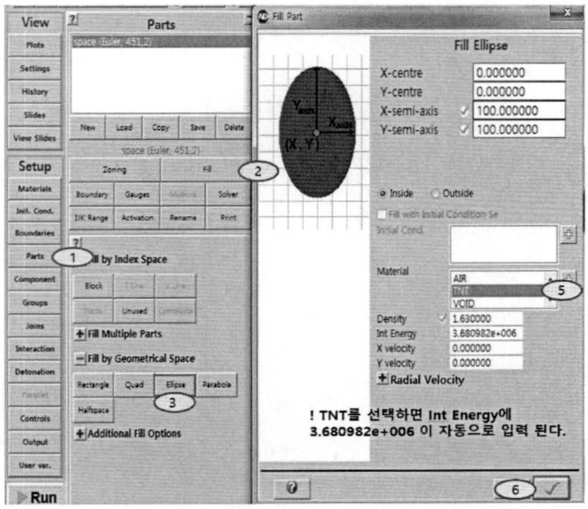

⑦ 결과화면으로 다음과 같이 나타난다.

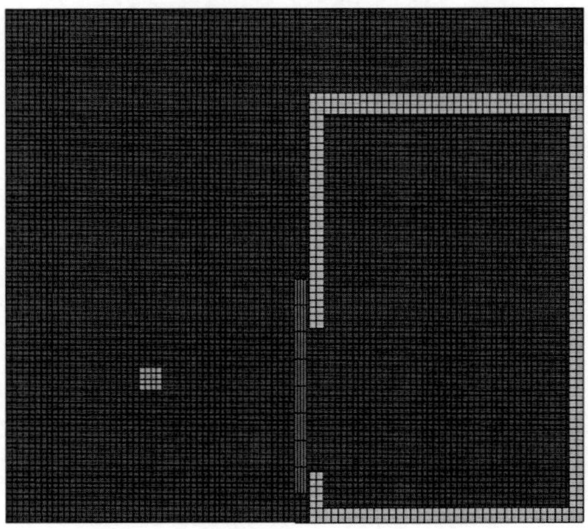

(6.3) 오일러 메쉬에 TNT 채우기

① 탐색 표시 줄에서 "부품"을 선택하십시오.

② 채우기(Fill) 선택한다.

③ Apply Boundary에서 I Line 선택

데이터 입력 : I =1, J = 1-101

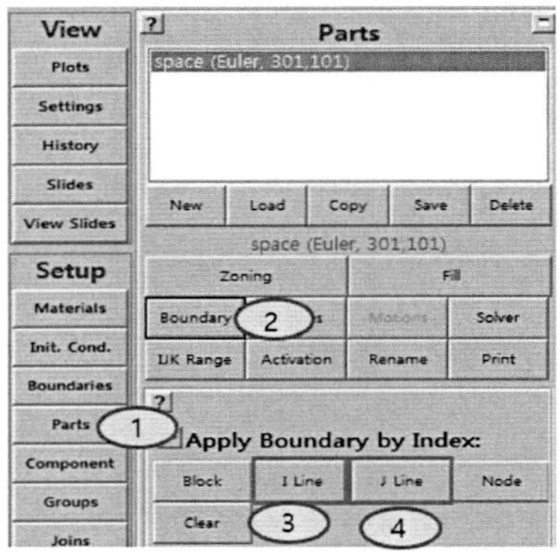

④ Apply Boundary에서 I Line 선택

데이터 입력 : I =301, J = 1-101

Boundary : Outflow

⑤ Apply Boundary에서 I Line 선택

데이터 입력 : I =1-301, J = 101

Boundary : Outflow

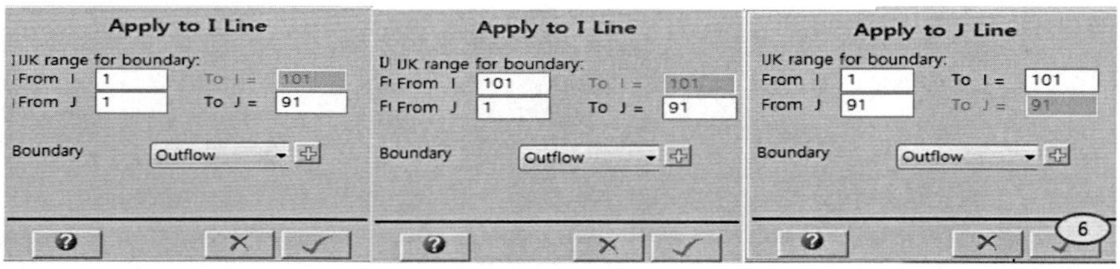

⑥ 데이터 수용

(6.4) 오일러 부품에 Gauge 설정

① 네비게이션 메뉴에서 Parts를 선택한다.

② Gauges를 선택한다.

③ Add를 선택한다.

④ Add Gauge 팝업메뉴에서 Point, Fixed, XY-Space를 선택한다.

⑤ Gauge의 좌표값을 입력한다. : (0, 1000)

⑥ 데이터를 수용한다.

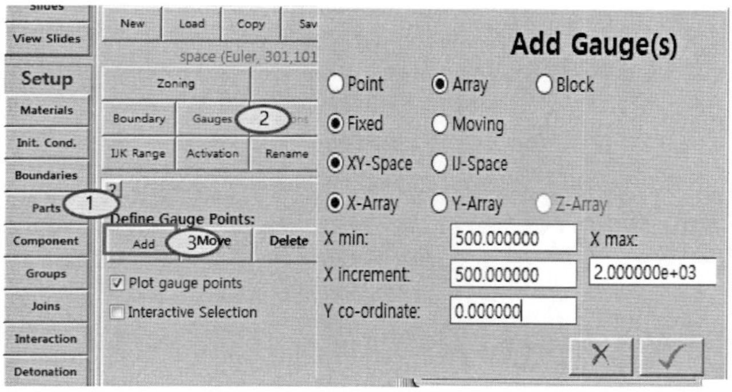

⑦ 결과화면으로 다음과 같이 나타난다.

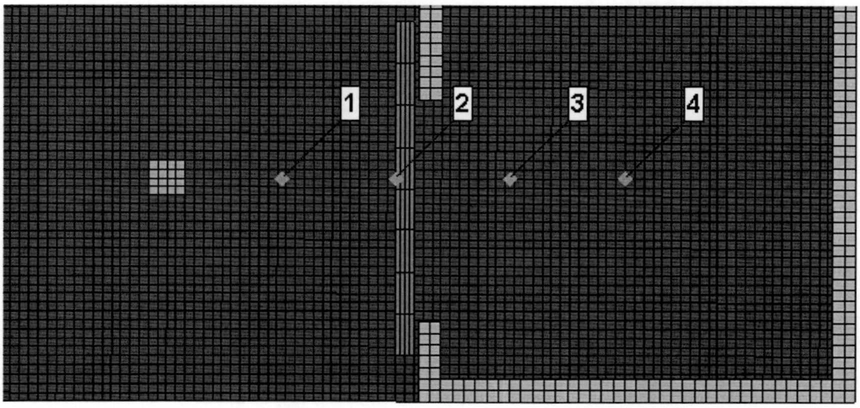

⑧ Gauge의 위치가 잘못되었으면 Move를 또는 Delete를 사용하여 수정한다.

⑨ Delete를 선택한다. 파업 메뉴에서 삭제할 Gauge를 입력한다.

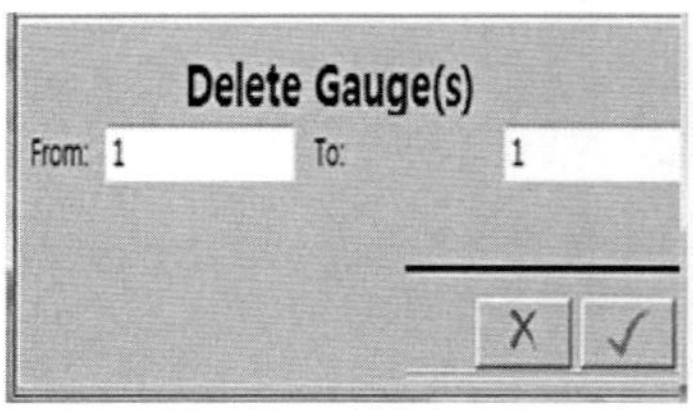

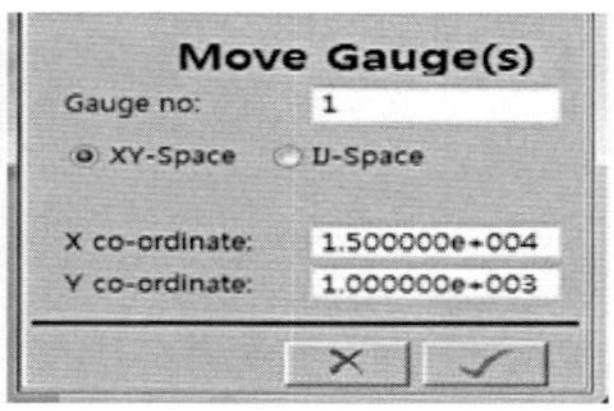

(7) Interaction

① Interaction을 클릭한다

② Lagrange-Lagrange

③ Type을 설정한다. : External Gap

④ Calculate를 클릭한다.

AUTODYN은 계산을 해서 Gap Size를 제공한다 : 1.001

⑤ 나머지는 Default를 수용

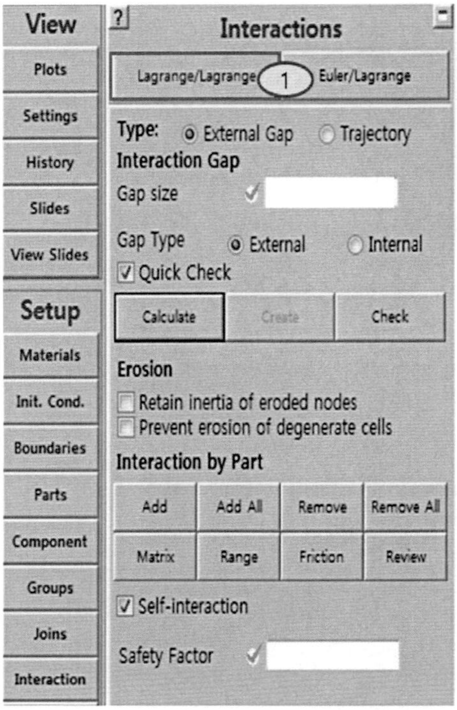

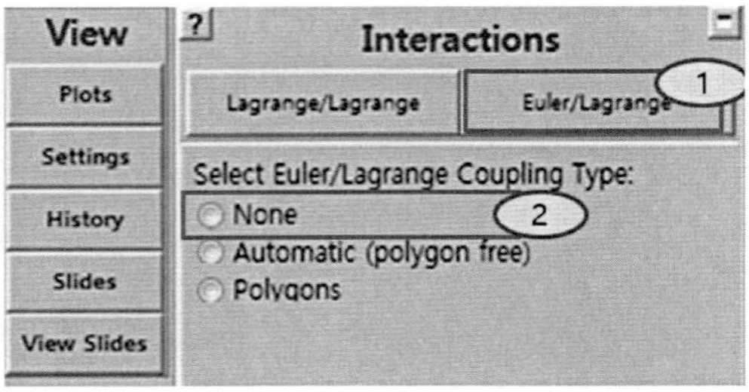

① Euler-Lagrange를 클릭한다.

② 선택하지 않는다.

(8) Component - 설정하지 않음

(9) Group - 설정하지 않음

(10) Joints - 설정하지 않음.

(11) Parallel-설정하지 않음.

(13) 솔루션 컨트롤 설정

① 탐색 표시 줄에서 “Controls"을 선택하십시오.

② 사이클 제한에 큰 숫자를 입력하고 "50.0"ms 시간 제한

(이것은 폭풍이 전파하는 데 걸리는 시간입니다. 반경 45m까지)

③ Wrapup Criteria에서

ⓐ Cycle Limit: 99999 ⓑ Time Limit :0.005s ⓒ Energy Fraction : 0.5

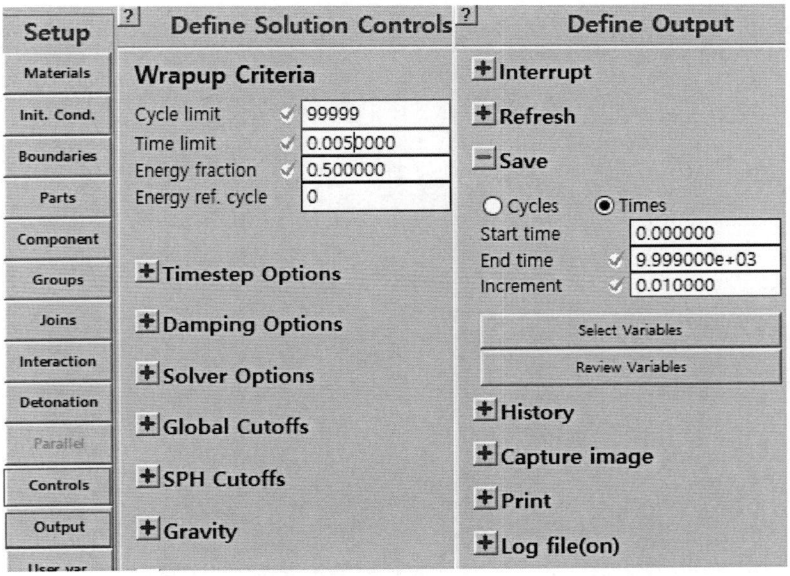

(14) 결과저장설정

① 탐색 표시 줄에서 “Output"을 선택하십시오.

② 저장 시간 설정:

- Start Time : 0.0
- End times : 1e20 ,
- Increment : 0.01

(15) user var. -설정하지 않음

(16) 해석실행

① 데이터 저장

② 문제 해결

해결하는 동안 보기가 자동으로 업데이트됩니다.

해석결과 : Cycle 3984, 6.9ms

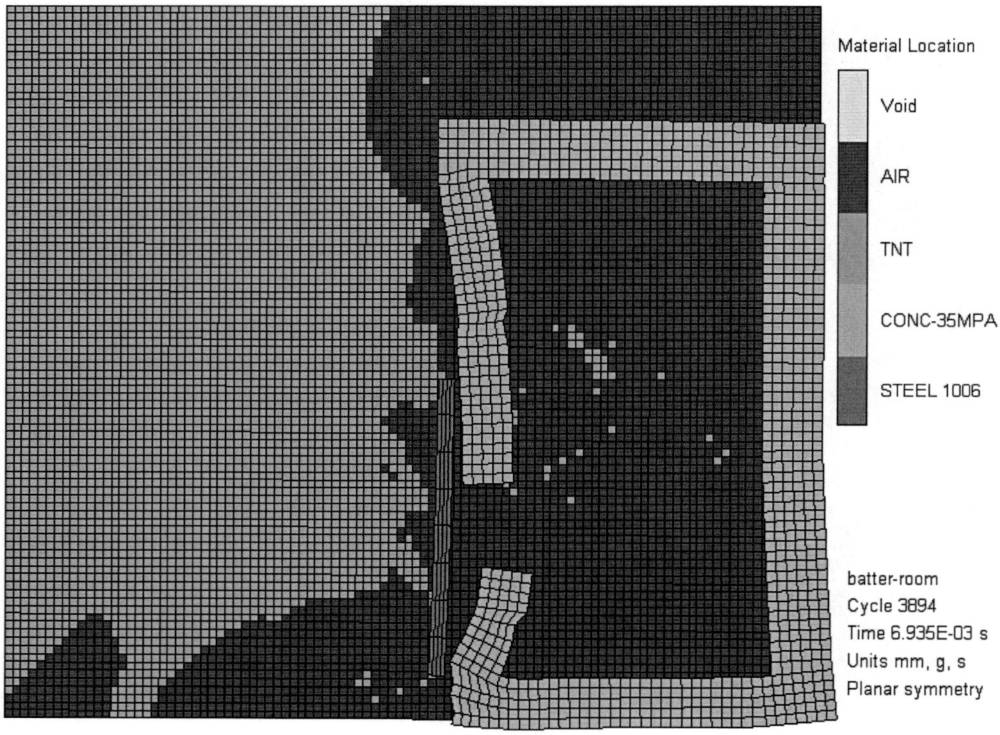

(17) 해석결과분석

① TNT 질량의 추이 ② 압력의 추이

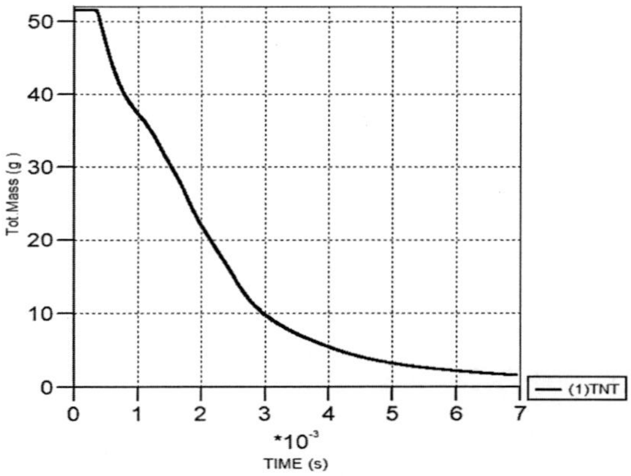

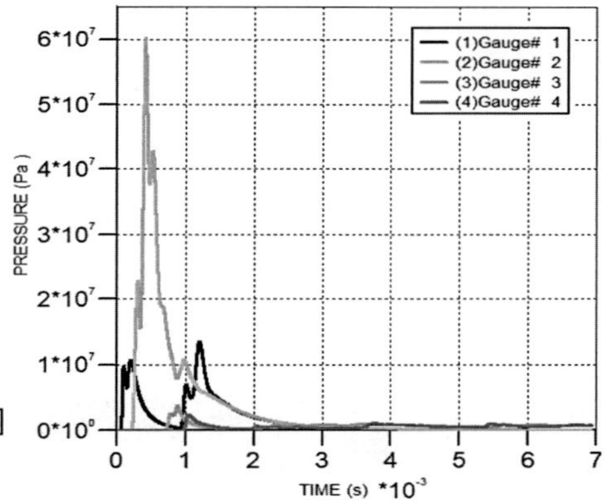

Case 2) 메쉬 사이즈 변경

메쉬 사이즈 50mm에서는 폭발입력이 내부로 유입되지 않는 것 같이 해석되었다.
Sapce (Air)의 메쉬 사이즈 변경하여 해석을 수행하여 폭발압력이 내부로 유입되는 것을 확인한다.

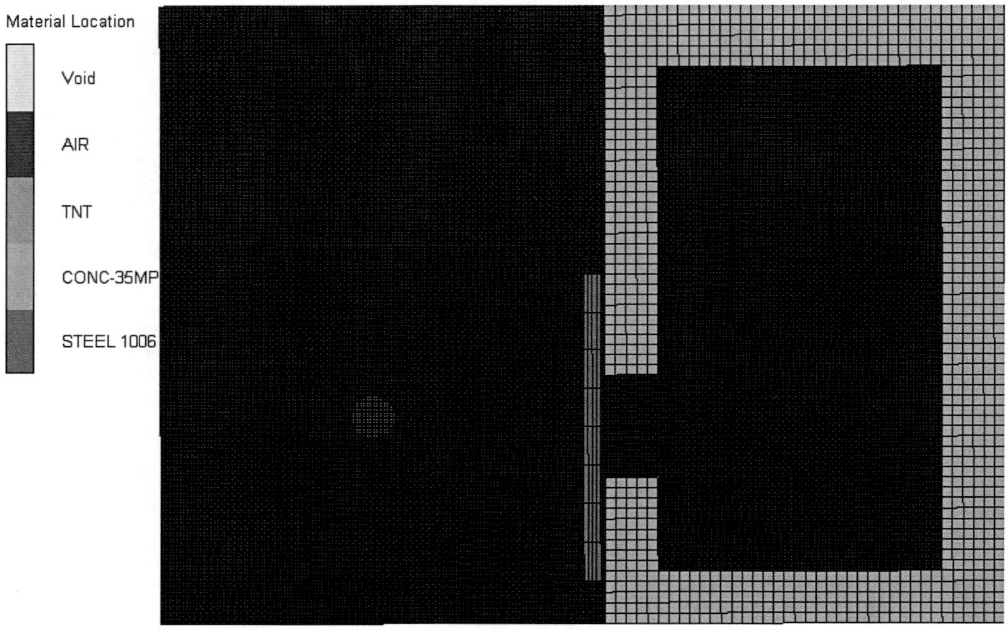

Case 1)과 다른 부분만 기술한다.

(6.4) 오일러 파트 생성

① Parts를 선택한다.

② 대화 상자에서 "New"를 선택한다.

③ 팝업창의 Part Name을 입력한다.

  : space

④ Solver를 선택한다.

: Euler 2D Multi

⑤ Definition을 설정하다. : Part Wized

⑥ 다음 단계로 이동한다.

⑦ Predef를 선정한다. : Box

⑧ Geometry를 정의한다.

: 원점(-1000, -1000)

폭 (3000, 3000)

⑨ 다음 단계로 이동한다

⑩ Cell의 크기를 입력한다

: I=600, J=600

⑪ 다음 단계로 이동한다

⑫ Fill Part에서 Fill with Initial Condition Set을 선택하지 않는다.

⑬ Material을 선택한다. : AIR

⑭ Internal Energy를 입력한다.

: 2.068e5

⑮ 데이터를 수용한다.

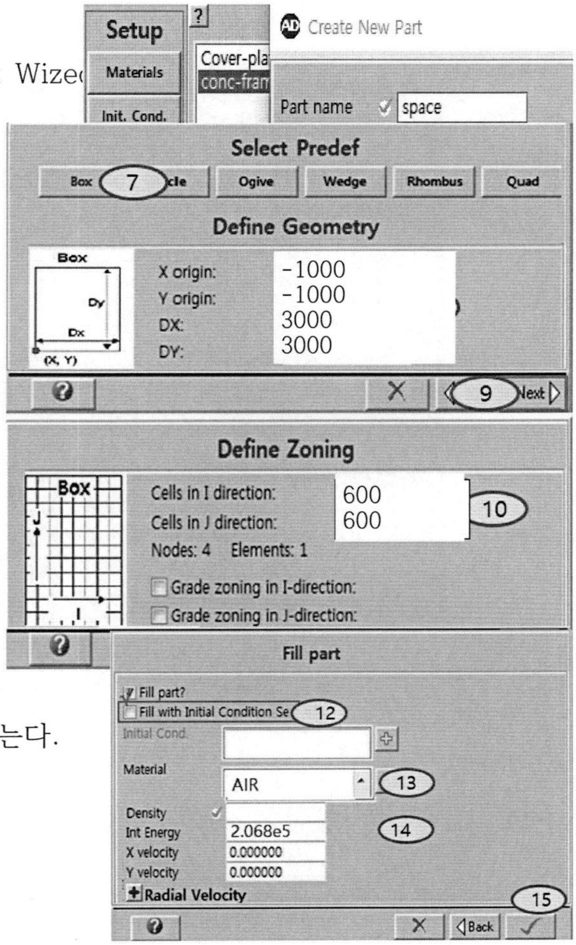

(6.5) 오일러 파트에 TNT 충전

① Parts를 선택한다.

② 대화 상자에서 "Fill"를 선택한다.

③ 타원 채우기 옵션을 선택하십시오.

④ 타원의 x와 y 반지름을 입력한다.

: 중심 (0,0) 반지름 (100,100)

⑤ 재질(Material)을 선택한다 : TNT.

⑥ 데이터 수용한다.

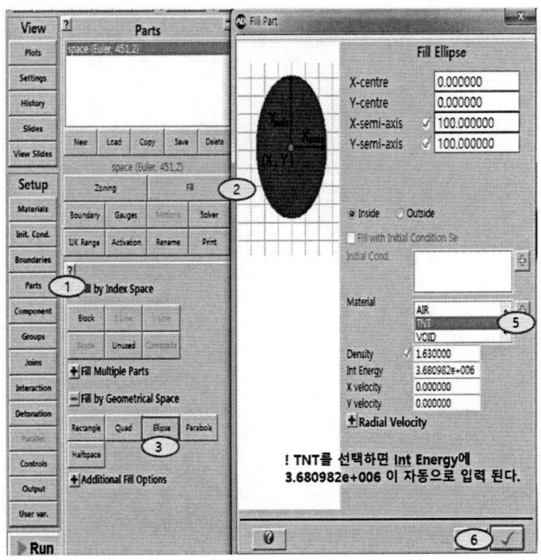

⑦ 결과화면으로 다음과 같이 나타난다.

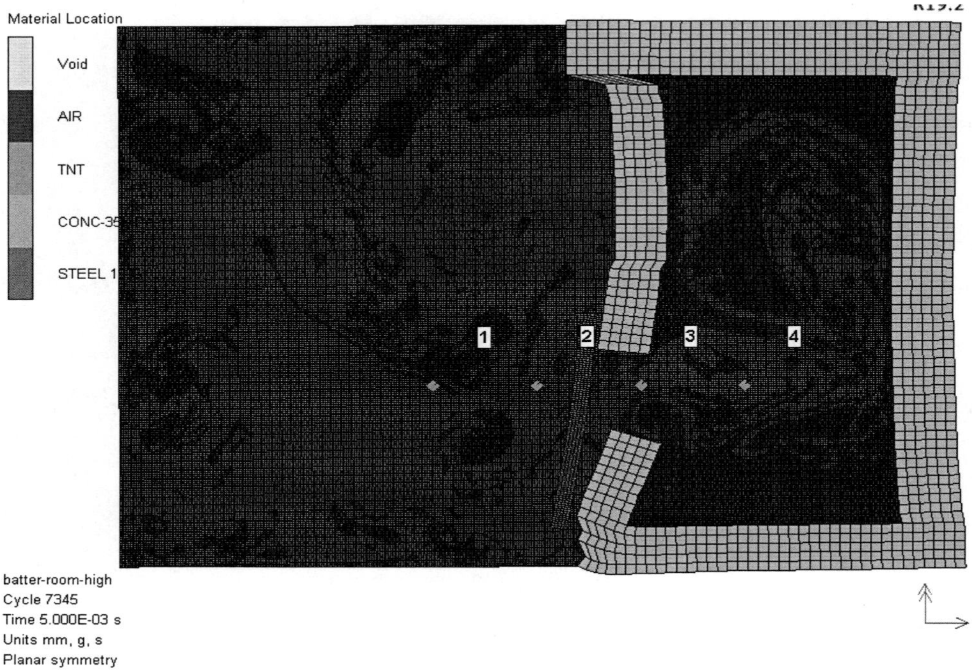

⑧ 압력 변화 ⑨ TNT 변화 추이

Gague2에서 반사압이 발생하여 압력이 크게 증가한다.

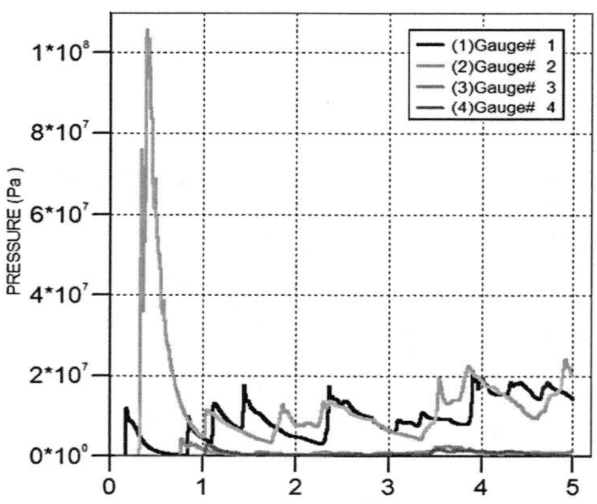

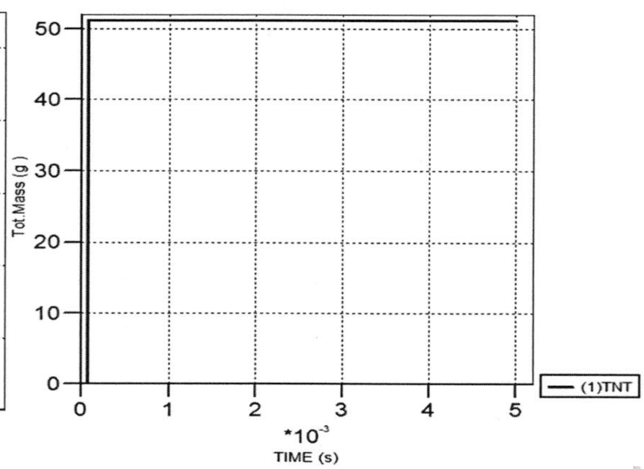

V 폭풍파 3D 유동 해석

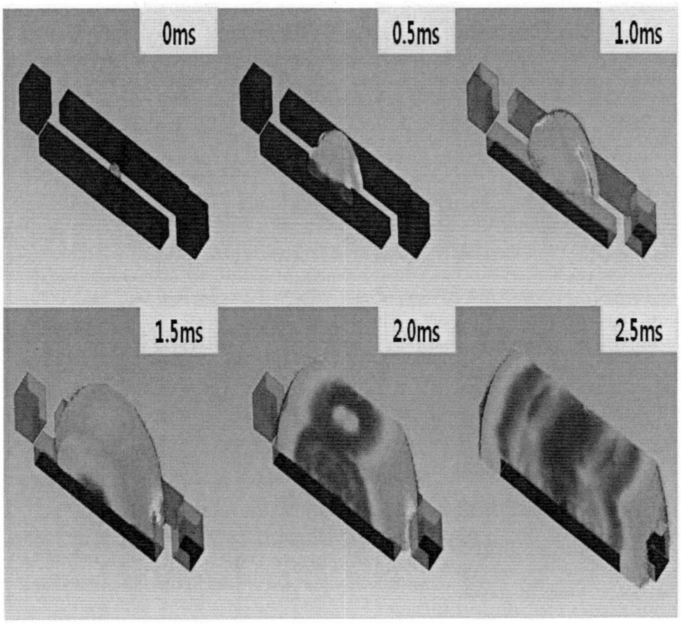

1D-Wedge를 이용해 계산된 폭발 하중을 2D, 3D모델에 대응해 두 개의 측정 위치에서 압력-시간에 관한 해석을 수행한 결과이다.[18)]

TNT는 8g으로 설정하였다.

Case 1) 모든 콘크리트 블록과 빌딩이 없는 경우 (without Reflection)
Case 2) 양쪽의 Building만 있는 경우 (with Reflection)
Case 3) 모든 콘크리트 블록과 빌딩이 있는 경우(street cannelled Blast)
그리고 모든 콘크리트 블록과 빌딩의 경계면에서는 전반사가 발생한다고 가정한다.

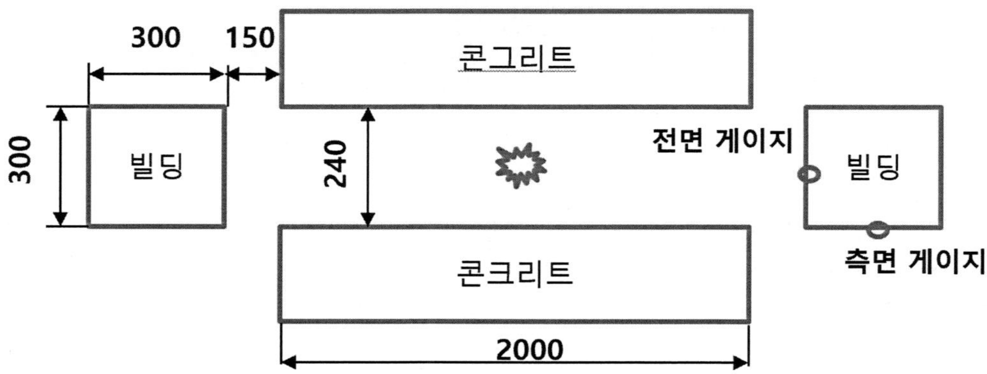

해석에 사용되는 2D와 3D 모델링은 해석시간을 단축하기 위하여 ¼만 모델링 한후 대칭 상태를 사용한다.
1D-Wedge는 폭발중심으로부터 처음 반사가 발생하기 직전까지의 거리인 120mm만큼 공기를 모델링하고 TNT 8g의 폭발 압력파를 미리 계산한다.
Autodyn-3D는 지면의 반사파를 고려할 수 있는 해석이 가능하나 Autodyn-2D에서는 불가능하다는 점이다. 가장 큰 이유는 지면의 반사파를 고려하기 위해서는 지면으로부터 일정 거리 떨어진 위치에 맵핑을 해야 하지만 Autodyn-2D에서는 항상 지면에만 맵핑을할 수 있기 때문이다. Autodyn-2D는 각 축에 대한 조건을 선택할 수 없고, X,Y축의 양(+)의방향에 접해 모델링을 할 경우 자동으로 대칭이 적용되어 마치 반구형 폭발과 유사한 형태로 압력파가 전달된다. Autodyn-2D해석을 하기 위해서는 폭발 형태를 구형이 아닌

18) 박재표"전산수치해석을 이용한 초고층 건물기둥의 폭발저항성능 평가" 건국대2011.2 pp11~16

반구형으로 해야 하므로 1D-Wedge TNT 반지름은 구형의 10.5mm가 아닌 13.3mm 를 입력해야 한다.

Autodyn-3D에서 반구형으로 맵핑했을 경우 압력파의 벡터를 보면 반구형 폭발 시에는 지면으로 향하는 압력 벡터가 없으므로 지면 반사파를 고려할 수 없다.
Autodyn에서 오일러 솔버의 경계조건 초기값은 속도가 0 이다. 오일러솔버의 기본 경계 조건이 Rigid wall로 되어있음을 의미하므로 콘크리트와 빌딩의 경계면에서는 폭발파의 전반사가 발생하기 위해서 추가적인 경계 조건을 입력할 필요가 없다.

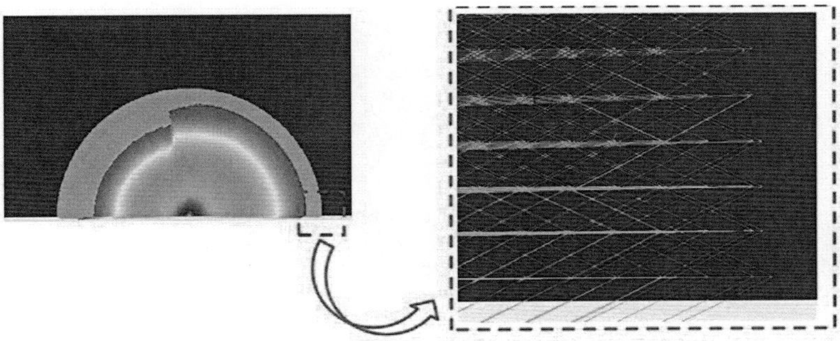

반구형 폭발로 대응했을 때와 확대한 그림

해석결과는 다음과 같다.

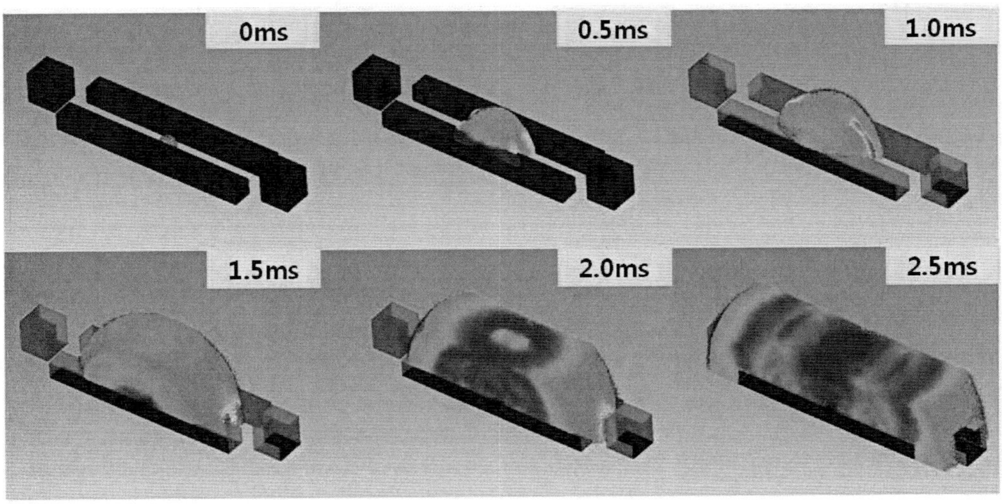

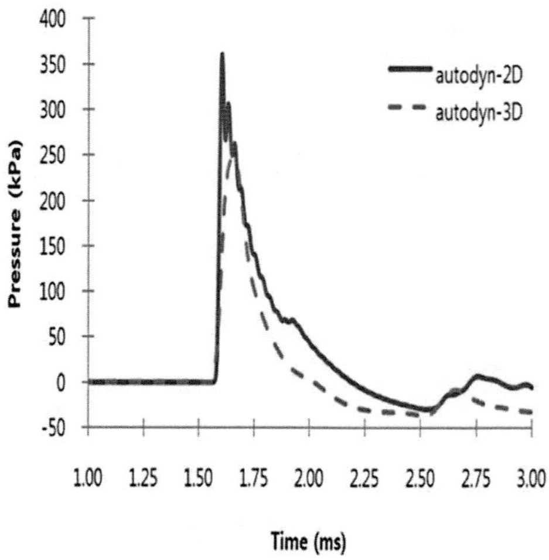

전면 게이지

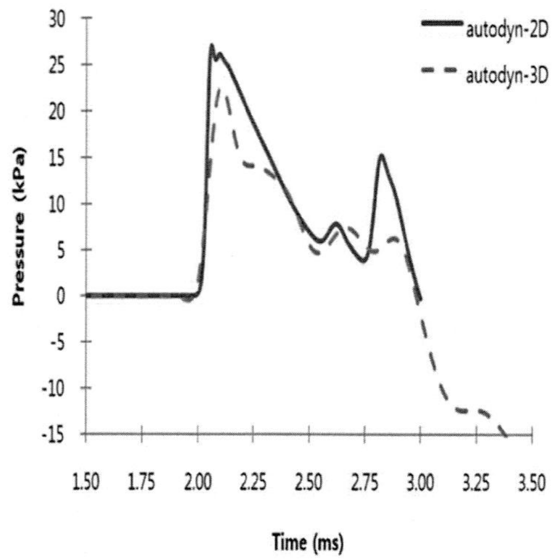

측면 게이지

	단위 kPa	Without Reflection	With Reflection	Street channeled Blast Front	side
비교값 (fairlie)	Autodyn-2D	38.3	79.4	374.9	28.0
	Autodyn-3D	35.2	71.7	242.9	23.3
	Experiment	34.1	74.7	295.8	24.8
	ConWEP	36.5	83.2	83.7	-
해석값	Autodyn-2D	37.2	86.3	360.1	27.0
	Autodyn-3D	35.9	71.7	246.2	22.6

1. 3D 공간에서 폭풍파의 모델링

1) 구조 계획

① 모듈의 목표 :
폭풍파모델을3차원 공간에서 수행하도록 요구 되어진다.
AUTODYN에서 3차원 공간에서 오일러형상에 TNT를직접 채워 넣는 방법은 어렵다.
따라서 2D-Wedeg모델에서 TNT를모델링하고 해석결과를 불러오는 방법이 바람직하다.본 모듈에서는 TNT125Kg을 2D-Wedge에서 모델링한결과를 3차원 오일러형상에 채우는 방법을 설명하도록 한다.
폭풍파의거동을 확인하도록 한다.

② 모델링 개요 (단위 : mm)

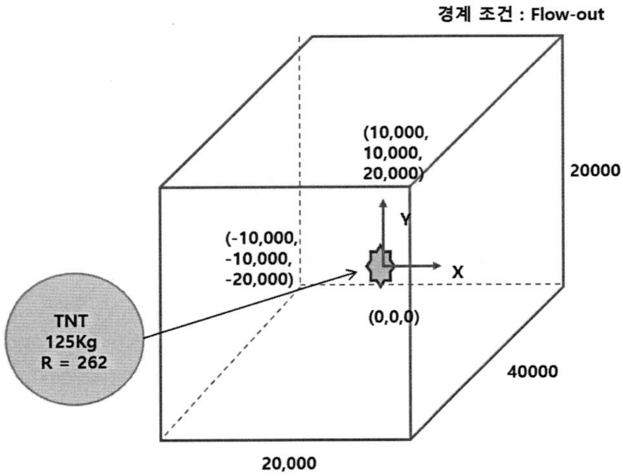

2) 구조해석

(1) Start > AUTODYN 시작

AUTODYN standalone을 시작하십시오 (autodyn.exe를 더블 클릭하십시오)

> C: \Program Files \ANSYS Inc\v161 \aisol\AUTODYN \winx64 \autodyn.exe

(2) Start > 프로젝트 시작

① 동일한 프로젝트 폴더를 유지하십시오.

② CIdent를 입력한다,

: 3D-Spheircla-blast

③ 3D 대칭선택

④ 데이터 수용

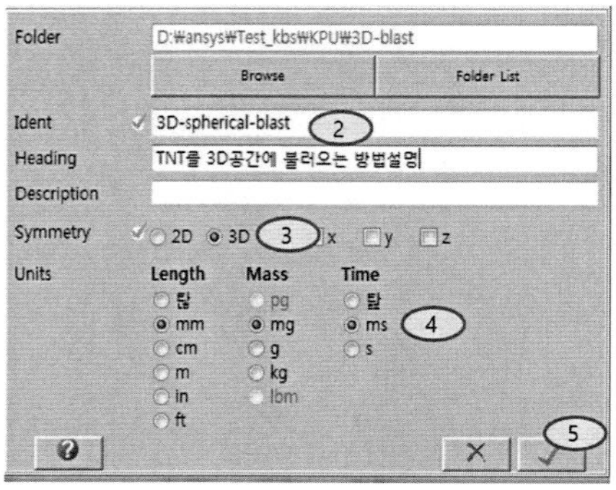

(3) Material > 재료 검색

(3.1) 라이브러리에서 재료 데이터 검색

① 메뉴에서 "Material" 를 클릭하고 "Load"로 재료 데이터를 불러온다

② 라이브러리에서 다음 자료를 선택 하십시오 : 공기, TNT

③ 데이터를 선택 확인한다.

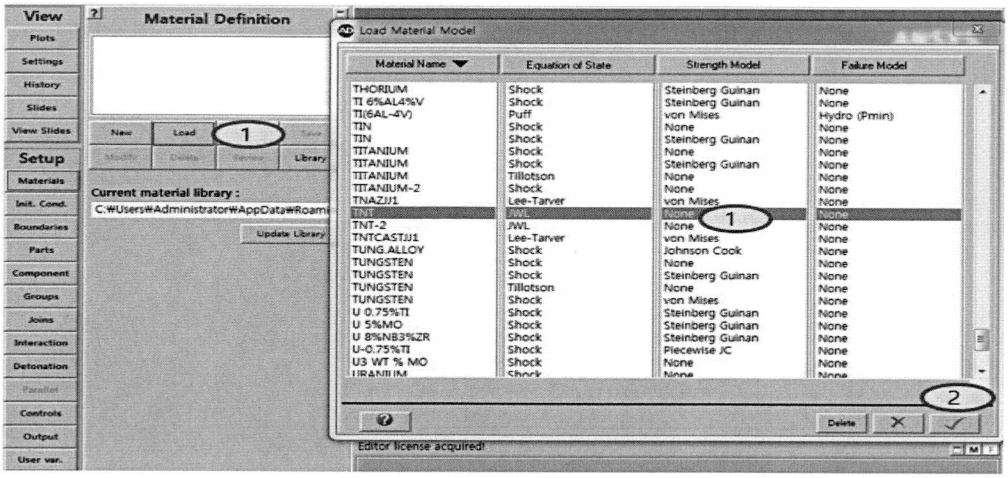

% 라이브러리에서 여러 개를 선택하려면 CONTROL + Click을 통하여 여러 가지를 선택할 수 있다.

(4) 초기조건을 설정한다
- 설정하지 않는다.

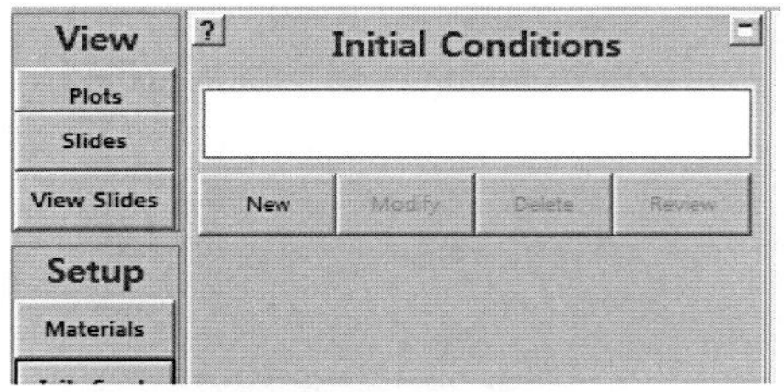

(5) 경계조건을 정의한다.
① Boundary를 선택한다.
② 대화 상자에서 New 를 선택한다
③ Boundary Name을 기록한다.
: Outflow
④ Type을 정한다 : Flow_out
sub option을 정한다.
: Flow_out(Euler)
⑤ Preferred Material을 설정한다.
: ALL_EQUAL
⑥ 데이터를 수용한다.

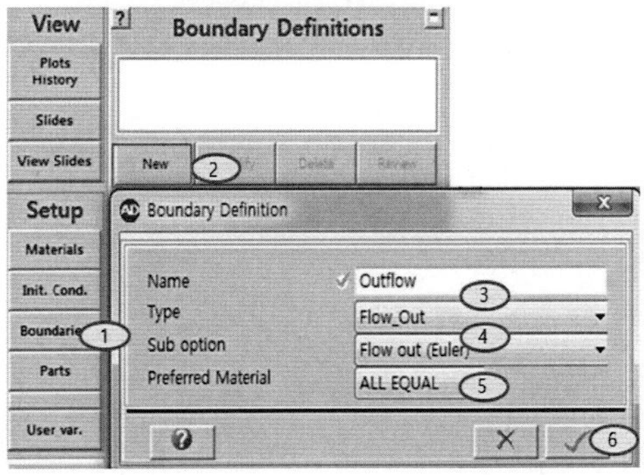

(6.1) 오일러 파트 생성
① Parts를 선택한다.
② 대화 상자에서 "New"를 선택
③ 팝업창의 Part Name을 입력한다.
: space
④ Solver를 선택한다.
: Euler Muti-material
⑤ Part Wizard를 선택한다.
⑥ 다음 단계로 진행한다.

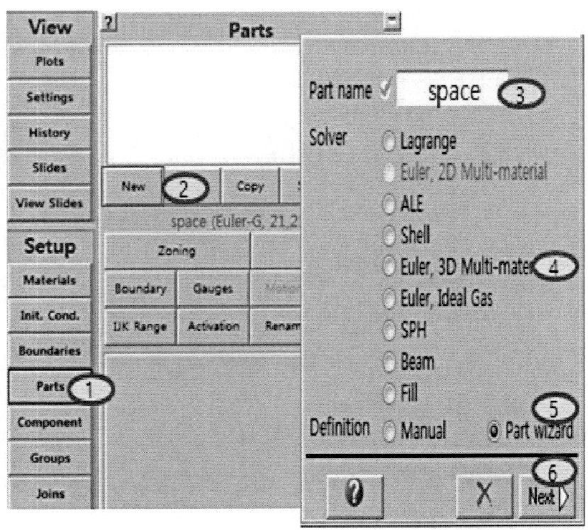

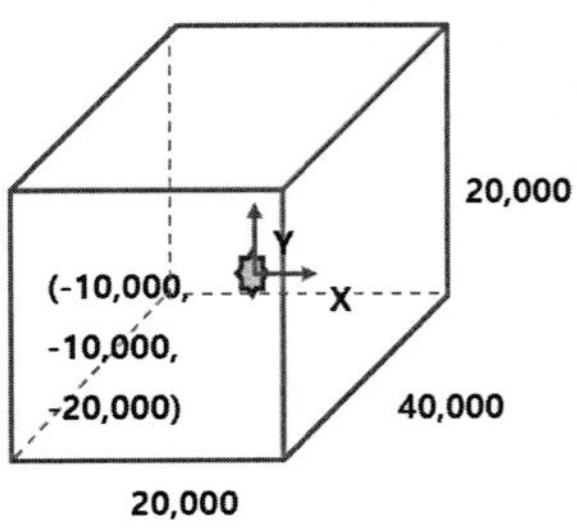

⑦ Box Predef를 선택한다. (default)

⑧ Origin xo, yo, zo 를 입력한다.
: -10000, -10000, -20000
Size DX, DY, DZ 를 입력한다.
: 20000, 20000, 40000

⑨ 다음 단계로 진행한다.

⑩ Cell의 IJK 방향 : 입력한다.
: 20, 20, 40

⑪ Intial Cond. 선택 : strillAir

⑫ Material 선택 : Air

⑬ Int. Energy를 입력한다.
: 2.058e5

⑭ 데이터를 수용한다.

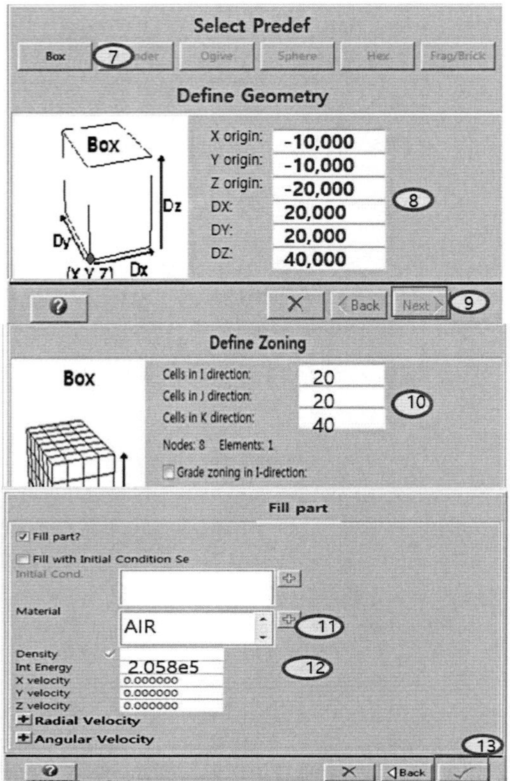

(6.2) 구형 폭발 결과를 3D로 다시 맵핑

① 탐색 표시줄에서 "부품"을 선택하십시오.

② 데이터 파일 선택(채우기)

③ 데이터 파일 읽기 선택

④ 파일을 선택한다
: 3d-spherical-blast

⑤ 재 맵핑 원점을 입력
: (0, 0, 0)

⑥ 재배치할 재료를 선택
: Air와 TNT

⑦ 데이터를 수락합니다.

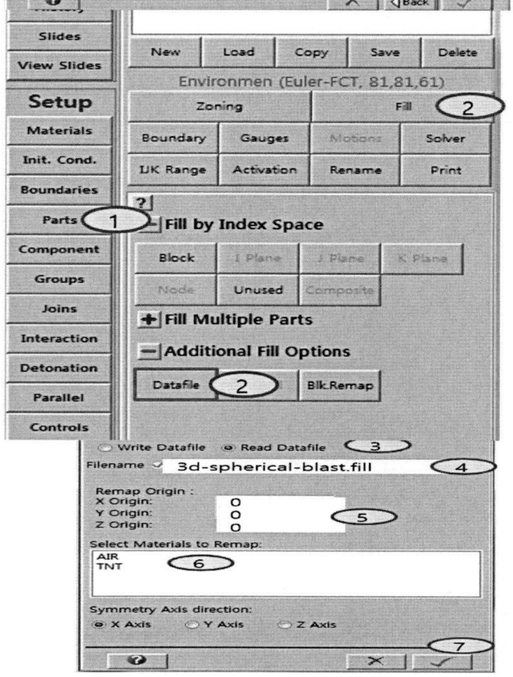

⑧ 결과 화면으로 다음과 같이 나타난다.

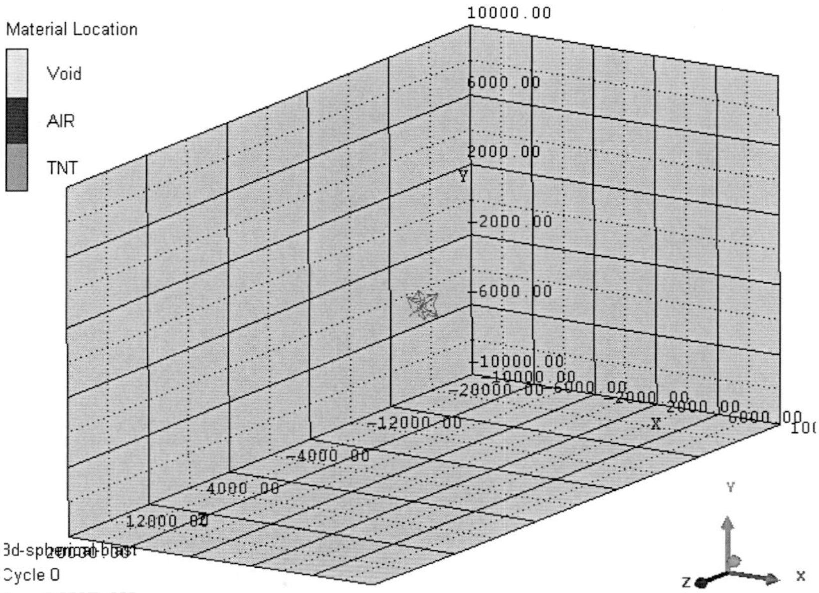

(6.3) 경계조건을 적용한다

① 탐색 표시 줄에서 "부품"을 선택하십시오.

② 경계(Boundary)선택

③ 차단(Block) 선택

④ 기본값을 사용한다.

: 전체 메쉬에유출 경계를 적용합니다.

⑤ 지우기를 선택한다.

⑥ 경계조건을 제외하는 범위를 입력한다.

I = 2-28,

J = 2-80,

K = 1-60

(ground의 모든 내부면에서 경계를 제거함)

⑦ 데이터 승인

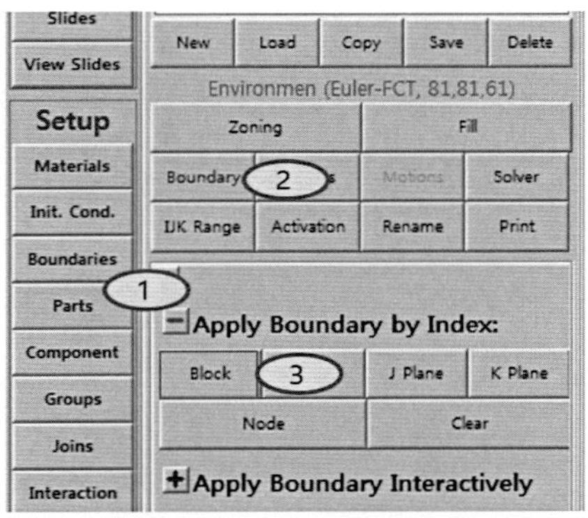

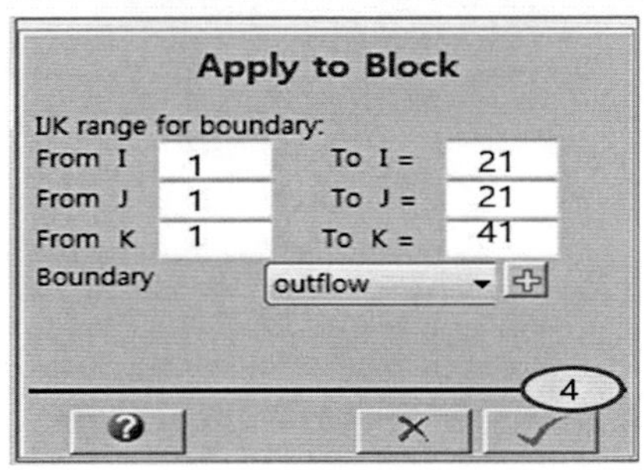

(7) Interaction :

① Interaction을 클릭한다.

② Lagrange-Lagrange

③ Type을 설정한다. : External Gap

④ Calculate를 클릭한다.

AUTODYN은 계산을 해서 Gap Size를 제공한다 : 1.001

⑤ 나머지는 Default를 수용

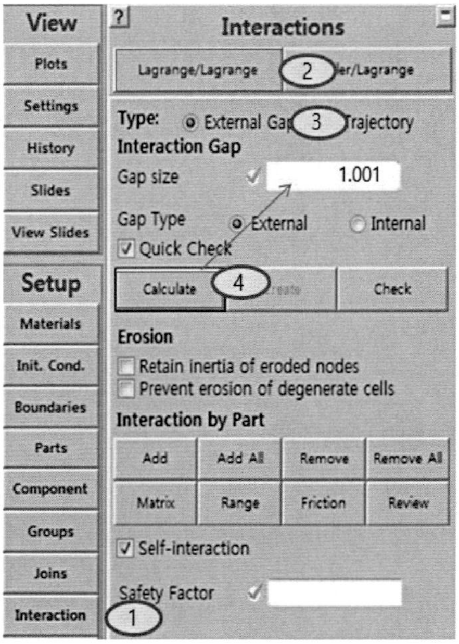

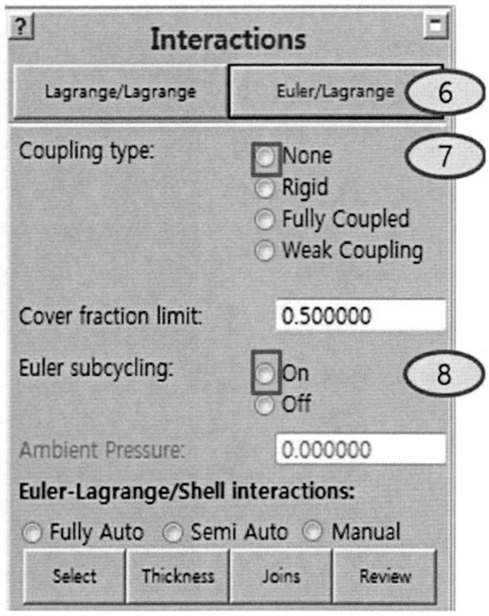

⑥ Euler-Lagrange를 클릭한다.

-설정을 변경하지 않음

⑦ Type을 설정한다. : None

⑧ Euler subcycling : On

(8) Component - 설정하지 않음
(9) Group - 설정하지 않음
(10) Joints - 설정하지 않음

(11) TNT에 대한 폭발지점 정의
① 탐색 표시 줄에서 "Detonation"을 선택하십시오.
② 점(Point) 선택한다.
③ Node 점을 입력한다. x, y = (0, 0)
④ "Plot detonation points"를 체크하여 점의 위치를 확인하십시오.
⑤ 데이터를 수용한다.

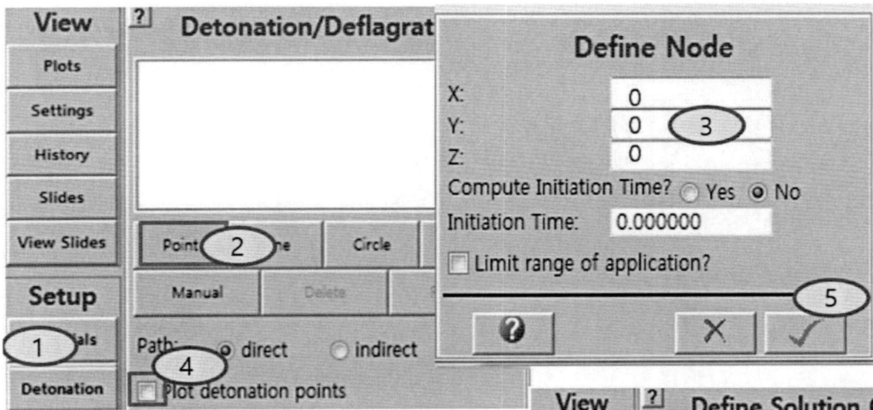

(12) Parallel-설정하지 않음

(13) 솔루션 컨트롤 설정
① 탐색 표시 줄에서 “Controls"을 선택하십시오.
② 사이클 제한에 큰 숫자를 입력하고 "50.0"ms 시간 제한
(이것은 폭풍이 전파하는 데 걸리는 시간입니다. 반경 45m까지)
③ Wrapup Criteria에서
- Cycle Limit : 99999
- Time Limit : 50ms
- Energy Fraction : 0.5

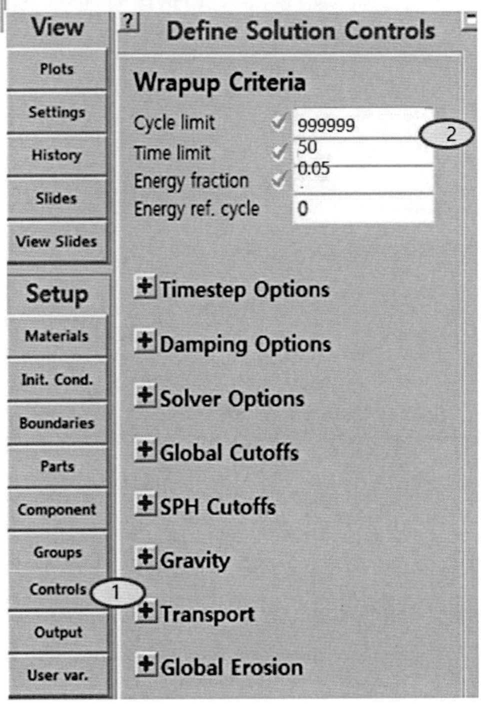

(14) 결과저장설정

① 탐색 표시 줄에서 “Output"을 선택하십시오.

② 저장 시간 설정:

- Start Time : 1000,000
- End times : 1000,000
- Increment : 1000,000

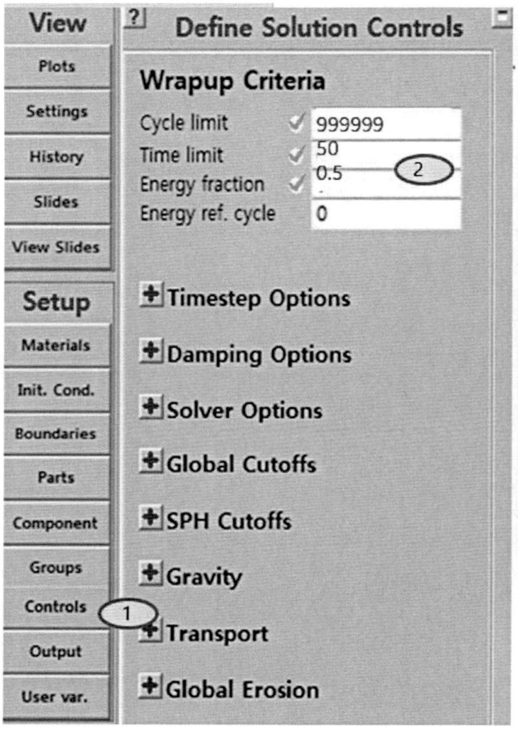

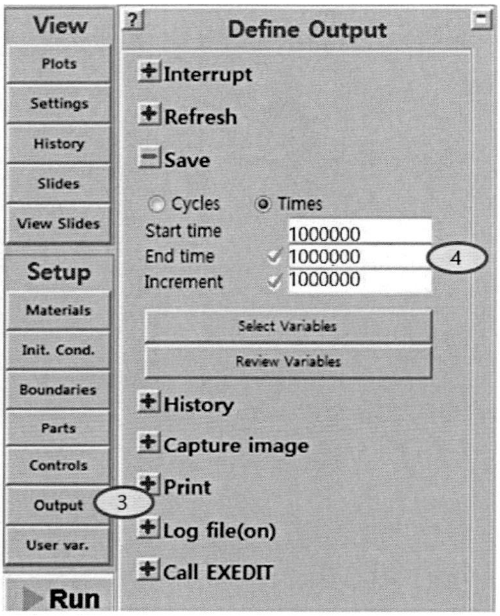

(15) user var. -설정하지 않음

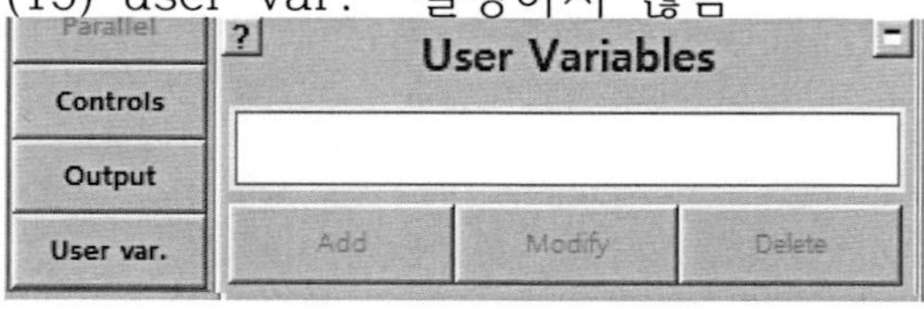

(16) 해석실행

① 데이터 저장

② 문제 해결 : 해결하는 동안 보기가 자동으로 업데이트됩니다.

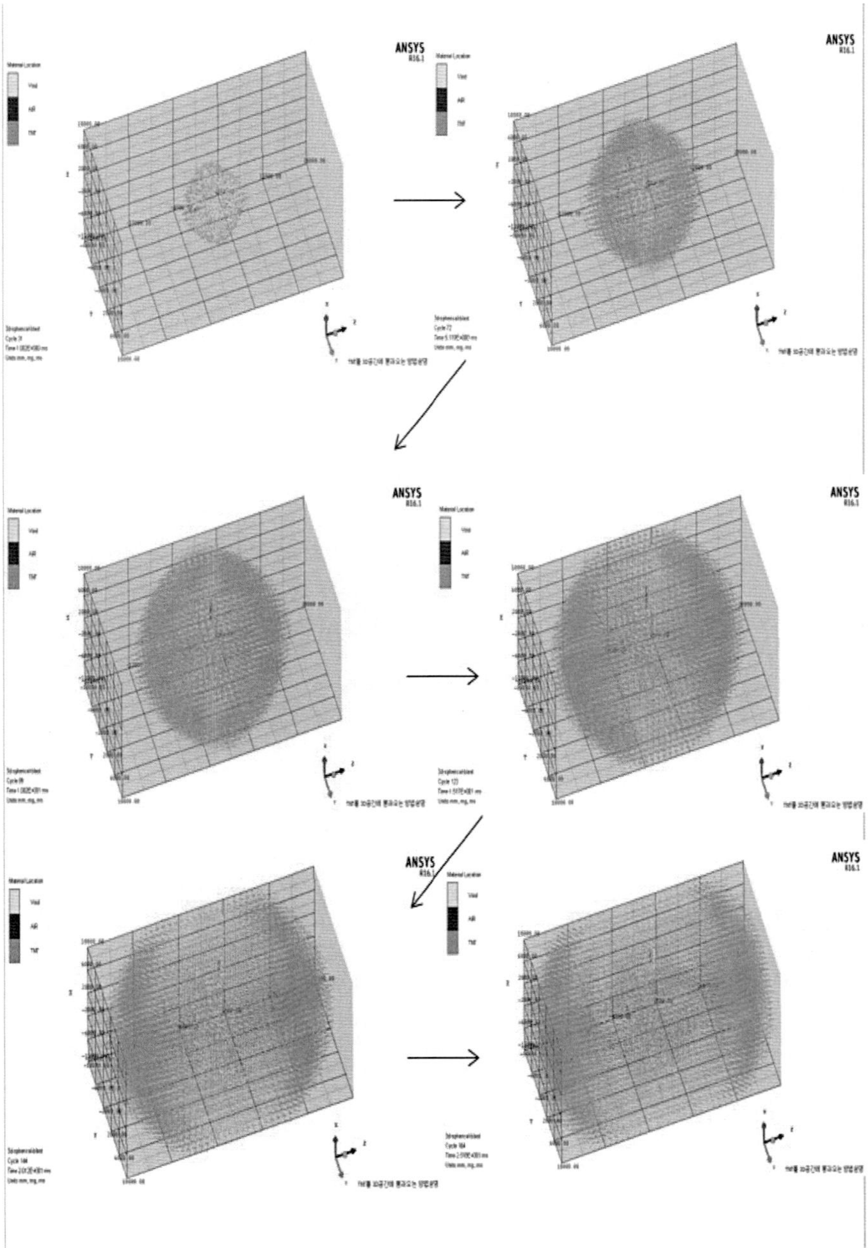

2. 3D 내부 폭발 모델링

1) 구조 계획

① 모듈의 목표

내부 폭발을 수행한다.

2D-Wedeg모델에서 TNT를 모델링하고 해석결과를 불러오는 방법으로 모델링 한다. 본 모듈에서는 TNT 9.64Kg을 2D-Wedge에서 모델링한 결과를 3차원 오일러형상에 채우는 방법을 설명하도록 한다.

② 모델링 개요 (단위 : mm)

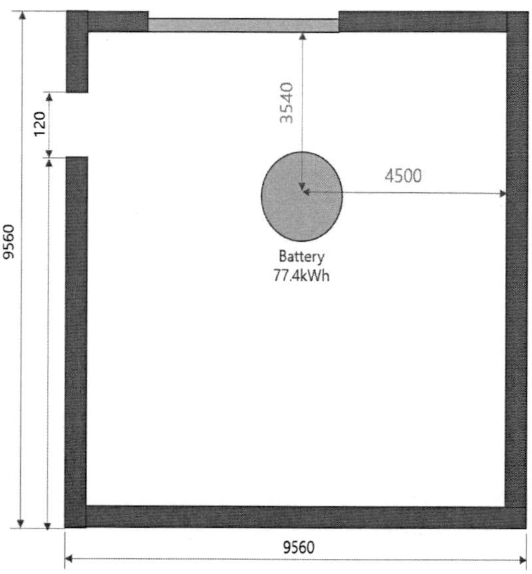

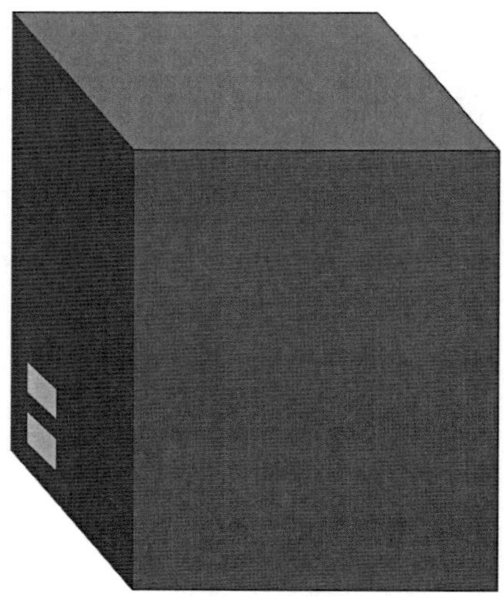

ConWep으로 구한 폭발압력

TNT 중량 : 9.64 Kg
이격 거리 : 3.54 m
환산거리(Scaled distance) : Z = 1.7
반사압 Pr : 1.86 **MPa**

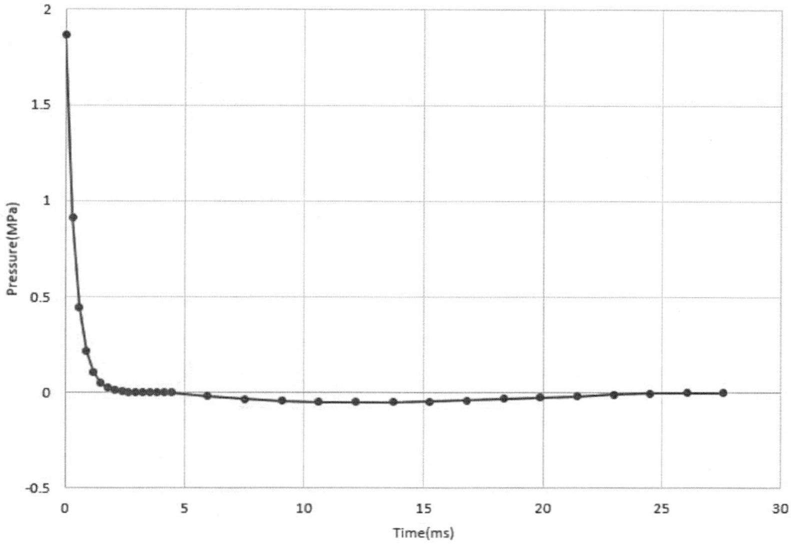

2) 구조해석

Step 1. 폭발구 모델링 (2D−Wedge TNT Model)

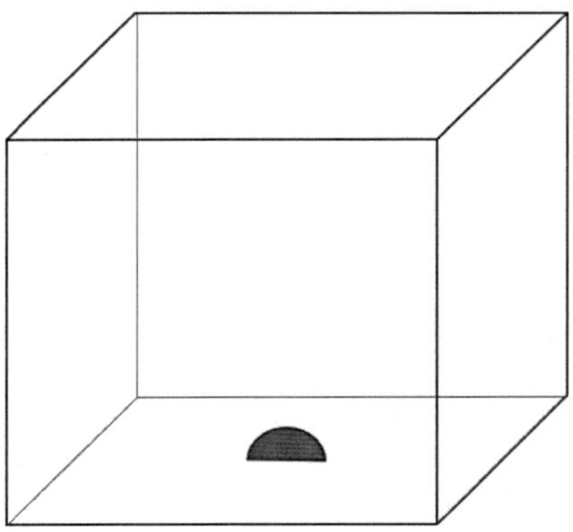

[1] 2차원 TNT 폭발구 생성

(1) Start > Autodyn
AUTODYN standalone을 시작하십시오 (autodyn.exe를 더블 클릭하십시오)
 > C: \Program Files \ANSYS Inc\v19(버전)\aisol\AUTODYN \winx64 \autodyn.exe

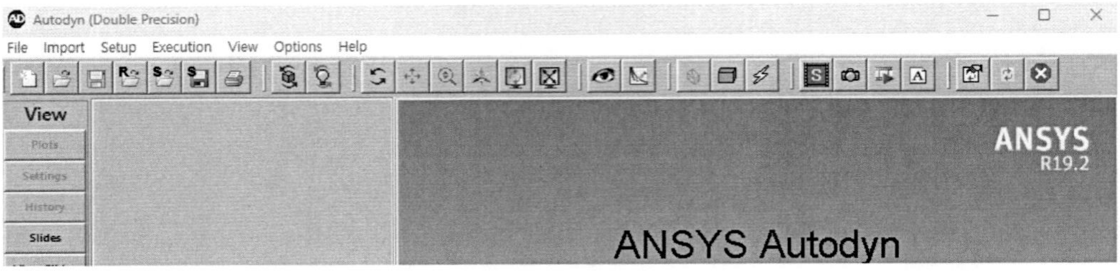

(2) Start > 프로젝트 시작

① 프로젝트 폴더를 선택한다.

: Analysis-TNT-kg 디렉토리.

② Ident를 입력한다.

: 9.64kg-TNT

③ 2D Axial 선택함

④ 데이터 수용

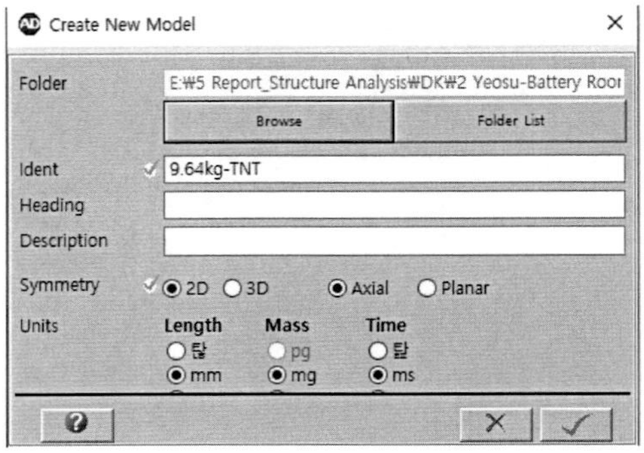

(3) Material > 재료 검색

(3.1) 라이브러리에서 재료 데이터 검색

① 메뉴에서 “Material” 를 클릭하고 “Load“로 재료 데이터를 불러온다

② 라이브러리에서 다음 자료를 선택 하십시오 : Air, TNT

③ 데이터를 선택 확인한다.

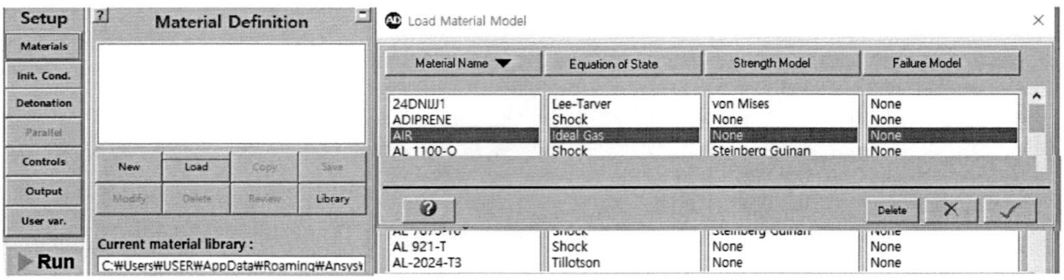

% 라이브러리에서 여러 개를 선택하려면 CONTROL + Click을 통하여 여러 가지를 선택할 수 있다.

(4) 초기 조건을 설정하지 않는다.

(5) 경계조건을 설정하지 않는다.

(6.1) 오일러 파트 생성

TNT9.64kg의 구의 반지름 산정

* 당량 TNT 2차원 모델링		
질량(M)	9.64 kg	
밀도(ro)	1654 kg/m^3	
지표폭발계수	2	(지상파로 폭풍파의1/2가 땅밑으로 감소됨을 보상함)
환산질량(Me)	19.28 kg	
TNT구의 반지름(R	0.112 m	
	112 mm	

TNT의 부피는 반지름 112mm이고, 폭풍파가 벽에 도달하는 길이가 3540mm이므로 계산 시간을 짧게 하려고 Space의 지름을 3000mm로 설정한다.

① Parts를 선택한다.

② 대화 상자에서 "New"를 선택

③ 팝업창의 Part Name을 입력한다. : space

④ Solver를 선택한다 : Euler 2D Muti-material

⑤ Part Wizard를 선택한다.

⑥ 다음 단계로 진행한다.

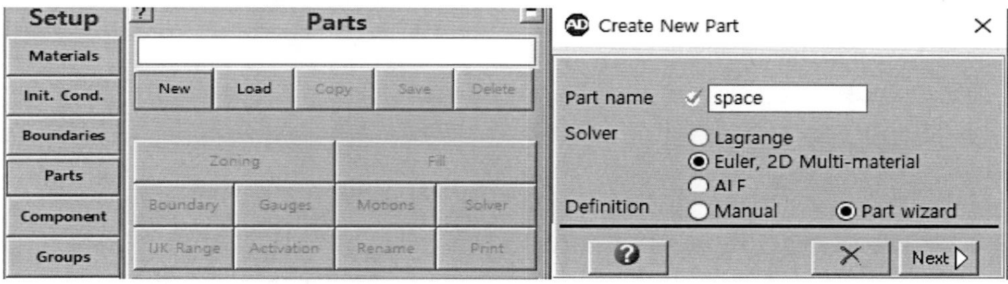

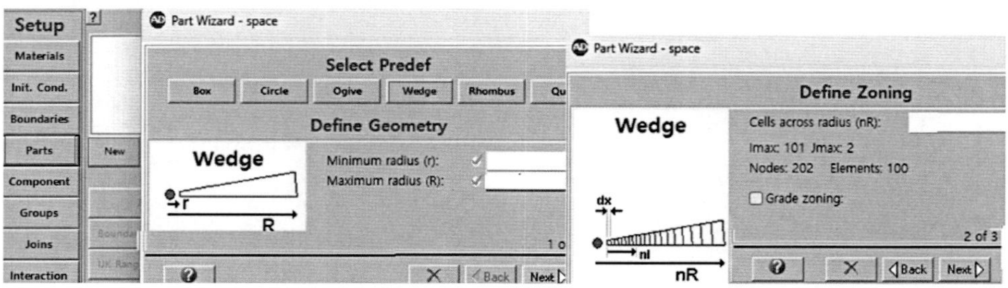

⑦ Wedge Predef를 선택한다. (default)

⑧ Minimum radius를 입력한다. :1

⑨ Maximum radius를 입력한다. : 3000

⑩ Cell의 radius : 300

⑪ Material 선택 : Air

⑫ Int. Energy를 입력한다. : 206800

⑬ 데이터를 수용한다.

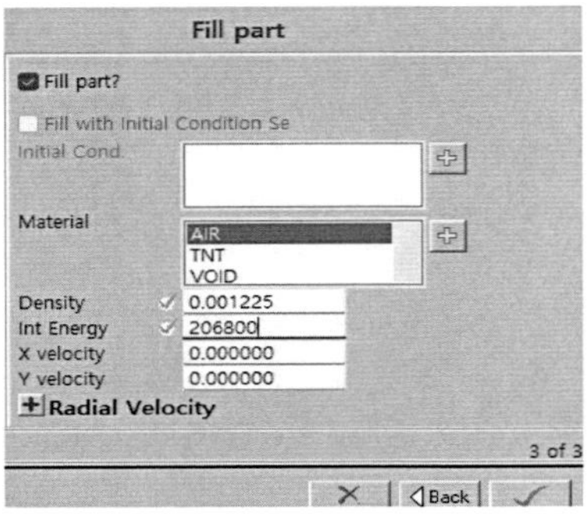

(6.2) 오일러 메쉬에 TNT 채우기

① 탐색 표시 줄에서 "부품"을 선택하십시오.

② 채우기(Fill) 선택한다.

③ Fill by Geometry space를 선택한다. : 타원(Ellipse)

④ 팝업메뉴에서 타원을 형상을 정의한다. : X 중심, Y 중심 (0, 0)

반지름 X 축, Y 축 (112, 112)

⑤ 재질(Material)을 설정한다 : TNT

⑥ 데이터 수용

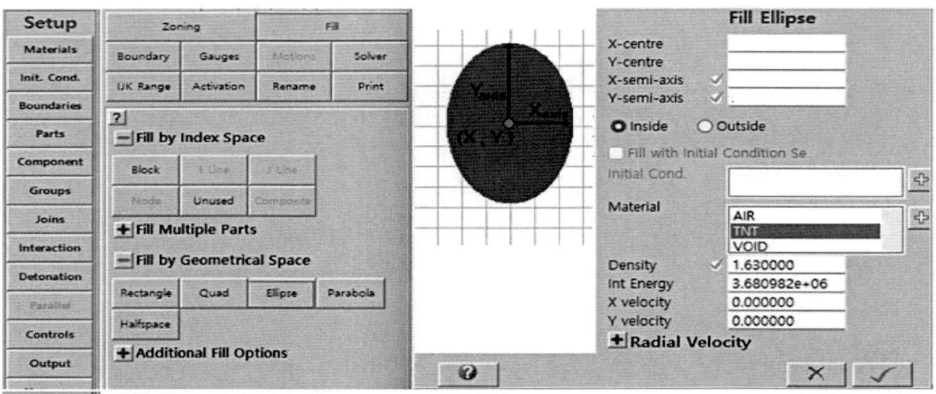

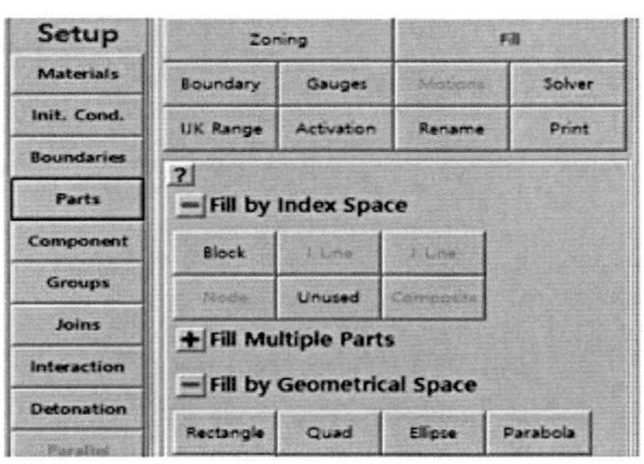

(6.3) 경계조건을 적용하지 않는다.

(7) Interaction 설정하지 않는다.

(8) Component - 설정하지 않음
(9) Group - 설정하지 않음
(10) Joints - 설정하지 않음

(11) TNT에 대한 폭발 지점 정의
① 탐색 표시 줄에서 "Detonation"을 선택하십시오.
② 점(Point) 선택한다.
③ Node 점을 입력한다. x, y = (0, 0)
④ "Plot detonation points"를 체크하여 점의 위치를 확인하십시오.
⑤ 데이터를 수용한다.

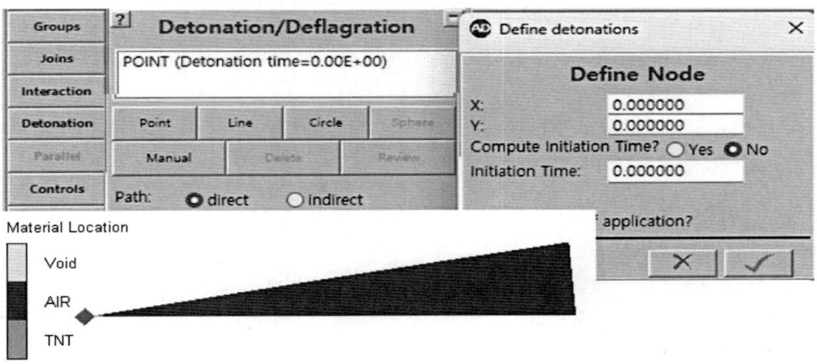

(12) Parallel-설정하지 않음

(13) 솔루션 컨트롤 설정
① 탐색 표시 줄에서 “Controls"을 선택하십시오.
② 사이클 제한에 큰 숫자를 입력하고 "50.0"ms 시간 제한
(이것은 폭풍이 전파하는 데 걸리는 시간입니다. 반경 45m까지)
③ Wrap up Criteria에서
ⓐ Cycle Limit :99999 ⓑ Time Limit :12ms ⓒ Energy Fraction : 0.05

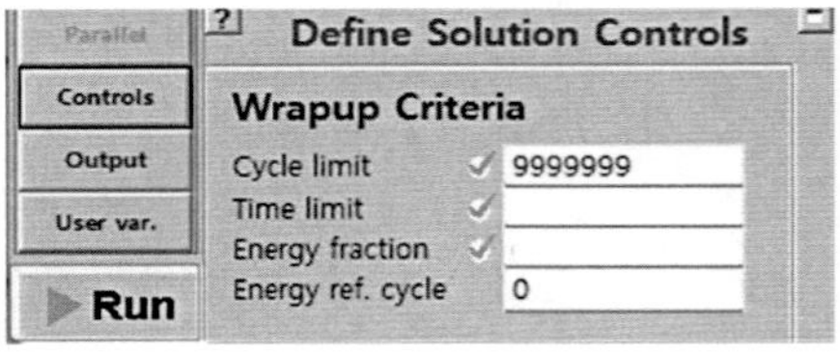

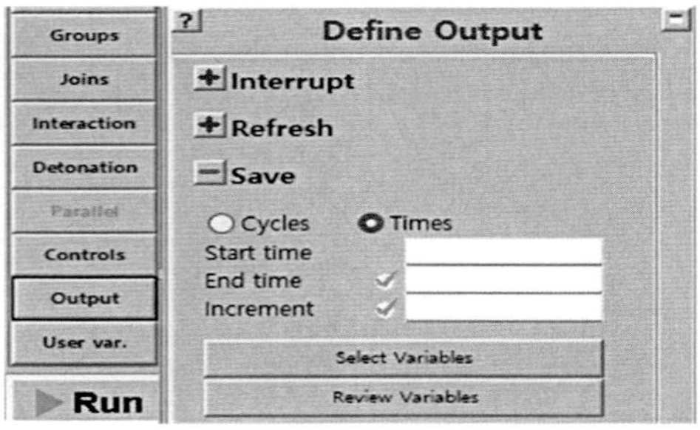

(14) 결과저장설정

① 탐색 표시 줄에서 “Output"을 선택하십시오.

② 저장 시간 설정:

ⓐ Start Time : 1000,000 ⓑ End times : 1000,000 ⓒ Increment : 1.0

(15) user var. -설정하지 않음

(16) 해석실행

① 데이터 저장

② Run (아래 메시지는 무시하고 한다.)

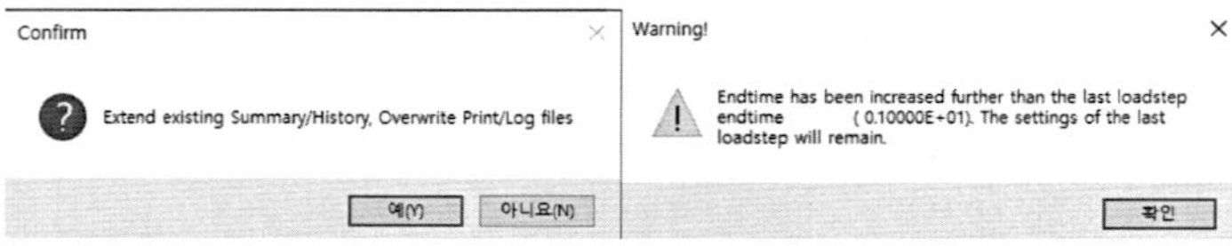

③ 문제 해결

- 해결하는 동안 보기가 자동으로 업데이트됩니다.

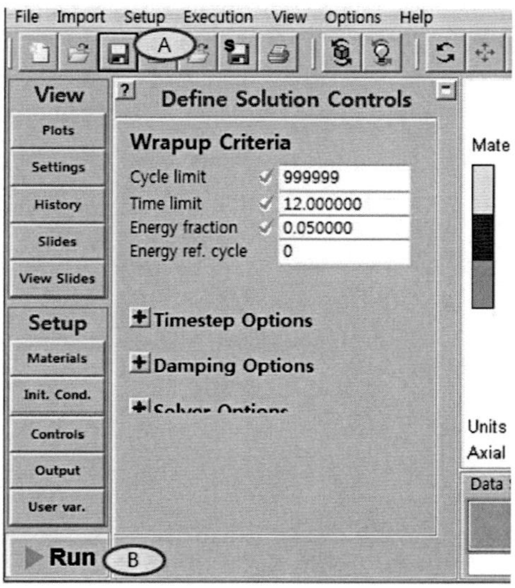

다음과 같은 메시지가 나오면 Control > Energy fraction을 변경하여 다시 실행한다.

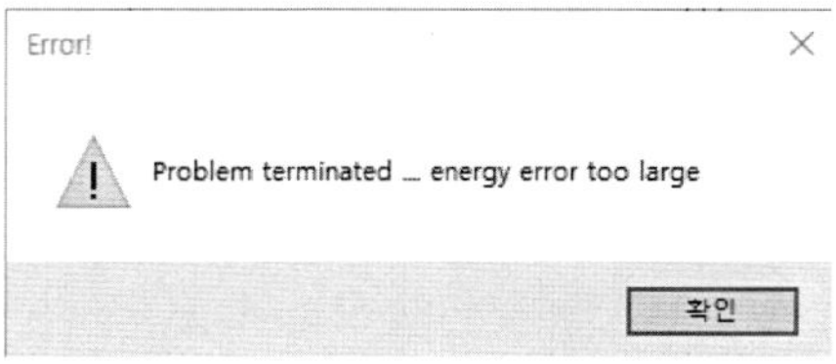

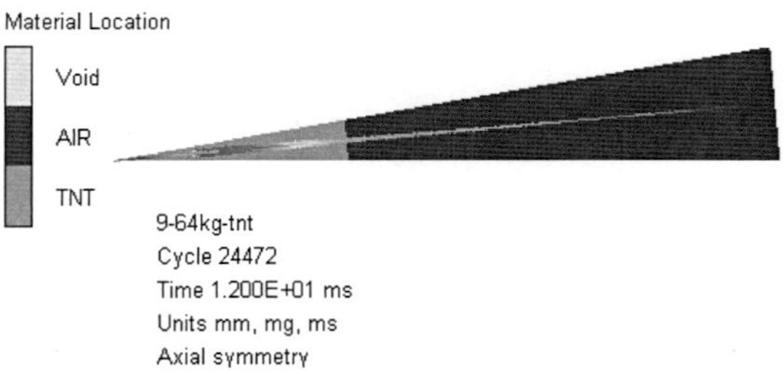

Control에서 Time limit 설정이 12msec로 Problem terminated 되었다. TNT의 전파가 1/3까지 진행하였으므로 해석시간을 늘려서 재 실행한다. Time limit 설정을 80msec로 변경하여 실행한다.

(17) 결과 파일 저장

① parts에 Fill을 선택한다.

② Additional Fill Options에서 Datafile을 선택한다.

③ 파일을 저장할 디렉토리를 선택한다.

④ 파일이름을 9_64kg-TNT.fill로 저장한다.

⑤ 데이터를 수용한다.

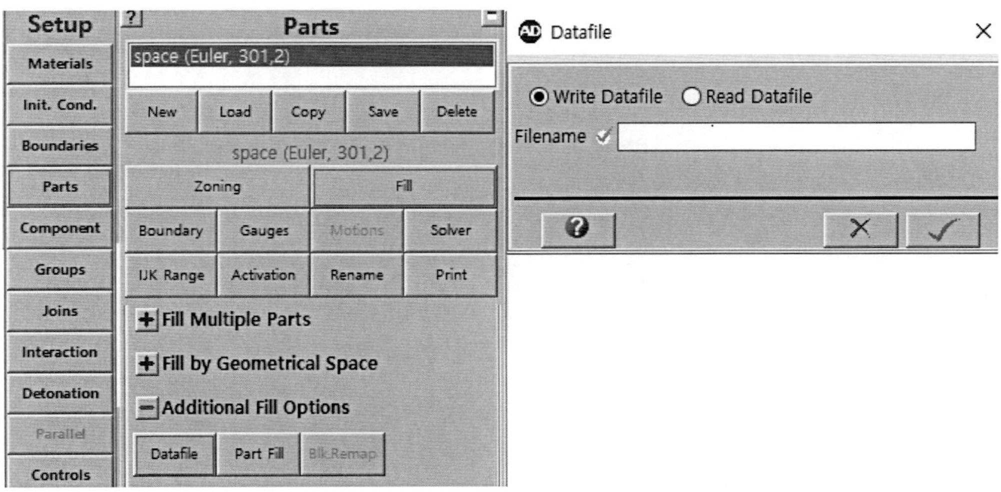

Step 2 구조물에 대한 모델링

(1) Explicit Dynamic 프로젝트 만들기

① 워크벤치의 프로젝트 페이지의 구성 요소(Tool Box) 아래에서 autodyn 구성 요소를 선택하여 프로젝트의 셋업(Setup) 셀로 끌어서 놓으십시오 이것으로 AUTODYN 프로젝트를 생성합니다.

(2) Project를 생성한다.

① 프로젝트에 Explicit Dynamic을 생성한다.

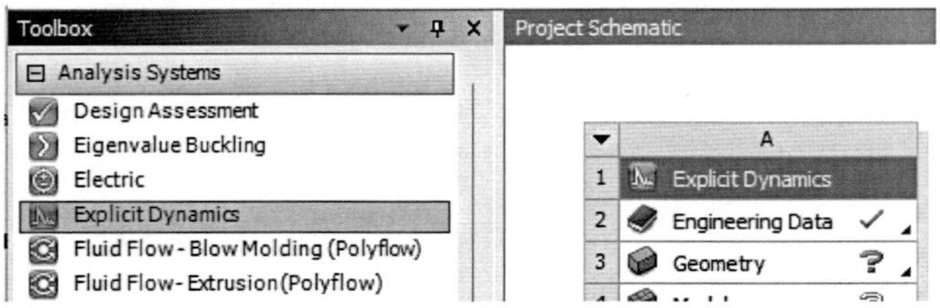

② 모델 데이터를 불러온다. Browse에서 3D-Model.step을 가져온다.

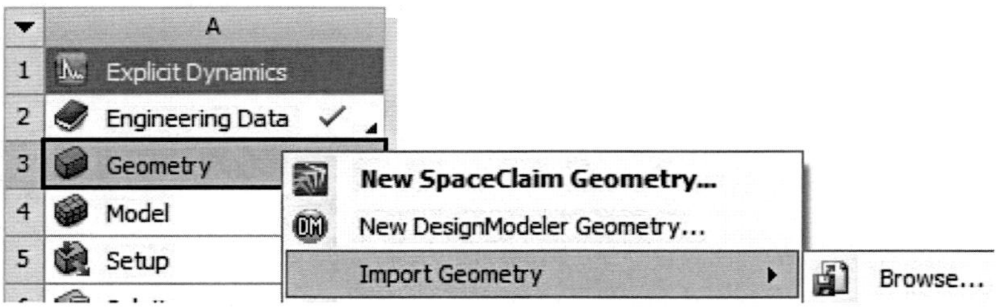

(3) Explicit Dynamic을 실행한다.

① Model을 더블클릭한다.

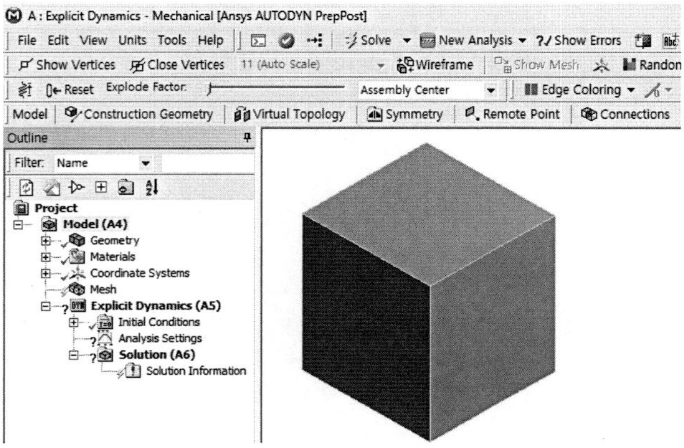

② Analysis Setting을 설정한다.

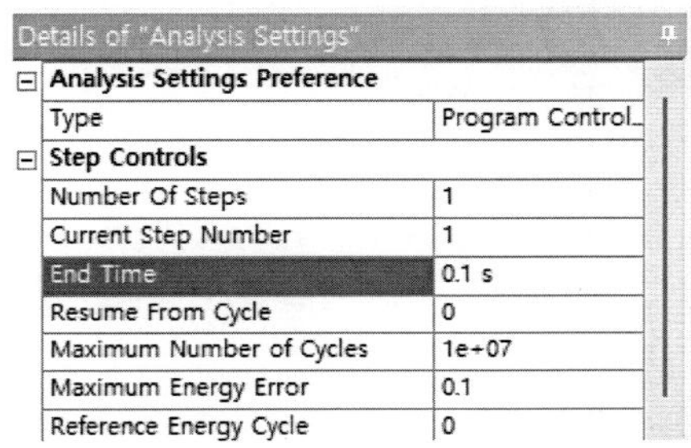

Details of "Analysis Settings"

Analysis Settings Preference	
Type	Program Control...
Step Controls	
Number Of Steps	1
Current Step Number	1
End Time	0.1 s
Resume From Cycle	0
Maximum Number of Cycles	1e+07
Maximum Energy Error	0.1
Reference Energy Cycle	0

③ Fixed Support를 설정한다.

④ 중력가속도를 설정한다.

(4) 구조해석을 수행한다.

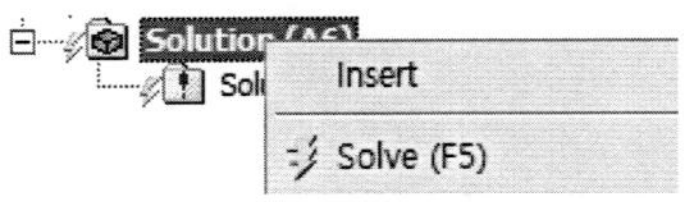

Explicit Dynamic에서 나오는 결과는 Autodyn에서는 중요하지 않고 해석을 수행하기위한 경계조건만이 Autodyn에 중요한 역할을 한다.

Step 3 구조물에 대한 폭발해석

(1) Autodyn을 실행한다.

① Autodyn을 메뉴에서 Setup에 드래그하여 연결한다.

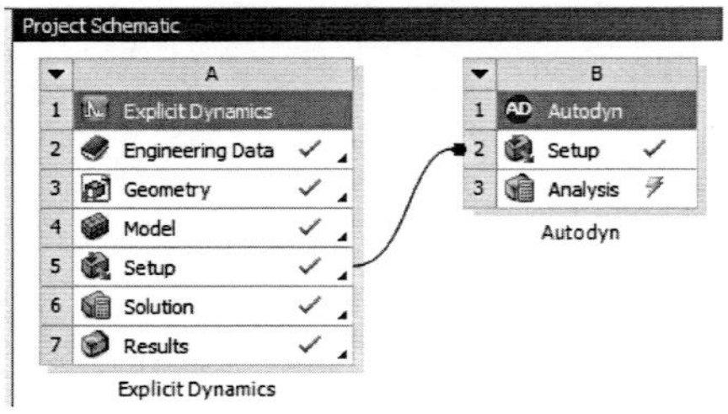

② AUTODYN을 더블클릭하여 화면에 모델이 나타낸다.

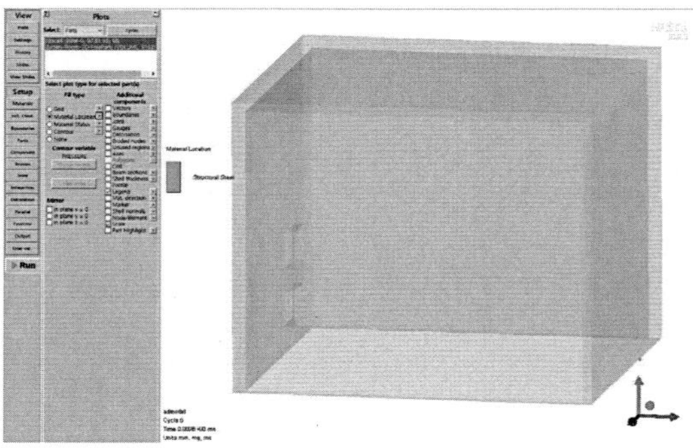

(2) 초기 조건을 설정하지 않는다.

(3) 경계조건을 설정하지 않는다.

(4) 라이브러리에서 재료 데이터 검색

① 재료 데이터를 불러온다.

② Material Name에서 다음 자료를 선택하십시오 : AIR TNT

③ 데이터 수용한다.

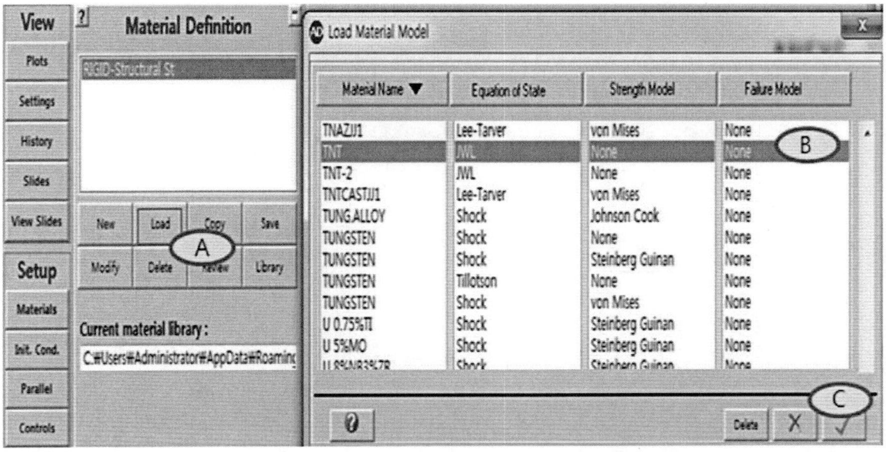

% 2개의 재료를 선택하기 위해서 <CONTROL>을 누르고 클릭한다.

④ 결과로 그래픽 화면(view panel)에서 “Scale”에 AIR TNT가 추가된 것을 확인할 수 있고, Material Definition에도 AIR TNT가 추가 된 것을 볼 수 있다.

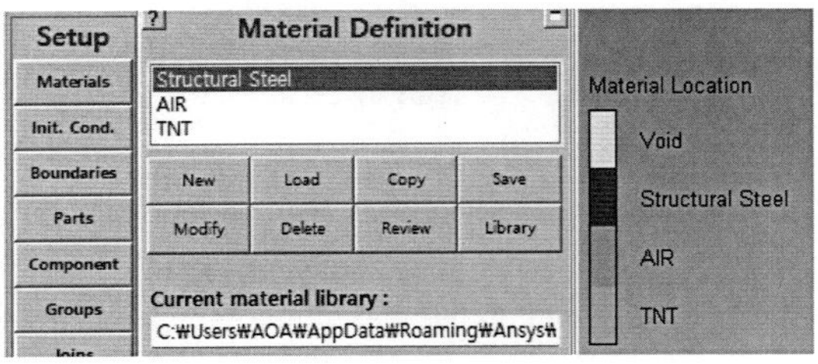

(6.1) 오일러 파트 생성

① Parts를 선택한다.

② 대화 상자에서 "New"를 선택

③ 팝업창의 Part Name을 입력한다. : Space

④ Solver를 선택한다 : Euler 3D Multi-Material

⑤ Definition을 설정하다. : Part Wized

⑥ 다음 단계로 이동

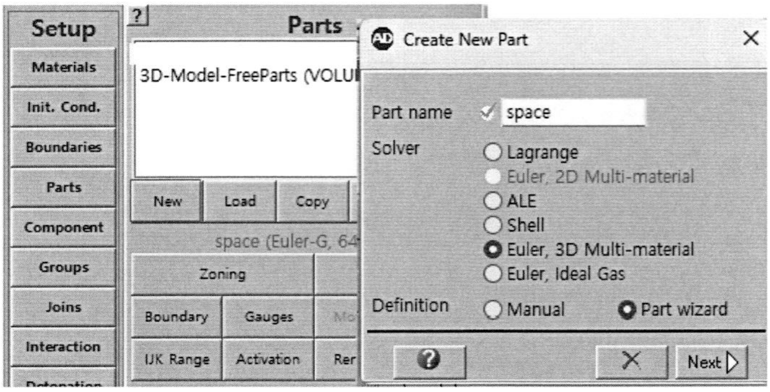

⑦ Predef를 선정한다. : Box

⑧ Geometry를 정의한다. : 원점 (0, 0, 0)

폭 (6300, 6760, 6100)

⑨ 다음 단계로 이동한다.

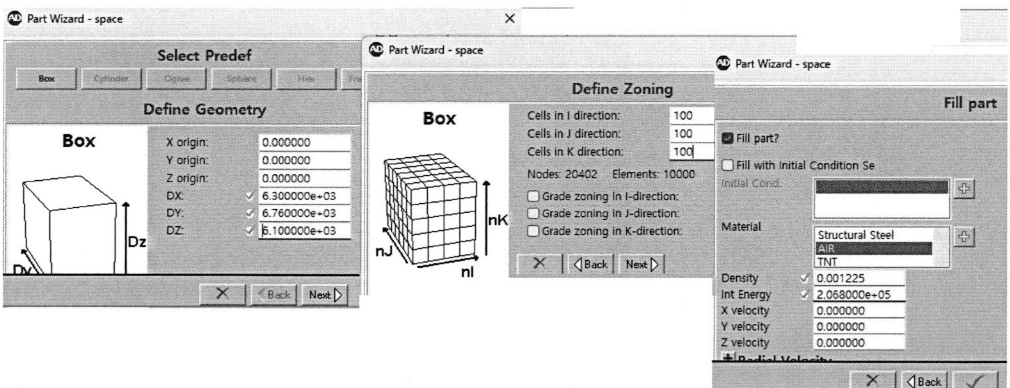

⑩ Euler Part의 메쉬를 설정한다.

I,J,K 방향의 셀이 수를 입력한다. (100,100,100)

⑪ Euler Part에 공기를 채운다.

⑫ AIR를 선택한다.

- Euler mesh에 AIR를 채운다.

⑬ 공기의 Internal Energy 206800를 입력한다.

- 공기를 1기압으로 초기화합니다.

⑭ 데이터를 수락한다.

④ 결과로 그래픽화면(view panel)에 다음과 같이 나타난다.

(6.2) TNT를 Fill 한다.

→ 100kg TNT 2D-Wedge 결과를 가져온다.

① Fill을 선택한다.

② Additional Fill Option에서 Datafile을 선택한다.
③ Read Datafile을 선택한다.
④ “100kg-TNT.fll”을 선택한다.
   - 이 데이터는 이전에 미리 만들어 놓은 것이다.
⑤ 불러오기 위한 원점을 (4060, 4910, 0)을 유지한다.

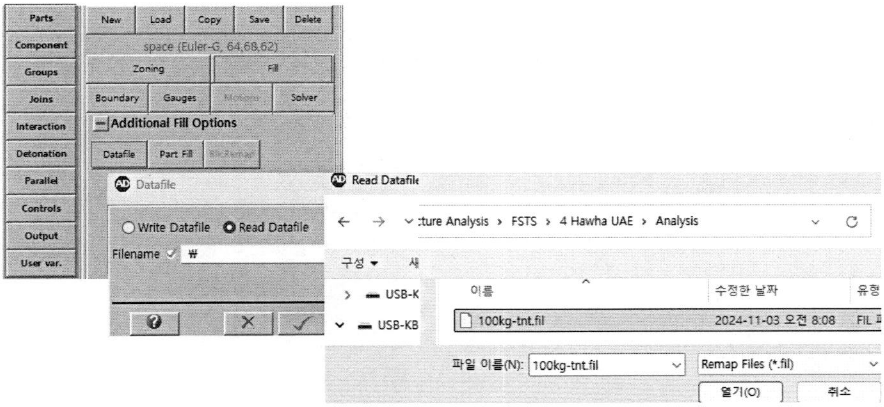

⑥ 결과로 그래픽 화면(view panel)에 다음과 같이 나타난다.

(6.3) Gauges를 설정한다.
① Gauges를 선택한다.
② Add를 선택한다.
③ Add Gauge 값을 입력한다.
 ⓐ Array
 ⓑ Fixed
 ⓒ XYZ-Space
 ⓓ Y-Array
  X coordinate : 0
  Y Coordinate : 0 ~ 8000, 500
  Z coordinate : -3540

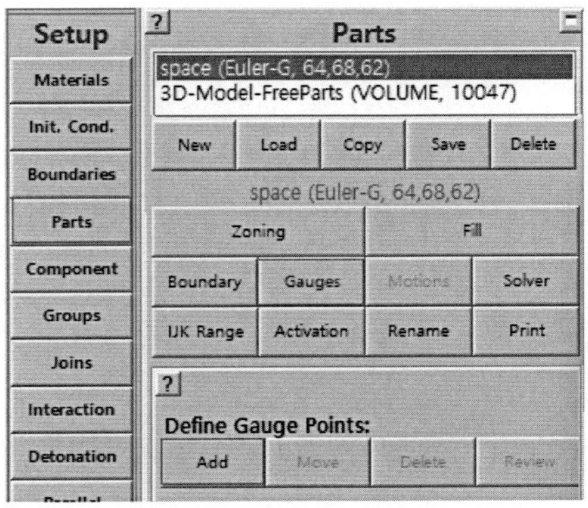

(6.4) 경계조건을 적용하지 않는다.

(7) Interaction 설정하지 않는다.

(8) Component - 설정하지 않음
(9) Group - 설정하지 않음
(10) Joints - 설정하지 않음

(11) TNT에 대한 폭발 지점 정의
① 탐색 표시 줄에서 "Detonation"을 선택하십시오.
② 점(Point) 선택한다.
③ Node 점을 입력한다.
x, y, z = (0, 0, 0)
④ "Plot detonation points"를
체크하여 점의 위치를 확인하십시오.
⑤ 데이터를 수용한다.

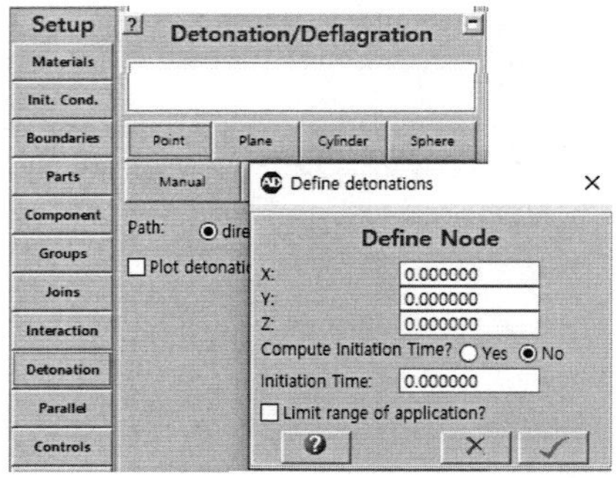

(12) Parallel-설정하지 않음

(13) 솔루션 컨트롤 설정
① 탐색 표시 줄에서 “Controls"을 선택하십시오.
② 사이클 제한에 큰 숫자를 입력하고 "50.0"ms 시간 제한
(이것은 폭풍이 전파하는 데 걸리는 시간입니다. 반경 45m까지)
③ Wrap up Criteria에서
ⓐ Cycle Limit : 99999 ⓑ Time Limit : 12ms
ⓒ Energy Fraction : 0.5

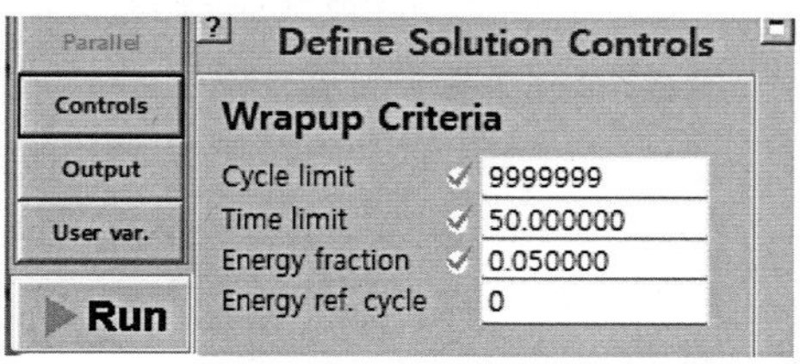

(14) 결과저장설정
① 탐색 표시 줄에서 “Output"을 선택하십시오.
② 저장 시간 설정:
ⓐ Start Time : 1000,000 ⓑ End times : 1000,000 ⓒ Increment : 0.001

(15) user var. -설정하지 않음

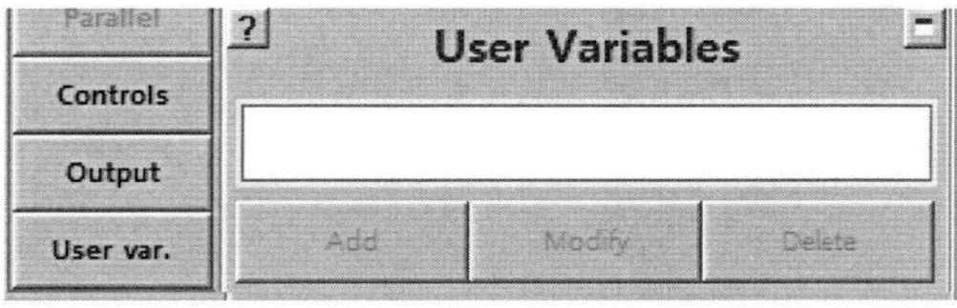

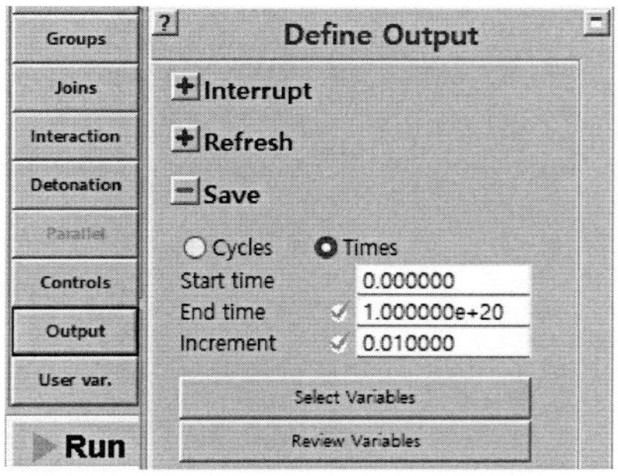

(16) 해석실행

① 데이터 저장

② 문제 해결 : 해결하는 동안 보기가 자동으로 업데이트됩니다.

(17) 결과 파일 확인

① History를 선택하십시오.

② Gauge points에서 Multi variable Plots를 선택한다.

③ Multiple Variable Plot에서 Select를 선택한다.

④ Set All Plots를 설정한다.

⑤ 데이터를 수용한다.

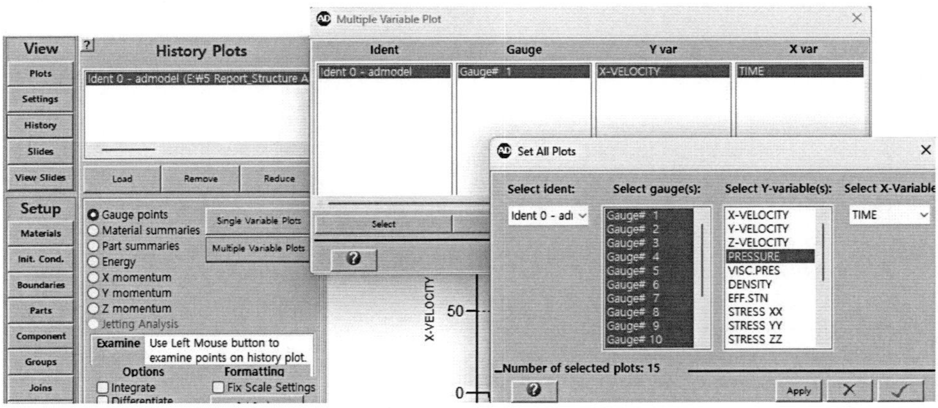

⑥ Gauge point의 압력 결과는 다음과 같다.

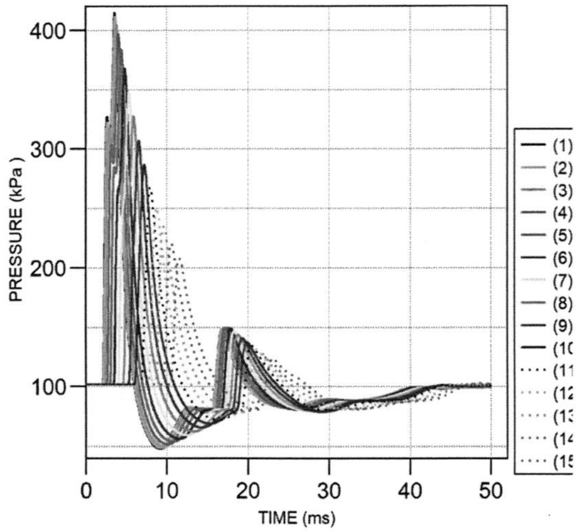

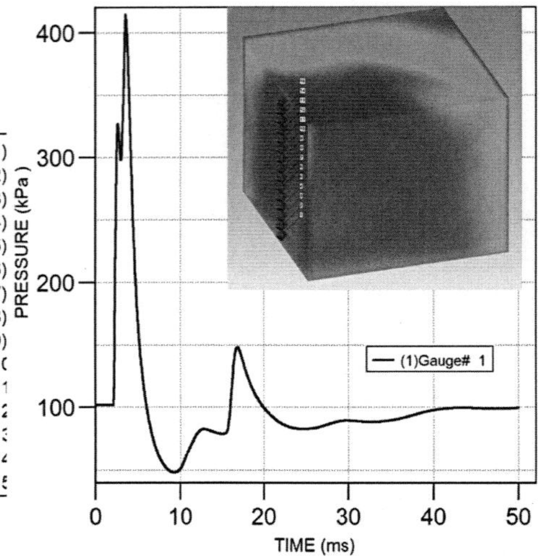

⑦ TNT의 질량 변화

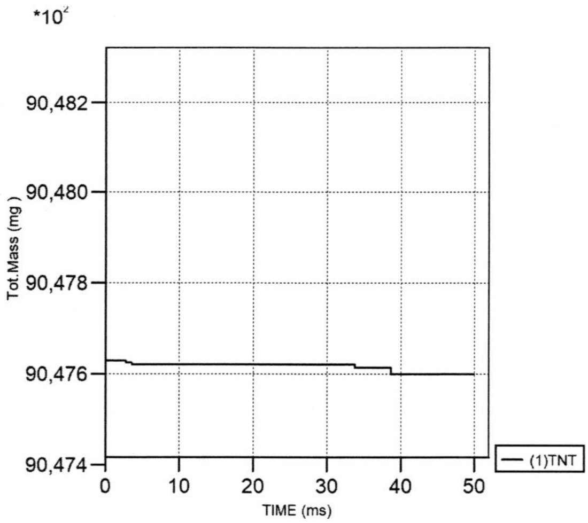

⑧ 폭발시간에 따른 폭발압력의 변화

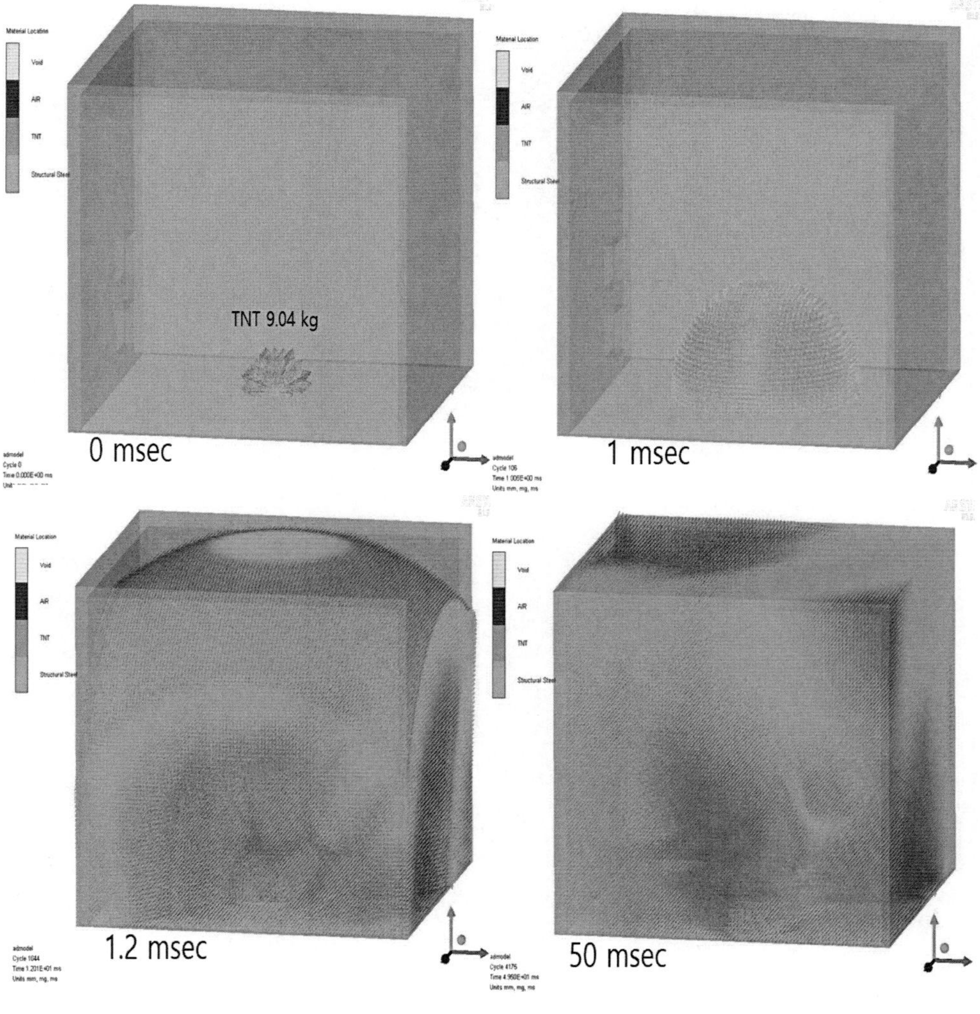

Case 2) TNT 모델링 200x200x200 mm^3 (TNT : 9.64kg)

TNT 모델을 직사각형으로 모델링한다.

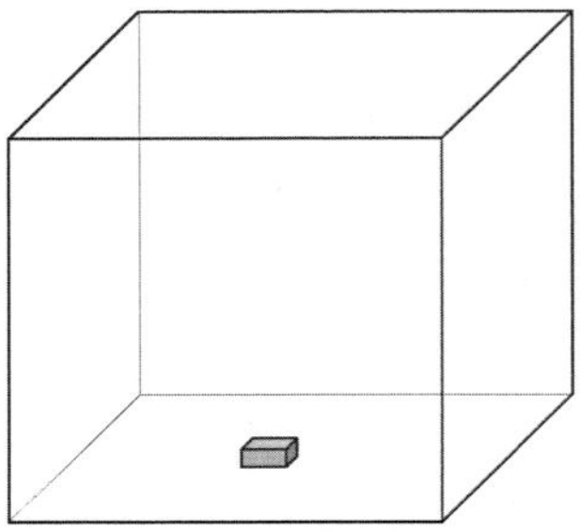

(6.1) 오일러 파트 생성

① Parts를 선택한다.

② 대화 상자에서 "New"를 선택

③ 팝업창의 Part Name을 입력한다. : Space

④ Solver를 선택한다 : Euler 3D Multi

⑤ Definition을 설정하다. : Part Wized

⑥ 다음 단계로 이동

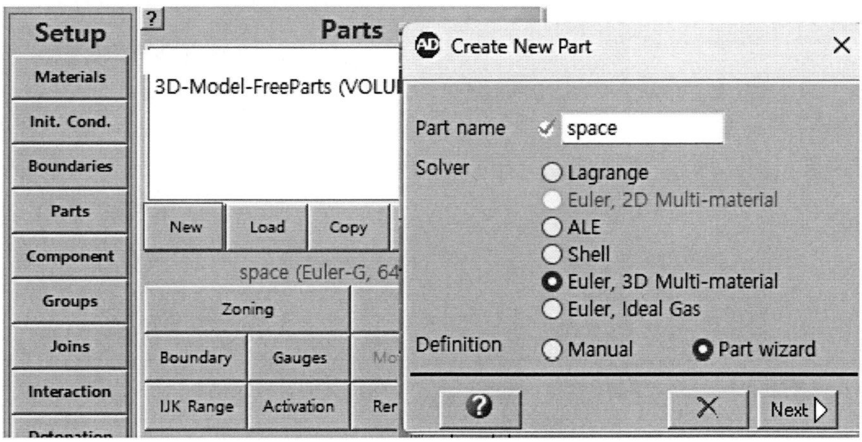

⑦ Predef를 선정한다. : Box

⑧ Geometry를 정의한다 : 원점 (-4800, 0, -4100)

폭 (9800, 8000, 9500)

⑨ 다음 단계로 이동한다

⑩ Euler Part의 메쉬를 설정한다.

I, J, K 방향의 셀이 수를 입력한다. (98, 80, 95)

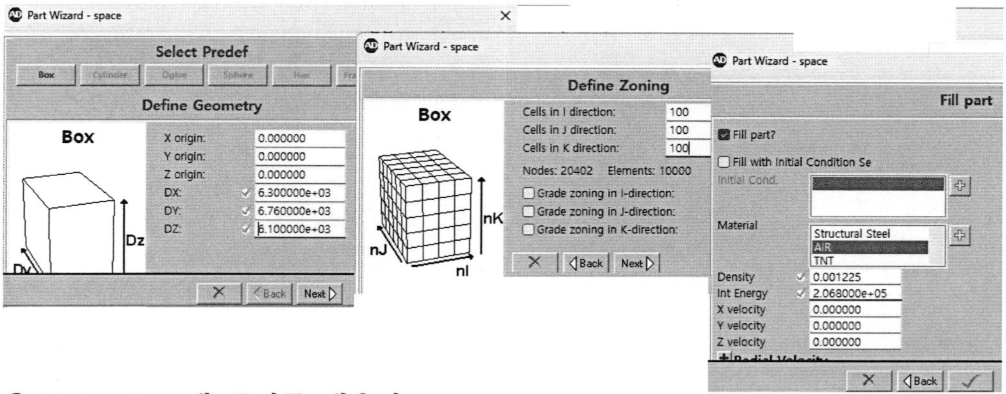

⑪ Euler Part에 공기를 채운다.

⑫ AIR를 선택한다.

- Euler mesh에 AIR를 채운다.

⑬ 공기의 Internal Energy 206800를 입력한다.

- 공기를 1기압으로 초기화합니다.

⑭ 데이터를 수락한다.

(6.2) TNT를 Fill 한다.

① Fill을 선택한다.

② Fill by Index Space를 선택한다.

③ Read Datafile을 선택한다.

④ Fill Block에 값을 입력한다.

From I = 48 ~ 50

From J = 1 ~ 3

From K = 47 ~ 49

이것은 200x200x200 mm^{3}의 TNT이며 9.6kg으로 예상.

⑤ 결과로 그래픽 화면(view panel)에 다음과 같이 나타난다.

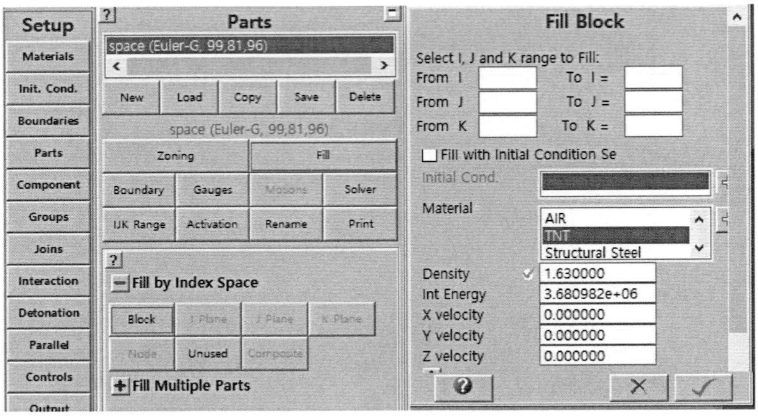

(6.3) Gauges를 설정한다.

① Gauges를 선택한다.

② Add를 선택한다.

③ Add Gauge 값을 입력한다.

ⓐ Array ⓑ Fixed

ⓒ XYZ-Space ⓓ Y-Array

X coordinate : 0

Y Coordinate : 0 ~ 8000, 500

Z coordinate : -3540

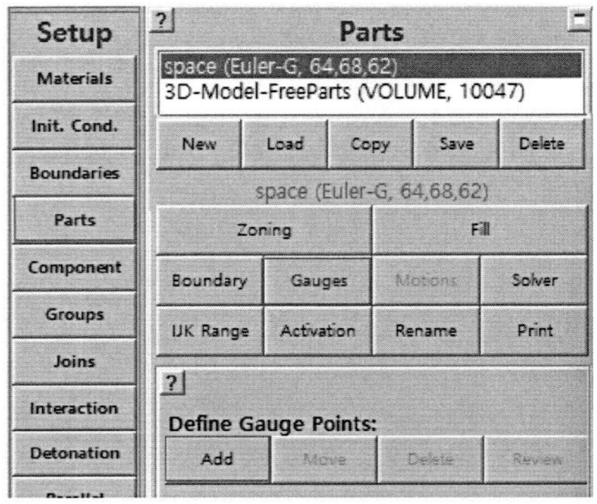

(6.4) 경계조건을 적용한다

① 네비게이션 바에서 " Parts"를 클릭하고 Part를 선택한다.

② "Boundary"를 선택한다.

③ Apply Boundary에서 I Line 선택

데이터 입력 : I : 1 ~ 1,

Boundary : Outflow

④ Apply Boundary에서 J Line 선택

데이터 입력 : J =1 ~ 81,

Boundary : Outflow

⑤ Apply Boundary에서 K Line 선택

데이터 입력 : K =1 ~ 91,

Boundary : Outflow

⑥ 데이터를 수용한다.

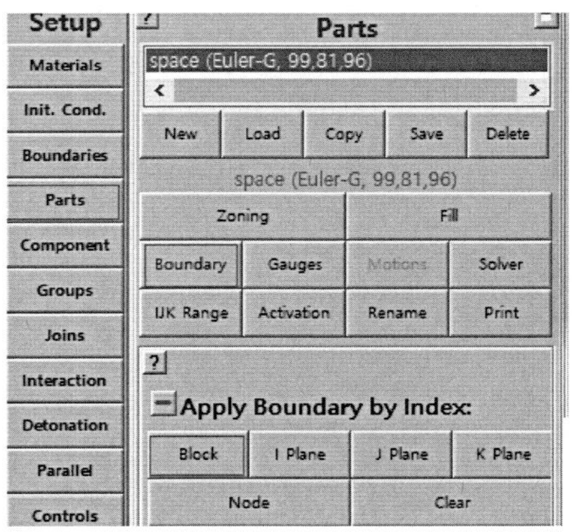

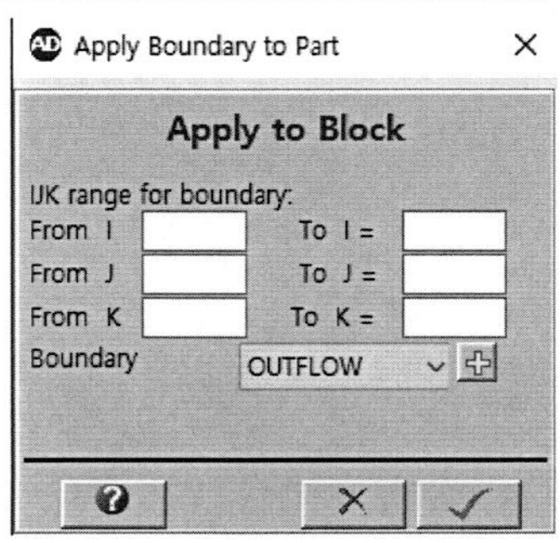

(11) TNT에 대한 폭발 지점 정의

① 탐색 표시 줄에서 "Detonation"을 선택하십시오.

② 점(Point) 선택한다.

③ Node 점을 입력한다. x, y, z = (-200, 0, 200)

④ "Plot detonation points"를 체크하여 점의 위치를 확인하십시오.

⑤ 데이터를 수용한다.

(17) 결과 파일 확인

① History를 선택하십시오.

② Gauge points에서 Multi variable Plots를 선택한다.

③ Multiple Variable Plot에서 Select를 선택한다.

④ Set All Plots를 설정한다.

⑤ 데이터를 수용한다.

⑥ TNT 질량 추이

TNT 잘량 9.64kg을 목표로 부피를 200x200x200 mm^3 을 했으나, 메쉬 사이즈 (100mm)가 크기 때문에 TNT 질량이 13.04kg으로 크게 모델링 되었다.

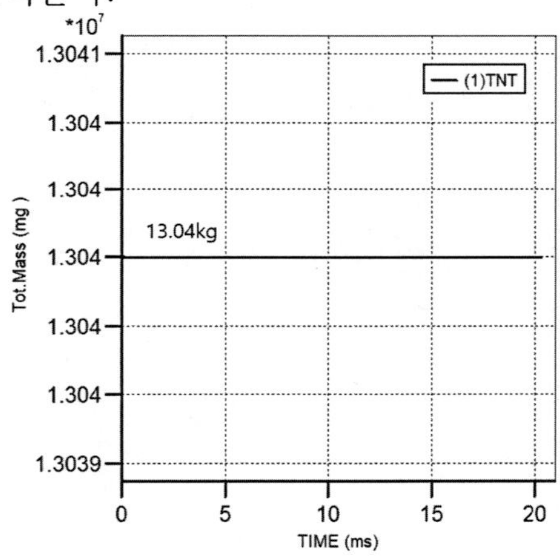

⑦ Gauge point의 압력 결과는 다음과 같다.

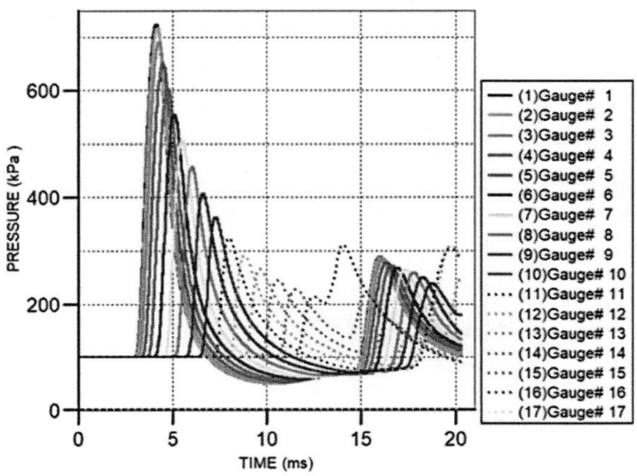

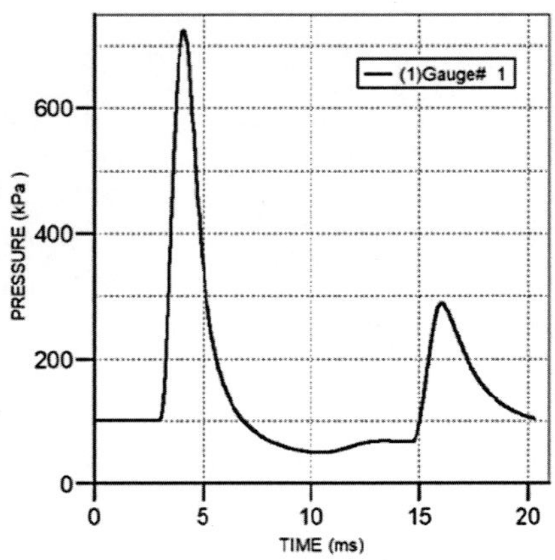

⑧ 폭발시간에 따른 폭발압력의 변화

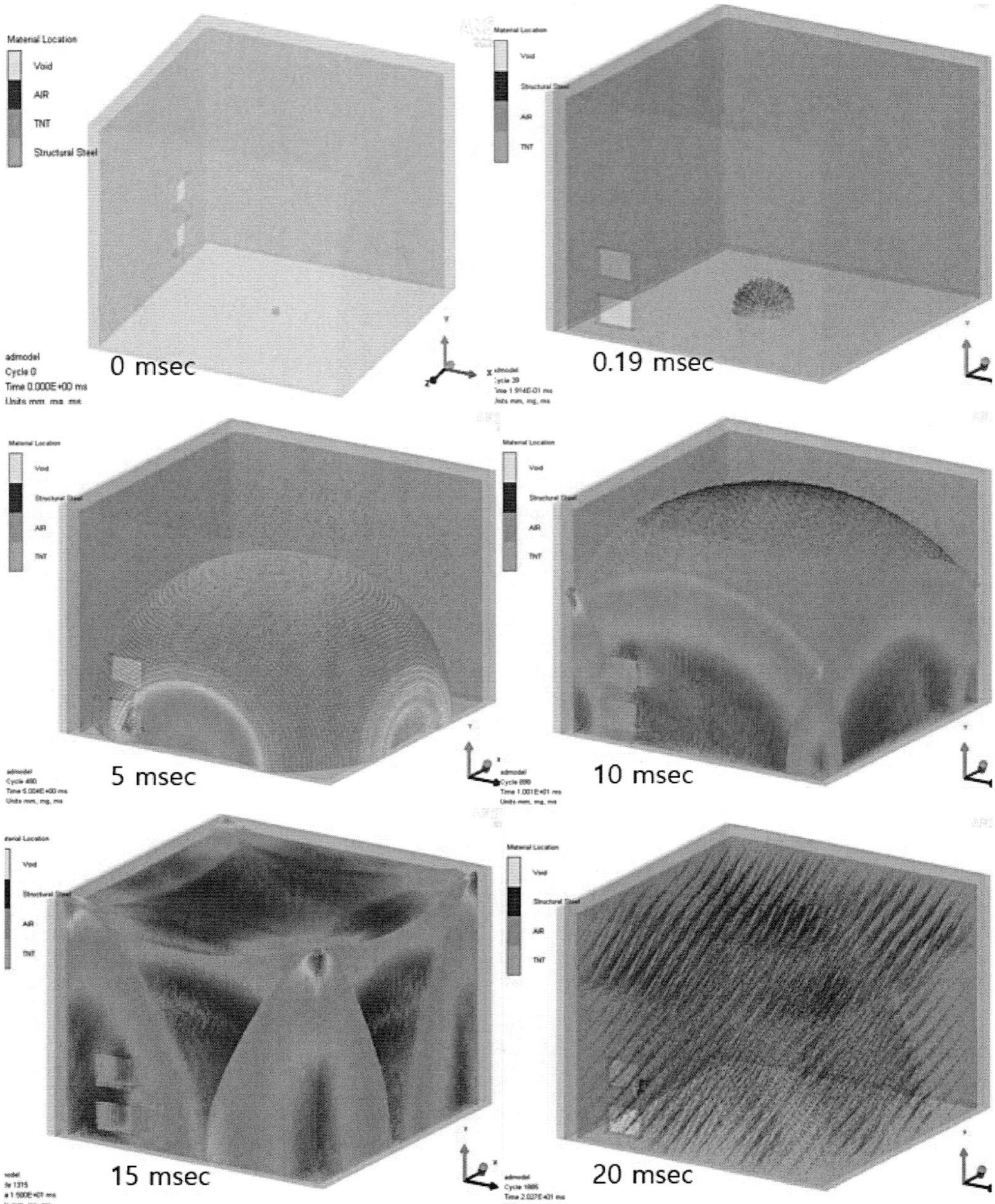

Case 3) 모델링 TNT 300x300x300 mm^3 (TNT : 44kg)

TNT 모델을 직사각형으로 모델링한다.

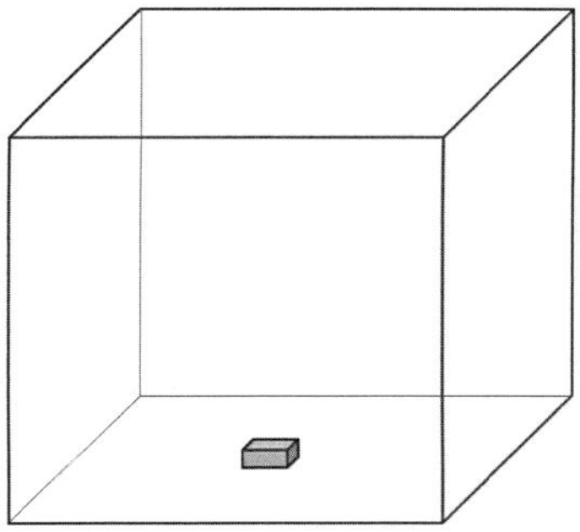

(6.1) 오일러 파트 생성

① Parts를 선택한다.

② 대화 상자에서 "New"를 선택

③ 팝업창의 Part Name을 입력한다. : Space

④ Solver를 선택한다 : Euler 3D Multi

⑤ Definition을 설정하다. : Part Wized

⑥ 다음 단계로 이동

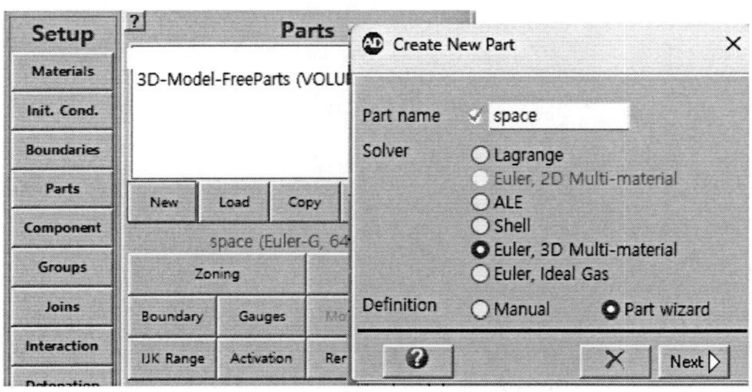

⑦ Predef를 선정한다. : Box

⑧ Geometry를 정의 한다 : 원점 (-4800, 0, -4100)

폭 (9800, 8000, 9500)

⑨ 다음 단계로 이동한다

⑩ Euler Part의 메쉬를 설정한다.

I,J,K 방향의 셀이 수를 입력한다. (98,80,95)

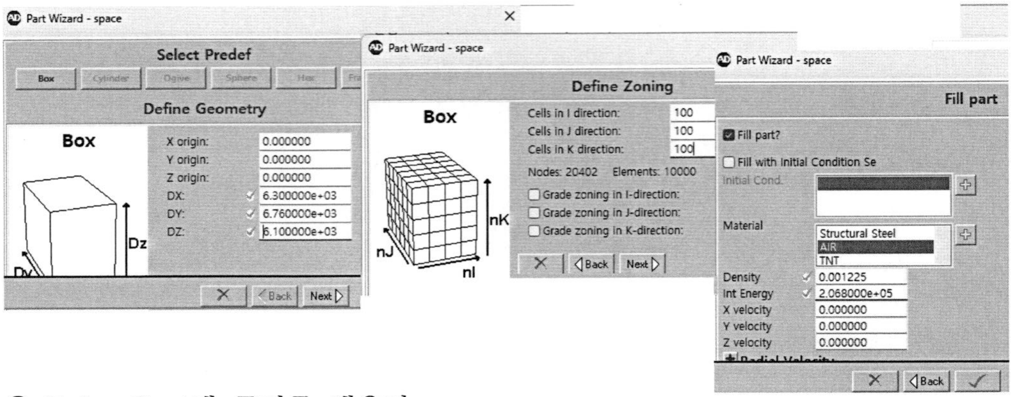

⑪ Euler Part에 공기를 채운다.
⑫ AIR를 선택한다.
　- Euler mesh에 AIR를 채운다.
⑬ 공기의 Internal Energy 206800를 입력한다.
　- 공기를 1기압으로 초기화합니다.
⑭ 데이터를 수락한다.

(6.2) TNT를 Fill 한다.
① Fill을 선택한다.
② Fill by Index Space를 선택한다.
③ Read Datafile을 선택한다.
④ Fill Block에 값을 입력한다.
　From I = 44 ~ 47 , 　From J = 1 ~ 4, 　From K = 44 ~ 47
　　이것은 300x300x300 mm^3의 TNT이며 44kg으로 예상.
⑤ 결과로 그래픽 화면(view panel)에 다음과 같이 나타난다.

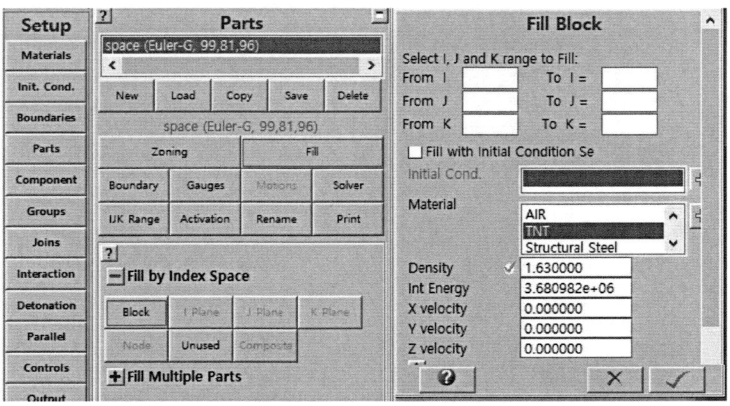

(6.3) Gauges를 설정한다.

① Gauges를 선택한다.

② Add를 선택한다.

③ Add Gauge 값을 입력한다.

ⓐ Array ⓑ Fixed ⓒ XYZ-Space ⓓ Y-Array

X coordinate : 0

Y Coordinate : 0 ~ 8000, 500

Z coordinate : -3540

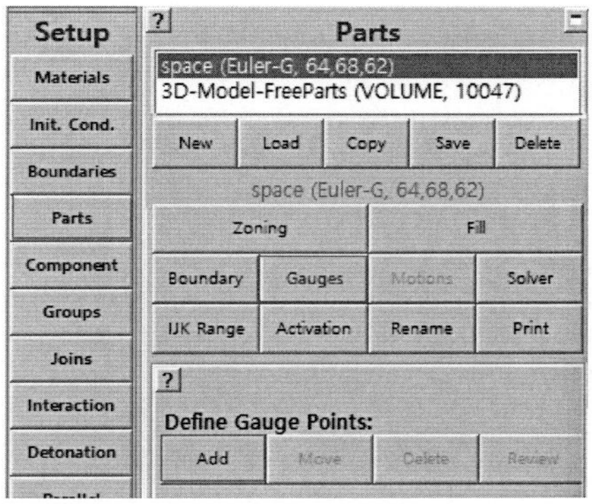

(6.4) 경계조건을 적용한다

① 네비게이션 바에서 " Parts"를 클릭하고 Part를 선택한다.

② "Boundary"를 선택한다.

③ Apply Boundary에서 I Line 선택

데이터 입력 : I : 1 ~ 1, Boundary : Outflow

④ Apply Boundary에서 J Line 선택

데이터 입력 : J =1 ~ 81, Boundary : Outflow

⑤ Apply Boundary에서 K Line 선택

데이터 입력 : K =1 ~ 91, Boundary : Outflow

⑥ 데이터를 수용한다.

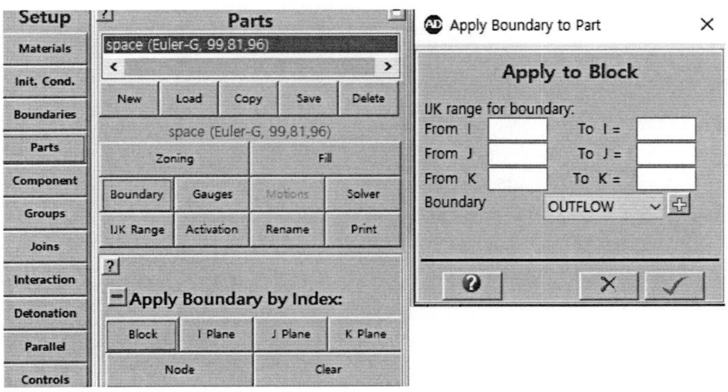

(11) TNT에 대한 폭발 지점 정의

① 탐색 표시 줄에서 "Detonation"을 선택하십시오.

② 점(Point) 선택한다.

③ Node 점을 입력한다. x, y, z = (-200, 0, 200)

④ "Plot detonation points"를 체크하여 점의 위치를 확인하십시오.

⑤ 데이터를 수용한다.

(17) 결과 파일 확인

① History를 선택하십시오.

② Gauge points에서 Multi variable Plots를 선택한다.

③ Multiple Variable Plot에서 Select를 선택한다.

④ Set All Plots를 설정한다.

⑤ 데이터를 수용한다.

⑥ Gauge point의 압력 결과는 다음과 같다.

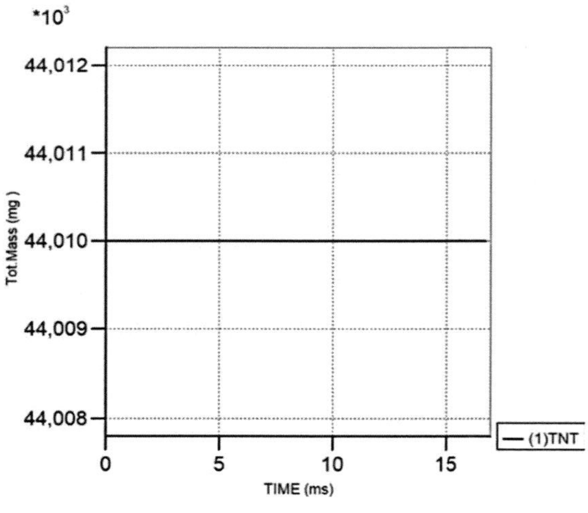

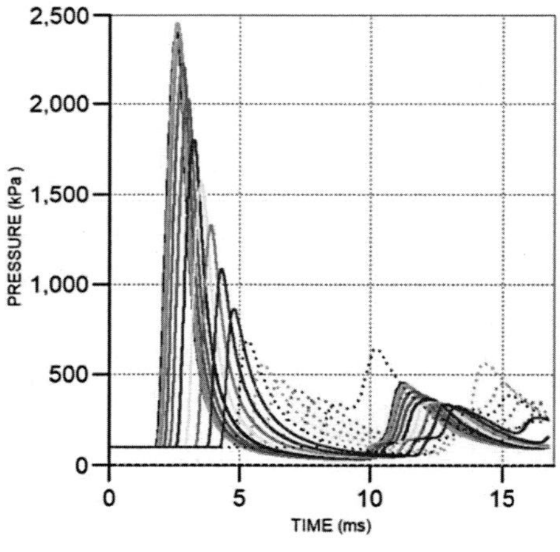

⑦ 폭발시간에 따른 폭발압력의 변화

Case 4) TNT 300x100x200 mm^3 (TNT : 44kg)

TNT 모델을 직사각형으로 모델링한다.
TNT가 공중에 있는 모형이다.

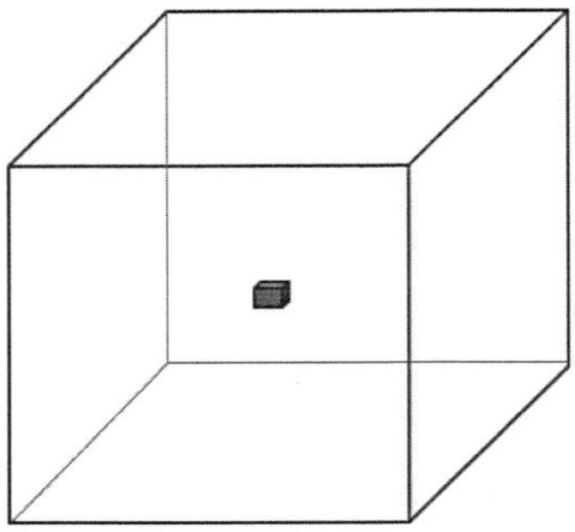

이전 문제에서 다른 부분만 기술한다.

(6.2) TNT를 Fill 한다.

① Fill을 선택한다.

② Fill by Index Space를 선택한다.

③ Read Datafile을 선택한다.

④ Fill Block에 값을 입력한다.

From I = 44 ~ 47 , From J = 1 ~ 2, From K = 44 ~ 46

이것은 300x300x300 mm^3의 TNT이며 44kg으로 예상.

⑤ 결과로 그래픽 화면(view panel)에 다음과 같이 나타난다.

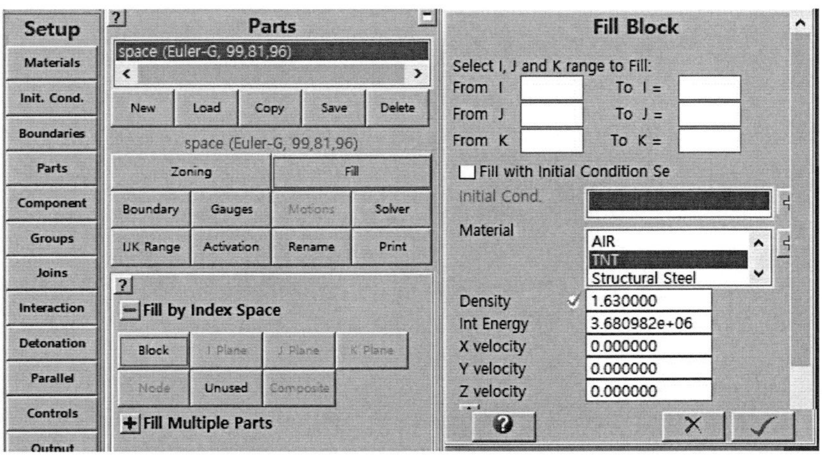

(17) 결과 파일 확인

① Gauge point의 압력 결과는 다음과 같다.

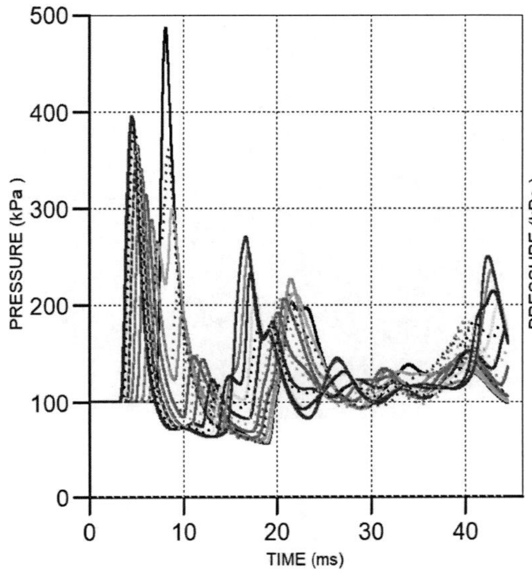

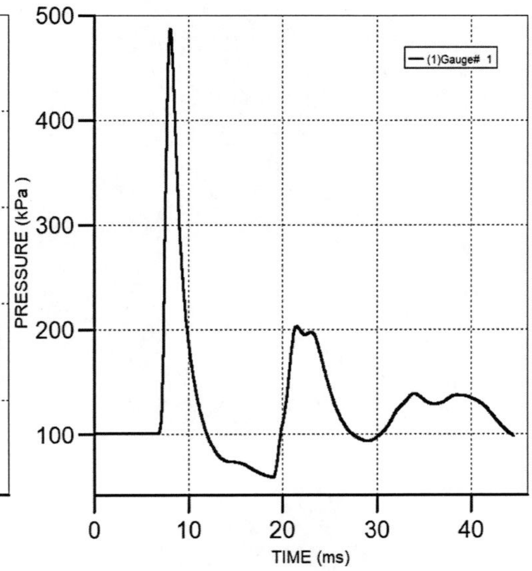

② TNT질량의 추이

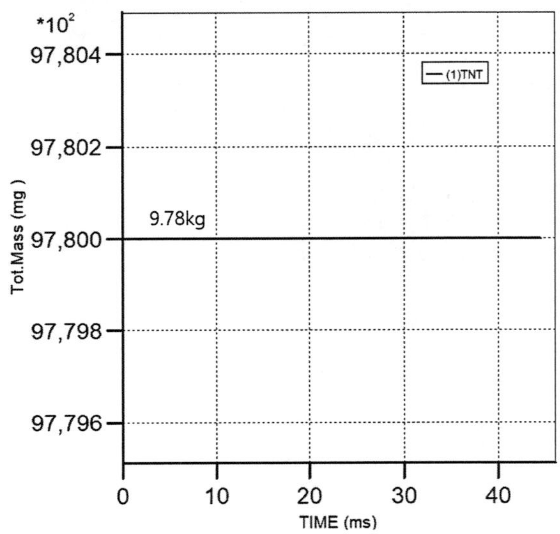

⑥ Gauge point의 압력 결과는 다음과 같다.

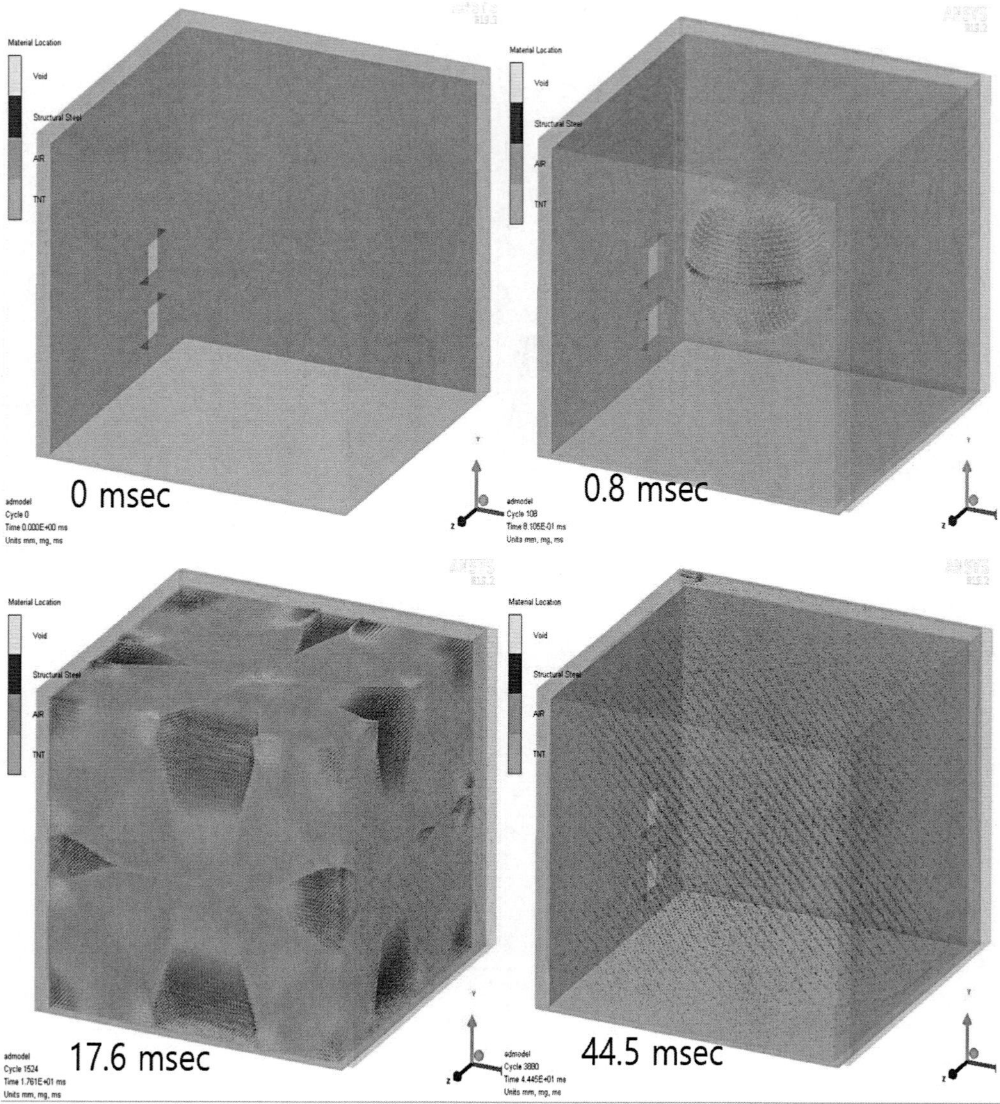

Case 5) 화염 분출구의 유무 영향

TNT 중량 : 2D-wedge TNT모형을 사용한 TNT 9.64 Kg 폭발에서
실험실의 내부에 화염분출구의 영향을 해석한다.
동일 조건으로 폭발하는 경우 게이지에 검출되는 압력을 비교한다.

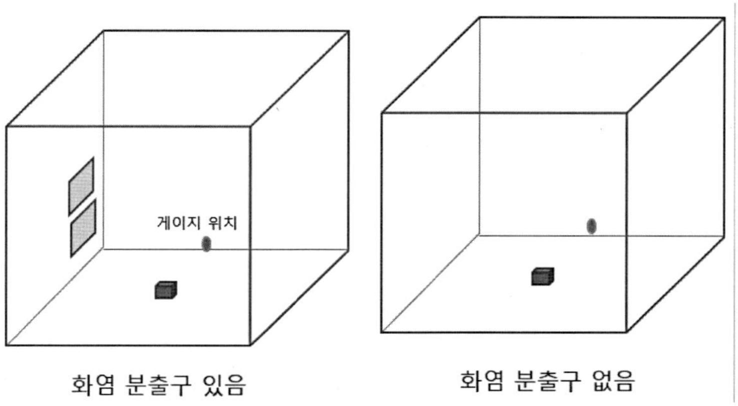

① 폭발물과 가장 가까운 위치에서의 Gauge point의 압력 결과는 다음과 같다.

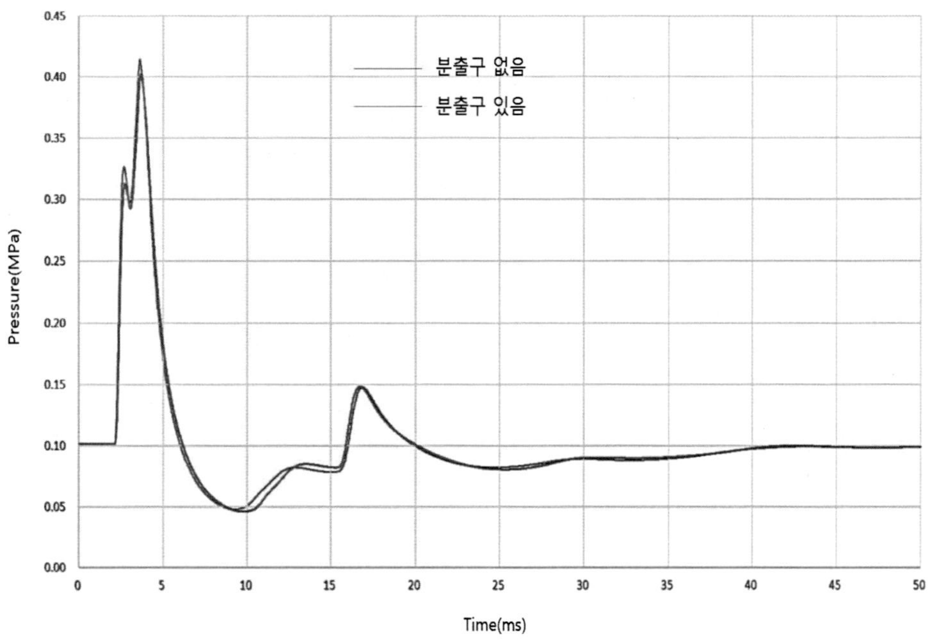

3. 칸막이 벽이 있는 내부 폭발 모델링

1) 구조 계획

① 모듈의 목표 :

내부 폭발을 수행한다.
2D-Wedeg모델에서 TNT를 모델링하고 해석결과를 불러오는 방법으로 모델링 한다. 본 모듈에서는 TNT 100Kg을 2D-Wedge에서 모델링한 결과를 3차원 오일러형상에 채우는 방법을 설명하도록 한다.

Case 1) 내부에 분리벽이 있는 경우

100kg의 TNT를 2D Wedg로 모델링한다.

② 모델링 개요 (단위 : mm)

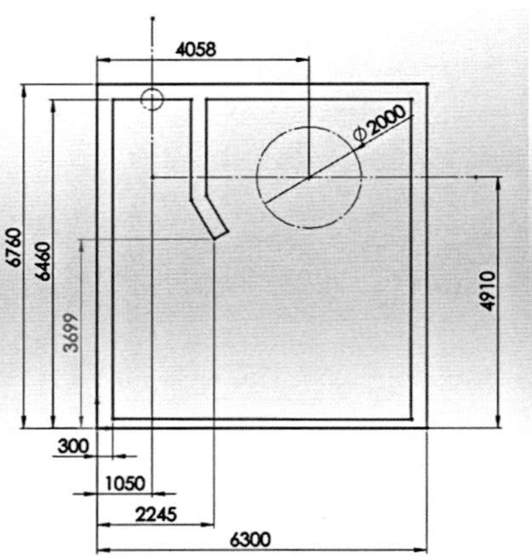

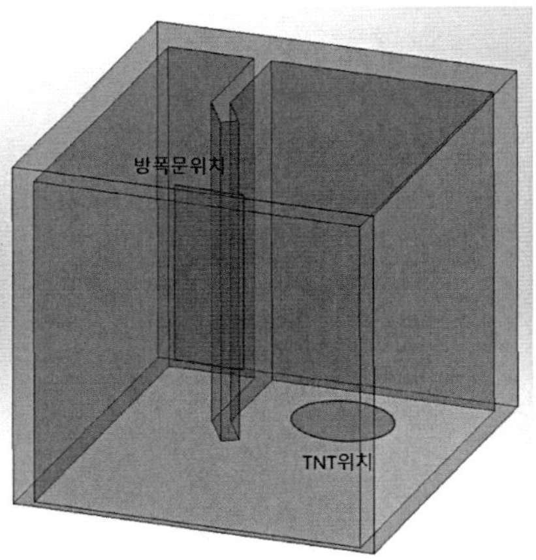

ConWep 해석 결과

TNT 중량 : 100 Kg
이격 거리 : (5.7) m
환산거리(Scaled distance) : Z = 1.2
반사압 Pr : **4.6 MPa**

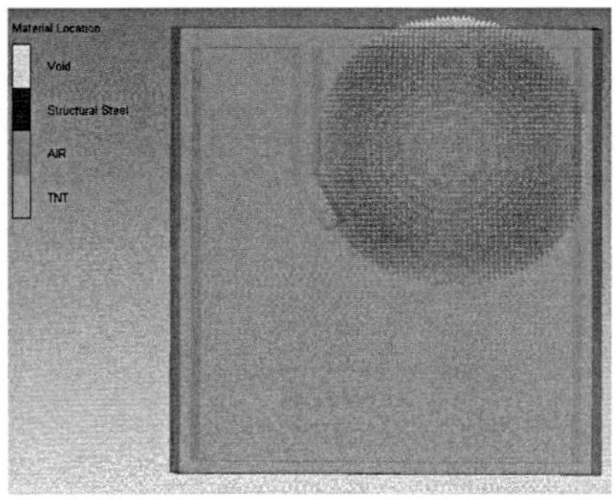

2) 구조해석

Step 1. 폭발구 모델링 (2D-Wedge TNT Model)

(1) Start > AUTODYN 시작
AUTODYN standalone을 시작하십시오 (autodyn.exe를 더블 클릭하십시오)
> C: \Program Files \ANSYS Inc\v161 \aisol\AUTODYN \winx64 \autodyn.exe

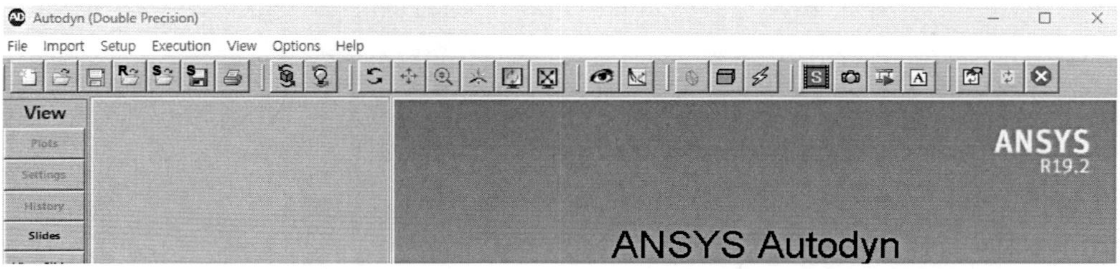

(2) Start > 프로젝트 시작
① 프로젝트 폴더를 선택한다. 여기서는 81 Inner를 선택한다.
② Ident를 입력한다 : 100kg-TNT
③ 2D Axial 선택함
④ 데이터 수용

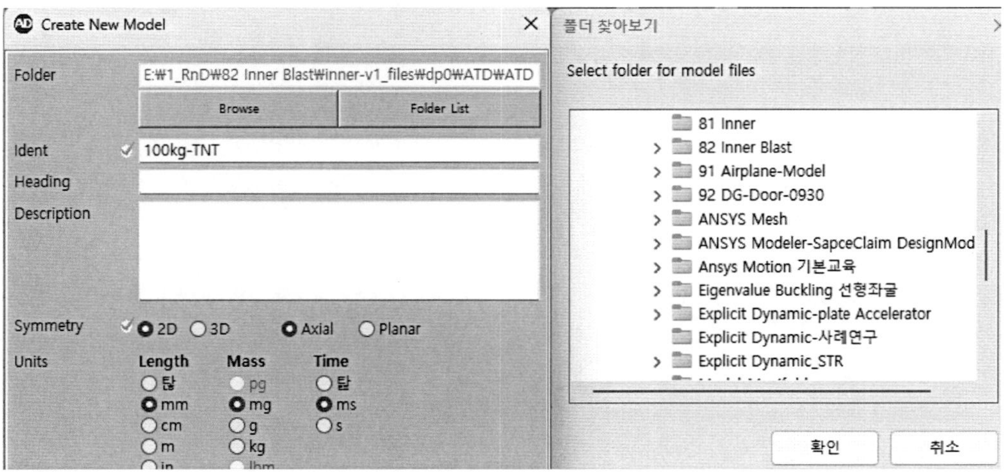

(3) Material > 재료 검색

(3.1) 라이브러리에서 재료 데이터 검색

① 메뉴에서 “Material” 를 클릭하고 “Load“로 재료 데이터를 불러온다

② 라이브러리에서 다음 자료를 선택 하십시오 : Air, TNT

③ 데이터를 선택 확인한다.

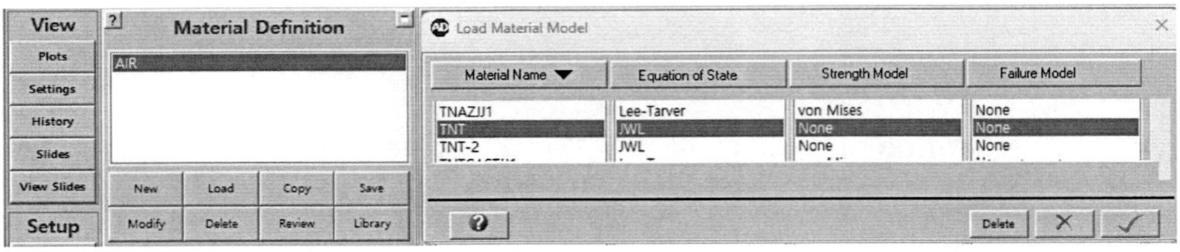

% 라이브러리에서 여러 개를 선택하려면 CONTROL + Click을 통하여 여러 가지를 선택할 수 있다.

(4) 초기조건을 설정하지 않는다.

(5) 경계조건을 설정하지 않는다.

(6.1) 오일러 파트 생성

① Parts를 선택한다.

② 대화 상자에서 "New"를 선택

③ 팝업창의 Part Name을 입력한다. : space

④ Solver를 선택한다 : Euler 2D Muti-material

⑤ Part Wizard를 선택한다.

⑥ 다음 단계로 진행한다.

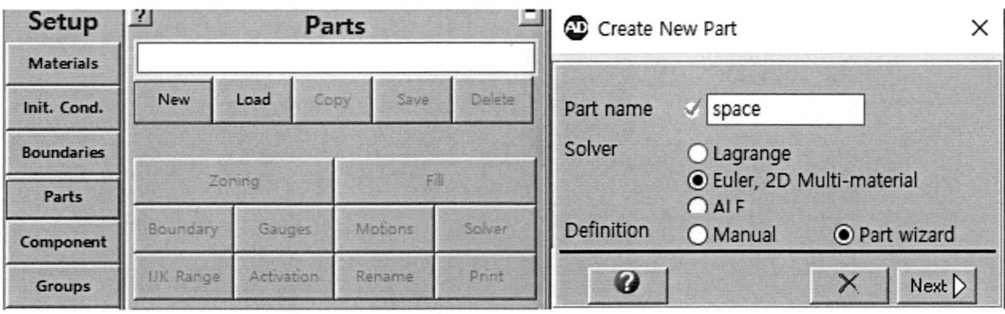

⑦ Wedge Predef를 선택한다. (default)

⑧ Minimum radius를 입력한다. : 1

⑨ Maximum radius를 입력한다. : 1000

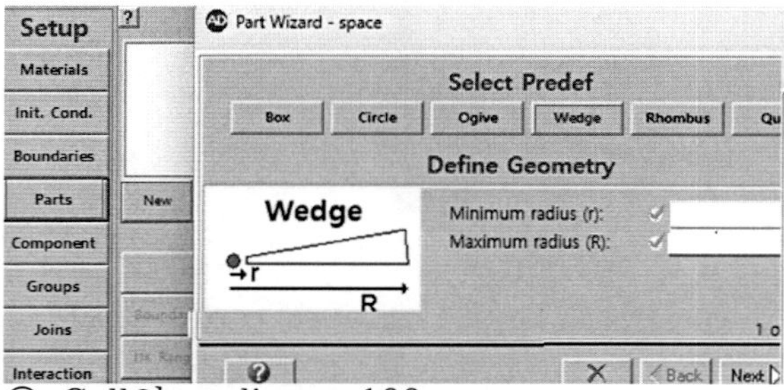

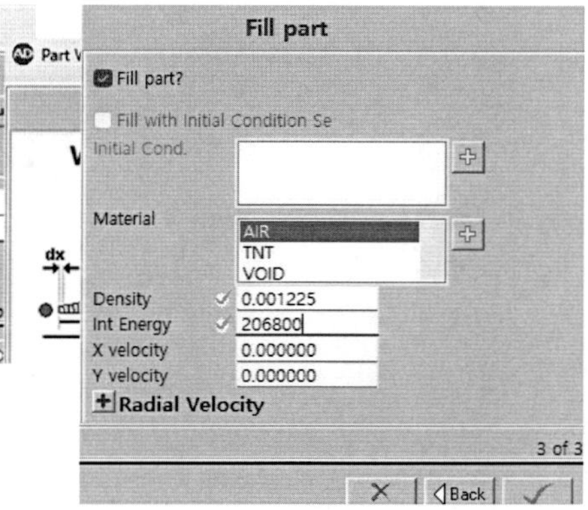

⑩ Cell의 radius : 100

⑪ Material 선택 : Air

⑫ Int. Energy를 입력한다. : 206800

⑬ 데이터를 수용한다.

(6.2) 오일러 메쉬에 TNT 채우기

TNT 100kg을 space part에 채운다.

* 당량 TNT 2차원 모델링		
질량(M)	100	kg
밀도(ro)	1654	kg/m^3
지표폭발계수	2	
환산질량(Me)	200	kg
TNT구의 반지름(R)	0.24351854	m
	244	mm

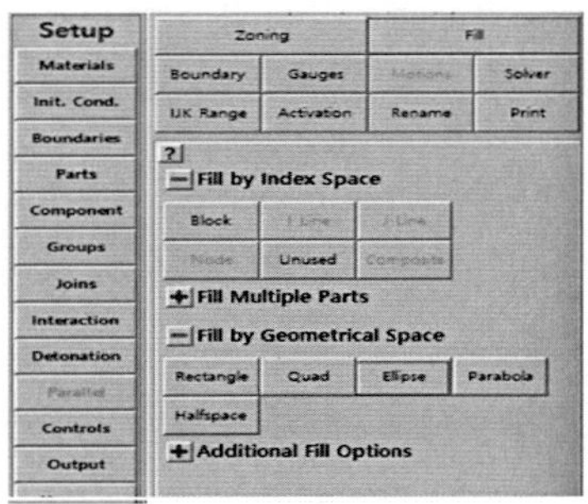

① 탐색 표시 줄에서 "부품"을 선택하십시오.

② 채우기(Fill) 선택한다.

③ Fill by Geometry space를 선택한다.

: 타원(Ellipse)

④ 팝업메뉴에서 타원을 형상을 정의 한다.

: X중심, Y중심 (0, 0)

반지름 X축, Y축 (244, 244)

⑤ 재질(Material)을 설정한다. : TNT

⑥ 데이터 수용

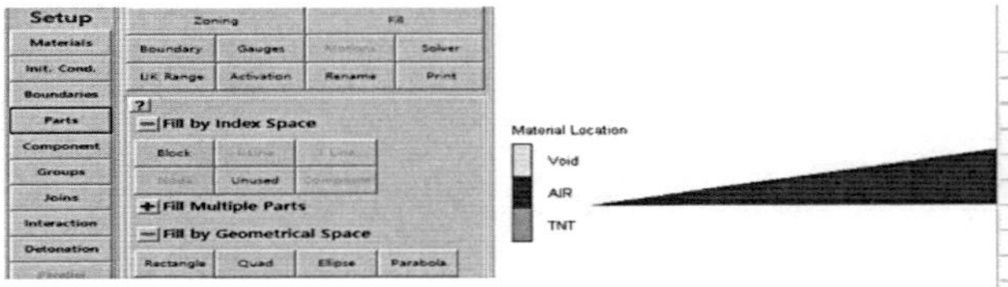

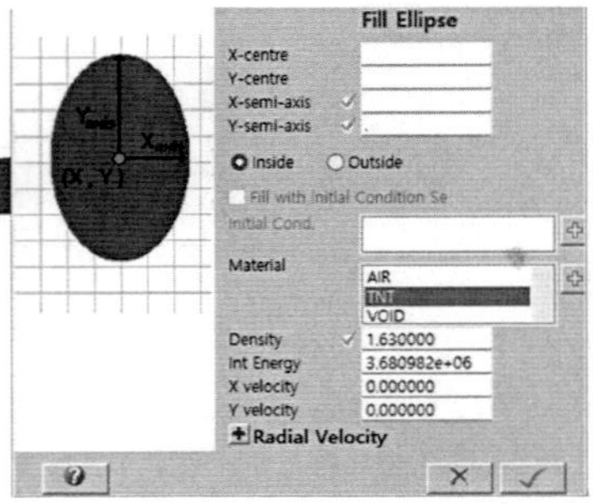

(6.3) 경계조건을 적용하지 않는다.

(7) Interaction - 설정하지 않는다.
(8) Component - 설정하지 않음
(9) Group - 설정하지 않음
(10) Joints - 설정하지 않음

(11) TNT에 대한 폭발 지점 정의
① 탐색 표시 줄에서 "Detonation"을 선택하십시오.
② 점(Point) 선택한다.
③ Node 점을 입력한다. x, y = (0, 0)
④ "Plot detonation points"를 체크하여 점의 위치를 확인하십시오.
⑤ 데이터를 수용한다.

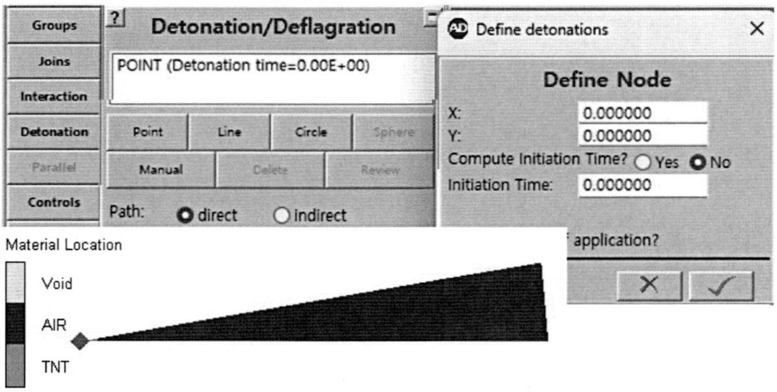

(12) Parallel-설정하지 않음

(13) 솔루션 컨트롤 설정
① 탐색 표시 줄에서 “Controls"을 선택하십시오.
② 사이클 제한에 큰 숫자를 입력하고 "50.0"ms 시간 제한
(이것은 폭풍이 전파하는 데 걸리는 시간입니다. 반경 45m까지)
③ Wrap up Criteria에서
- Cycle Limit : 99999

- Time Limit : 12ms
- Energy Fraction : 0.5

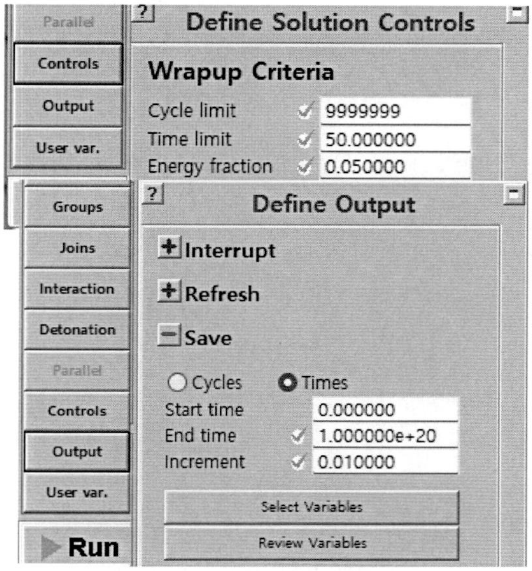

(14) 결과저장설정

① 탐색 표시 줄에서

"Output"을 선택하십시오.

② 저장 시간 설정:

ⓐ Start Time : 1000,000

ⓑ End times : 1000,000

ⓒ Increment : 0.001

(15) user var. -설정하지 않음

(16) 해석실행

① 데이터 저장

② 문제 해결

(17) 결과 파일 저장

① parts에 Fill을 선택한다.

② Additional Fill Options에서 Datafile을 선택한다.

③ 파일을 저장할 디렉토리를 선택한다.

④ 파일이름을 100kg-TNT.fill로 저장한다.

⑤ 데이터를 수용한다.

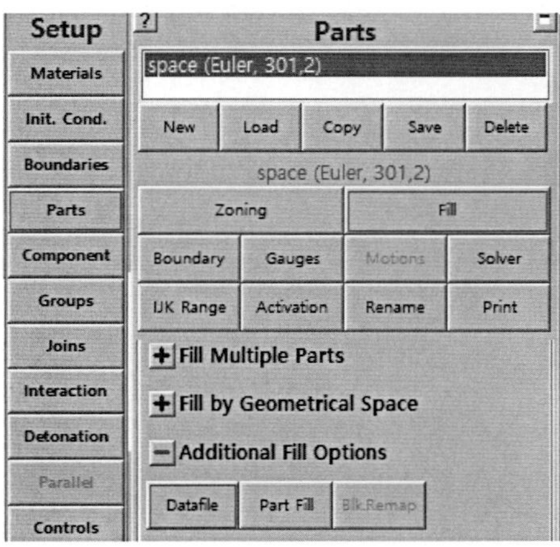

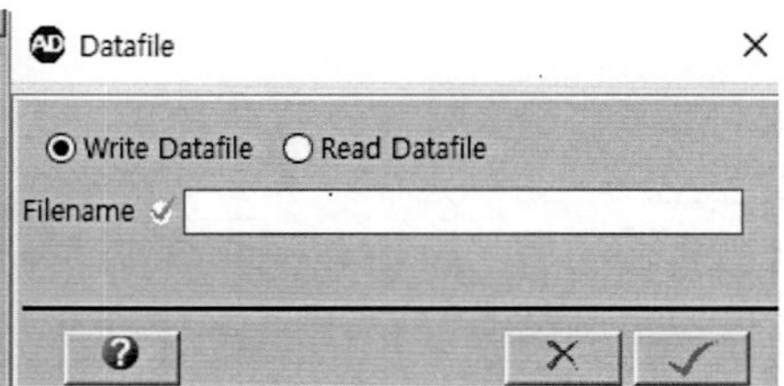

Step 2 구조물에 대한 모델링

(1) Explicit Dynamic 프로젝트 만들기

① 워크 벤치의 프로젝트 페이지의 구성 요소(Tool Box) 아래에서 autodyn 구성 요소를 선택하여 프로젝트의 셋업(Setup) 셀로 끌어서 놓으십시오

이것은 AUTODYN 프로젝트를 생성합니다.
이 프로젝트는 다이내믹 프로젝트에 연결된다.

(2) Project를 생성한다.
① 프로젝트에 Explicit Dynamic을 생성한다.

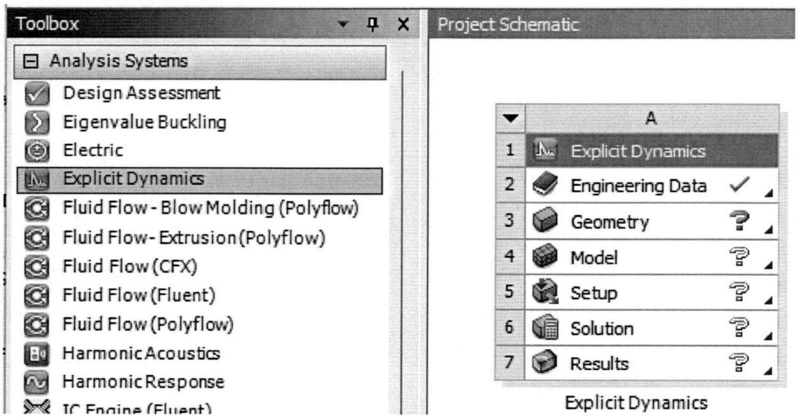

② 모델 데이터를 불러온다. Browse에서 3D-Model.step을 가져온다.

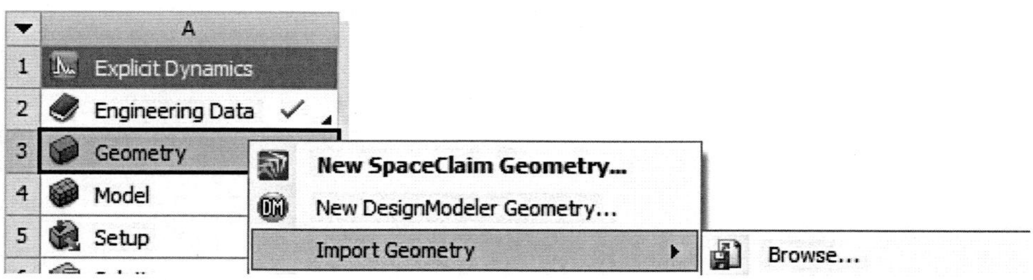

(3) Explicit Dynamic을 실행한다.
① Model을 더블클릭한다.

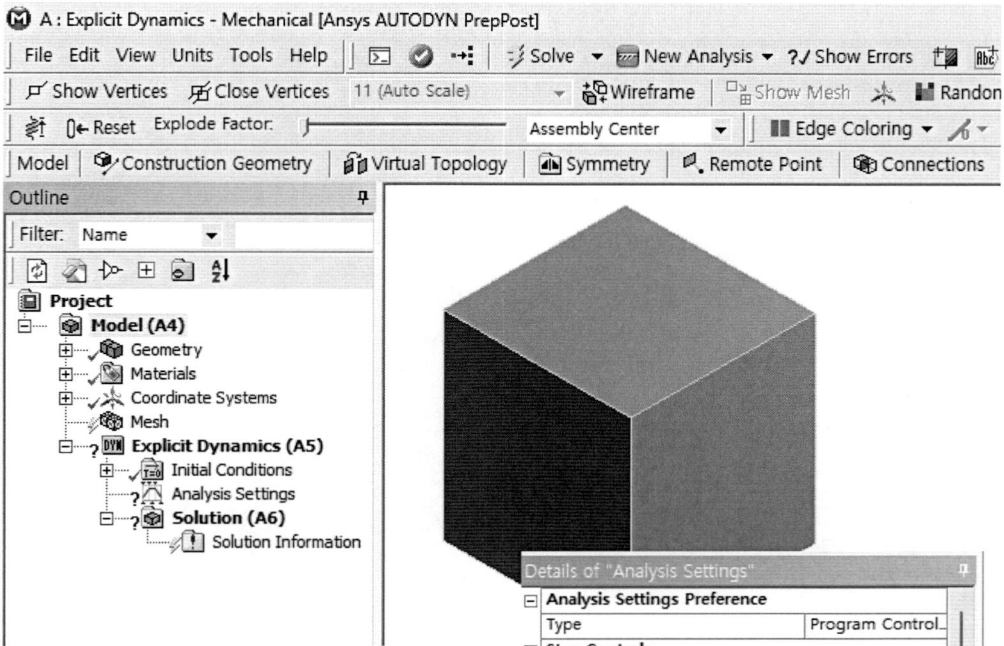

② Analysis Setting을 설정한다.

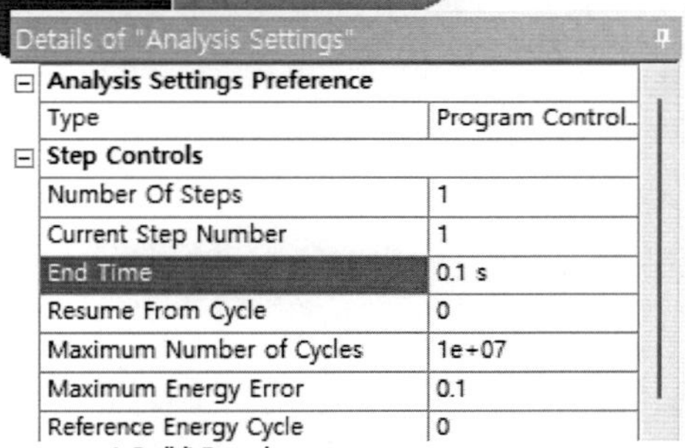

③ Fixed Support를 설정한다.

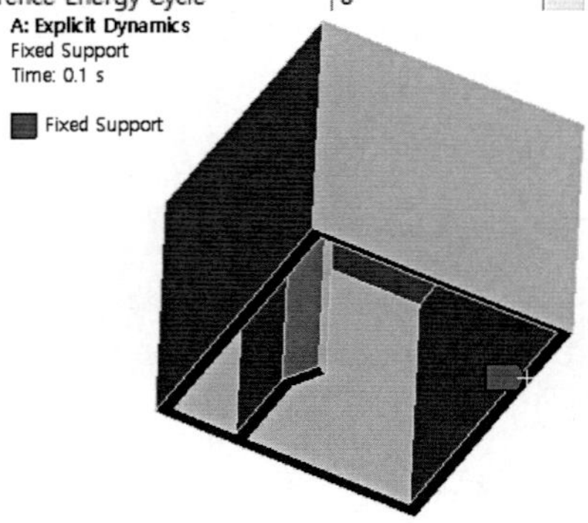

④ 중력가속도를 설정한다.

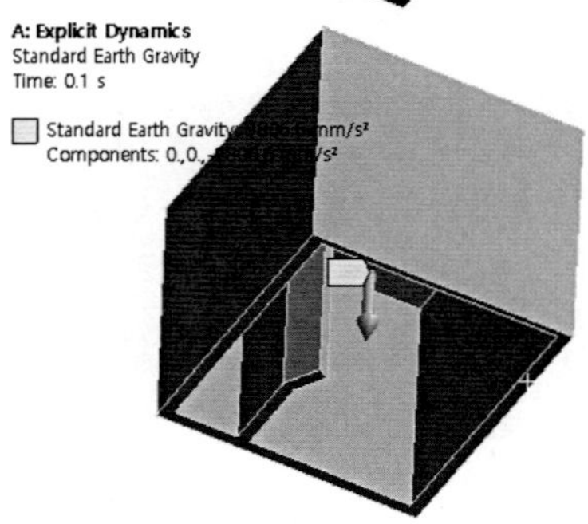

(4) 구조해석을 수행한다.

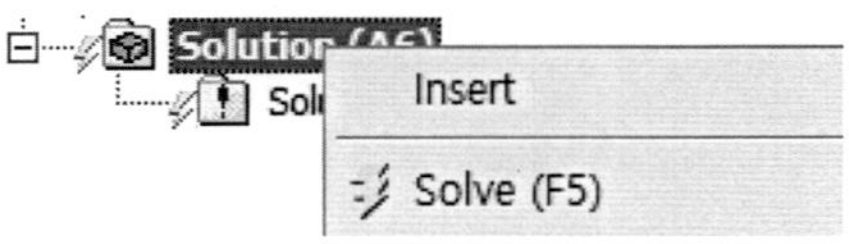

Step 3 구조물에 대한 폭발해석

(1) Autodyn을 실행한다.

① Autodyn을 메뉴에서 Setup에 드래그하여 연결한다.

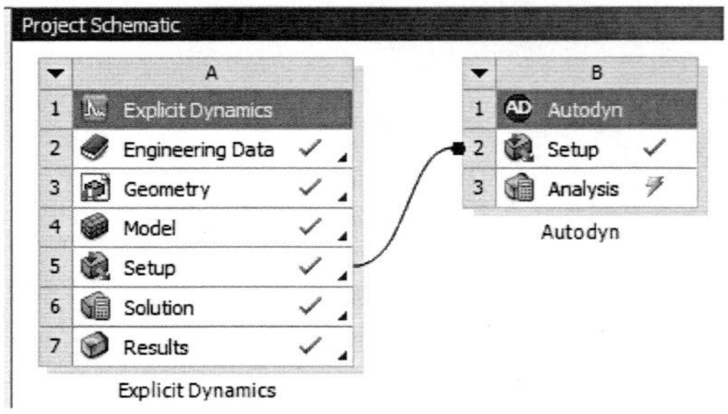

② AUTODYN 화면에 모델이 나타난다.

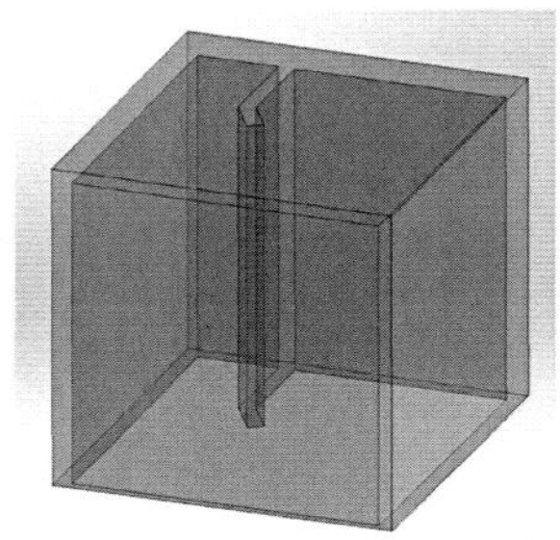

(2) 초기 조건을 설정하지 않는다.

(3) 경계조건을 설정하지 않는다.

(4) 라이브러리에서 재료 데이터 검색

① 재료 데이터를 불러온다.

② Material Name에서 다음 자료를 선택하십시오 : AIR TNT

③ 데이터 수용한다.

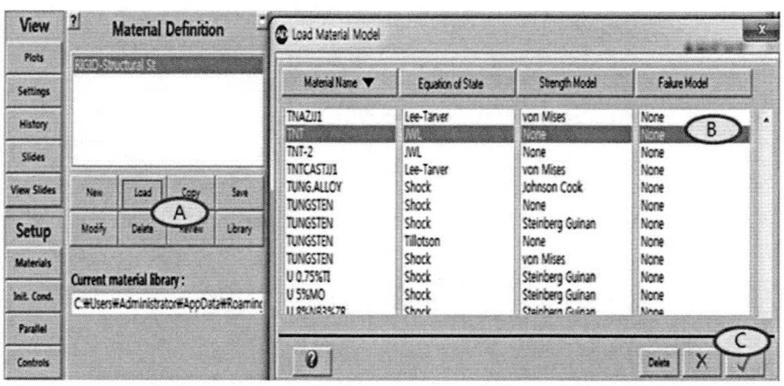

% 2 개의 재료를 선택하기 위해서 <CONTROL>을 누르고 클릭을 한다.

④ 결과로 그래픽 화면(view panel)에서 “Scale”에 AIR TNT가 추가된 것을 확인할 수 있고, Material Definition에도 AIR TNT가 추가 된 것을 볼 수 있다.

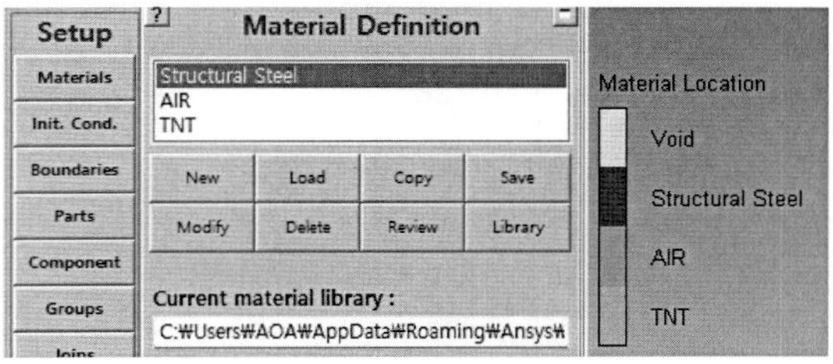

(6) 오일러 파트 생성

① Parts를 선택한다.

② 대화 상자에서 "New"를 선택

③ 팝업창의 Part Name을 입력한다. : Space

④ Solver를 선택한다 : Euler 3D Multi

⑤ Definition을 설정하다. : Part Wized

⑥ 다음 단계로 이동

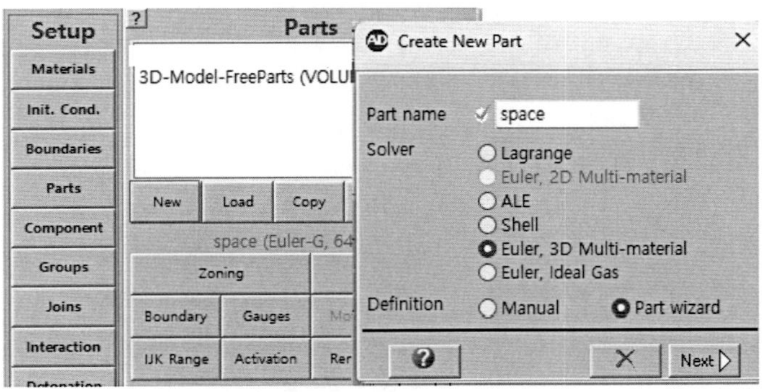

⑦ Predef를 선정한다. : Box

⑧ Geometry를 정의 한다 : 원점 (0, 0, 0) 폭 (6300, 6760, 6100)

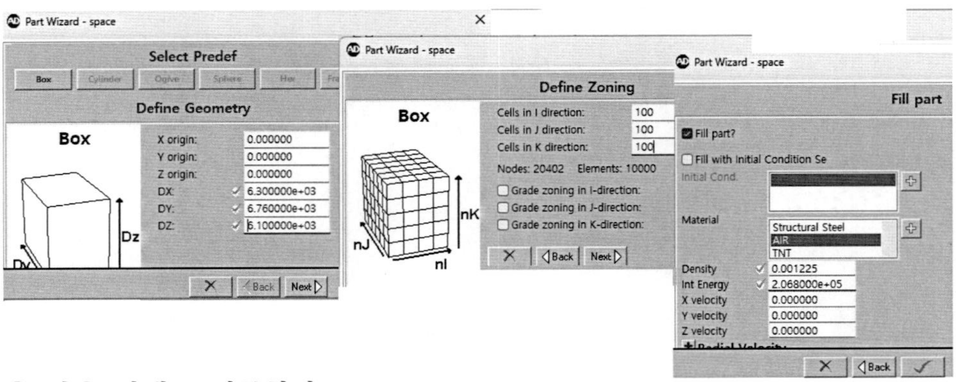

⑨ 다음 단계로 이동한다

⑩ I,J,K 방향의 셀 수를 입력한다. (100,100,100)

(6.3) Euler Part에 공기를 채운다.

① AIR를 선택한다.

  - Euler mesh에 AIR를 채운다.

② 공기의 Internal Energy 206800를 입력한다.

  - 공기를 1기압으로 초기화합니다.

③ 데이터를 수락한다.

④ 결과로 그래픽 화면(view panel)에 다음과 같이 나타난다.

(6.4) 100kg TNT 결과를 가져온다.

① Fill을 선택한다.

② Additional Fill Option에서 Datafile을 선택한다.

③ Read Datafile을 선택한다.

④ "100kg-TNT.fll"을 선택한다.

  - 이 데이터는 이전에 미리 만들어 놓은 것이다.

⑤ 불러오기 위한 원점을 (4060,4910,,0)을 유지한다.

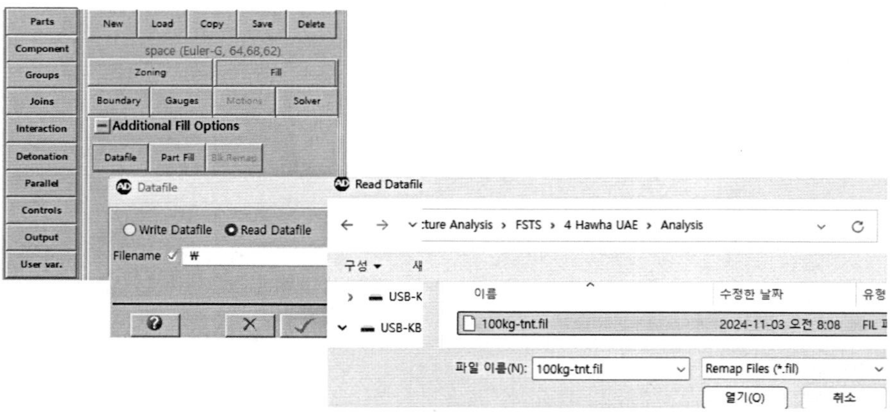

⑥ 결과로 그래픽 화면(view panel)에 다음과 같이 나타난다.

(6.5) Gauges를 설정한다.

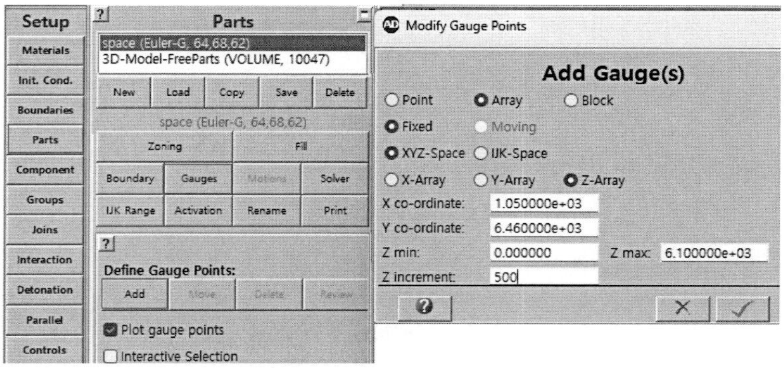

① Gauges을 선택한다.
② Add을 선택한다.
③ Add Gauge 값을 입력한다.

(6.3) 경계조건을 적용하지 않는다.

(7) Interaction 설정하지 않는다.
(8) Component - 설정하지 않음
(9) Group - 설정하지 않음
(10) Joints - 설정하지 않음

(11) TNT에 대한 폭발 지점 정의
① 탐색 표시 줄에서 "Detonation"을 선택하십시오.
② 점(Point) 선택한다.
③ Node 점을 입력한다. x, y = (4060, 4910, 0)
④ "Plot detonation points"를 체크하여 점의 위치를 확인하십시오.
⑤ 데이터를 수용한다.

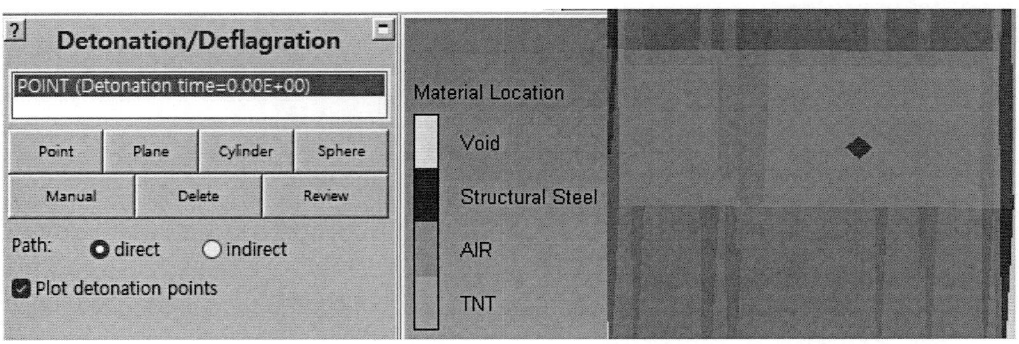

(12) Parallel-설정하지 않음

(13) 솔루션 컨트롤 설정
① 탐색 표시 줄에서 “Controls"을 선택하십시오.
② 사이클 제한에 큰 숫자를 입력하고 "50.0"ms 시간 제한
(이것은 폭풍이 전파하는 데 걸리는 시간입니다. 반경 45m까지)
③ Wrap up Criteria에서
- Cycle Limit : 99999
- Time Limit : 12ms
- Energy Fraction : 0.5

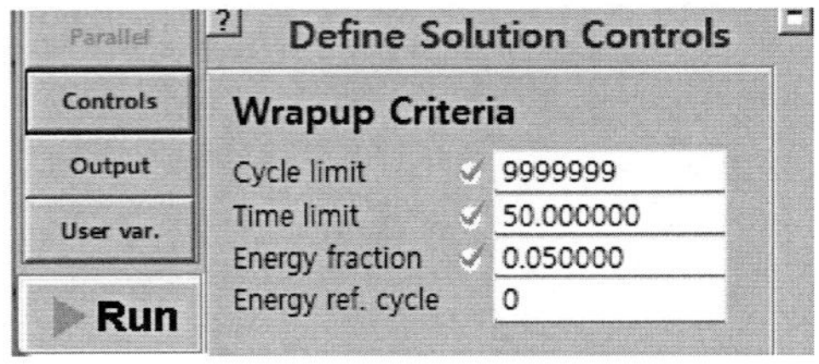

(14) 결과저장설정
① 탐색 표시 줄에서 “Output"을 선택하십시오.
② 저장 시간 설정:
- Start Time : 1000,000
- End times : 1000,000
- Increment : 1000,000

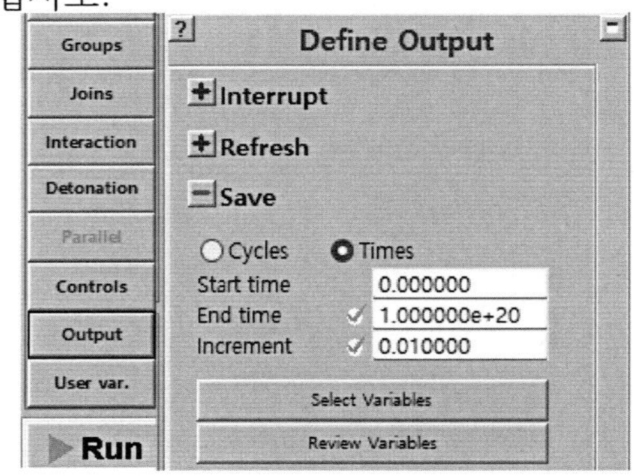

(15) user var. -설정하지 않음

(16) 해석실행

① 데이터 저장

② 문제 해결

: 해결하는 동안 보기가 자동으로 업데이트됩니다.

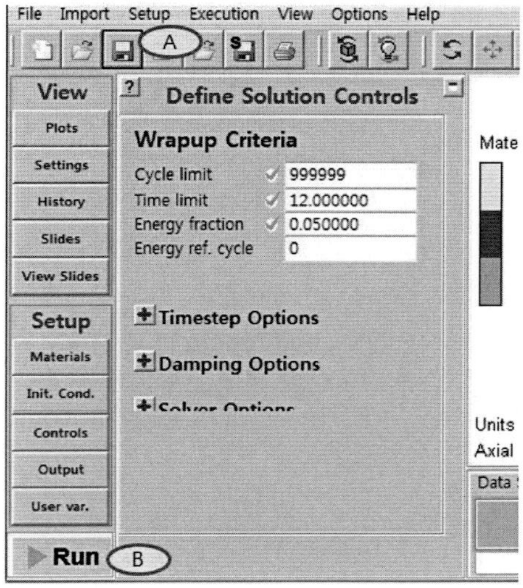

(17) 결과 파일 확인

① History을 선택하십시오.

② Gauge points에서 Multi variable Plots를 선택한다.

③ Multiple Variable Plot에서 Select를 선택한다.

④ Set All Plots를 설정한다.

⑤ 데이터를 수용한다.

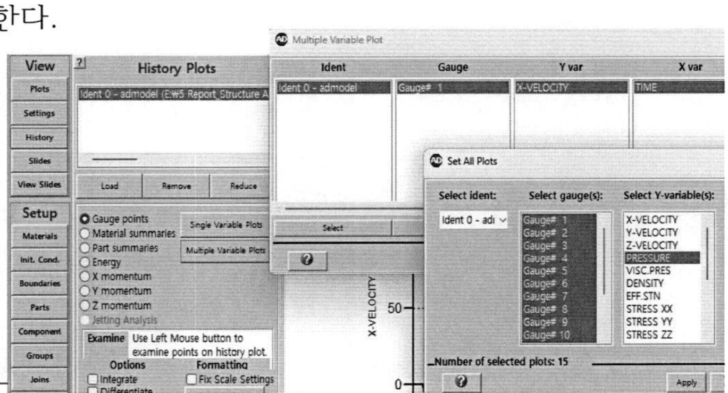

⑥ TNT 질량 변위 추이

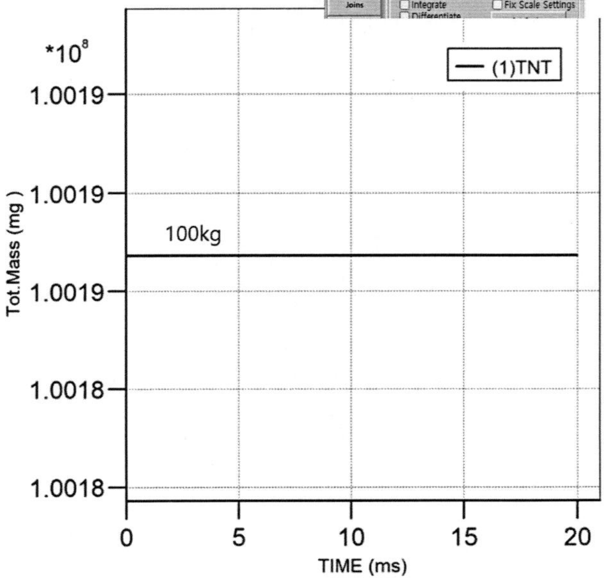

⑦ Gauge point의 압력 결과는 다음과 같다.

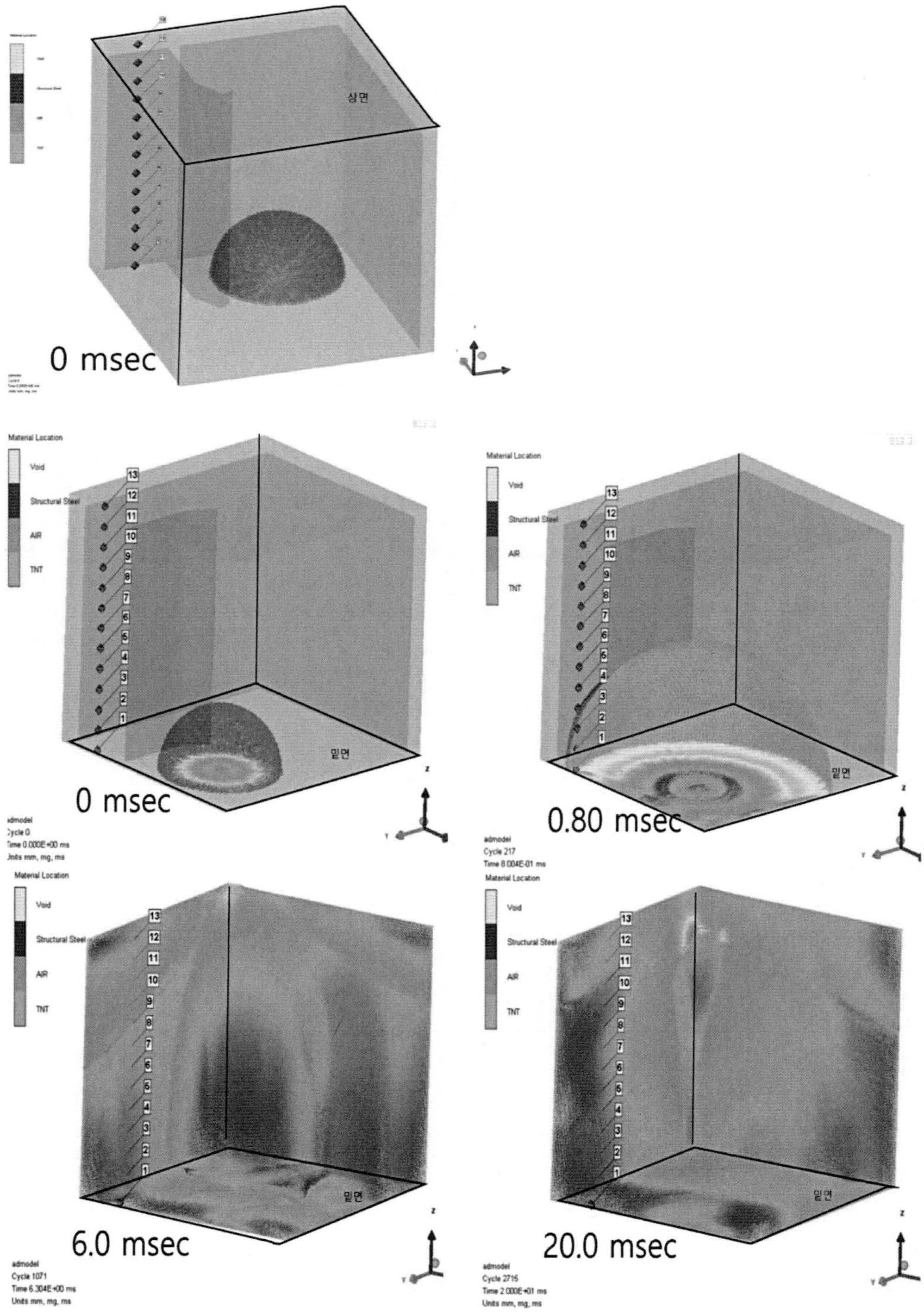

⑧ Gauge point의 압력 결과는 다음과 같다.

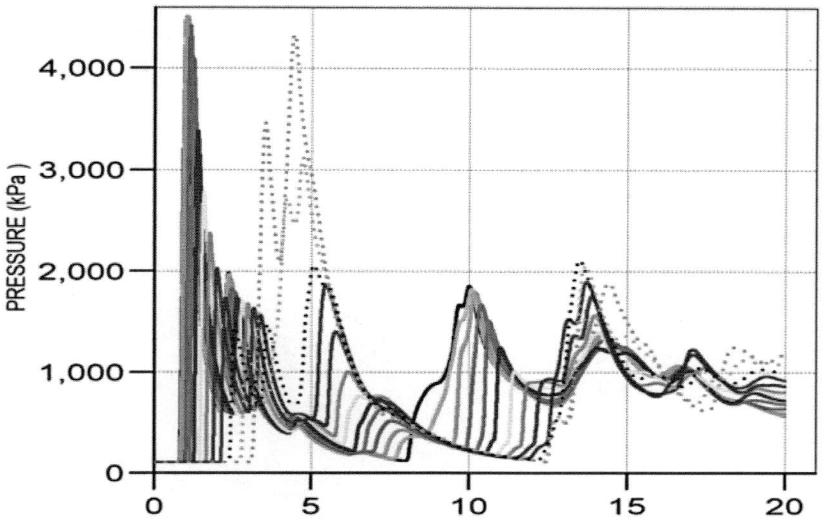

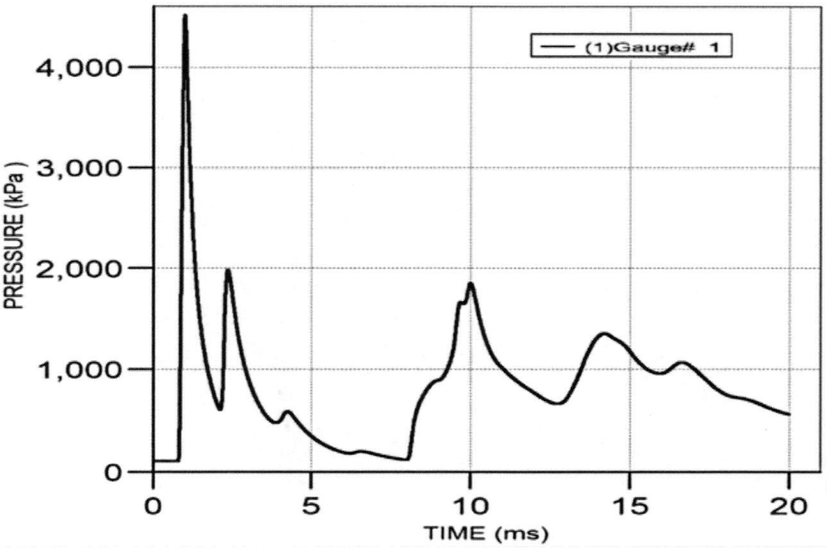

Case 2) 요철공간의 TNT 폭발 해석

Case 1.의 구조해석 프로세스에서 변경된 내용만 작성한다.

② 모델링 개요 (단위 : mm)

100kg의 TNT를 직사각형으로 모델링한다.

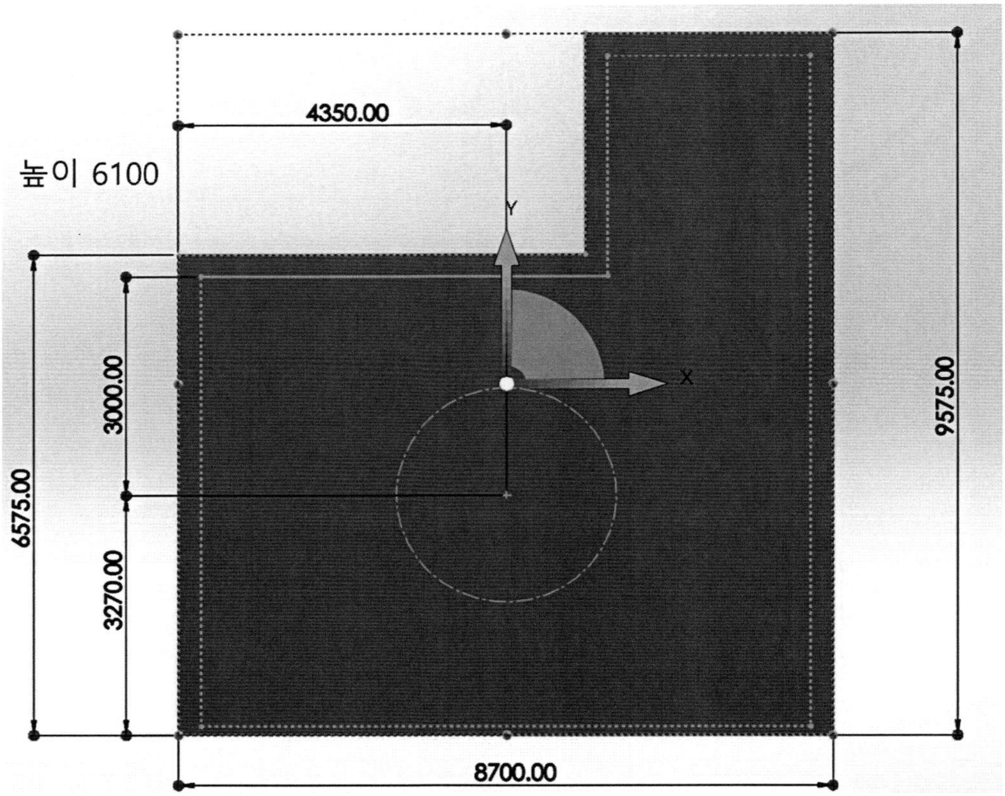

2) 구조해석

Step 1. 폭발구 모델링 (2D-Wedge TNT Model)

100kg TNT를 직사각형으로 모델링한다.
2D-Wedge를 사용하지 않고 Step 3에서 직접 TNT를 모델링한다.

Step 2 구조물에 대한 모델링

(1) Explicit Dynamic 프로젝트 만들기

① 워크 벤치의 프로젝트 페이지의 구성 요소(Tool Box) 아래에서 autodyn 구성 요소를 선택하여 프로젝트의 셋업(Setup) 셀로 끌어서 놓으십시오

이것은 AUTODYN 프로젝트를 생성합니다.
이 프로젝트는 다이내믹 프로젝트에 연결된다.

(2) Project를 생성한다.
① 프로젝트에 Explicit Dynamic을 생성한다.

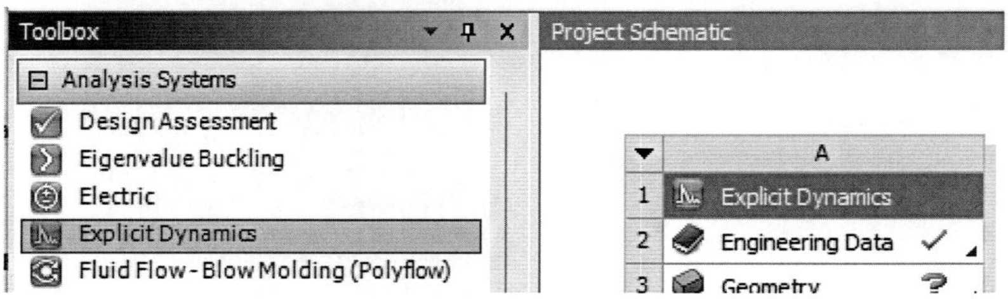

② 모델 데이터를 불러온다. Browse에서 3D-Model.step을 가져온다.

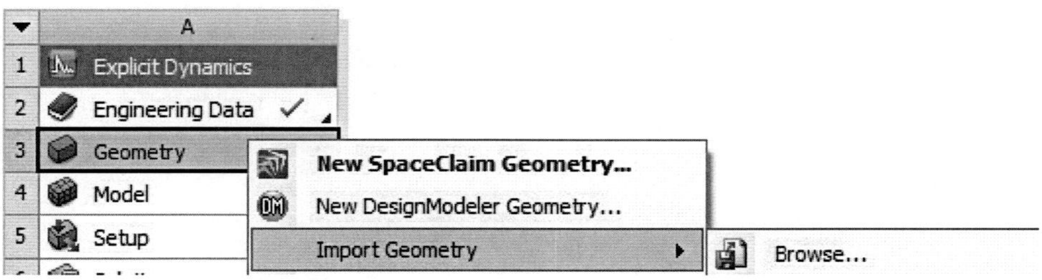

(3) Explicit Dynamic을 실행한다.

① Model을 더블클릭한다.

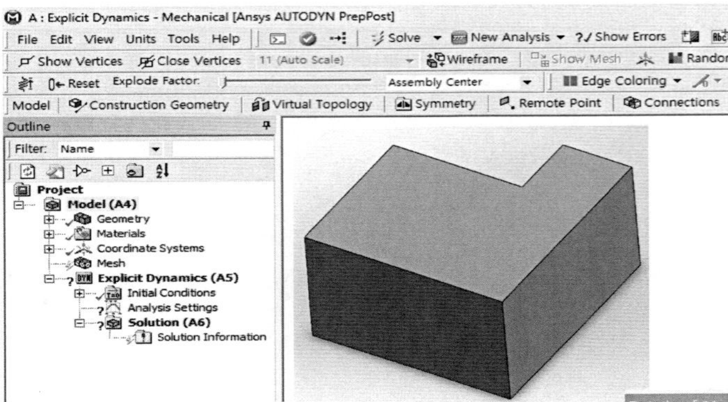

② Analysis Setting을 설정한다.

Details of "Analysis Settings"

Analysis Settings Preference	
Type	Program Control...
Step Controls	
Number Of Steps	1
Current Step Number	1
End Time	0.1 s
Resume From Cycle	0
Maximum Number of Cycles	1e+07
Maximum Energy Error	0.1
Reference Energy Cycle	0

③ Fixed Support를 설정한다.

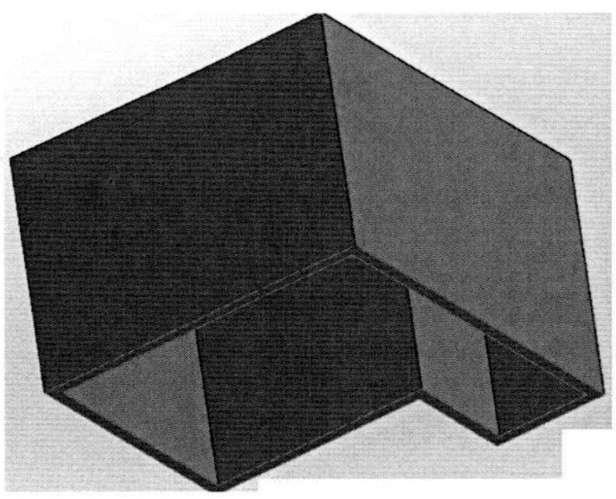

④ 중력가속도를 설정한다.

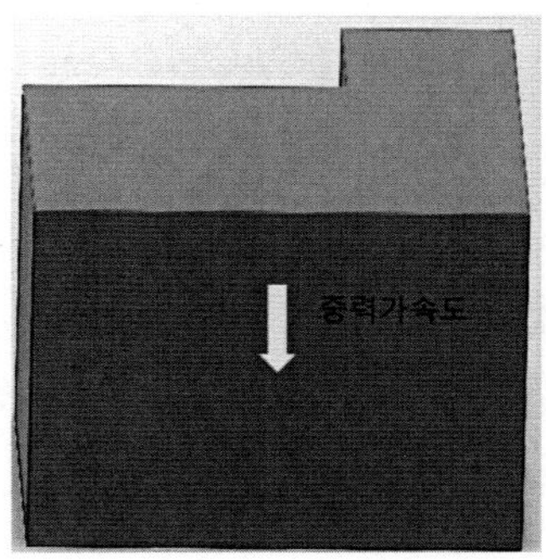

Step 3 구조물에 대한 폭발해석

(1) Autodyn을 실행한다.

① Autodyn을 메뉴에서 Setup에 드래그하여 연결한다.

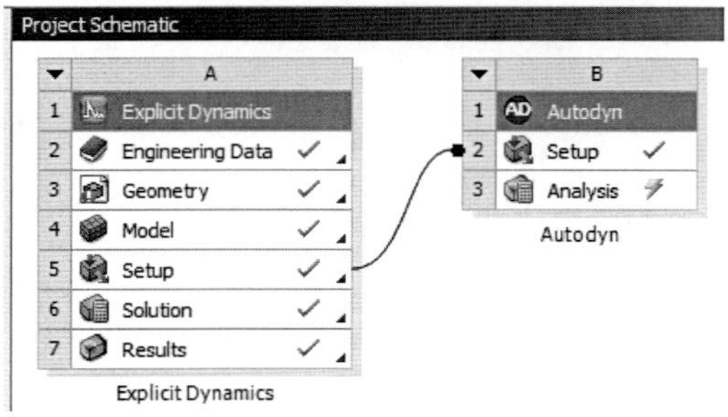

② AUTODYN 화면에 모델이 나타난다.

(2) 초기 조건을 설정하지 않는다.

(3) 경계조건을 설정하지 않는다.

폭발이 건물의 내부에서만 전파되기 때문에 Flow-Out을 설정할 필요가 없다.

(4) 라이브러리에서 재료 데이터 검색

① 재료 데이터를 불러온다.

② Material Name에서 다음 자료를 선택하십시오 : AIR TNT

③ 데이터 수용한다.

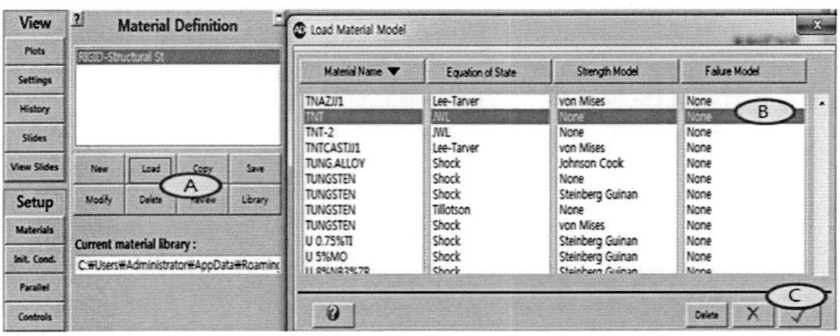

※ 2 개의 재료를 선택하기 위해서 <CONTROL>을 누르고 클릭한다.

④ 결과로 그래픽 화면(view panel)에서 “Scale”에 AIR TNT가 추가된 것을

확인할 수 있고, Material Definition에도 AIR TNT가 추가된 것을 볼 수 있다.

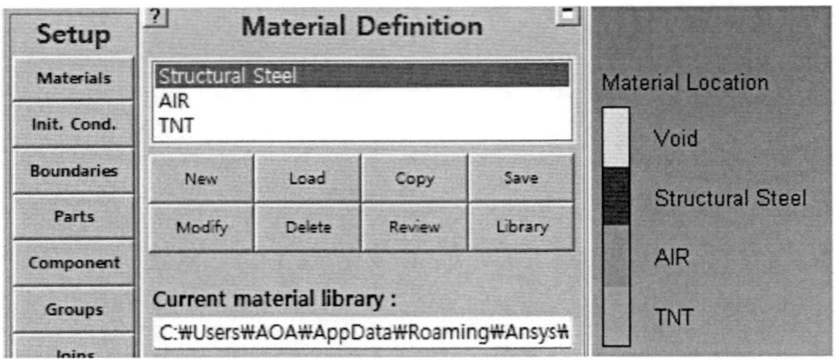

(6.1) 오일러 파트 생성

① Parts를 선택한다.

② 대화 상자에서 "New"를 선택

③ 팝업창의 Part Name을 입력한다. : Space

④ Solver를 선택한다 : Euler 3D Multi

⑤ Definition을 설정하다. : Part Wized

⑥ 다음 단계로 이동

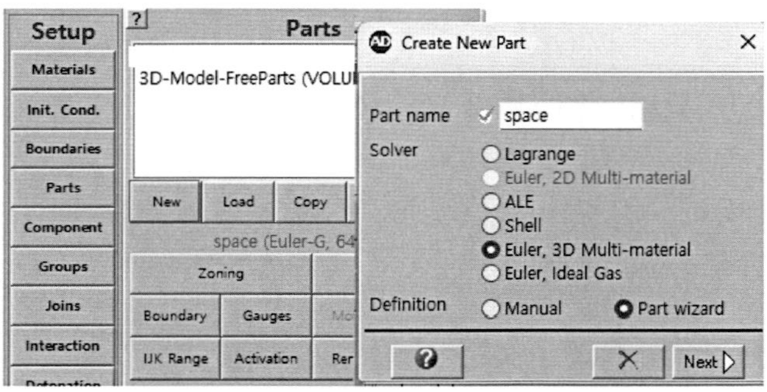

⑦ Predef를 선정한다. : Box

⑧ Geometry를 정의 한다 : 원점 (-4350, 0, -6305) 폭 (8700,6100, 9575)

⑨ 다음 단계로 이동한다

⑪ Euler Part에 공기를 채운다.

⑫ AIR를 선택한다.

- Euler mesh에 AIR를 채운다.

⑬ 공기의 Internal Energy 206800를 입력한다.

- 공기를 1기압으로 초기화합니다.

⑭ 데이터를 수락한다.

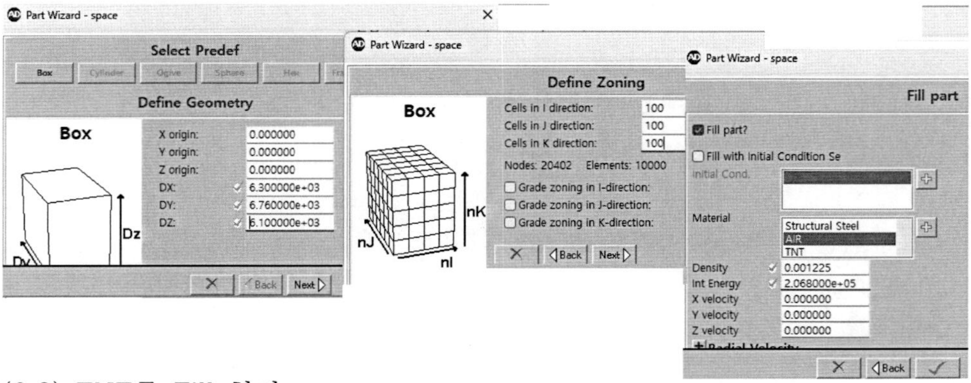

(6.2) TNT를 Fill 한다.

① Fill을 선택한다.

② Fill by Index Space를 선택한다.

③ Read Datafile을 선택한다.

④ Fill Block에 값을 입력한다.

From I = 42 ~ 46 , From J = 1 ~ 5, From K = 46 ~ 50

⑤ 결과로 그래픽 화면(view panel)에 다음과 같이 나타난다.

(6.3) Gauges를 설정한다.

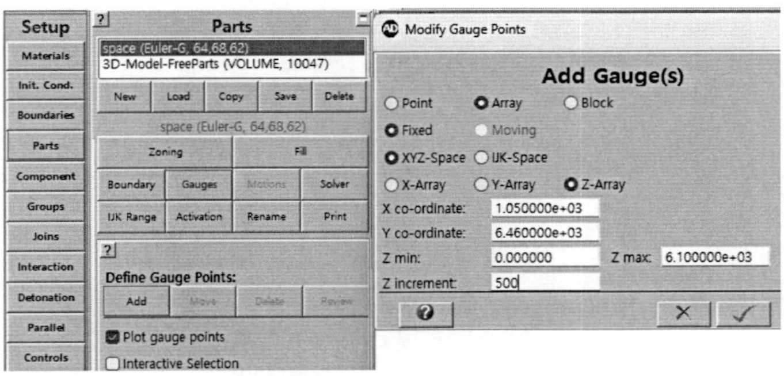

① Gauges을 선택한다.

② Add을 선택한다.

③ Add Gauge 값을 입력한다.

(6.4) 경계조건을 적용하지 않는다.

(7) Interaction 설정하지 않는다.

(8) Component – 설정하지 않음

(9) Group – 설정하지 않음

(10) Joints - 설정하지 않음

(11) TNT에 대한 폭발 지점 정의

① 탐색 표시 줄에서 "Detonation"을 선택하십시오.

② 점(Point) 선택한다.

③ Node 점을 입력한다. x, y = (4060, 4910, 0)

④ "Plot detonation points"를 체크하여 점의 위치를 확인하십시오.

⑤ 데이터를 수용한다.

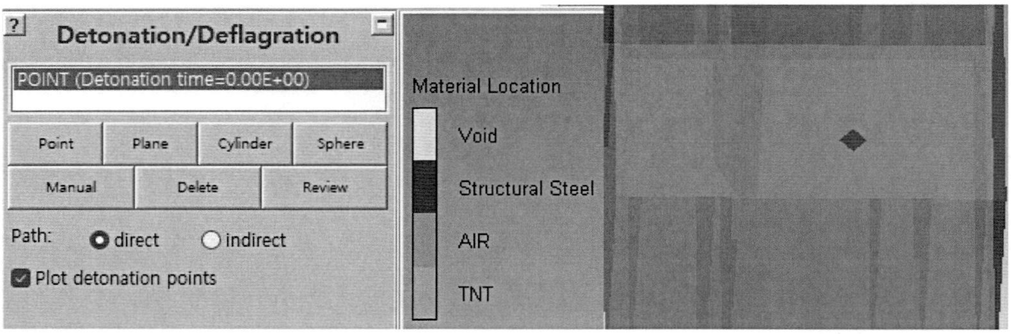

(12) Parallel-설정하지 않음

(13) 솔루션 컨트롤 설정

① 탐색 표시 줄에서 “Controls"을 선택하십시오.

② 사이클 제한에 큰 숫자를 입력하고 "50.0"ms 시간 제한

(이것은 폭풍이 전파하는 데 걸리는 시간입니다. 반경 45m까지)

③ Wrap up Criteria에서

- Cycle Limit : 99999
- Time Limit : 12ms
- Energy Fraction : 0.5

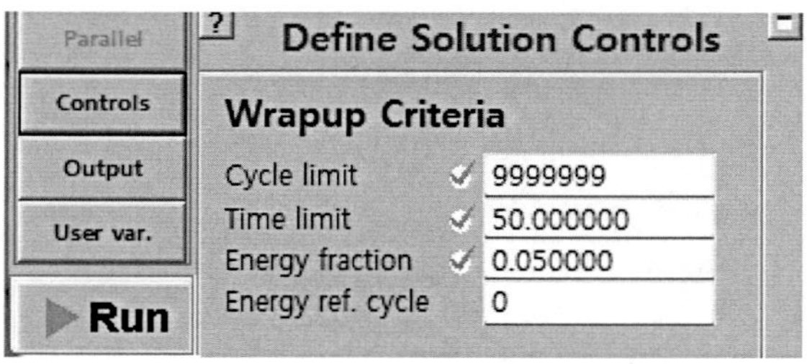

(14) 결과저장설정

① 탐색 표시 줄에서 “Output"을 선택하십시오.

② 저장 시간 설정:

- Start Time : 1000,000
- End times : 1000,000

- Increment : 1000,000

(15) user var. -설정하지 않음

(16) 해석실행

① 데이터 저장

② 문제 해결

: 해결하는 동안 보기가 자동으로 업데이트됩니다.

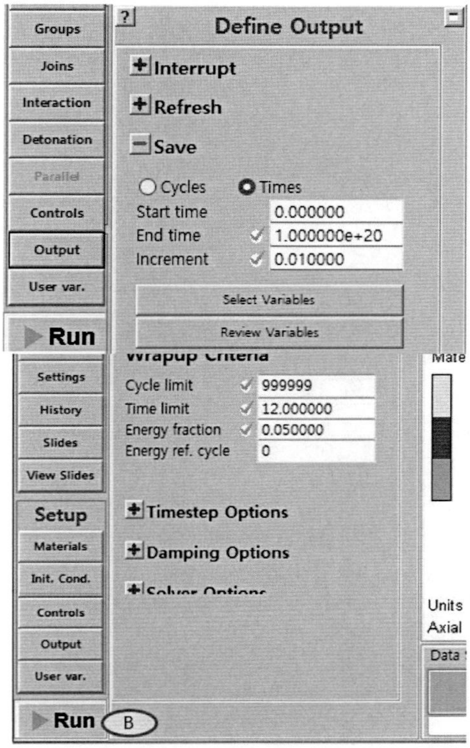

(17) 결과 파일 확인

① History을 선택하십시오.

② Gauge points에서 Multi variable Plots를 선택한다.

③ Multiple Variable Plot에서 Select를 선택한다.

④ Set All Plots를 설정한다.

⑤ 데이터를 수용한다.

⑥ TNT 질량 변위 추이

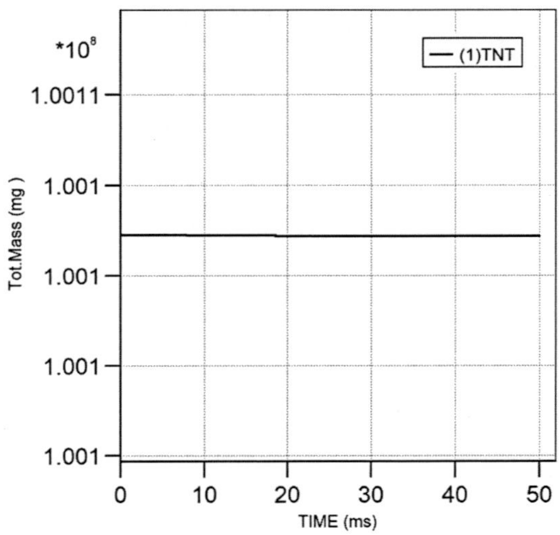

⑦ Gauge point의 압력 결과는 다음과 같다.

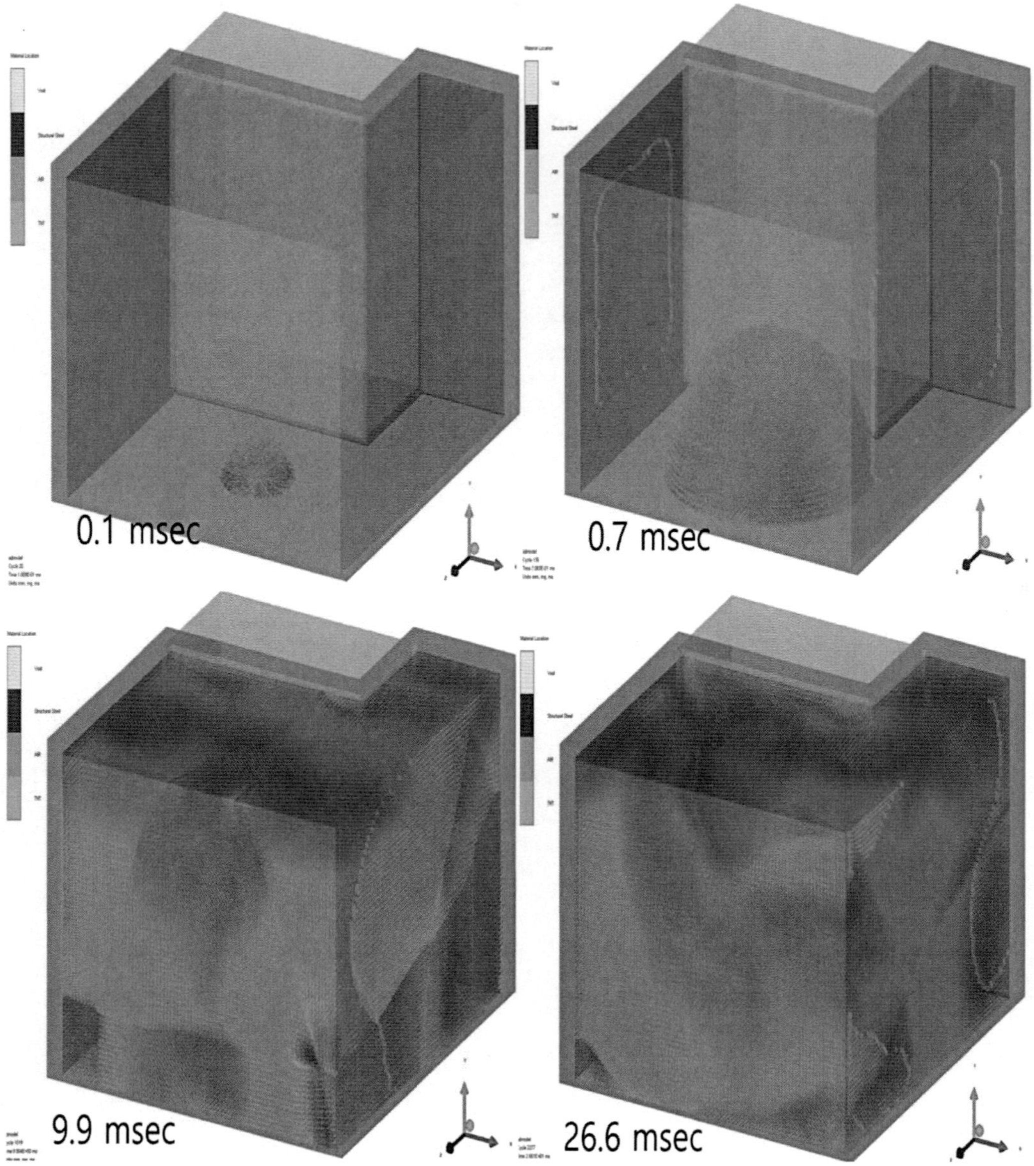

⑧ Gauge point의 압력 결과는 다음과 같다.

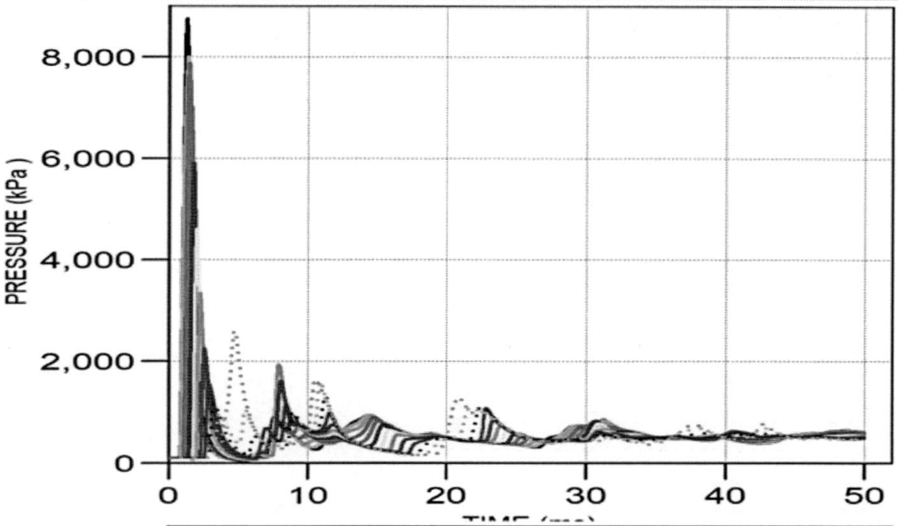

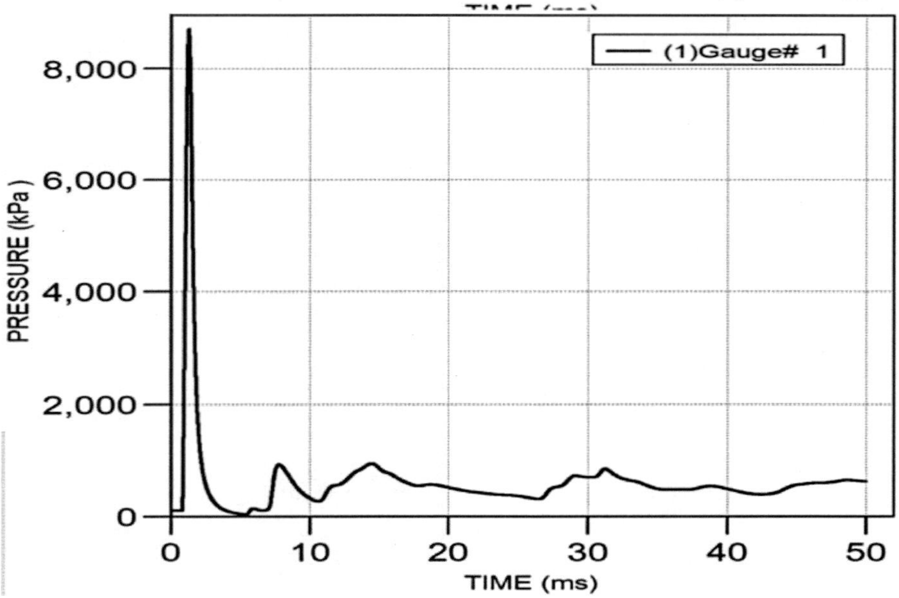

5. 복도형 내부폭파 모델링

1) 구조 계획 : 문제의 정의

① 모듈의 목표 :
방사선 사고나 방사능 테러는 방사선 장해를 일으킬 뿐만 아니라 방사능에 대한 공포심으로 인해 심각한 사회적 혼란을 유발할 수 있으므로 이를 사전에 예방하고 이에 대응할 수 있는 방호체계의 구축은 필히 갖추어야 할 중요한 요소이다.
원자력발전소 내부 물리적방호는 핵물질과 원자력시설에 대한 안팎의 위협을 사전에 방지하고, 위협이 발생하였으면 신속하게 탐지하여 적절한 대응조치를 하며, 사고로 인한 피해를 최소화하기 위한 모든 조치입니다.
핵물질이나 원자력시설에 대한 사보타주 행위는 시설에 근무하는 종사자의 방사능 피폭 위험은 물론, 대중과 환경에 잠재적인 방사성 물질 누출 문제를 일으킬 수 있어서 이에 대한 방호는 중요한 부분이라 할 수 있다.
이를 사전에 방지하기 위해서는 우선 물리적 방호체제를 철저하게 구축하고, 원자력시설에 대한 물리적 방벽과 탐지 및 경보, 지연 체계를 유지해야 합니다. 또 비상 시 시설 내의 방호종사자와 외부 대응 인력(군, 경찰)이 유기적인 협조 체제 아래 움직일 수 있도록 실질적인 방호 태세를 갖추게 됩니다. 이 밖에도 핵물질을 운반할 때 역시 외부로부터 위협이 발생할 수 있는데요. 핵물질 운반 시 방호를 위해서는 핵물질의 운반 횟수나 기간을 최소화 하는 등의 조치를 통해 방호가 이뤄지고 있습니다. 본 구조해석에서는 원전의 내부 테러로 내부 폭발이 발생하는 경우를 시뮬레이션한 것이다.

② 모델링 개요 (단위 : mm)

실험 진행은 방화패널이 부착된 시험체에서 메가멕스 폭약량 131.6g(B-2)로 폭발시험을 한다. 컴포지션 B는 TNT기준 환산계수가 1.148이다. (참조, 1장 6. 폭발물의 종류와 효과) 따라서 TNT로 환산하면 151.077kg이다. TNT 폭약량 기준 150g으로 공중 폭발로 구조해석을 한다.

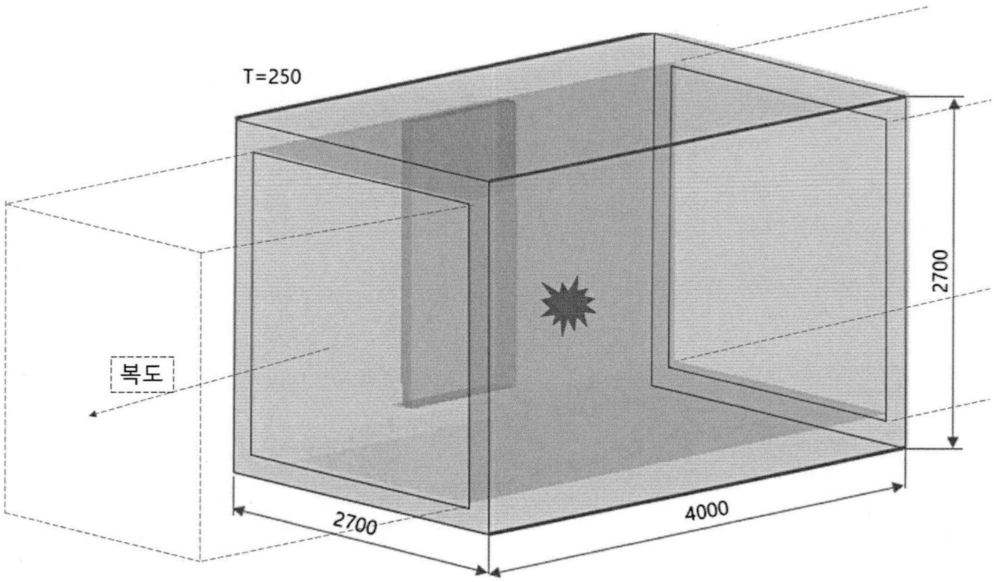

2) 구조해석

Step 1. 폭발구 모델링 (2D-Wedge TNT Model)

(1) Start > Autodyn

AUTODYN standalone을 시작하십시오 (autodyn.exe를 더블 클릭하십시오)
 > C: \Program Files \ANSYS Inc\v19(버전)\aisol\AUTODYN \winx64 \autodyn.exe

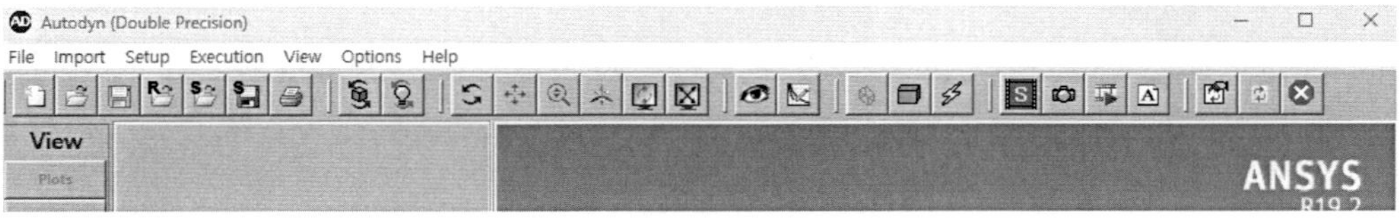

(2) Start > 프로젝트 시작

① 프로젝트 폴더를 선택한다. Analysis-TNT-kg 디렉토리를 선택한다.

② Ident를 입력한다 : 150g-TNT

③ 2D Axial 선택함

④ 데이터 수용

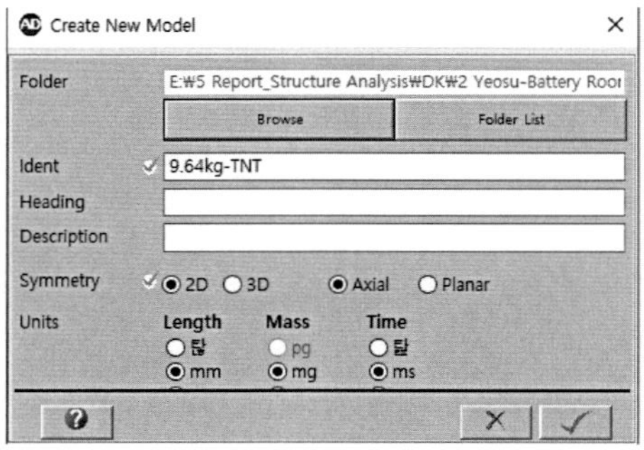

(3) Material > 재료 검색

(3.1) 라이브러리에서 재료 데이터 검색

① 메뉴에서 “Material” 를 클릭하고 “Load“로 재료 데이터를 불러온다

② 라이브러리에서 다음 자료를 선택 하십시오. : Air, TNT

③ 데이터를 선택 확인한다.

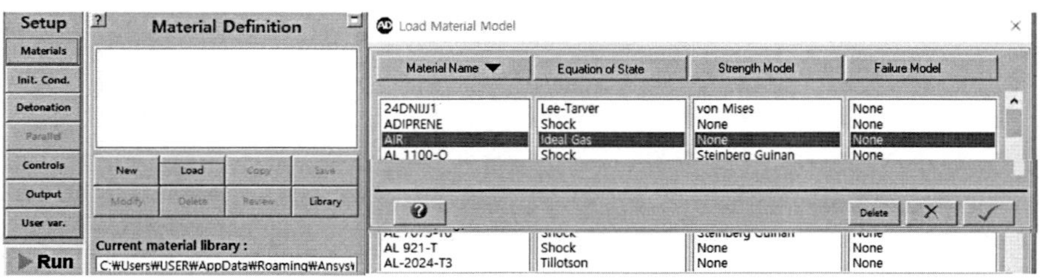

% 라이브러리에서 여러 개를 선택하려면 CONTROL + Click을 통하여 여러 가지를 선택할 수 있다.

(4) 초기 조건을 설정하지 않는다.
(5) 경계조건을 설정하지 않는다.

(6.1) 오일러 파트 생성
TNT150g의 구의 반지름 산정

TNT의 부피는 반지름 112mm이고, 폭풍파가 벽에 도달하는 길이가 3540mm이므로 계산 시간을 짧게 하려고 Space의 지름을 3000mm로 설정한다.

① Parts를 선택한다.
② 대화 상자에서 "New"를 선택
③ 팝업창의 Part Name을 입력한다. : space
④ Solver를 선택한다 : Euler 2D Muti-material
⑤ Part Wizard를 선택한다.
⑥ 다음 단계로 진행한다.

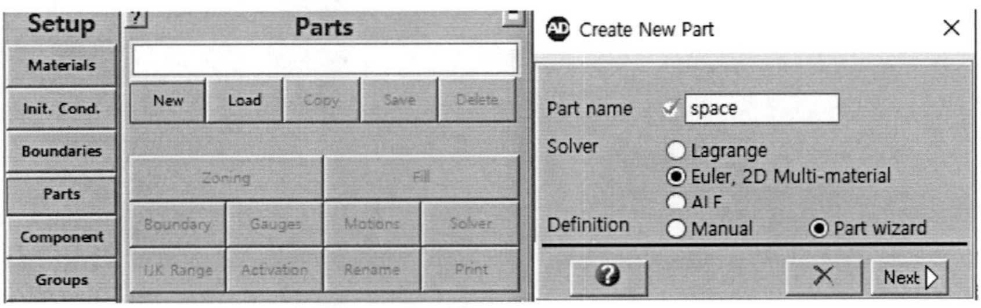

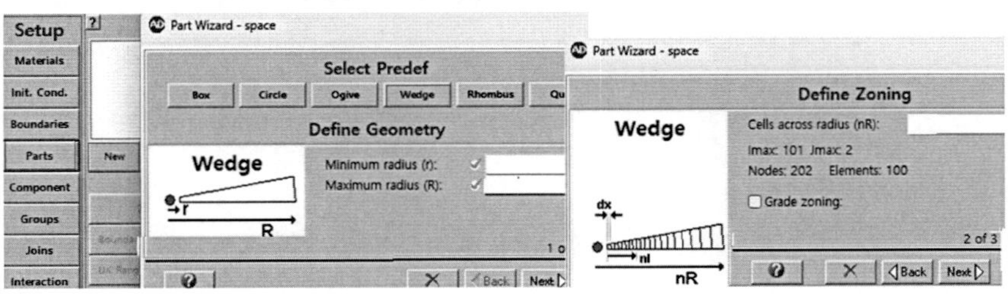

⑦ Wedge Predef를 선택한다. (default)
⑧ Minimum radius를 입력한다. : 1
⑨ Maximum radius를 입력한다. : 3000

⑩ Cell의 radius : 300
⑪ Material 선택 : Air
⑫ Int. Energy를 입력한다. : 206800
⑬ 데이터를 수용한다.

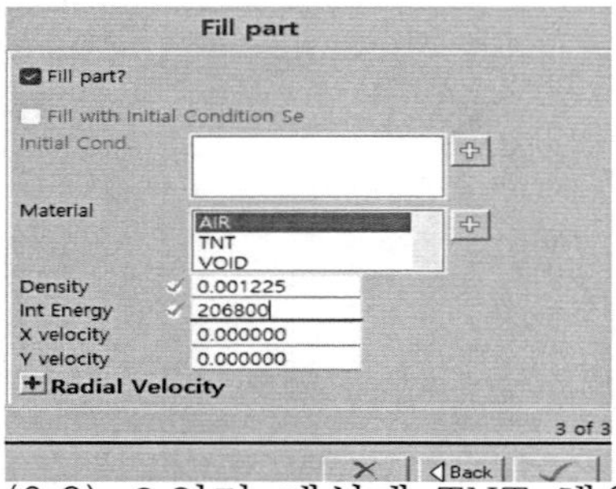

(6.2) 오일러 메쉬에 TNT 채우기
① 탐색 표시 줄에서 "부품"을 선택하십시오.
② 채우기(Fill) 선택한다.
③ Fill by Geometry space를 선택한다.
  : 타원(Ellipse)
④ 팝업메뉴에서 타원을 형상을 정의한다.
  : X 중심, Y 중심 (0, 0)
  반지름 X 축, Y 축 (112, 112)
⑤ 재질(Material)을 설정한다 : TNT
⑥ 데이터 수용

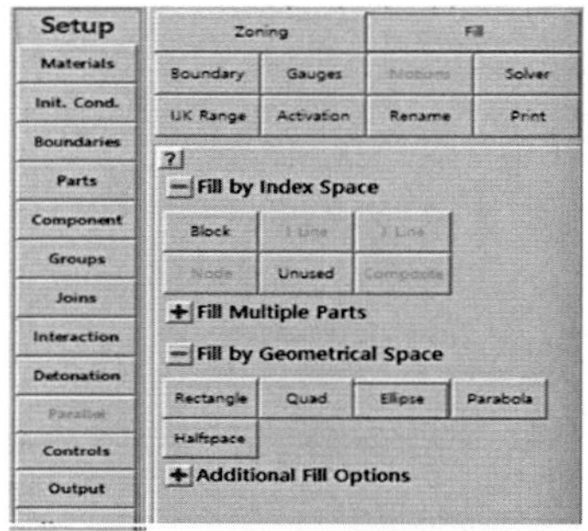

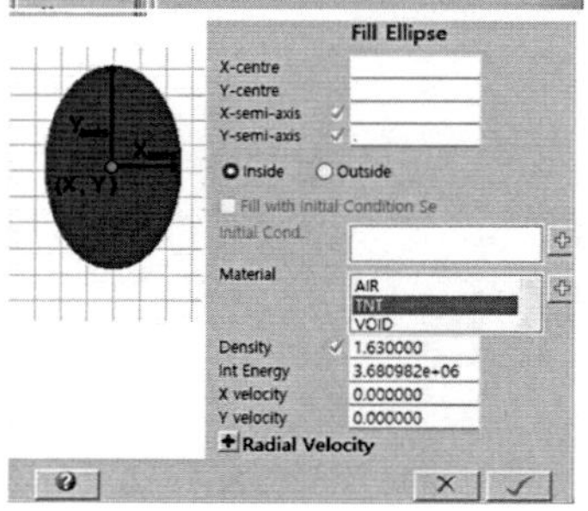

(6.3) 경계조건을 적용하지 않는다.

(7) Interaction 설정하지 않는다.
(8) Component - 설정하지 않음
(9) Group - 설정하지 않음
(10) Joints - 설정하지 않음

(11) TNT에 대한 폭발 지점 정의

① 탐색 표시 줄에서 "Detonation"을 선택하십시오.
② 점(Point) 선택한다.
③ Node 점을 입력한다. x, y = (0, 0, 0)
④ "Plot detonation points"를 체크하여 점의 위치를 확인하십시오.
⑤ 데이터를 수용한다.

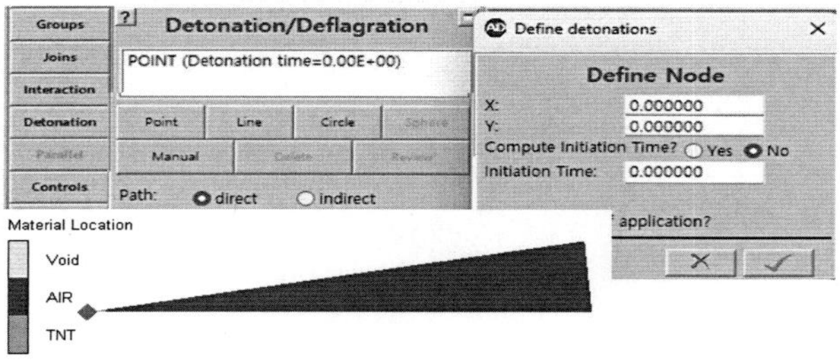

(12) Parallel-설정하지 않음

(13) 솔루션 컨트롤 설정
① 탐색 표시 줄에서 “Controls"을 선택하십시오.
② 사이클 제한에 큰 숫자를 입력하고 "50.0"ms 시간 제한
(이것은 폭풍이 전파하는 데 걸리는 시간입니다. 반경 45m까지)
③ Wrap up Criteria에서
ⓐ Cycle Limit : 99999 ⓑ Time Limit :12ms ⓒ Energy Fraction :0.05

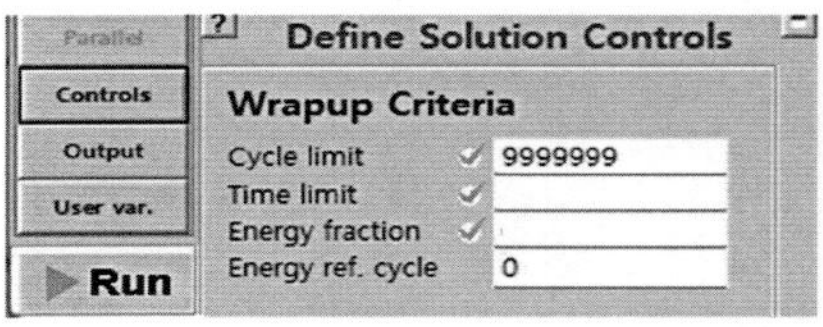

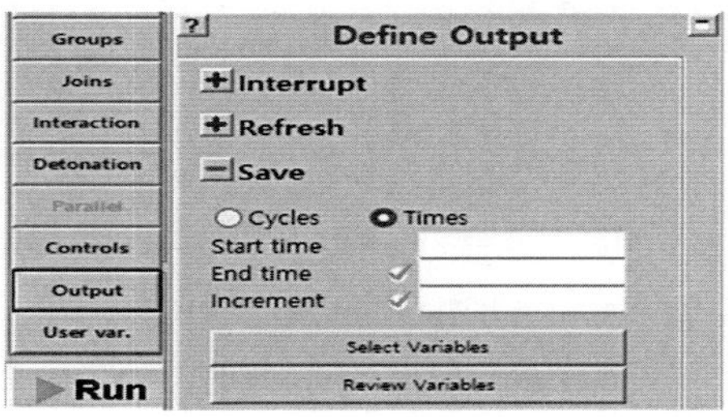

(14) 결과저장설정
① 탐색 표시 줄에서 “Output"을 선택하십시오.
② 저장 시간 설정:
ⓐ Start Time :1000,000 ⓑ End times :1000,000 ⓒ Increment :1.0

(15) user var. -설정하지 않음

(16) 해석실행
① 데이터 저장
② 문제 해결

- 해결하는 동안 보기가 자동으로 업데이트됩니다.

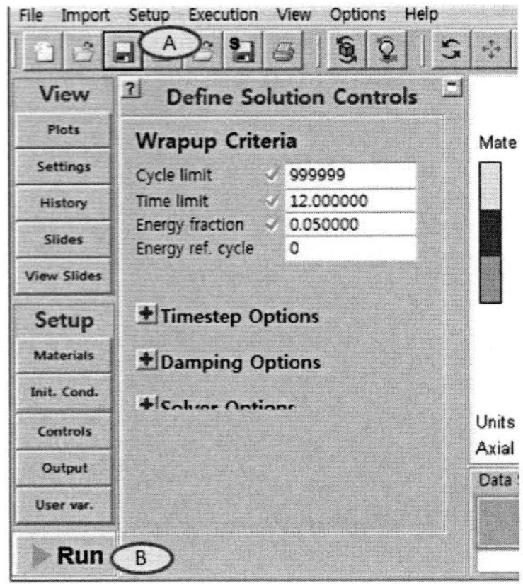

다음과 같은 메시지가 나오면
Control > Energy fraction을 변경하여 다시 실행한다.

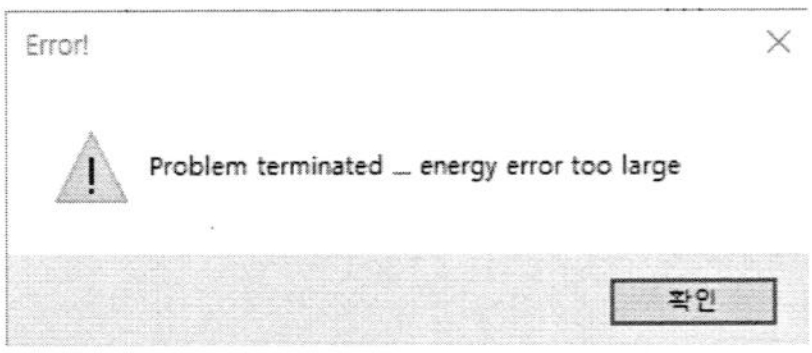

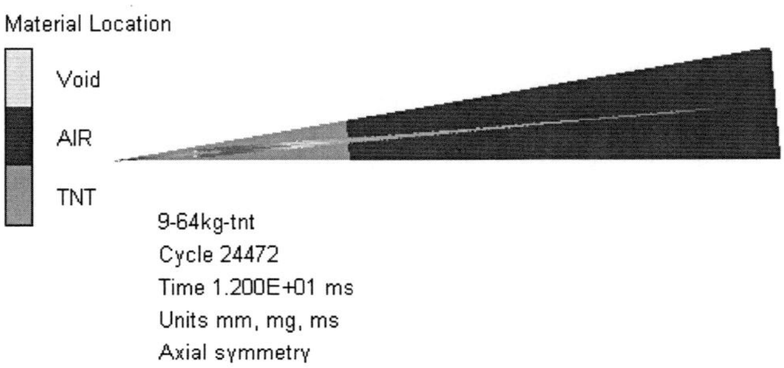

Control에서 Time limit 설정이 12msec로 Problem terminated 되었다.
TNT의 전파가 1/3까지 진행하였으므로 해석 시간을 늘려서 재실행한다.
Time limit 설정을 80msec로 변경하여 실행한다.

(17) 결과 파일 저장

① parts에 Fill을 선택한다.
② Additional Fill Options에서 Datafile을 선택한다.
③ 파일을 저장할 디렉토리를 선택한다.
④ 파일이름을 150g-TNT.fill로 저장한다.
⑤ 데이터를 수용한다.

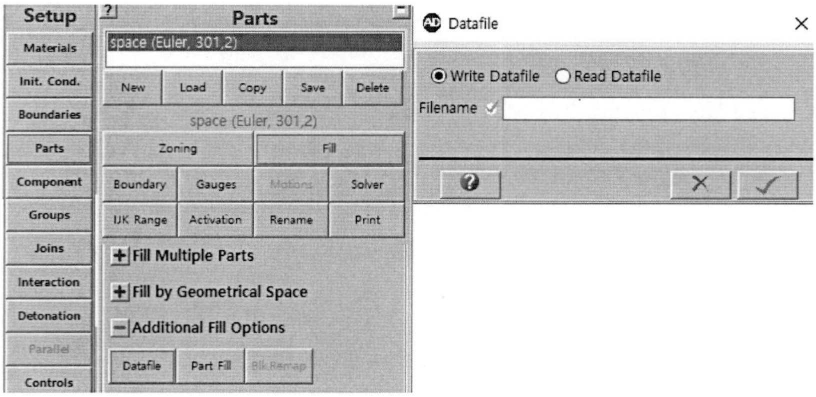
Setup
Materials
Init. Cond.
Boundaries
Parts
Component
Groups
Joins
Interaction
Detonation
Parallel
Controls
Parts
space (Euler, 301,2)
New
Load
Copy
Save
Delete
space (Euler, 301,2)
Zoning
Fill
Boundary
Gauges
Motions
Solver
IJK Range
Activation
Rename
Print
Fill Multiple Parts
Fill by Geometrical Space
Additional Fill Options
Datafile
Part Fill
Blk Remap
Datafile
Write Datafile
Read Datafile
Filename

Step 2 구조물에 대한 모델링

(1) Explicit Dynamic 프로젝트 만들기

① 워크 벤치의 프로젝트 페이지의 구성 요소(Tool Box) 아래에서 Explicit Dynamic 구성 요소를 선택하여 프로젝트의 세트업(Setup) 셀로 끌어서 놓으십시오

(2) Geometry를 설정한다.

① 모델 데이터를 불러온다. Browse에서 3D-Model·step을 가져온다.

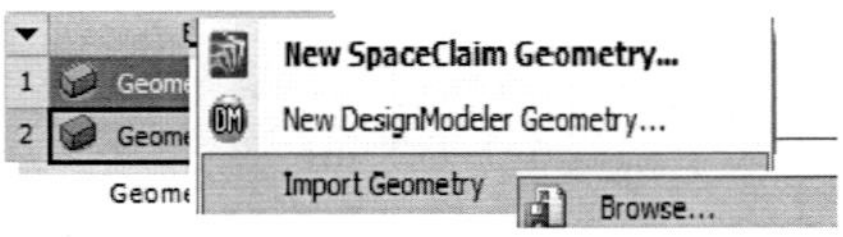

② Engineering Data를 설정한다.

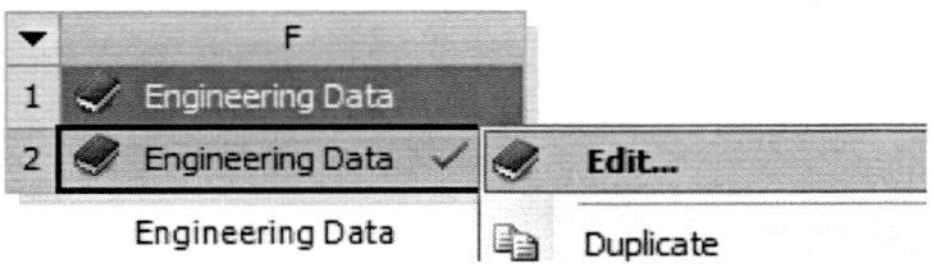

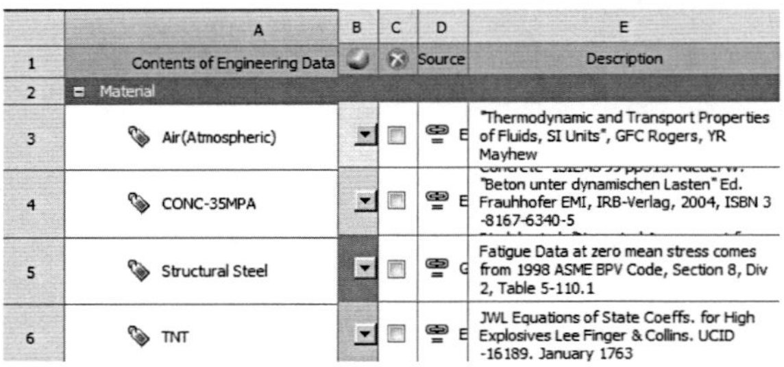

③ 프로젝트에 Explicit Dynamic을 생성한다.

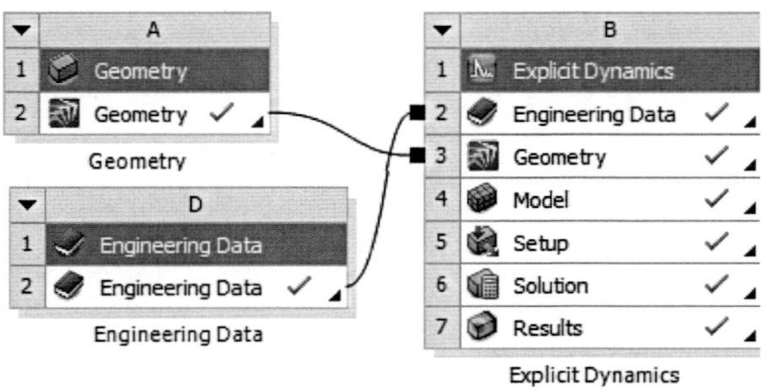

(3) Explicit Dynamic을 실행한다.

① Model을 더블클릭한다.

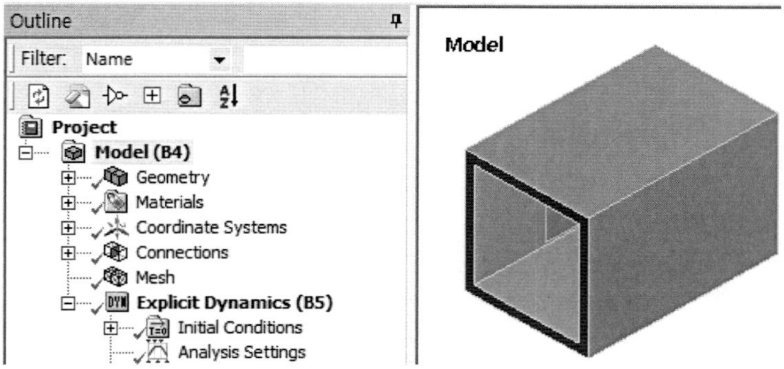

② Analysis Setting을 설정한다.

Details of "Analysis Settings"

Analysis Settings Preference	
Type	Custom
Step Controls	
Number Of Steps	1
Current Step Number	1
End Time	1.e-003
Resume From Cycle	0
Solver Controls	
Euler Domain Controls	
Damping Controls	
Erosion Controls	
Output Controls	
Save Results on	Equally Spaced Point
Result Number Of Points	200
Save Restart Files on	Equally Spaced Point
Restart Number Of Points	5
Save Result Tracker Data on	Cycles
Tracker Cycles	1
Output Contact Forces	Equally Spaced Point
OutputContactForcesOnPoints	200

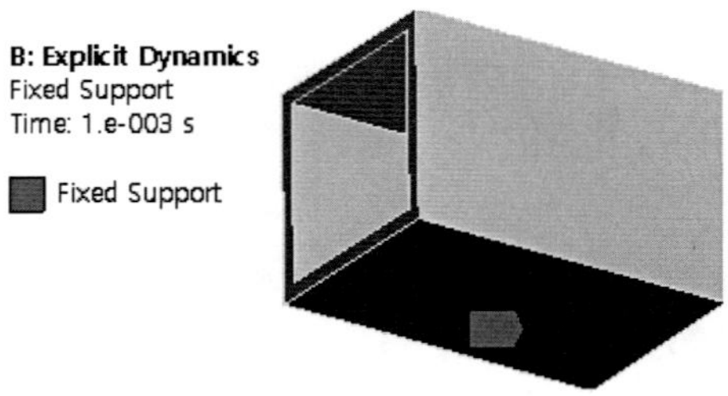

③ Fixed Support를 설정한다.

④ 중력가속도를 설정한다.

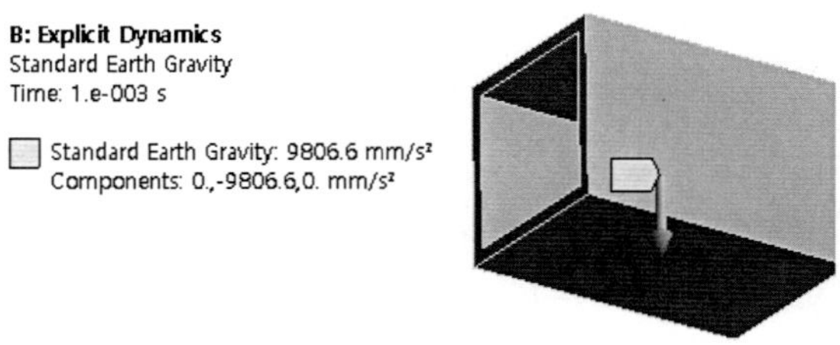

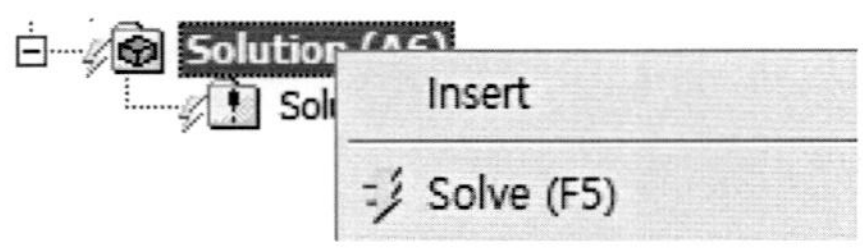

(4) 구조해석을 수행한다.

Step 3 구조물에 대한 폭발해석

(1) Autodyn을 실행한다.

① Autodyn을 메뉴에서 Setup에 드래그하여 연결한다.

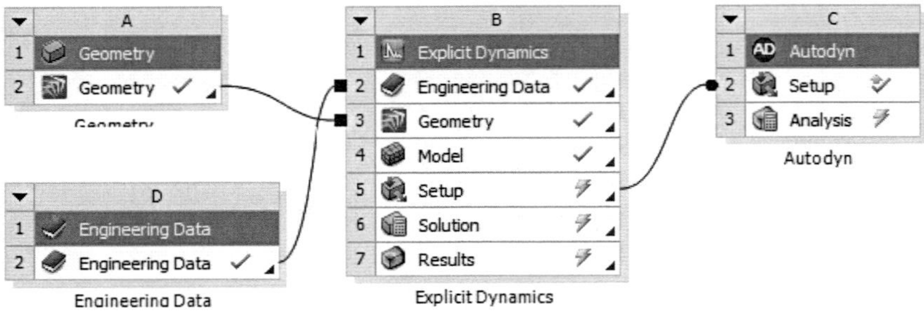

② Autodyn 화면에 모델이 나타난다.

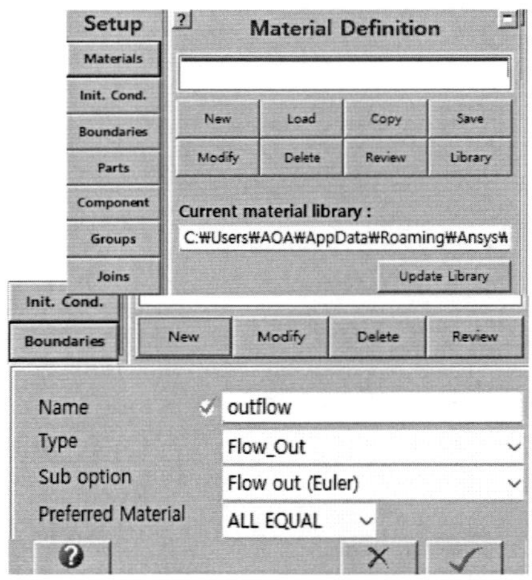

(2) 초기 조건을 설정하지 않는다.

(3) 경계조건을 설정한다.

① Boundary를 선택한다.

② 대화 상자에서 New를 선택한다.

③ Boundary Name을 기록한다 : Outflow

④ Type을 정한다. : Flow_out

sub option을 정한다. : Flow_out(Euler)

⑤ Preferred Material을 설정한다. : ALL_EQUAL

⑥ 데이터를 수용한다.

(4) 라이브러리에서 재료 데이터 검색

① 재료 데이터를 불러온다.

② Material Name에서 다음 자료를 선택하십시오 : AIR, TNT

③ 데이터 수용한다.

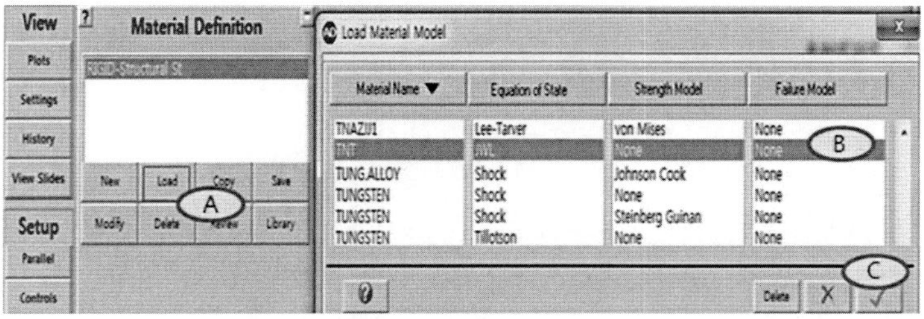

% 2 개의 재료를 선택하기 위해서 <CONTROL>을 누르고 클릭을 한다.

④ 결과로 그래픽 화면(view panel)에서 "Scale"에 AIR TNT가 추가된 것을 확인할 수 있고, Material Definition에도 AIR TNT가 추가된 것을 볼 수 있다.

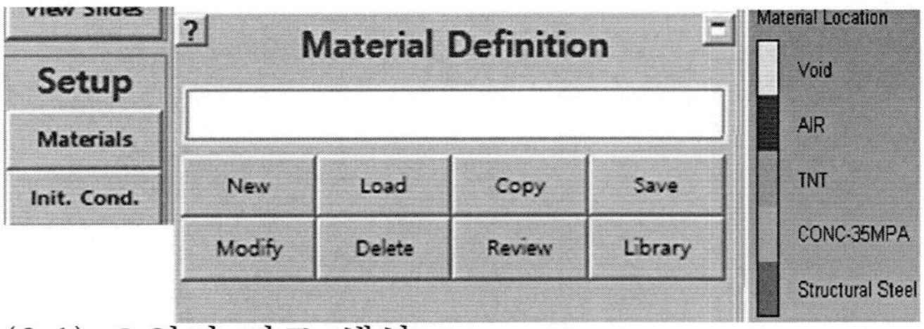

(6.1) 오일러 파트 생성

① Parts를 선택한다.

② 대화 상자에서 "New"를 선택

③ 팝업창의 Part Name을 입력한다. : Space

④ Solver를 선택한다 : Euler 3D Multi-Material

⑤ Definition을 설정한다. : Part Wized

⑥ 다음 단계로 이동

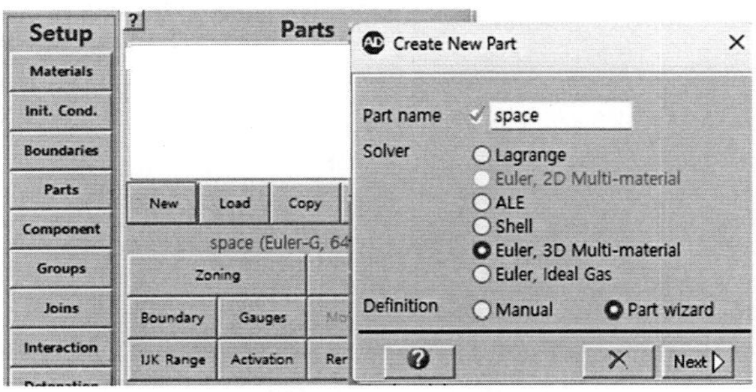

⑦ Predef를 선정한다. : Box

⑧ Geometry를 정의한다 : 원점 (-1100, -1100, -2000)

폭 (2200, 2200, 4000)

⑨ 다음 단계로 이동한다

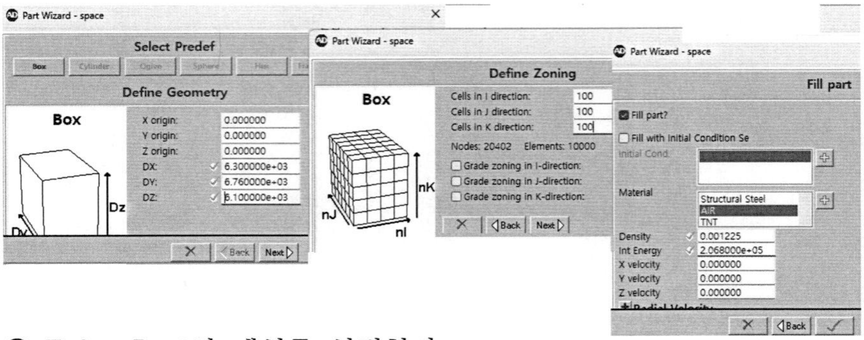

⑩ Euler Part의 메쉬를 설정한다.
　I,J,K 방향의 셀이 수를 입력한다. (40, 40, 60)

⑪ Euler Part에 공기를 채운다.
 AIR를 선택한다. - Euler mesh에 AIR를 채운다.
⑫ 공기의 Internal Energy 206800 를 입력한다.
　- 공기를 1기압으로 초기화합니다.
⑬ 데이터를 수락한다.
⑭ 결과로 그래픽화면(view panel)에 다음과 같이 나타난다.

(6.2) 100kg TNT 결과를 가져온다.
① Fill을 선택한다.
② Additional Fill Option에서 Datafile을 선택한다.
③ Read Datafile을 선택한다.
④ “150g-TNT.fll”을 선택한다.
　- 이 데이터는 이전에 미리 만들어 놓은 것이다.
⑤ 불러오기 위한 원점을 (0, 0, 0)을 유지한다.

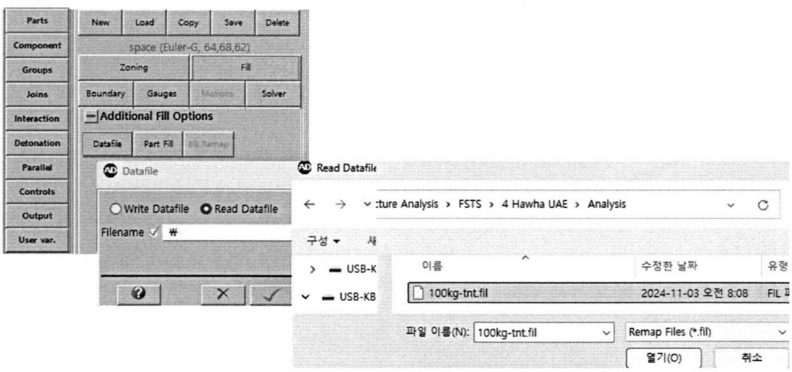

⑥ 결과로 그래픽 화면(view panel)에 다음과 같이 나타난다.

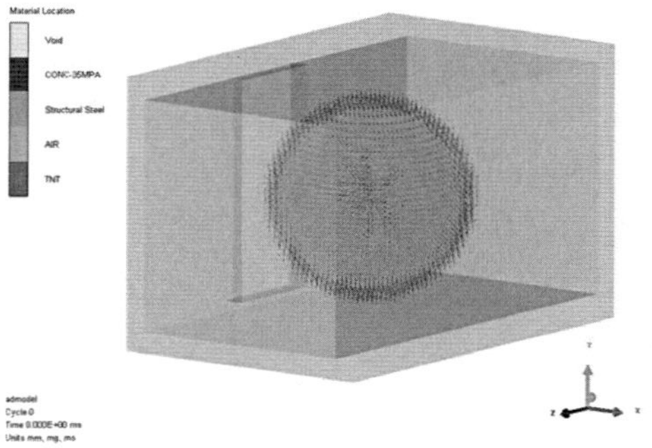

(6.3) Gauges를 설정한다.

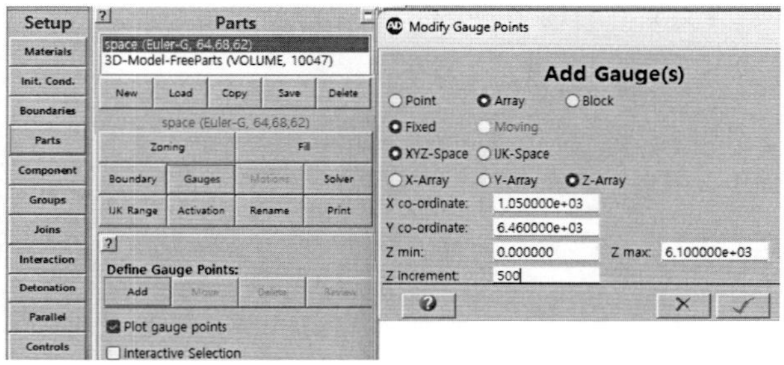

① Gauges를 선택한다.
② Add를 선택한다.
③ Add Gauge 값을 입력한다.

(6.4) 경계조건을 설정한다.
① Boundary를 선택한다.
② Block를 선택한다.
③ I = 1 ~ 57
J = 1 ~ 57
K =1 ~ 1
⑤ I = 1 ~ 57
J = 1 ~ 57
K = 68 ~ 68
⑥ 데이터를 수용한다.

(7) Interaction 설정하지 않는다.
(8) Component - 설정하지 않음
(9) Group - 설정하지 않음
(10) Joints - 설정하지 않음

(11) TNT에 대한 폭발 지점 정의

① 탐색 표시 줄에서 "Detonation"을 선택하십시오.

② 점(Point) 선택한다.

③ Node 점을 입력한다. x, y = (0, 0, 0)

④ "Plot detonation points"를 체크하여 점의 위치를 확인하십시오.

⑤ 데이터를 수용한다.

(12) Parallel-설정하지 않음

(13) 솔루션 컨트롤 설정

① 탐색 표시 줄에서 “Controls"을 선택하십시오.

② 사이클 제한에 큰 숫자를 입력하고 "50.0"ms 시간 제한

(이것은 폭풍이 전파하는 데 걸리는 시간입니다. 반경 45m까지)

③ Wrap up Criteria에서

ⓐ Cycle Limit : 99999

ⓑ Time Limit :12ms

ⓒ Energy Fraction : 0.5

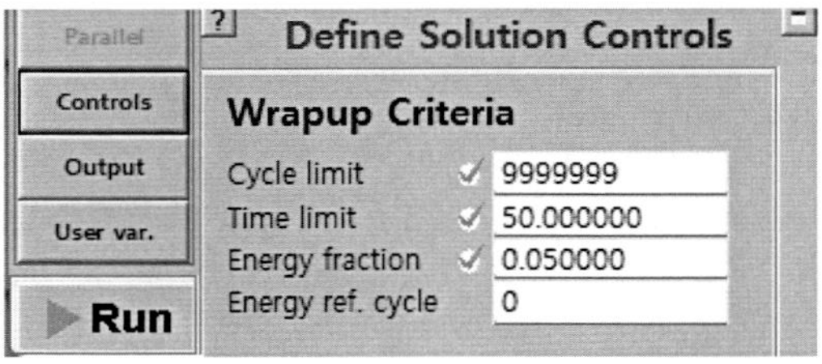

(14) 결과저장설정

① 탐색 표시 줄에서 “Output"을 선택하십시오.

② 저장 시간 설정:

ⓐ Start Time : 1000,000

ⓑ End times : 1000,000

ⓒ Increment : 0.1

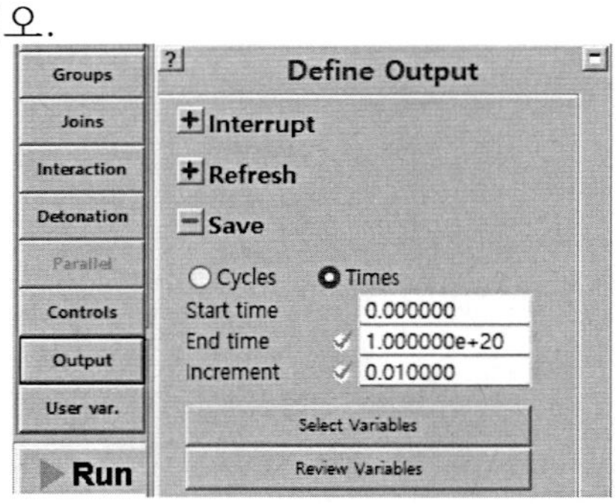

(15) user var. -설정하지 않음

(16) 해석실행

① 데이터 저장

② 문제 해결 : 해결하는 동안 보기가 자동으로 업데이트됩니다.

(17) 결과 파일 확인

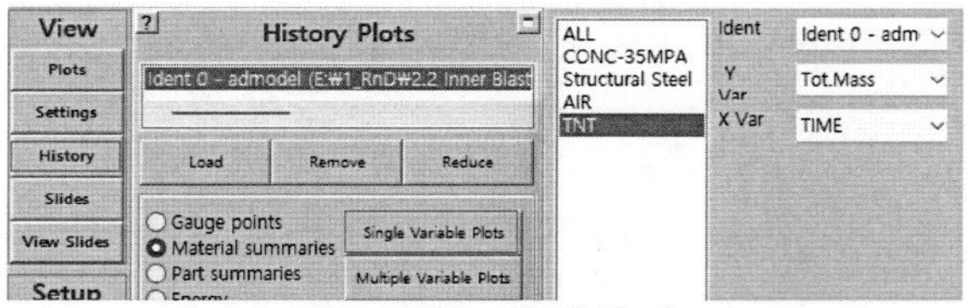

① History를 선택하십시오.
② Material summaries에서 Single variable Plots를 선택한다.
③ TNT와 Tot.Mass를 선택한다.
④ 데이터를 수용한다.
⑤ 시간에 따른 TNT량

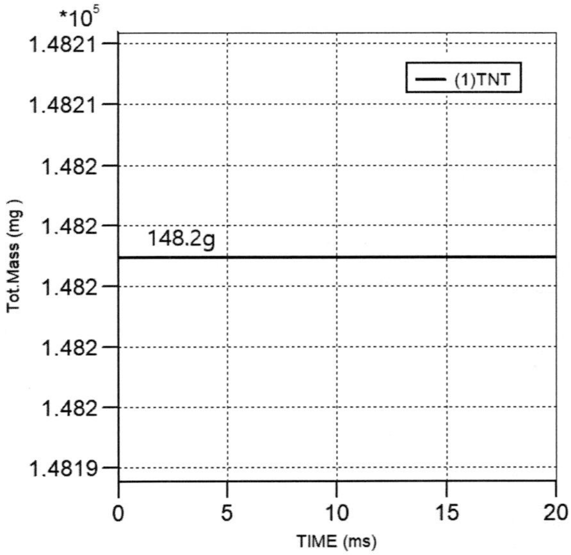

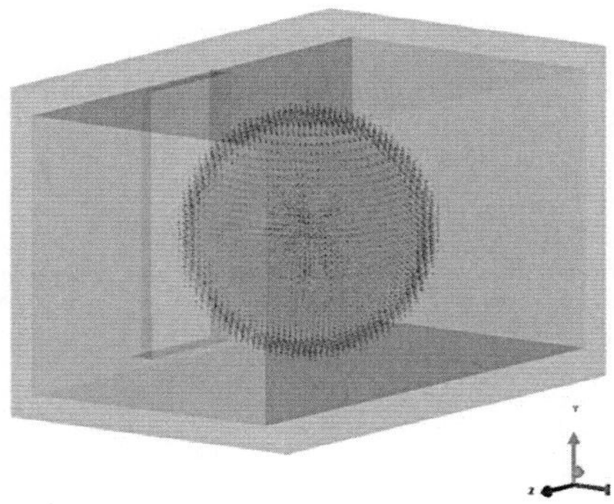

⑥ Gauge point의 압력 결과는 다음과 같다.

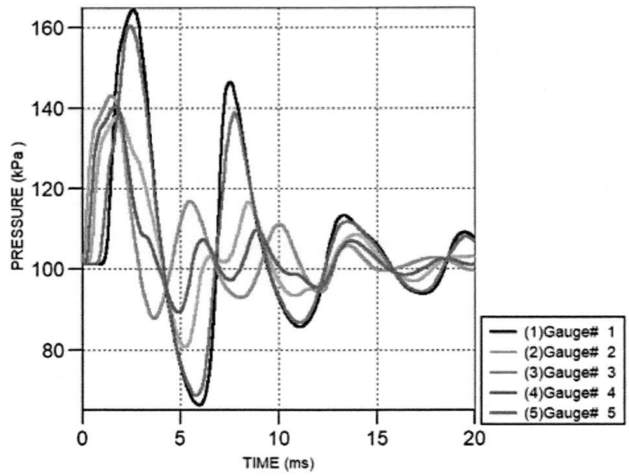

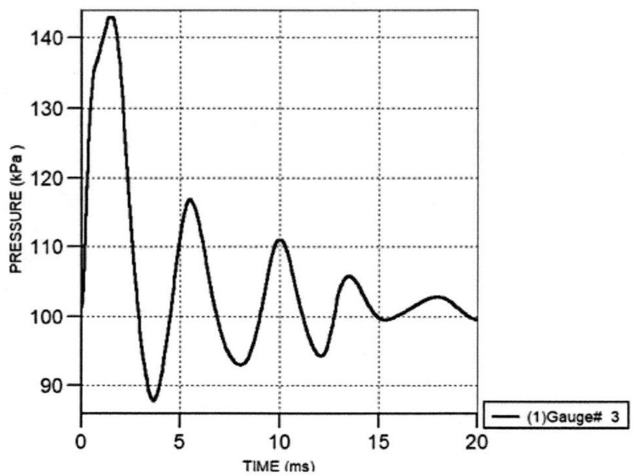

ConWep으로 구한 폭발압력 :

TNT 중량 : 150 g

이격 거리 : 1.1 m

환산거리(Scaled distance) : Z = 2.1

반사압 Pr : 0.947 **MPa**

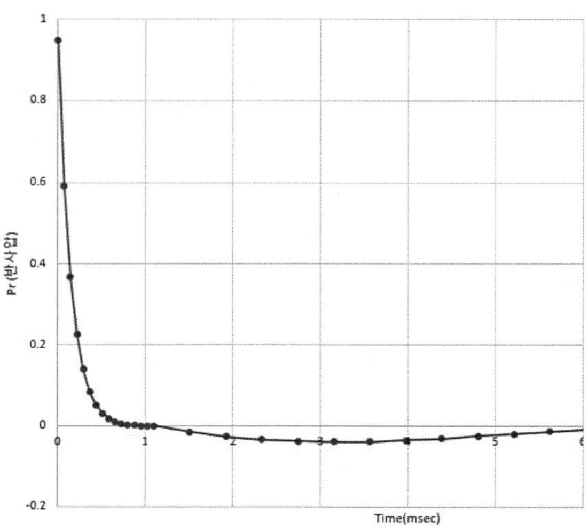

⑦ 시간에 따른 폭풍파의 모양

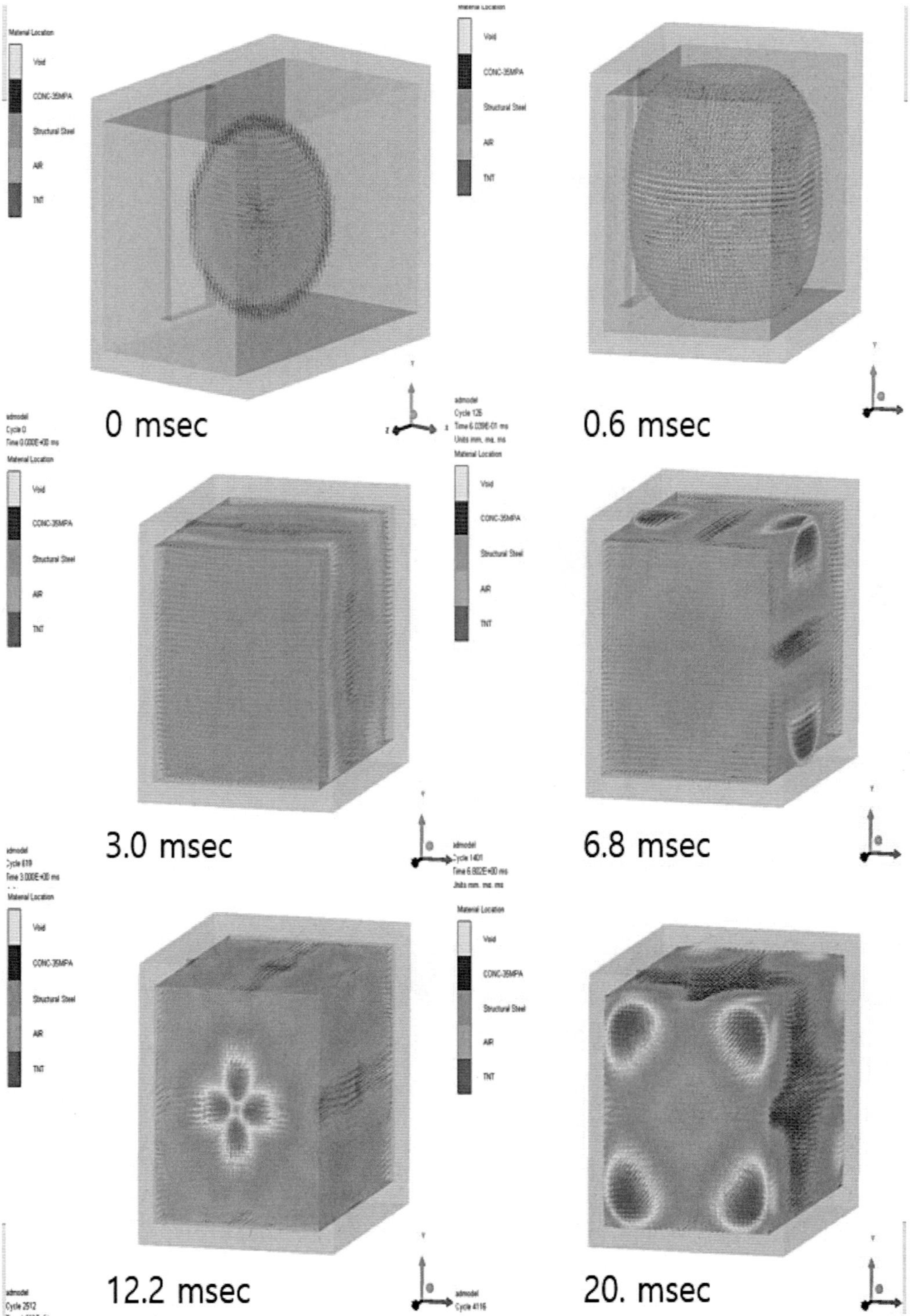

Case 2) TNT를 직사각형 모형으로 모델한 경우

156g에 대한 TNT의 부피 산정

* 당량 TNT 3차원 모델링(입체)				
폭	40			
너비	40			
높이	60	mm		
부피	96000			
질량(M)	0.156	kg	156.48	g
밀도(ro)	1.63E-06	kg/mm^2		

(6.1) 오일러 파트 생성

① Parts를 선택한다.

② 대화 상자에서 "New"를 선택

③ 팝업창의 Part Name을 입력한다. : Space

④ Solver를 선택한다 : Euler 3D Multi-Material

⑤ Definition을 설정하다. : Part Wized

⑥ 다음 단계로 이동

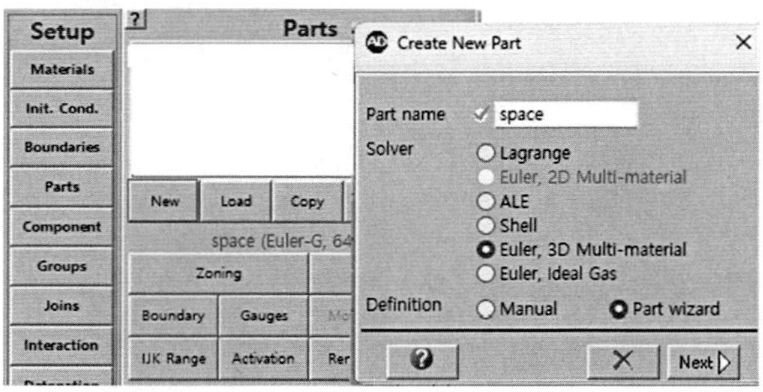

⑦ Predef를 선정한다. : Box

⑧ Geometry를 정의한다 : 원점 (-1100, -1100, -2000)
　　　　　　　　　　　　폭 (2200, 2200, 4000)

⑨ 다음 단계로 이동한다

⑩ Euler Part의 메쉬를 설정한다.
I,J,K 방향의 셀이 수를 입력한다. (55, 55, 67)

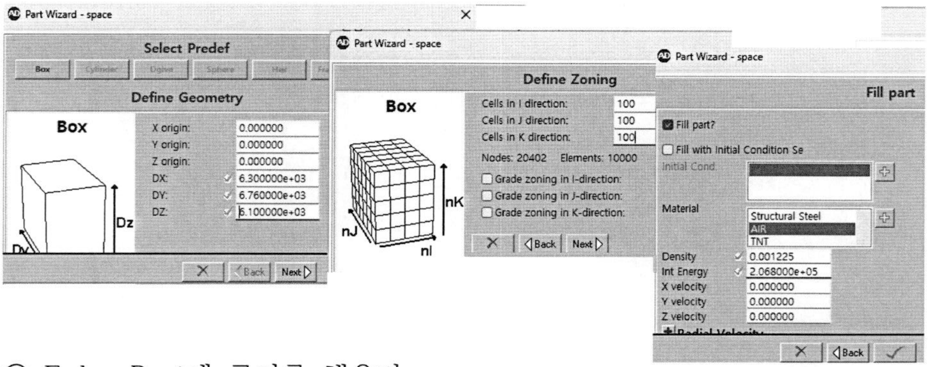

⑪ Euler Part에 공기를 채운다.

AIR를 선택한다. - Euler mesh에 AIR를 채운다.

⑫ 공기의 Internal Energy 206800를 입력한다.

- 공기를 1기압으로 초기화합니다.

⑬ 데이터를 수락한다.

⑭ 결과로 그래픽화면(view panel)에 다음과 같이 나타난다.

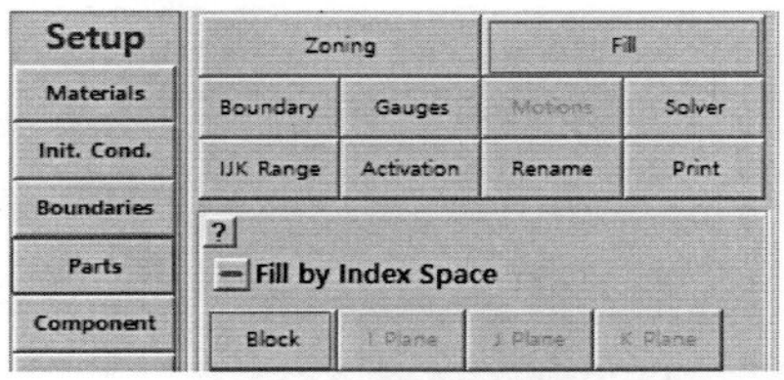

(6.2) TNT 채운다.

① Fill을 선택한다.

② Block을 선택한다.

③ Fill Block I : 28~29

J : 28~29

K : 67~68

④ TNT을 선택한다.

⑤ 데이터를 수용한다.

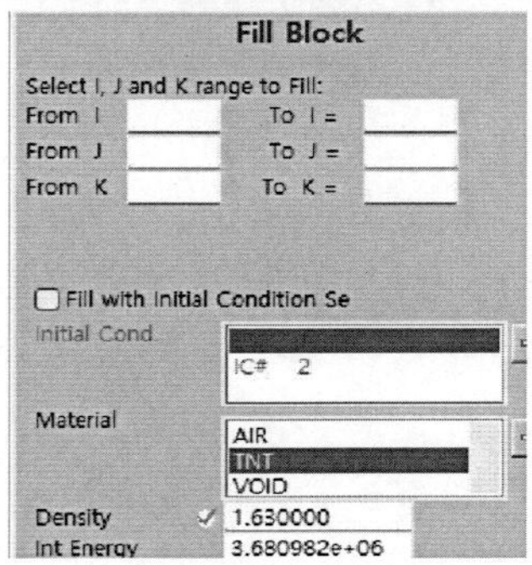

(6.3) Gauges를 설정한다.

① Gauges를 선택한다.

② Add를 선택한다.

③ Add Gauge 값을 입력한다.

④ X = -1100

Y= -1100 ~ 1100 Yincrement = 500

Z= 0

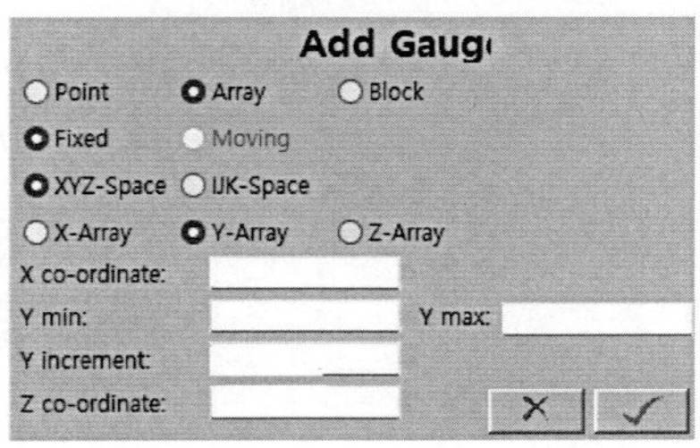

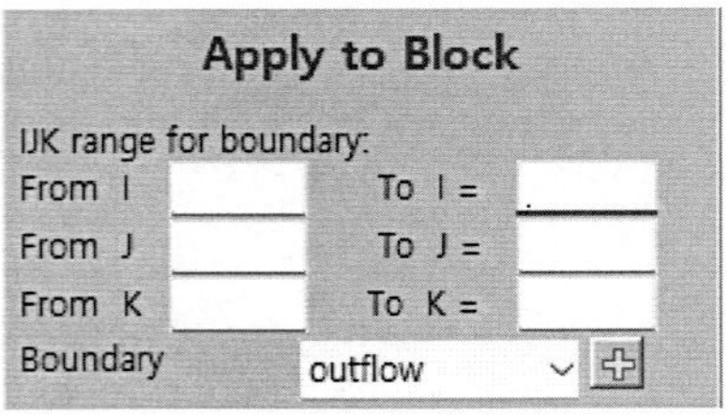

(6.4) 경계조건을 설정한다.

① Boundary를 선택한다.

② Block를 선택한다.

③ I = 1 ~ 57
J = 1 ~ 57
K =1 ~ 1

⑤ I = 1 ~ 57
J = 1 ~ 57
K = 68 ~ 68

⑥ 데이터를 수용한다.

(14) 결과저장설정

① 탐색 표시 줄에서 “Output"을 선택하십시오.

② 저장 시간 설정:

ⓐ Start Time : 1000,000

ⓑ End times : 1000,000

ⓒ Increment : 0.1

(17) 결과 파일 확인

① History를 선택하십시오.

② Gauge points에서 Singe variable Plots를 선택한다.

③ Single Variable Plot에서 TNT와 To.Mass Select를 선택한다.

④ 데이터를 수용한다.

⑤ 시간에 따른 TNT량 추이

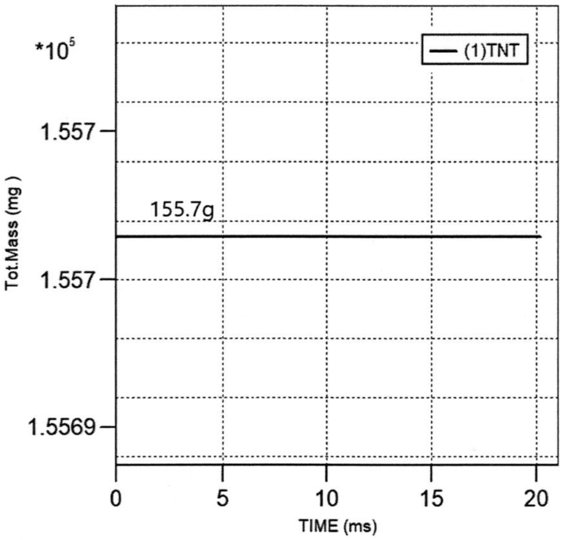

⑥ Gauge point의 압력 결과는 다음과 같다.

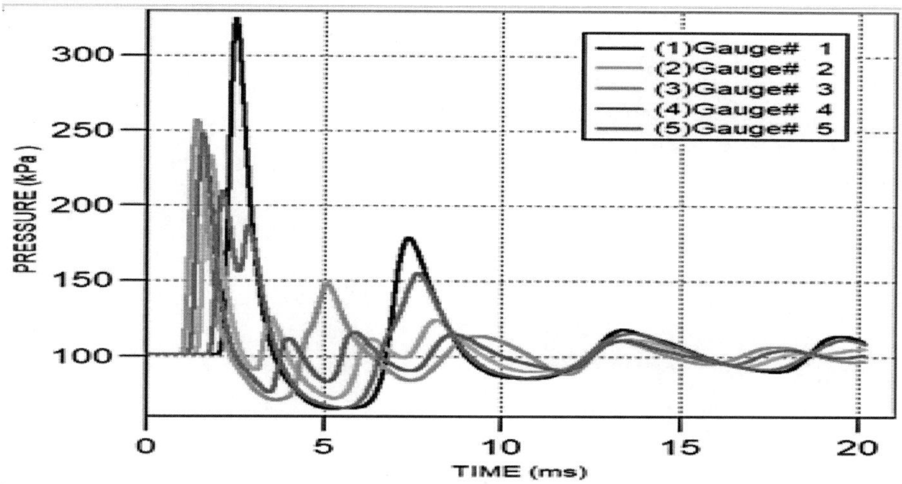

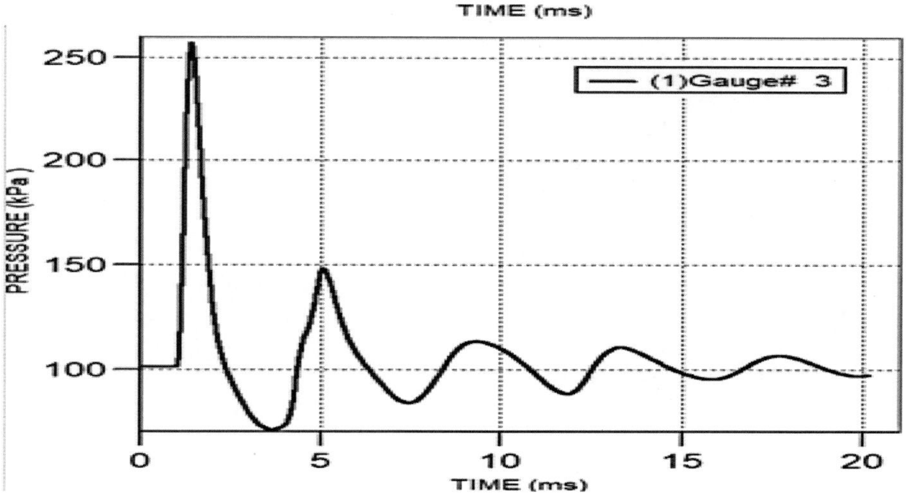

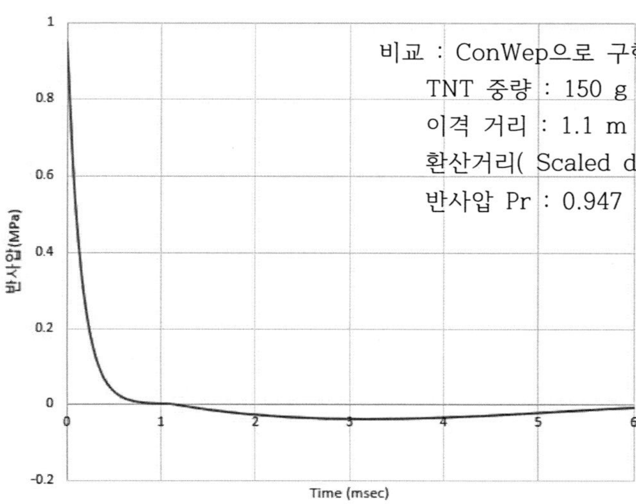

비교 : ConWep으로 구한 폭발압력

TNT 중량 : 150 g

이격 거리 : 1.1 m

환산거리(Scaled distance) : Z = 2.1

반사압 Pr : 0.947 MPa

⑦ 시간에 따른 폭풍파의 모양

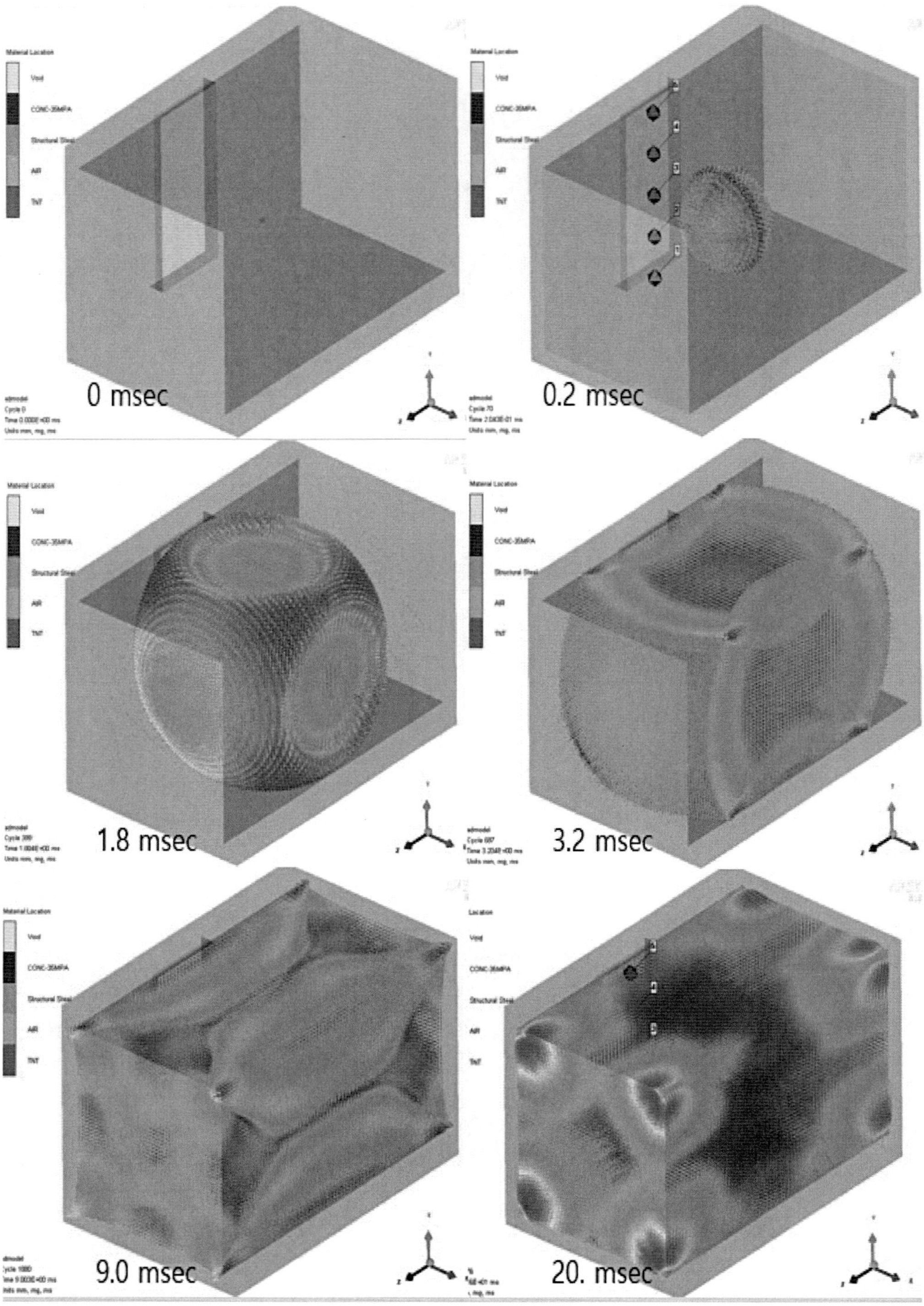

⑧ 폭발 실증시험 데이터와 반사압 비교[19)]

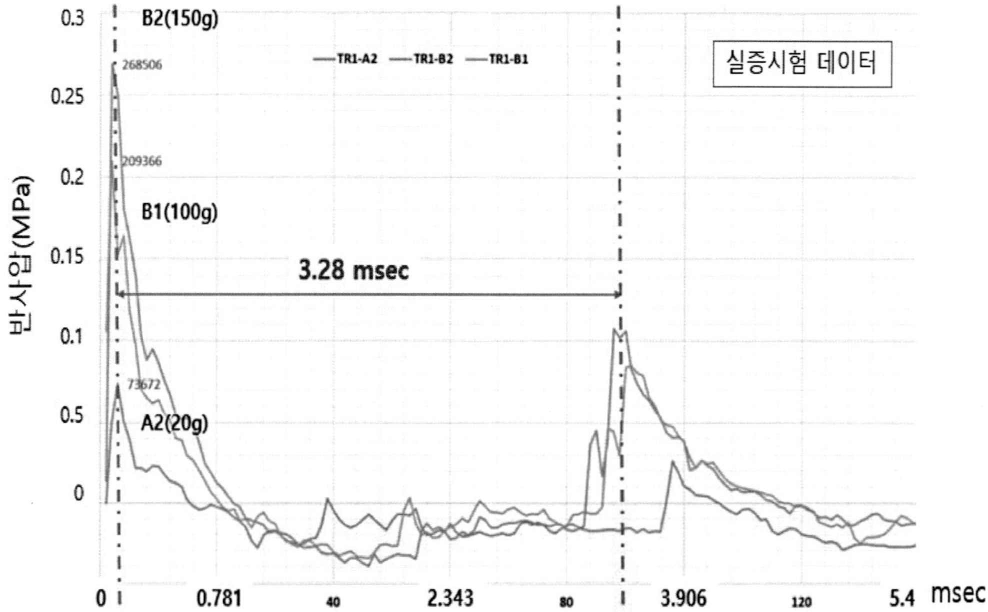

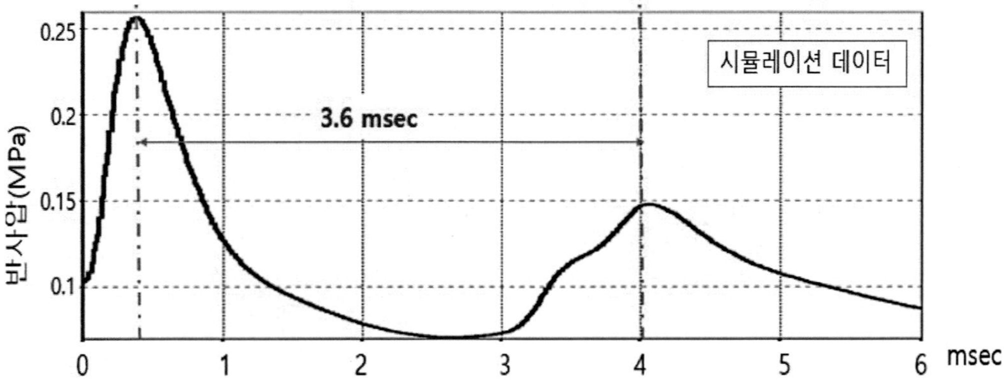

19) 실증시험은 원자력통제기술원의 실증시험 결과

VI 방폭문 실증시험 해석

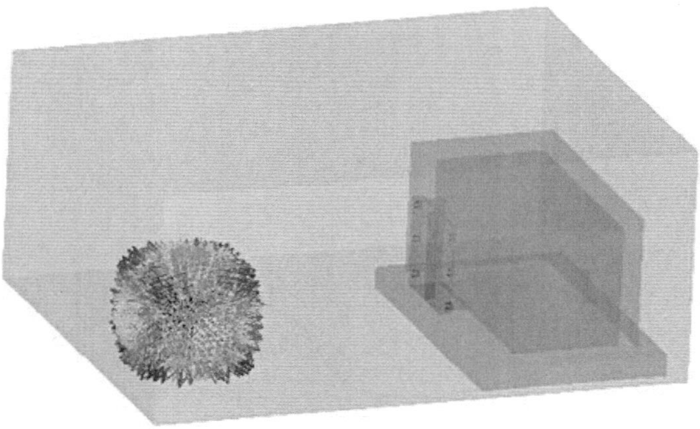

방폭문은 주로 군/주요 시설물이나 대피시설과 같이 방호구조를 갖는 건물 외부의 출입구로서 공중 폭격이나 포격, 폭발물로부터 발생하는 폭풍압 및 열, 파편, 화생방 공격에 의한 피해를 차단한다. 또한, 산업현장에서는 석유화학 관련 플랜트 또는 각종 산업 생산시설에서 사고로 인한 폭발 및 시설 붕괴 시에 폭발파로부터 인명을 보호하고 중요시설의 파괴를 막는 재해방지 역할도 한다.

방폭문이 군/주요 시설물, 대피시설 등의 출입구로 사용되는 경우, 출입문으로서의 기능과 물리적 특성상 방폭 설계에 있어 취약한 부분이 된다. 방폭문이 폭발에 의하여 파괴되면 외부의 폭발 압력이 건물로 관통해 들어오는 기본적인 경로가 되며, 방폭문이 폭발에 의해 변형이 되었을 경우에는 출입문 기능이 손실되어 내부 인원이 바깥으로 나올 수 없는 상황이 발생하게 된다. 따라서 방폭 시설물에 있어서 방폭문은 벽이나 바닥, 천장 또는 다른 구조물과는 다르게 외부 폭발요인에 직접적인 노출로 인해 표적이 될 수 있는 취약점을 가지고 있기 때문에 외부 폭발물에 의한 폭발 하중에 충분히 견딜 수 있는 수준으로 설계되어야 할 필요가 있다.

현재 방폭문의 국내 수요는 대부분이 군사시설이 차지하고 있다. 하지만, 국제적으로 민간시설에 대한 테러위협이 늘어나면서 방폭 설계에 대한 관심이 늘어나고 있으며 이에 국내 방폭문 제작 업체들도 국내 군사시설에 적용된 방폭문의 시공 경험을 앞세워 해외 시장에 진출해 기술의 격차를 줄이고 있다. 하지만, 해외시장에 진출하기 위한 국제 시험인증기관 자격에 맞는 조건을 갖춘 시험장이 국내에 없어 방폭문 제작업체들의 해외 시장 진출에 걸림돌이 되어왔다. 국방과학연구소에서는 00년부터 방폭문 폭발실증 시험을 진행해 왔으며, 현재까지 국내에서는 유일하게 방폭문 폭발실증 시험을 할 수 있는 시험시설을 갖추고 있다. 하지만, 연구소 특성상 무기체계 개발, 연구, 시험위주의 업무가 수행되다 보니 방폭문 실험과 같이 업체 실험 의뢰에 의해 진행되는 용역 형태의 실험이 년 빈도수가 낮아 시험인증에 대한 관심이 낮았다.

이러한 상황에서 2012년 한국가스안전공사에서 기존 내압, 내부 방폭 시험 인증 업무에 더불어 방폭문, 방폭밸브 인증과 같은 외부폭발에 의한 방폭 실증시험 인증 업무의 국제 공인 시험 기관으로 지정 되었다.

1) 방폭문의 종류

방폭문은 종류는 단순 슬래브(강 또는 콘크리트)와 복합 슬래브(강+콘크리트), 금속 그릴 개념의 3가지로 구분할 수 있다.

(A) 방호 목적에 따라 장단점을 고려한 방폭문의 설계가 필요하다.

(1) 단순 슬래브

① 전단 철근이 사용된 콘크리트 슬래브

- 높은 방사능 및 열 방호력이 있음
- 낮은 연성, 낮은 EMP 방호력, 복합슬래브 대비 비효율적이다.

② 강재 슬래브/플레이트

- 높은 연성을 가지며 시공 용이하고 높은 EMP 방호력이 있다.
- 열방호력이 낮고, 폭함과 방사는 방호에 비효율적이다.

(2) 복합슬래브

③ 전단 철근이 사용된 콘크리트와 강재 플레이트

- 폭압 및 방사능 방호에 가장 효과적인 방법이다.
- 높은 EMP 및 열 방호력이 좋다.
- 연성이 높고, 시공비가 저렴하다.
- 하부-측면 강재 보강슬래브 대비 낮은 폭압 방호능력을 갖춘다.

④ 하부-측면 강재 보강 콘크리트 슬래브

- 폭압 및 방사능 방호에 가장 효과적인 방법이다.

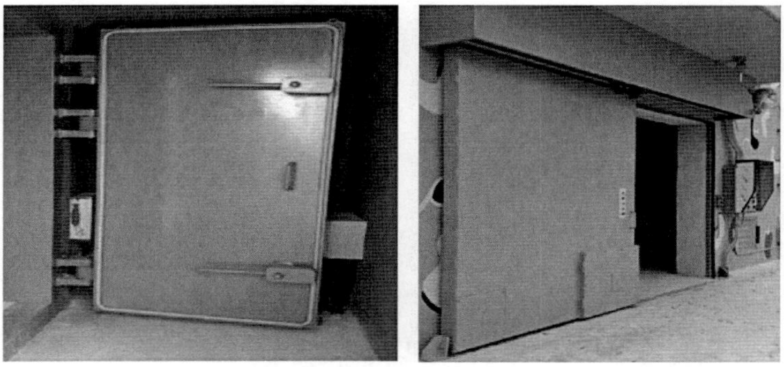

- 높은 EMP 및 열 방호력이 좋다.

- 연성이 높고, 시공비가 저렴하다.

- 반동에 대비하여 외부 금속 스트럽 혹은 압축 보강용 철근이 요구된다.

(3) 금속 그릴

⑤ 1방향/2방향

- 폭압 방호에 효율적이다.

- 높은 연성을 가지며 반동시 강도가 높다.

- 복잡하고 시공비가 높은 방사능 방호에 비효율적이다.

(B) 문의 작동 방식에 따라 여닫이(Swing), 미닫이(Sliding) 타입 등으로도 방폭문의 종류를 구분할 수 있다.

(C) 방폭문은 도어의 개폐 형태에 따라 양개형 방폭문(Double- Leaf Blast Door)과 슬라이딩 방폭문(Sliding Blast Door)등이 있다.

1. 방폭문 폭발시험 모델링

1) 구조 계획

① 모듈의 목표

폭발하중을 받는 양개형 방폭문의 구조해석을 3D 모델링을 수행한다.

폭발하중을 받는 양개형 방폭문(W 2,400 × H 2,400 mm)에 TNT 125 Kg을 방폭문에서 7m 떨어진 곳에서 폭발하는 해석을 수행한다.

TNT 모형은 이전에 수행한 2D-Wedge 모형을 불러서 사용한다.

② 모델링 개요 (단위 : mm)

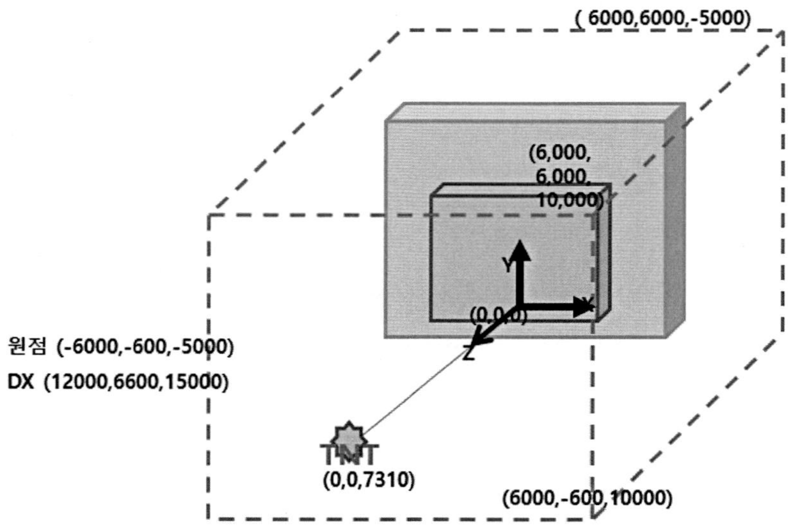

2) 구조해석

Step 1. 폭발구 모델링 (2D-Wedge TNT Model)

TNT 125Kg에 대한 폭발구를 만든다.
해석방법은 5장 참조바람.

Step 2 구조물에 대한 모델링

1) **명시적 동적 (ANSYS) 프로젝트 시작**

① 명시적 역학 (ANSYS) 프로젝트 만들기
② 프로젝트 단위로 MKS를 선택하고 Workbench에서 Native Applications을 청하면 해당 값이 프로젝트 단위로 표시됩니다.

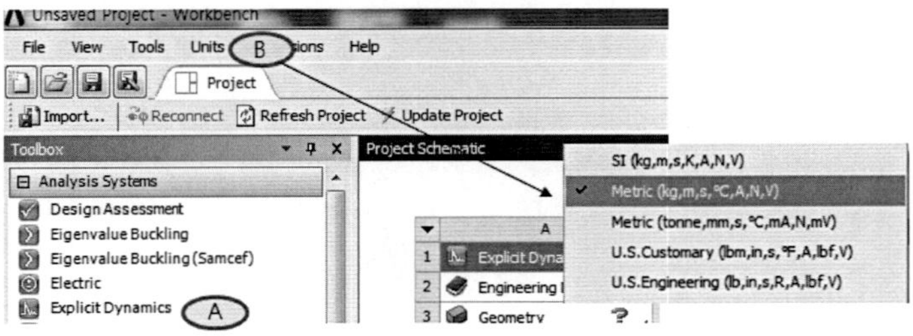

2) 형상 불러 오기

방폭문 3D모델을 불러온다 (Blast-proof-door.step)

3) Workbench Mechanical에서 모델 편집

① 워크 벤치 에서 모델을 선택하여 편집모드로 진입한다.

② Explicit Dynamic-mechanical에서 단위계를 설정한다. -> MKS 단위계 선택

4) Door를 강체로 만듭니다.

① Geometry에서 Door를 선택한다.

② 강성 거동(Stiffness Behavior)에 강성(Rigid)을 지정하십시오

- Door 변형이 없는 것으로 가정하고 해석을 수행하고자 가정한다.

5) 기본 메쉬 생성

① 기본 메쉬 생성 (기본 메쉬 생성하며 요소 크기는 중요하지 않다)

6) 표준 지구 중력 적용

① 표준 지구 중력 삽입 (중력의 방향을 고려한다)

이것은 솔루션에 큰 영향을 미치지 않지만 AUTODYN은 적어도 강제 또는 초기 조건이 적용되지 않는 한 Explicit Dynamic에 연결할 수 없다.

Step 3 구조물에 대한 폭발해석

(1) 방폭문 실증시험 시뮬레이션을 위한 새로운 프로젝트 시작

① AUTODYN standalone을 시작하여 (autodyn.exe를 더블 클릭하십시오) 새로운 프로젝트를 시작한다.

> C: \Program Files \ANSYS Inc\v161 \aisol\AUTODYN \winx64 \autodyn.exe

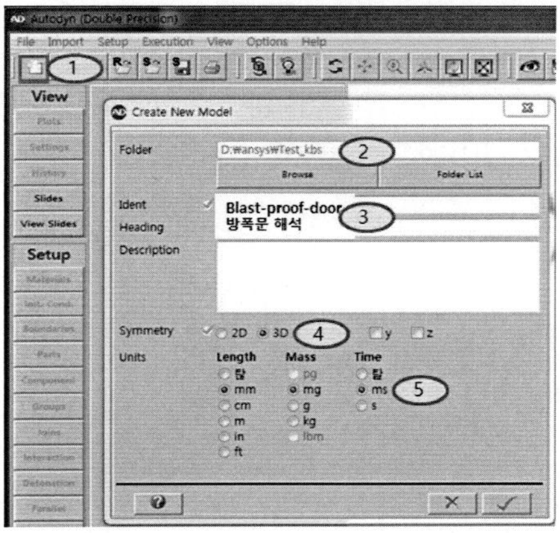

② 동일한 프로젝트 폴더를 유지하십시오.

③ Ident를 입력한다.: blast-proof-door

④ 3D 대칭 선택

⑤ 데이터 수용

(3) Material > 재료 검색

(3.1) 라이브러리에서 재료 데이터 검색

① 메뉴에서 "Material"를 클릭하고 "Load"로 재료 데이터를 불러온다

② 라이브러리에서 다음 자료를 선택 하십시오. : 공기, TNT

③ 데이터를 선택 확인한다.

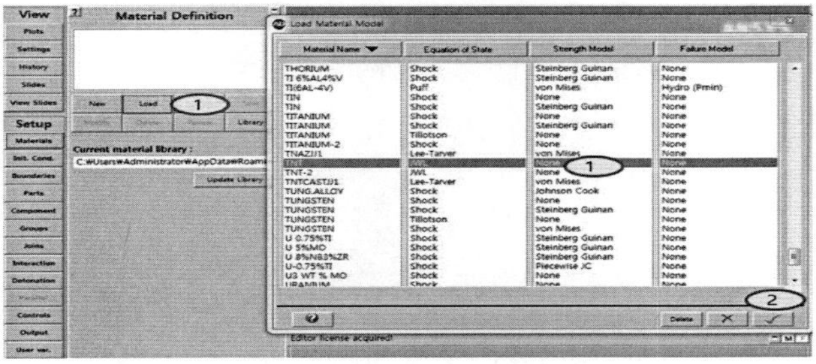

④ 결과로 그래픽 화면(view panel)에서 "Scale"에 AIR TNT가 추가된 것을 확인할 수 있고 Material Definition에도 AIR TNT가 추가된 것을 볼 수 있다.

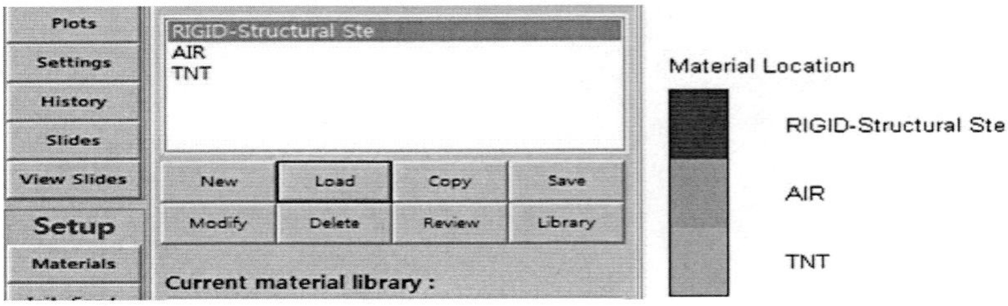

(4) 초기조건을 설정한다

① 네비게이션 바에서 “Init. Cond"를 선택하십시오.

② 대화 상자에서 "New"를 선택하십시오

③ Initial Condition Set Name을 기록한다 : **StillAir**

④ Include Material를 선택하고 Material를 선택 : AIR

Internal Energy를 입력한다 : 206800

⑤ 데이터를 수용한다.

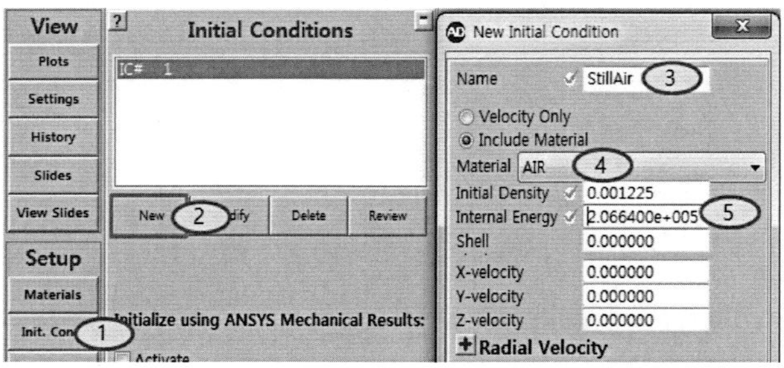

(5) 경계조건을 정의한다.

① Boundary를 선택한다.

② 대화 상자에서 New 를 선택한다

③ Boundary Name을 기록한다.

: Outflow

④ Type을 정한다.

: Flow_out

sub option을 정한다 : Flow_out(Euler)

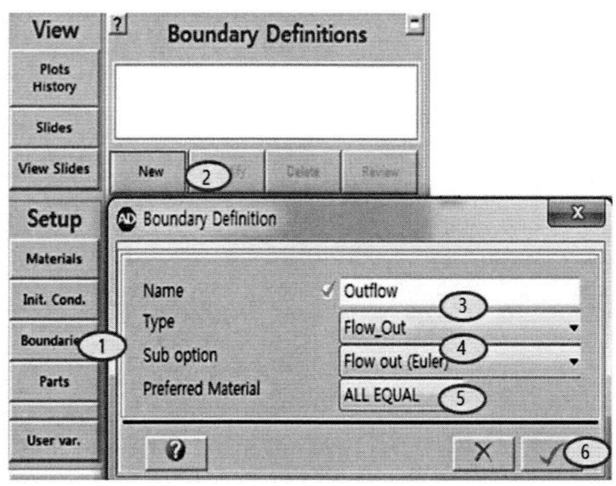

⑤ Preferred Material을 설정한다. : ALL_EQUAL

⑥ 데이터를 수용한다.

⑦ 결과 화면으로 다음과 같이 나타난다.

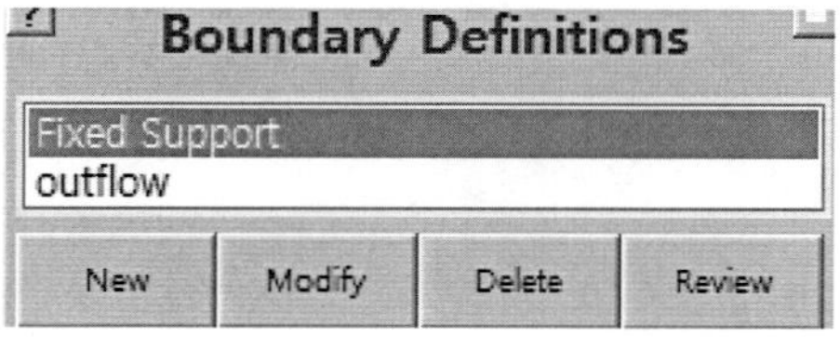

(6.1) 폭발을 위해서 Euler Part를 생성한다.

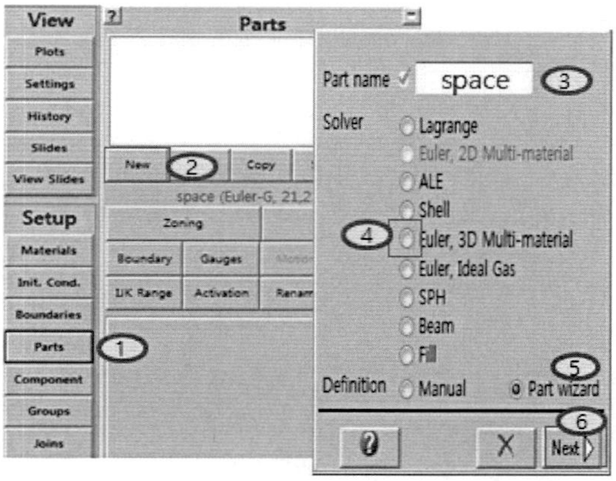

① Parts를 선택한다.

② 대화 상자에서 "New"를 선택

③ 팝업창의 Part Name을 입력한다.

: space

④ Solver를 선택한다.

: Euler Muti-material

⑤ Definition을 설정하다.

: Part Wized

⑥ 다음 단계로 이동한다.

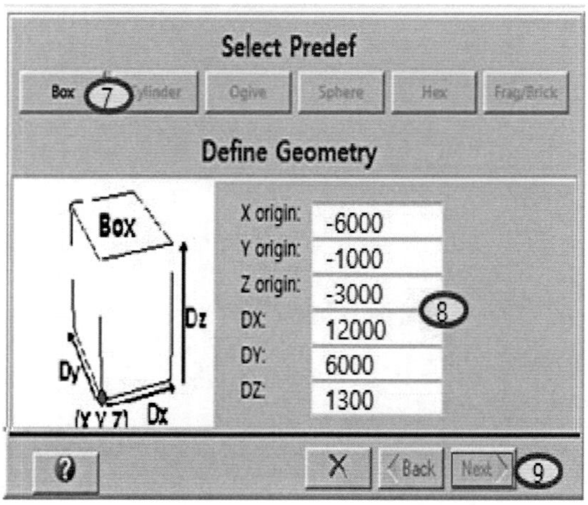

⑦ Predef를 선정한다.

: Box

⑧ Geometry를 정의한다.

: 원점 (-6000,-1000,-3000)

: 폭 (1200, 600, 1300)

⑨ 다음 단계로 이동한다

⑩ Cell의 크기를 입력한다.

: I=60, J=30, K=50

⑪ Material를 선정한다.

: AIR

⑫ Int. Energy를 입력한다.

: 206800

⑬ 데이터를 수용한다

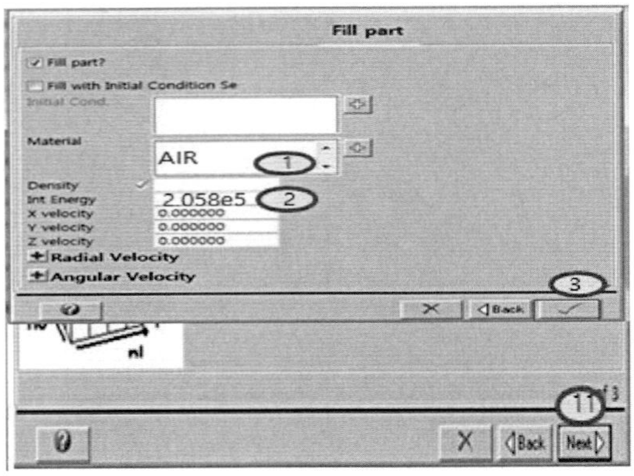

(6.2) 구형 폭발 결과를 3D로 다시 맵핑

① 탐색 표시줄에서 "부품"을 선택하십시오.

② 데이터 파일 선택 (채우기)

③ 데이터 파일 읽기 선택

④ 파일을 선택한다 : Door_spherical_blast.fil"파일을 찾아 선택하십시오.

⑤ 재 맵핑 원점을 입력한다 : (0, 0, 7000)

⑥ 재배치할 재료를 선택한다 : Air, TNT

⑦ 데이터를 수락합니다. (모든 경고 메시지에 예라고 답함).

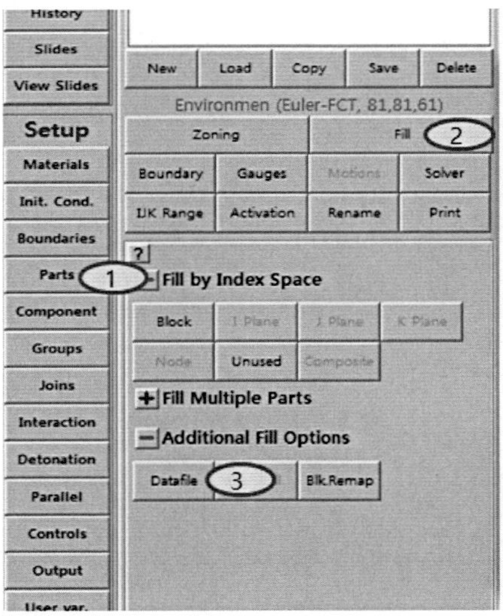

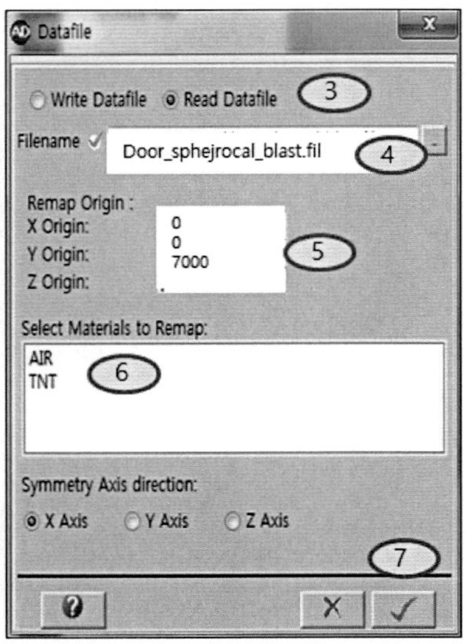

⑧ 결과 화면으로 다음과 같이 나타난다.

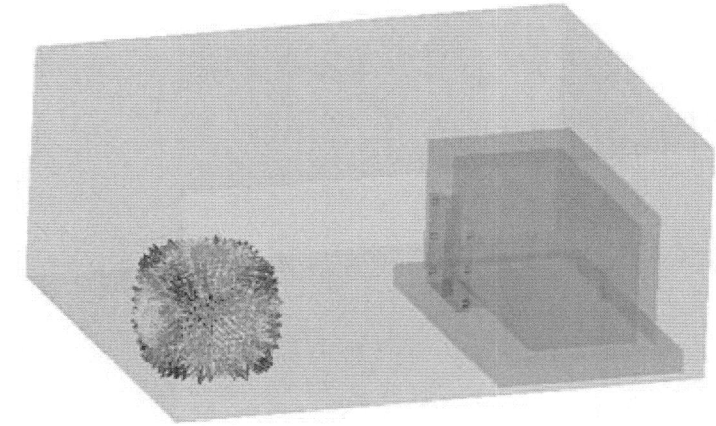

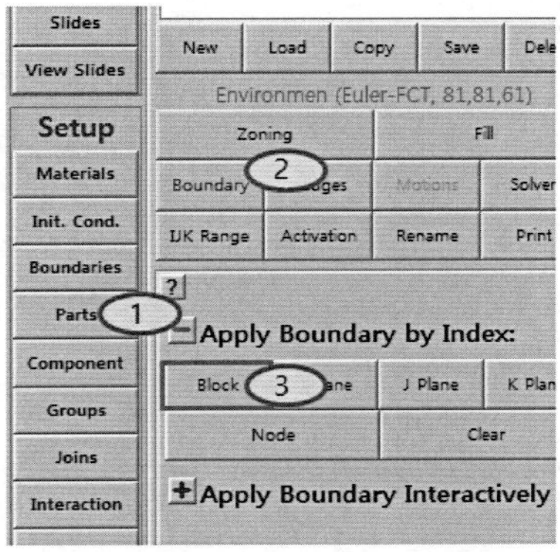

(6.3) 경계조건을 적용한다.

① 탐색 표시 줄에서 "부품"을 선택하십시오.

② Boundary 선택

③ Block 선택

④ 기본값을 사용하여 전체 메쉬에 유출 경계를 적용합니다.

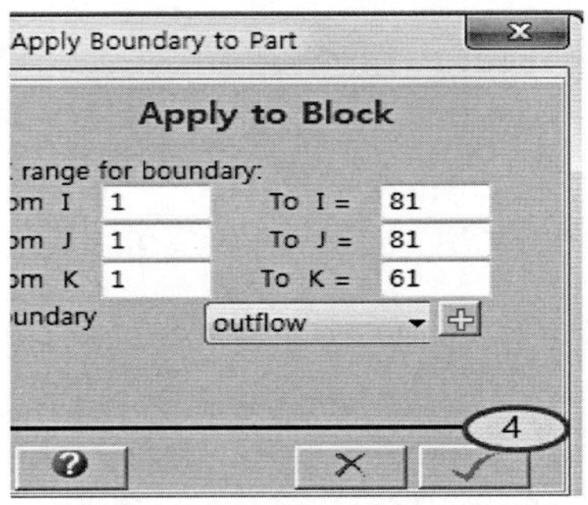

⑤ Clear 선택하여 표면을 제외한 나머지 부분의 경계조건을 삭제한다.

⑥ 삭제할 경계를 설정한다.

I = 2-28, J = 2-80, K = 1-60

⑦ 데이터 승인

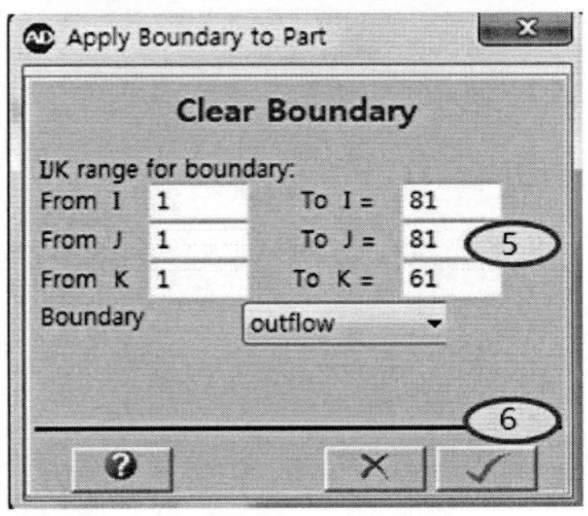

(7) Interaction

① Interaction을 클릭한다.

② Lagrange-Lagrange

③ Type을 설정한다. : External Gap

④ Calculate를 클릭한다.

AUTODYN은 계산을 해서 Gap Size를 제공한다 : 1.001

⑤ 나머지는 Default를 수용

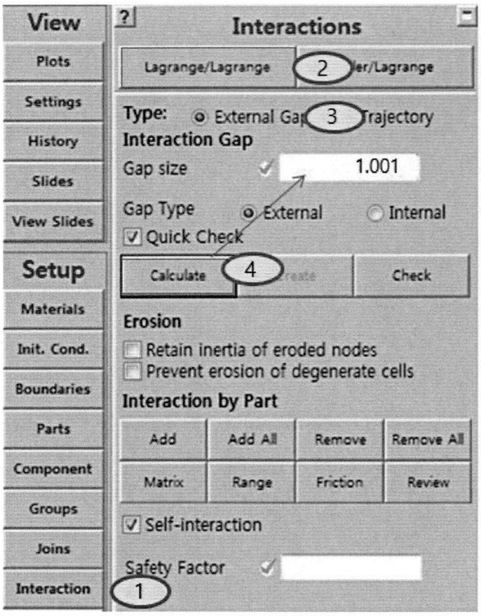

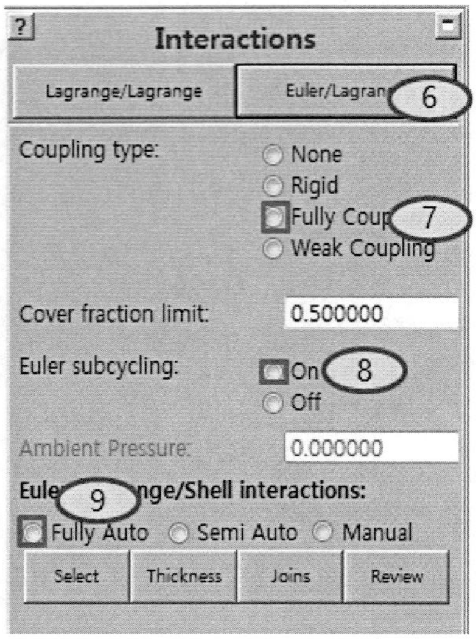

⑥ Euler-Lagrange를 클릭한다.

⑦ Type을 설정한다. : Fully Coupled

⑧ Euler sub cycling : On

⑨ Euler-Lagrange/shell interactions : Fully Auto

(8) Component - 설정하지 않음

(9) Group - 설정하지 않음

(10) Joints - 설정하지 않음

(11) TNT에 대한 폭발 지점 정의

① 탐색 표시 줄에서 "Detonation"을 선택하십시오.

- 설정하지 않음

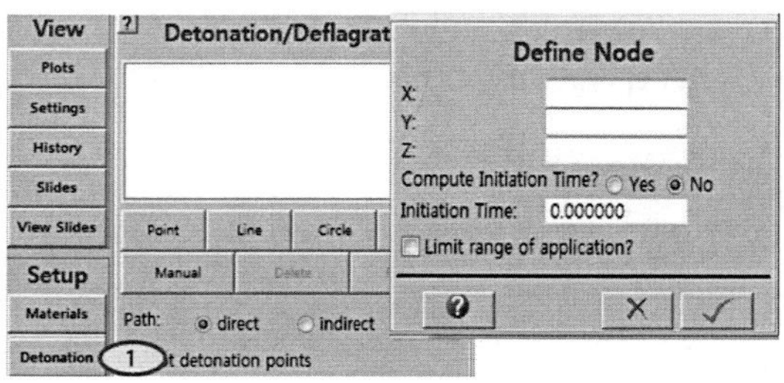

(12) Parallel-설정하지 않음

(13) 솔루션 컨트롤 설정

① 탐색 표시 줄에서 “Controls"을 선택하십시오.

② 사이클 제한에 큰 숫자를 입력하고 "50.0"ms 시간 제한

(이것은 폭풍이 전파하는 데 걸리는 시간입니다 반경 45m까지)

③ Wrapup Criteria에서

ⓐ Cycle Limit : 99999 ⓑ Time Limit : 1000 ⓒ Energy Fraction : 0.05

(14) 결과저장설정

① 탐색 표시 줄에서 “Output"을 선택하십시오.

② 저장 시간 설정:

ⓐ Start Time : 0.0 ⓑ End times : 25.0 ⓒ Increment : 0.4

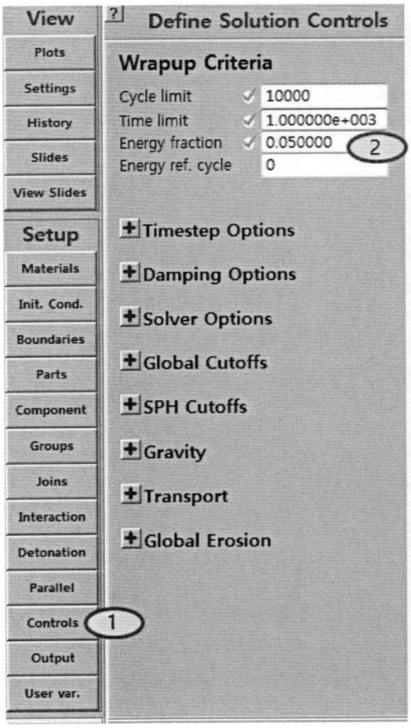

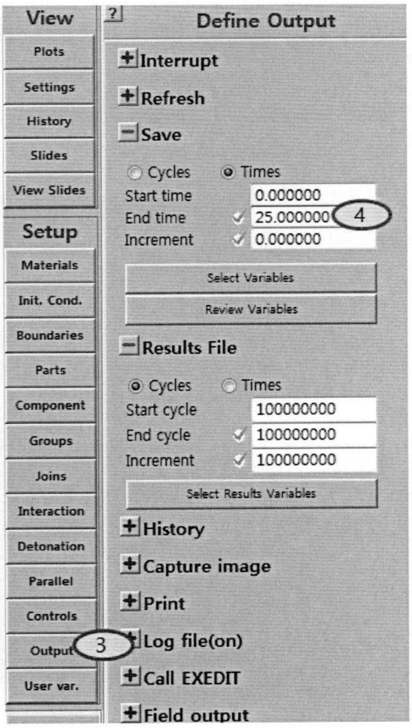

(15) user var. - 설정하지 않음

(16.1) 해석실행 - Gauge 을 설정한다.

① 탐색 표시 줄에서 “Parts"을 선택하십시오.

② “Gaugs“를 선택하시오.

③ ADD를 선택한다

④ “XYZ-Space”를 선택한다.

⑤ Gauge의 좌표값을 입력한다.(좌표값은 아래 13개를 사용한다.)

⑥ 데이터를 수용한다.

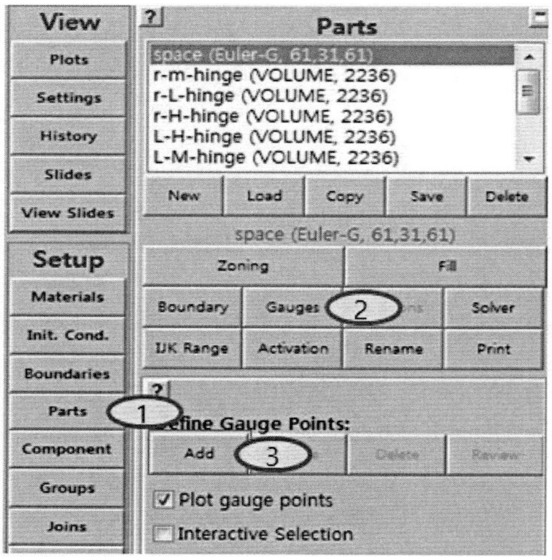

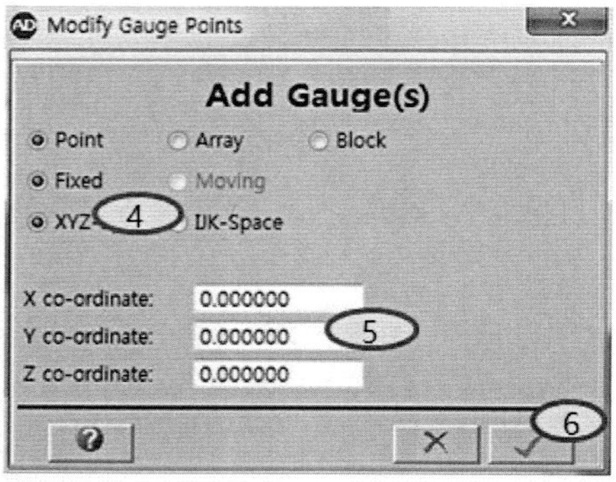

Gauge 을 9개 입력한다.

Gauge 1 : (0, 0, 0)

Gauge 2 : (0, 1000, 0)

Gauge 3 : (0, 2000, 0)

Gauge 4 : (2000, 0, 0)

Gauge 5 : (2000, 1000, 0)

Gauge 6 : (2000, 2000, 0)

Gauge 7 : (-2000, 0, -2000)

Gauge 8 : (-2000, 1000, -2000)

Gauge 9 : (-2000, 2000, -2000)

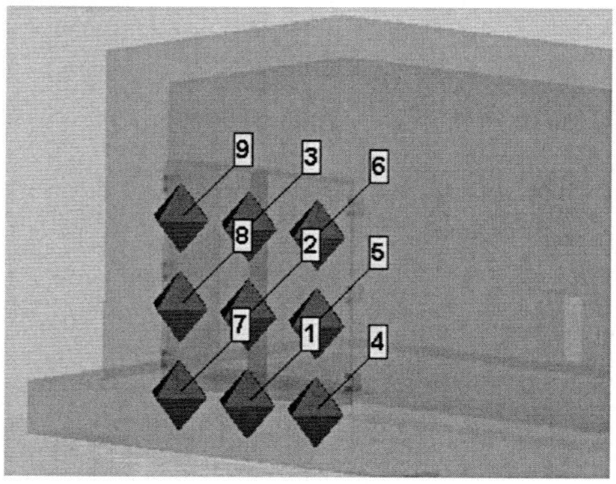

(16.2) 게이지에서 압력 기록보기

① 해결이 완료되면 탐색 표시 줄에서 History를 선택하십시오.

② 단일 변수 플롯 선택 (Single Variable Plots)

③ 하나 이상의 게이지를 선택하여 봅니다.

④ Y 변수로 압력 선택

⑤ 데이터 수용한다.

⑥ 다른 옵션을 시도하십시오.

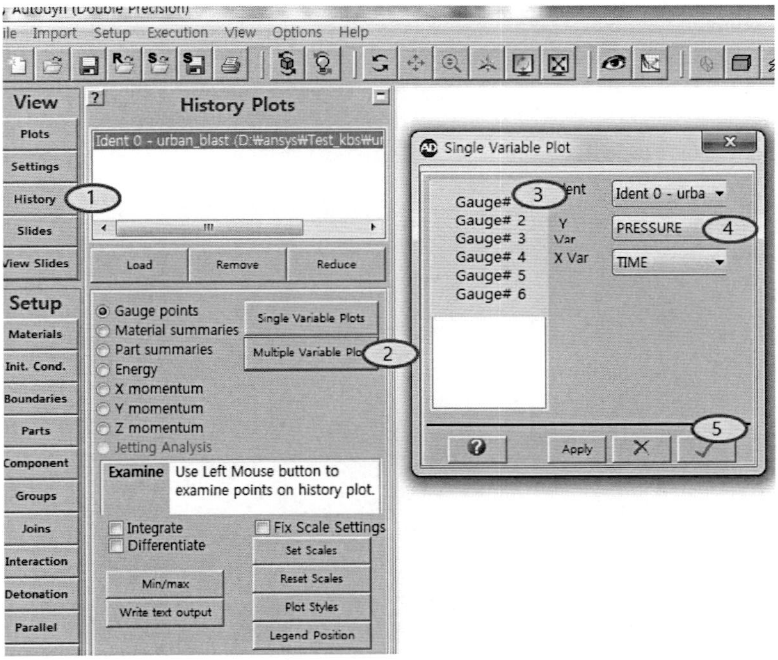

(16.2) 해석실행

① 데이터 저장

② 문제 해결

해결하는 동안 보기가 자동으로 업데이트됩니다.

(해결 과정에서 그래픽은 자동으로 업데이트되어 계산 중의 상태를 보여준다. 계산시간은 약 25분 정도 걸린다. 해석을 중지하려면 STOP을 누르면 되고, 계속 이어서 해석을 하려면 "RUN" 버튼을 누르면 된다.)

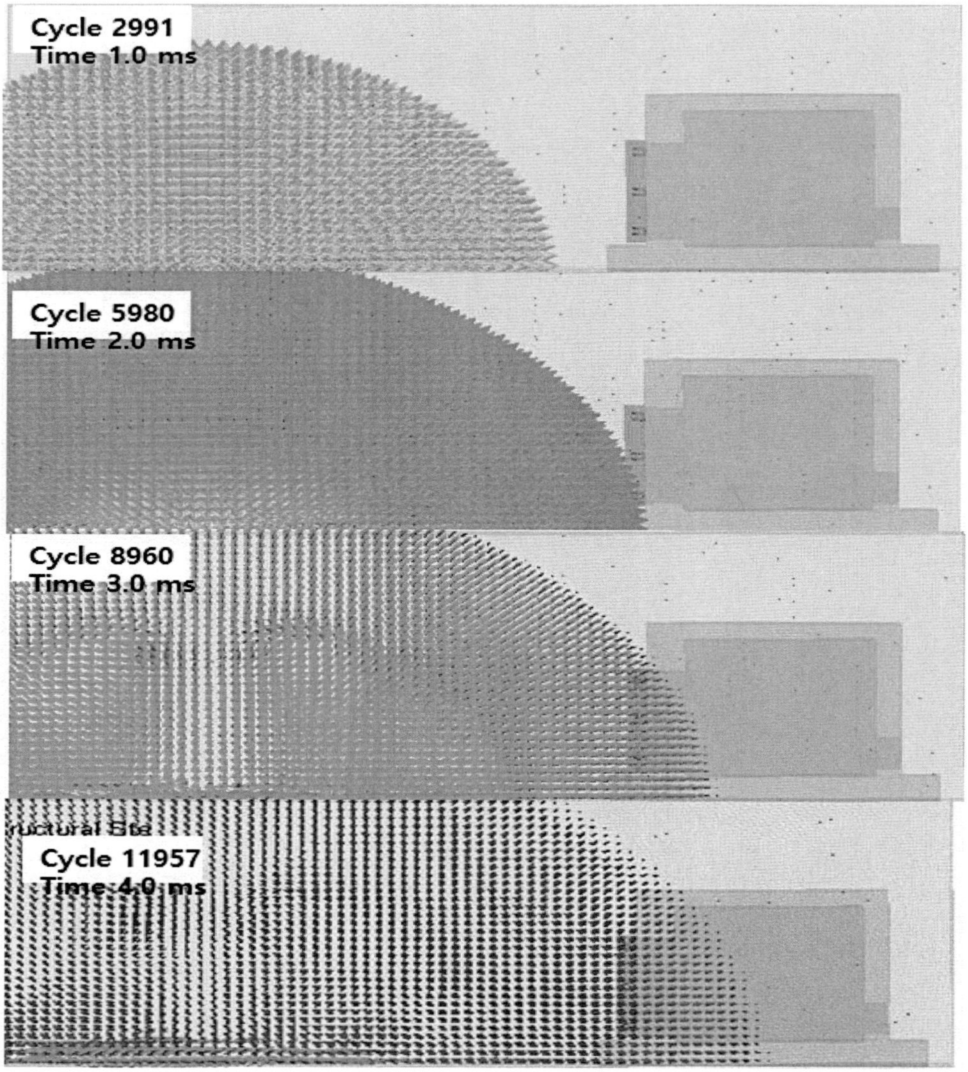

③ 결과 화면으로 다음과 같이 나타난다.

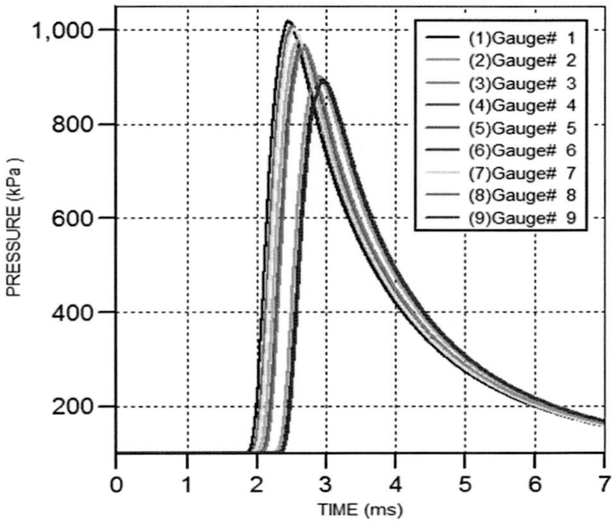

(16.3) 게이지에서 압력을 파일로 받기

① Write Text output을 클릭한다.

② 팝업메뉴에서 option을 클릭하고, Ident와 Yvar를 선택한다.

③ 데이터를 수용한다.

④ 프로젝트 디렉토리 > dp0 > ATD > ATD 에 HTML 파일이 생성된 것을 찾을 수 있다.

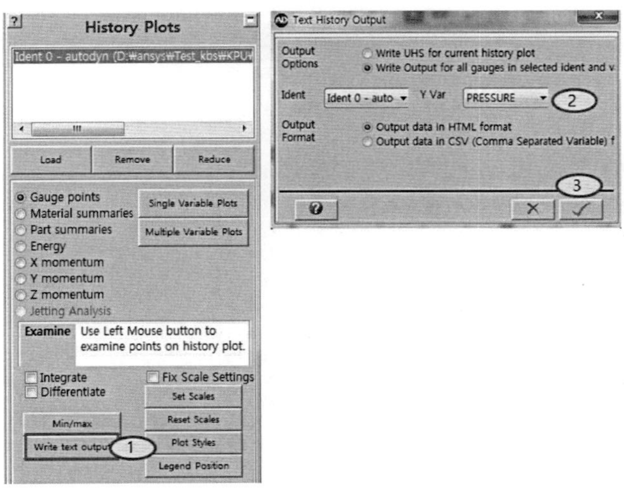

⑤ 결과 화면으로 다음과 같이 나타난다.

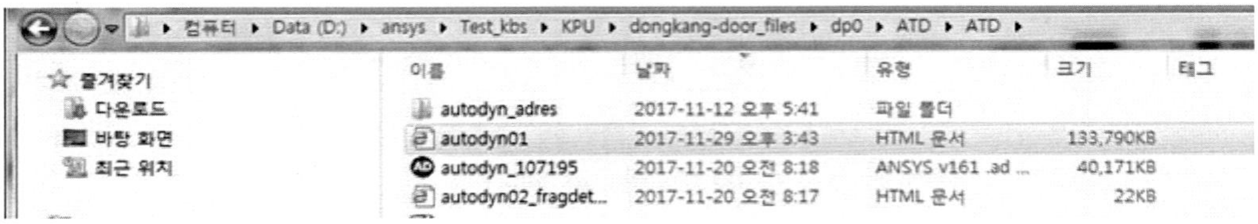

○ 압력 데이터 (HTML) 파일 확인 및 Explicitly Dynamic 연결

A. 파일을 엑셀 형식으로 열기 하면 엑셀에서 데이터를 읽을 수 있다.

B. Workbench에서 Explicit Dynamic을 연다.

C. Setup을 클릭하여 Mechanical에서 Connection을 정의한다.

D. 경계조건으로 설정한다 : fixed support

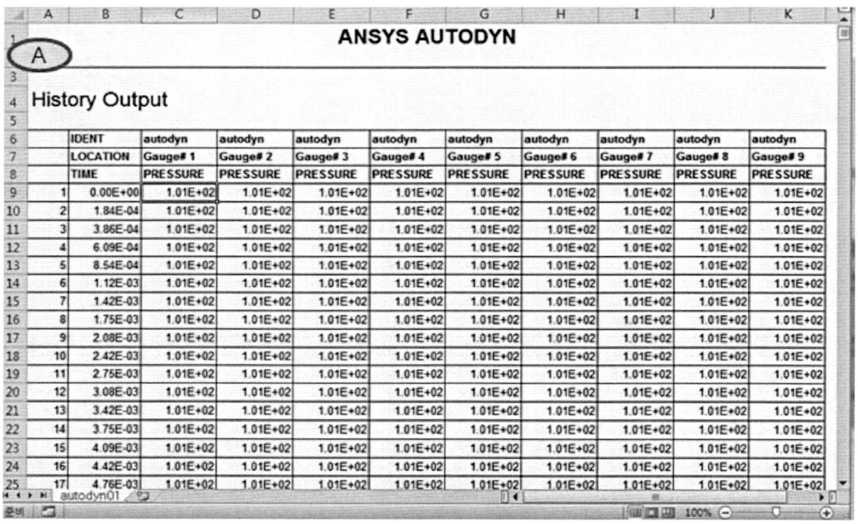

ANSYS AUTODYN

History Output

	IDENT	autodyn	autodyn	autodyn	autodyn	autodyn	autodyn	autodyn	autodyn	autodyn
	LOCATION	Gauge# 1	Gauge# 2	Gauge# 3	Gauge# 4	Gauge# 5	Gauge# 6	Gauge# 7	Gauge# 8	Gauge# 9
	TIME	PRESSURE	PRESSURE	PRESSURE	PRESSURE	PRESSURE	PRESSURE	PRESSURE	PRESSURE	PRESSURE
1	0.00E+00	1.01E+02	1.01E+02	1.01E+02	1.01E+02	1.01E+02	1.01E+02	1.01E+02	1.01E+02	1.01E+02
2	1.84E-04	1.01E+02	1.01E+02	1.01E+02	1.01E+02	1.01E+02	1.01E+02	1.01E+02	1.01E+02	1.01E+02
3	3.86E-04	1.01E+02	1.01E+02	1.01E+02	1.01E+02	1.01E+02	1.01E+02	1.01E+02	1.01E+02	1.01E+02
4	6.09E-04	1.01E+02	1.01E+02	1.01E+02	1.01E+02	1.01E+02	1.01E+02	1.01E+02	1.01E+02	1.01E+02
5	8.54E-04	1.01E+02	1.01E+02	1.01E+02	1.01E+02	1.01E+02	1.01E+02	1.01E+02	1.01E+02	1.01E+02
6	1.12E-03	1.01E+02	1.01E+02	1.01E+02	1.01E+02	1.01E+02	1.01E+02	1.01E+02	1.01E+02	1.01E+02
7	1.42E-03	1.01E+02	1.01E+02	1.01E+02	1.01E+02	1.01E+02	1.01E+02	1.01E+02	1.01E+02	1.01E+02
8	1.75E-03	1.01E+02	1.01E+02	1.01E+02	1.01E+02	1.01E+02	1.01E+02	1.01E+02	1.01E+02	1.01E+02
9	2.08E-03	1.01E+02	1.01E+02	1.01E+02	1.01E+02	1.01E+02	1.01E+02	1.01E+02	1.01E+02	1.01E+02
10	2.42E-03	1.01E+02	1.01E+02	1.01E+02	1.01E+02	1.01E+02	1.01E+02	1.01E+02	1.01E+02	1.01E+02
11	2.75E-03	1.01E+02	1.01E+02	1.01E+02	1.01E+02	1.01E+02	1.01E+02	1.01E+02	1.01E+02	1.01E+02
12	3.08E-03	1.01E+02	1.01E+02	1.01E+02	1.01E+02	1.01E+02	1.01E+02	1.01E+02	1.01E+02	1.01E+02
13	3.42E-03	1.01E+02	1.01E+02	1.01E+02	1.01E+02	1.01E+02	1.01E+02	1.01E+02	1.01E+02	1.01E+02
14	3.75E-03	1.01E+02	1.01E+02	1.01E+02	1.01E+02	1.01E+02	1.01E+02	1.01E+02	1.01E+02	1.01E+02
15	4.09E-03	1.01E+02	1.01E+02	1.01E+02	1.01E+02	1.01E+02	1.01E+02	1.01E+02	1.01E+02	1.01E+02
16	4.42E-03	1.01E+02	1.01E+02	1.01E+02	1.01E+02	1.01E+02	1.01E+02	1.01E+02	1.01E+02	1.01E+02
17	4.76E-03	1.01E+02	1.01E+02	1.01E+02	1.01E+02	1.01E+02	1.01E+02	1.01E+02	1.01E+02	1.01E+02

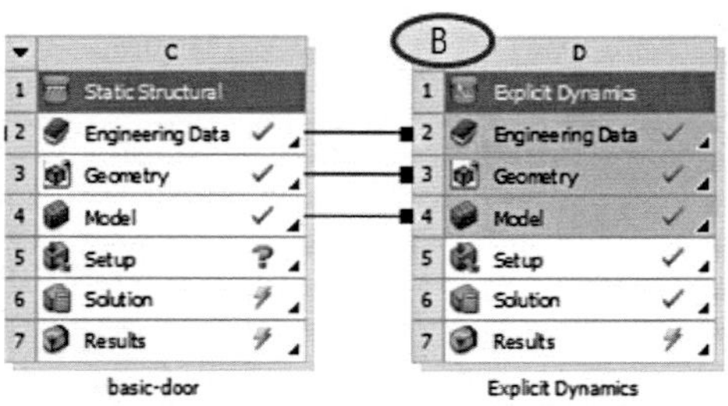

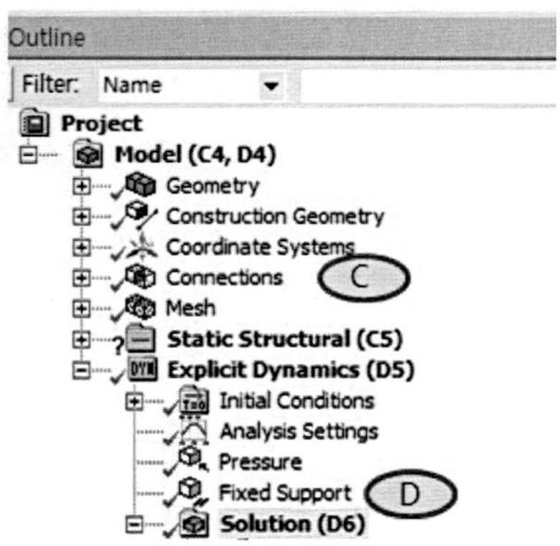

○ Explicitly Dynamic에서 하중 조건 부여

A. 양쪽 철판을 클릭하여 pressure를 부여한다.

B. 엑셀에서 필요한 데이터 부분을 카피한다.

C. Details of Pressure에서 Magnitude를 Tabular를 바꾼다.

D. Tabular data에 커서를 옮겨놓고 카피한 엑셀 데이터를 붙어 넣게 한다.

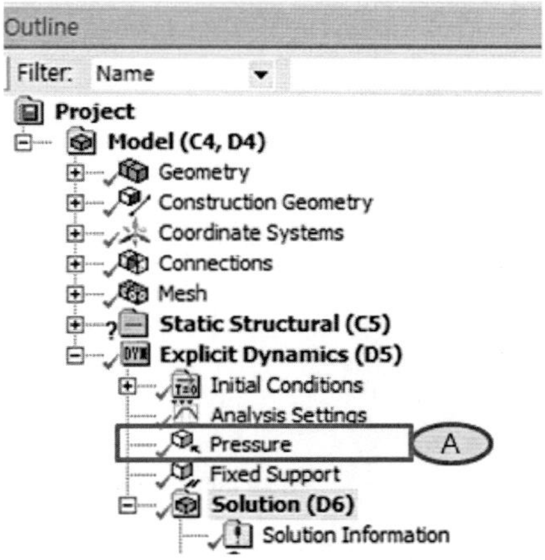

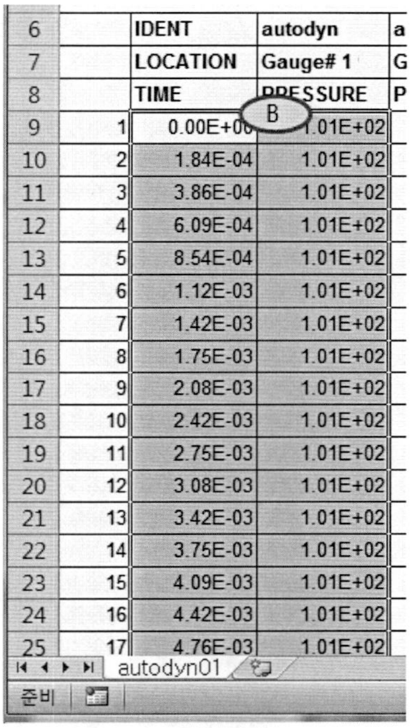

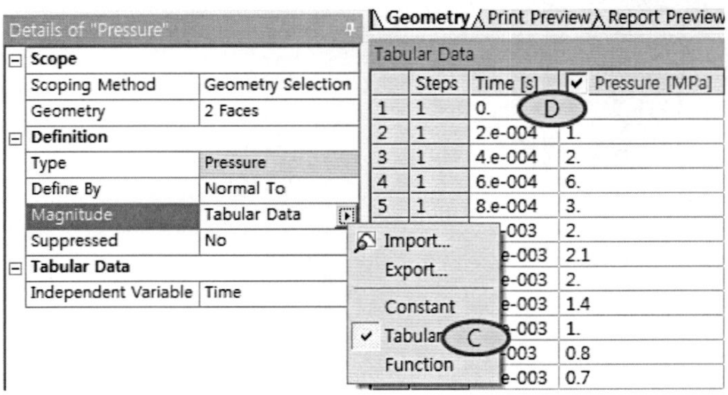

○ Analysis settings

A. setting 값을 다음과 같이 정의한다.

Details of "Analysis Settings"

Analysis Settings Preference	
Type	Program Controlled
Step Controls	
Resume From Cycle	0
Maximum Number of Cycles	1e+07
End Time	3.e-003 s
Maximum Energy Error	0.1
Reference Energy Cycle	0
Initial Time Step	Program Controlled
Minimum Time Step	Program Controlled
Maximum Time Step	Program Controlled
Time Step Safety Factor	0.9
Characteristic Dimension	Diagonals
Automatic Mass Scaling	No
Solver Controls	

B. 해석을 수행한다.

C. 해석의 결과를 보기 위하여 direction Deformation을 정의한다.

Details에서 Geometry를 All Bodies, 1 node, 1 edge 등을 선택할 수 있다.

Ⓐ All Bodies의 결과

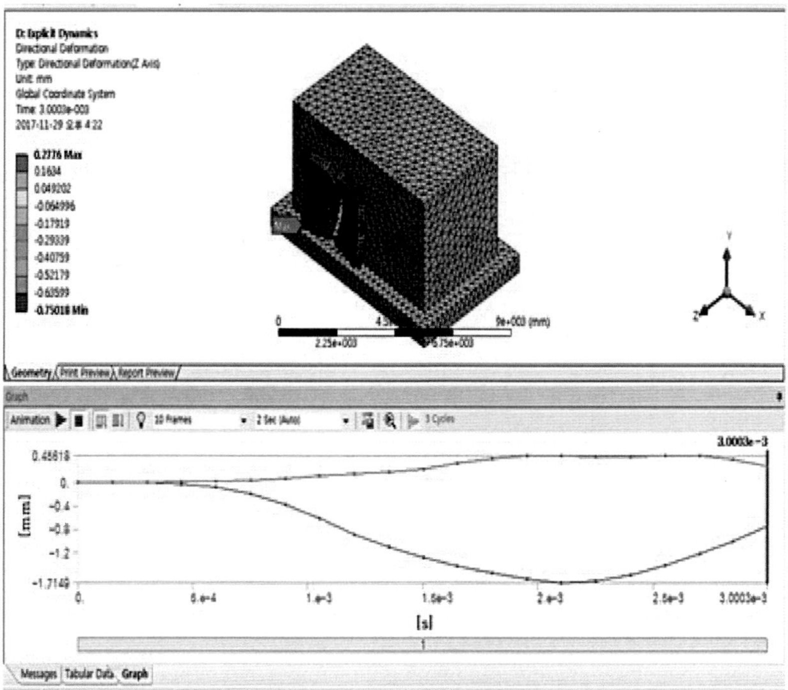

Ⓑ 1 Node의 해석 결과

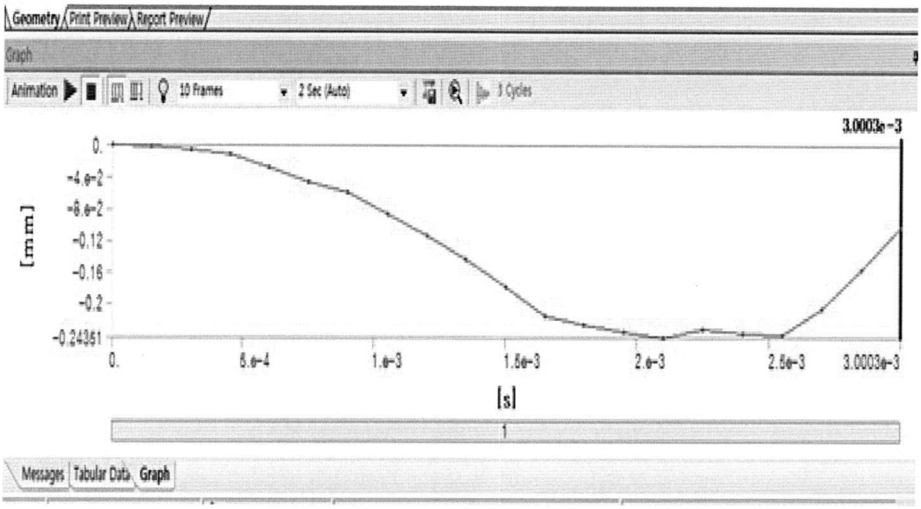

Ⓒ 1 Edge의 해석 결과

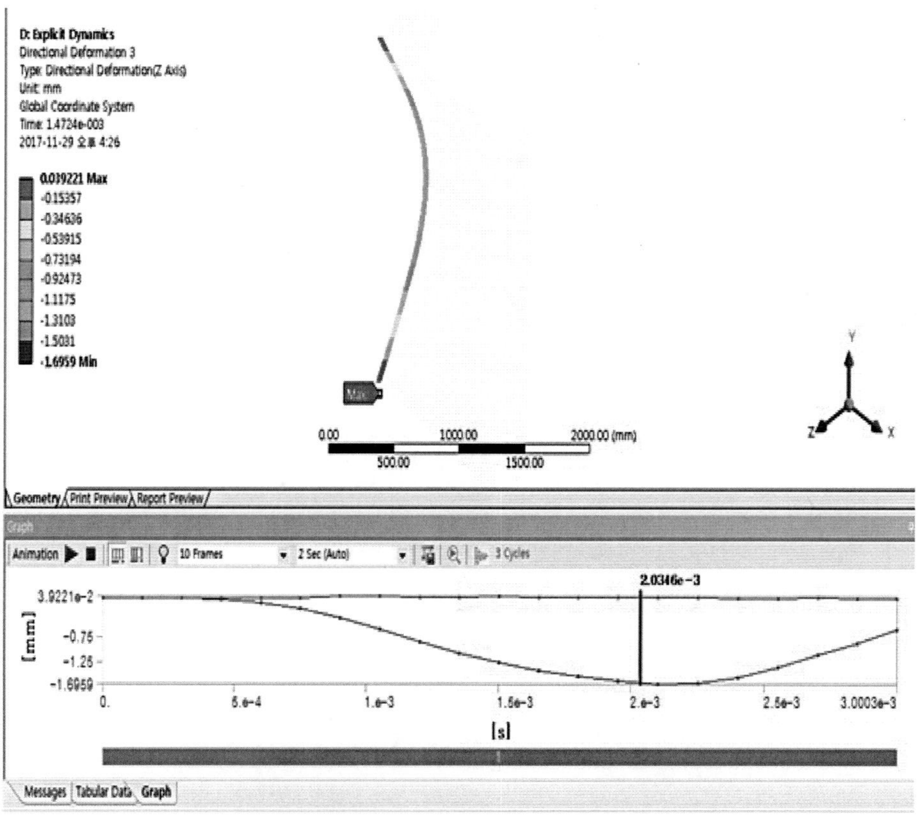

2. TNT 폭발로 발생한 분화구 형상 해석 [20)]

1) 구조 계획

① 모듈의 목표 :

폭발 압력을 받는 콘크리트 슬래브를 AUTODYN을 사용하여 슬래브의 거동을 파악한다.

폭발 실증시험에서는 콘크리트 포장 면의 영향을 파악하기 위해 TNT 받침대의 종류를 변경하여 방폭문에 작용하는 반사압력을 Autodyn(ver. 16)으로 시뮬레이션하였다. 지표면은 라그랑지 모델링을 하고 공기는 오일러 모델링을 한다. 지표면의 Concrete와 Sand 모델의 물성 Autodyn에서 제공하는 값을 사용한다. Sand의 물성은 Density 2641kg/m^3, Shear modulus 76.9GPa, Tensile Pressure failure 1kPa이며, Concrete는 Density 2440kg/m^3, Shear modulus 78.8GPa, Tensile Pressure failure 2.5 MPa이다.

② 모델링 개요 (단위 : mm)

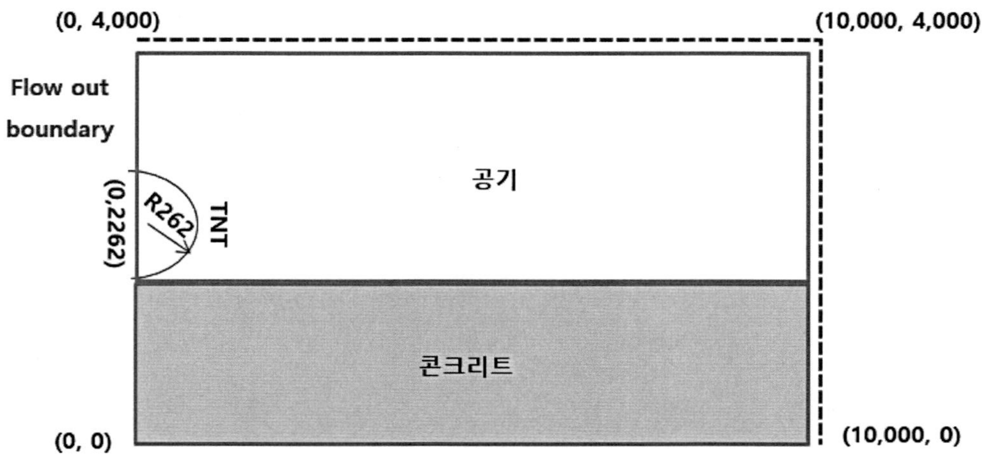

20) 폭발실증시험에서 철근 콘크리트 충전형 강판 방폭문의 성능등급 판정법* 표준인증안전학회지(2021. 12) 제11권 제4호 p.43-63.

2) 구조해석

(1) Start > AUTODYN 시작

AUTODYN standalone을 시작하십시오 (autodyn.exe를 더블 클릭하십시오)

> C: \Program Files \ANSYS Inc\v161 \aisol\AUTODYN \winx64 \autodyn.exe

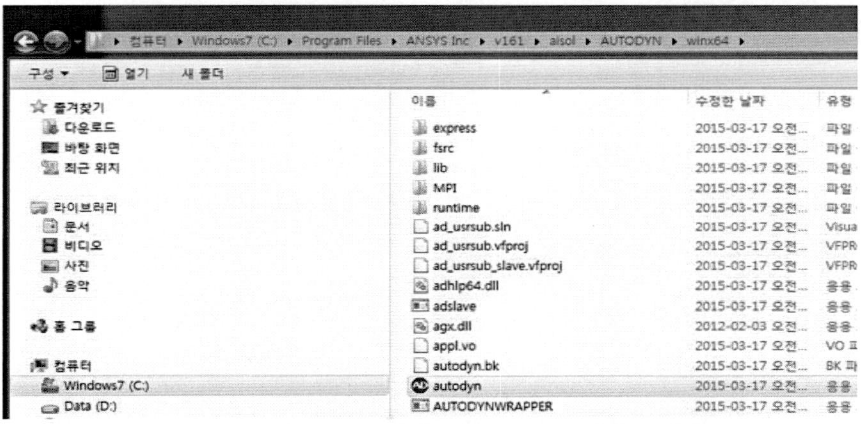

(2) Start > 프로젝트 시작

① 새로운 프로젝트 시작

② 찾아보기 프로젝트 폴더

③ Ident를 입력하십시오. : “explosive_demolition“ 및 설명

④ 선택 2D 축 대칭

⑤ 단위의 기본 설정 유지 (정확도를 위해 권장 됨)

⑥ 선택을 클릭한다.

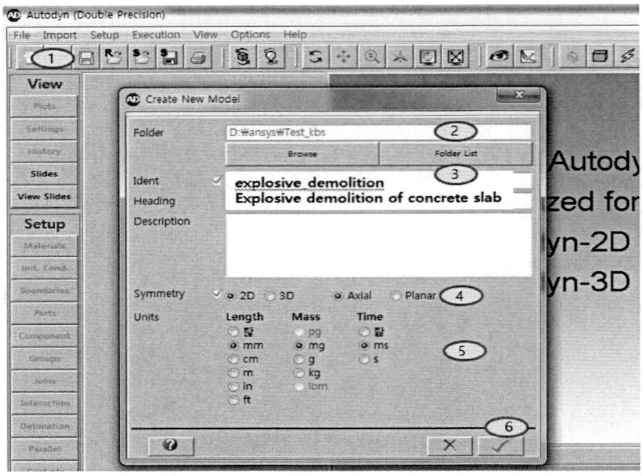

(3) Material > 재료 검색

(3.1) 라이브러리에서 재료 데이터 검색

① 메뉴에서 “Material” 를 클릭하고 “Load“로 재료 데이터를 불러온다

② 라이브러리에서 다음 자료를 선택 하십시오 :

공기, TNT, CONC-35MPA

③ 데이터를 선택 확인한다.

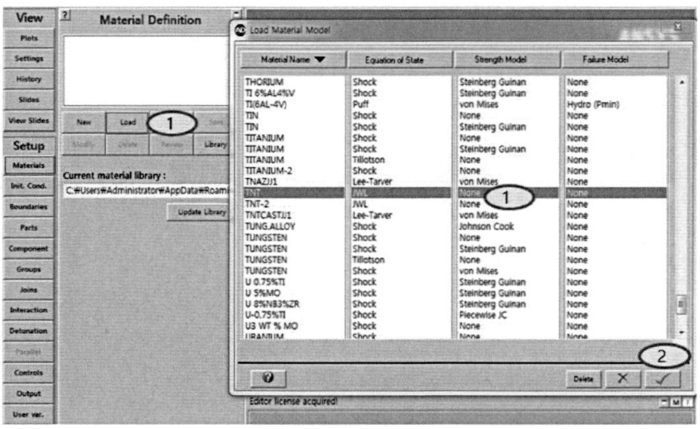

% 라이브러리에서 여러 개를 선택하려면 CONTROL + Click을 통하여 여러 가지를 선택할 수 있다.

④ 결과 확인하면 다음과 같이 보인다.

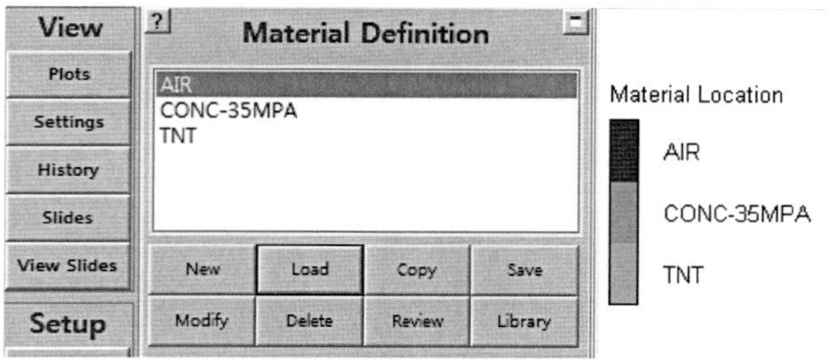

(3.2) 콘크리트 모델의 성분을 개선한다.

① 개선할 대상을 선택한다 : CONC-35MPA

② Modify를 클릭한다

③ 파업 창에서 데이터를 수정한다.

Tensile Failure : Principle Stress

Principal Tensile Failure Stress : 3.5e4 (→ 35MPa)

Crack Softening : ON

Fracture Energy : 100

④ 데이터를 수용한다.

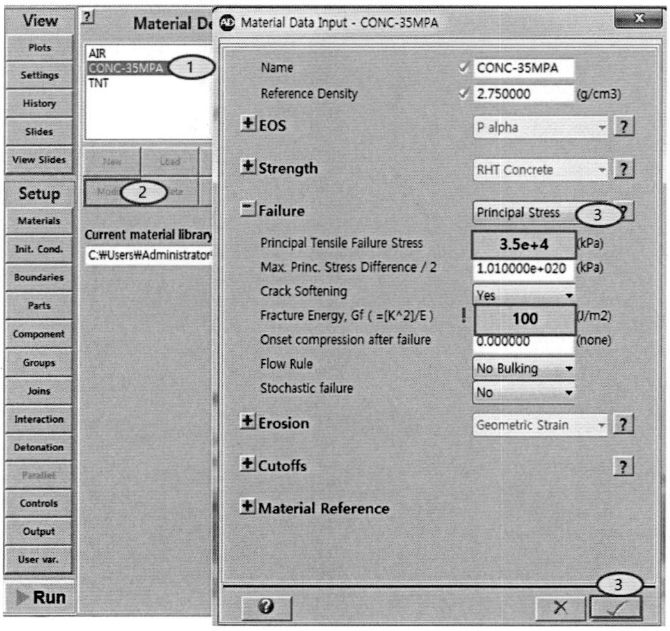

(4) 초기 조건을 설정한다

① 네비게이션 바에서 “Init. Cond"를 선택하십시오.

② 대화 상자에서 "New"를 선택하십시오

③ Initial Condition Set Name을 기록한다 : Atmos

④ Include Material를 선택하고 Material를 선택 : AIR

Internal Energy를 입력한다 : 2.068e5

⑤ 데이터를 수용한다.

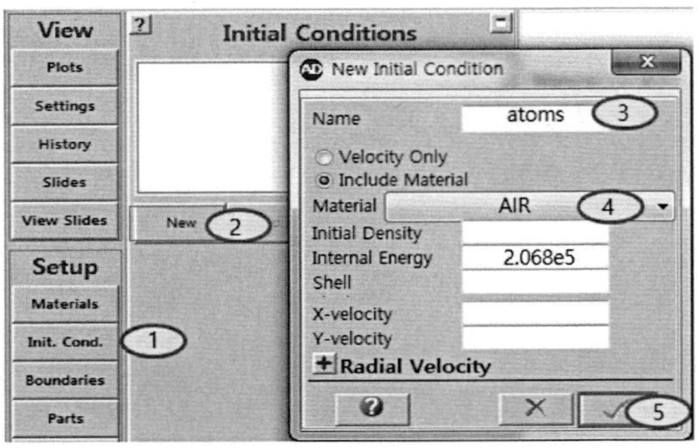

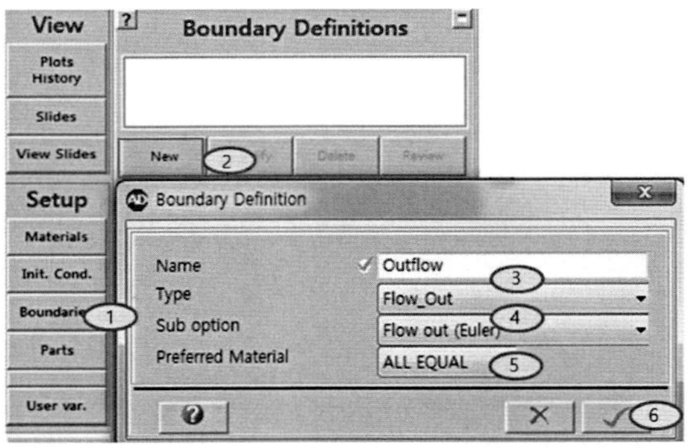

(5) 경계조건을 정의한다.

① Boundary를 선택한다.

② 대화 상자에서 New를 선택한다

③ Boundary Name을 기록한다.

: Outflow

④ Type을 정한다 : Flow_out

sub option을 정한다 : Flow_out(Euler)

⑤ Preferred Material을 설정한다 : ALL_EQUAL

⑥ 데이터를 수용한다.

(6.1) 라그랑쥐 파트 생성

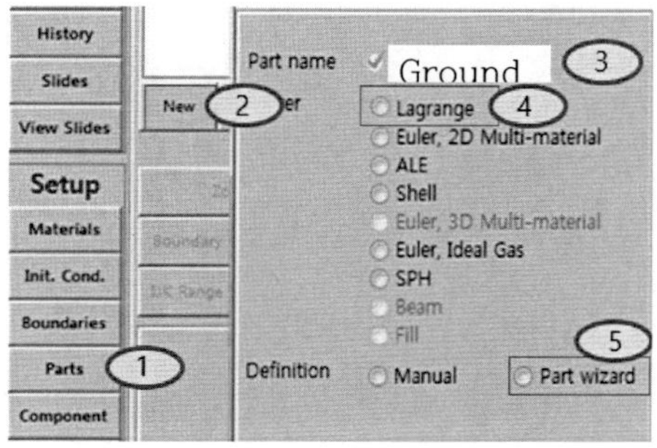

① Parts를 선택한다.

② 대화 상자에서 "New"를 선택

③ 팝업창의 Part Name을 입력한다.

 : Ground

④ Solver를 선택한다 : Lagrange

⑤ Definition을 설정하다. : Part Wized

⑥ 다음 단계로 이동

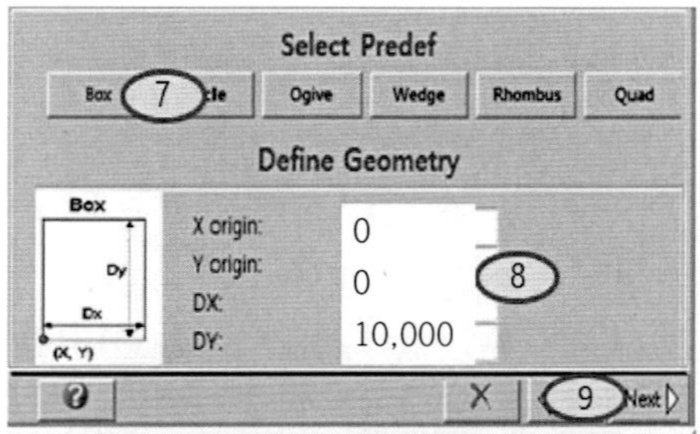

⑦ Predef를 선정한다. : Box

⑧ Geometry를 정의한다.

 : 원점 (0,0) 폭 (10000, 4000)

⑨ 다음 단계로 이동한다

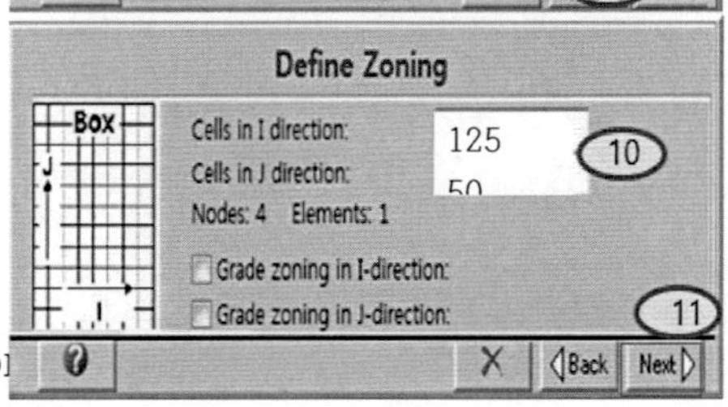

⑩ Cell의 크기를 입력한다.

 : I=125, J=50

⑪ 다음 단계로 이동한다

⑫ Fill Part에서 Fill with Initial Conditio

⑬ Material을 선택한다. : CONV-35MPA

⑭ 데이터를 수용한다.

(6.2) 오일러 파트 생성

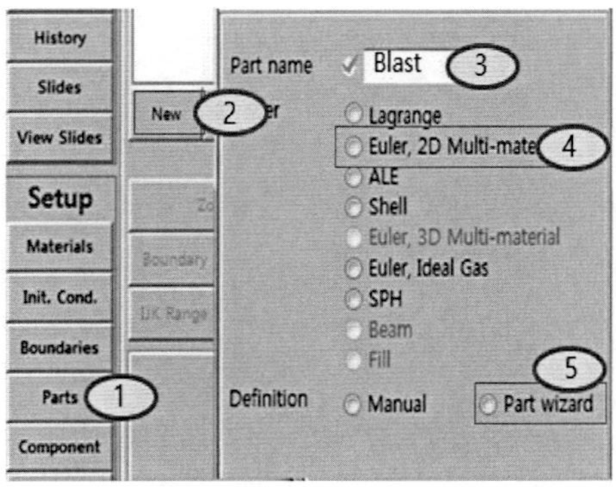

① Parts를 선택한다.

② 대화 상자에서 "New"를 선택

③ 팝업창의 Part Name을 입력한다.

 : Blast

④ Solver를 선택한다.

 : Euler 2D Multi

⑤ Definition을 설정하다. : Part Wized

⑥ 다음 단계로 이동

⑦ Predef를 선정한다. : Box

⑧ Geometry를 정의 한다.

: 원점 (-800,0) 폭 (1400, 1000)

⑨ 다음 단계로 이동한다.

⑩ Cell의 크기를 입력한다.

: I=140, J=100

⑪ 다음 단계로 이동한다.

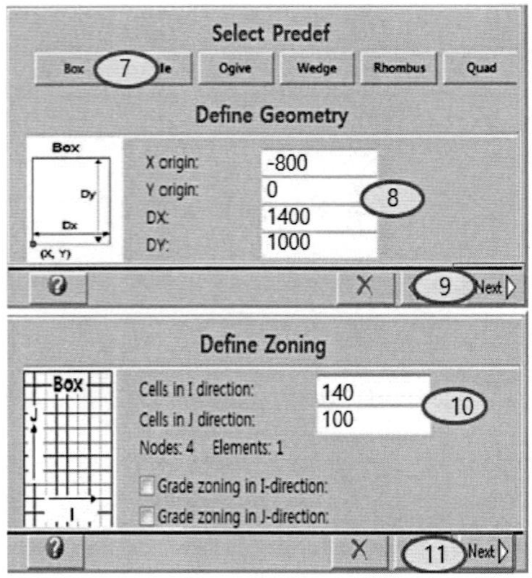

⑫ Fill Part에서 Fill with Initial Condition Set을 선택한다.

⑬ Material을 선택한다. : AIR

⑭ Internal Energy를 입력한다.

: 206800

⑮ 데이터를 수용한다.

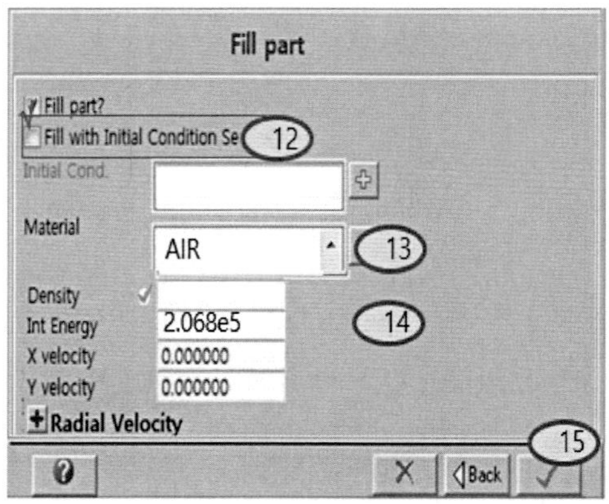

(6.3) 오일러 메쉬에 TNT 채우기

① 탐색 표시 줄에서 "부품"을 선택하십시오.

② 채우기(Fill) 선택한다.

③ Fill by Geometry space를 선택한다.

: 타원(Ellipse)

④ 팝업메뉴에서 타원을 형상을 정의한다.

: X중심, Y중심 (-200, 0)

반지름 X축, Y축 (200, 200)

⑤ 재질(Material)을 설정한다 : TNT

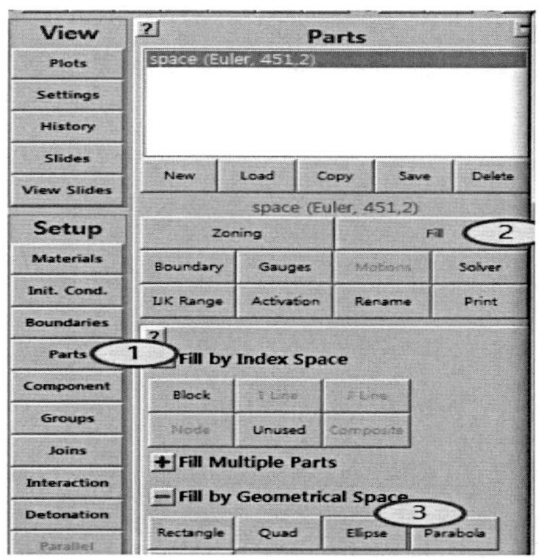

⑥ 데이터 수용

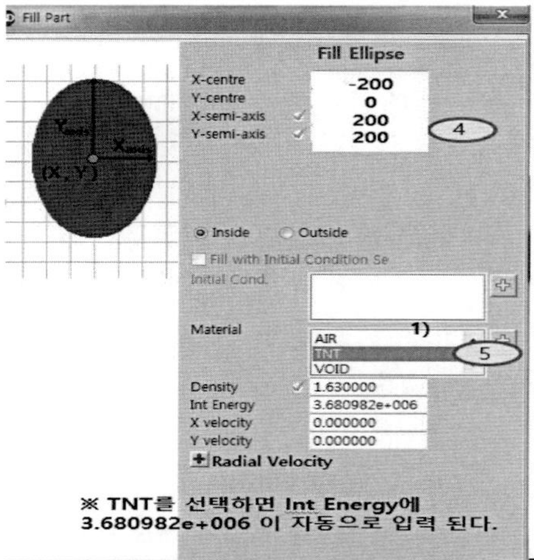

(6.4) 경계조건을 적용한다

① 네비게이션 바에서 “ Parts"를 클릭하고 Part를 선택한다. : Blast

② “Boundary"를 선택하십시오

③ Apply Boundary에서 I Line 선택

데이터 입력 : I =126,

J = 1 ~ 51

Boundary : Outflow

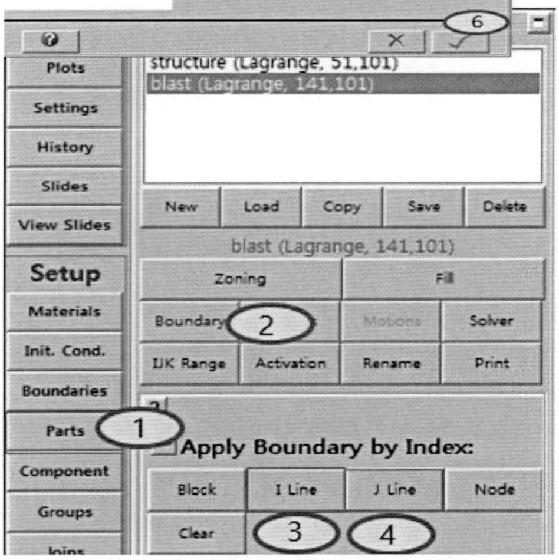

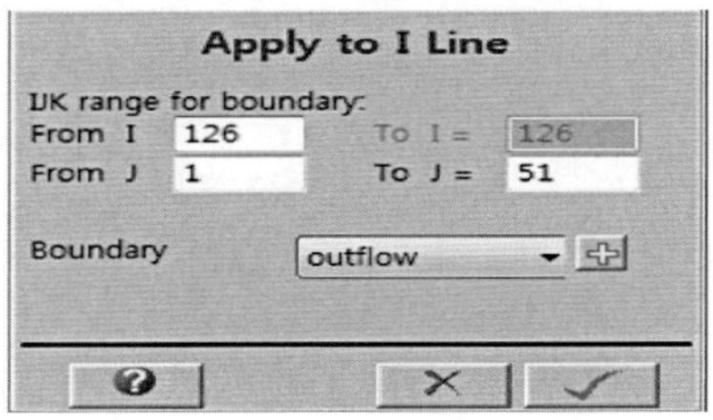

④ Apply Boundary에서 I Line 선택

데이터 입력 : I =1 ~ 126 ,

J = 51

Boundary : Outflow

⑤ 데이터를 수용한다

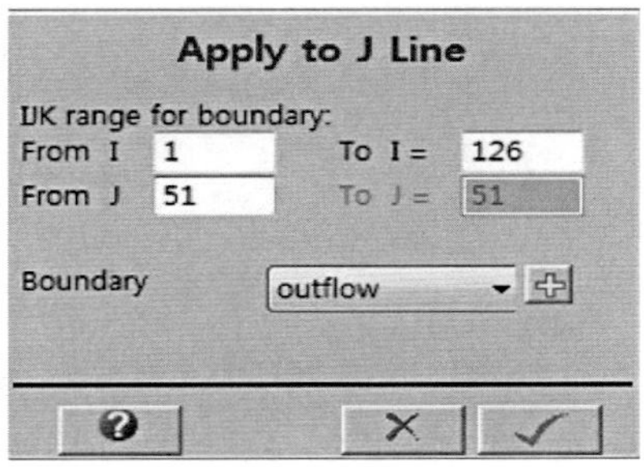

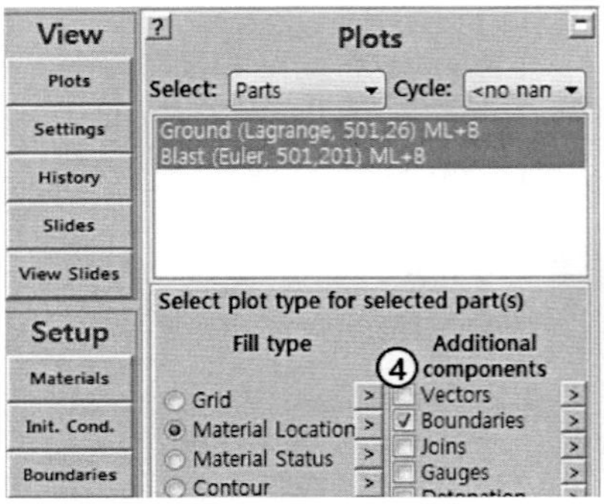

(7) Interaction :

① Interaction을 클릭한다

② Lagrange-Lagrange

③ Type을 설정한다. : External Gap

④ Calculate를 클릭한다.

AUTODYN은 계산을 해서 Gap Size를 제공한다 : 1.001

⑤ 나머지는 Default를 수용

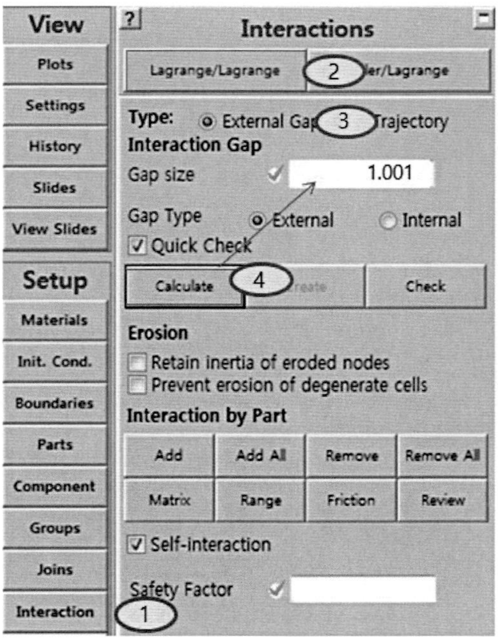

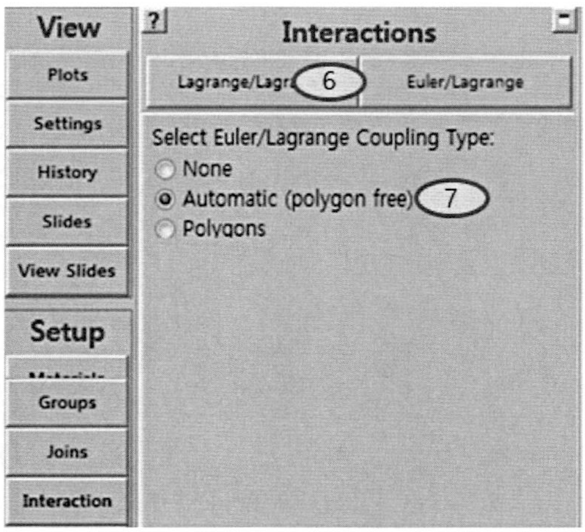

⑥ Euler-Lagrange를 클릭한다.

⑦ Type을 설정한다. : Automatic(polygon free)

(8) Component - 설정하지 않음

(9) Group - 설정하지 않음

(10) Joints - 설정하지 않음

(11) TNT에 대한 폭발 지점 정의

① 탐색 표시 줄에서 "Detonation"을 선택하십시오.

② 점(Point) 선택한다.

③ Node 점을 입력한다. x, y = (262, 0)

④ "Plot detonation points"를 체크하여 점의 위치를 확인하십시오.

⑤ 데이터를 수용한다.

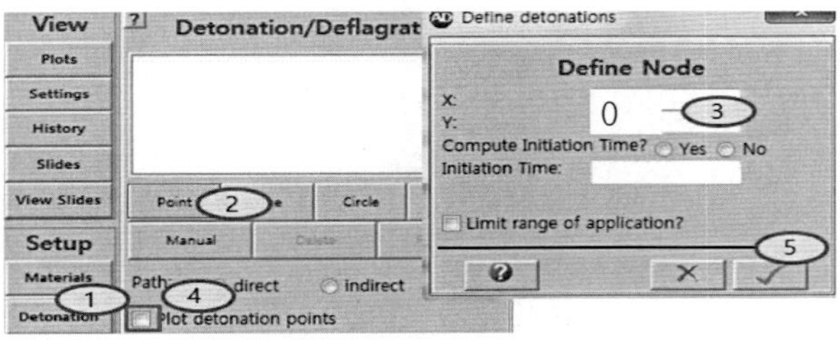

(12) Parallel-설정하지 않음

(13) 솔루션 컨트롤 설정

① 탐색 표시 줄에서 “Controls"을 선택하십시오.

② 사이클 제한에 큰 숫자를 입력하고 "50.0"ms 시간제한

(이것은 폭풍이 전파하는 데 걸리는 시간입니다. 반경 45m까지)

③ Wrapup Criteria에서

- Cycle Limit : 99999
- Time Limit : 50ms
- Energy Fraction : 0.05

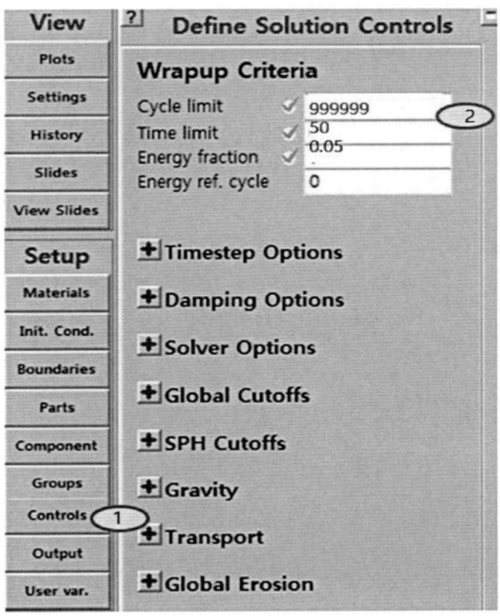

(14) 결과저장설정

① 탐색 표시 줄에서 “Output"을 선택하십시오.

② 저장 시간 설정:

ⓐ StartTime : 0.0

ⓑ End times : 10 ms,

ⓒ Increment : 1 ms

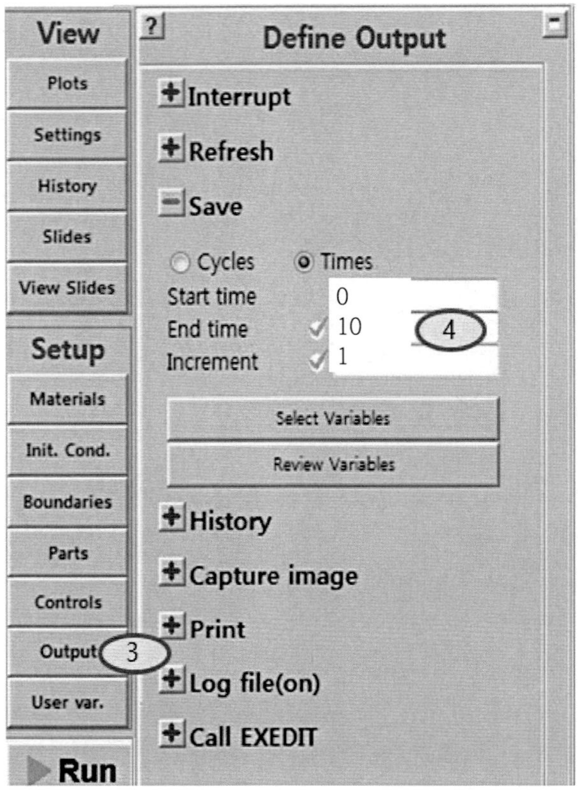

(15) user var. -설정하지 않음

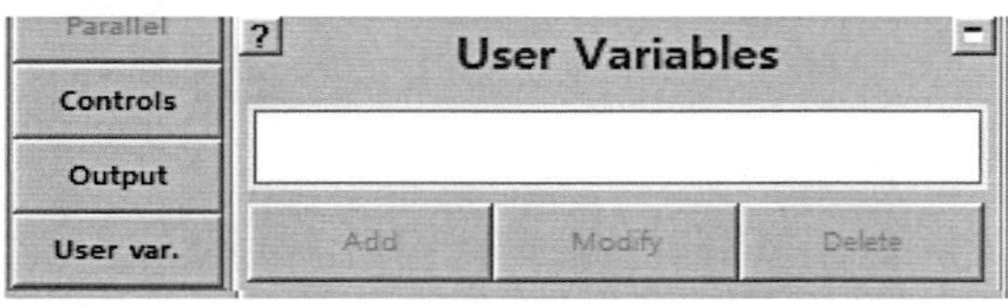

(16) 해석실행

① 데이터 저장

② 문제 해결

해결하는 동안 보기가 자동으로 업데이트됩니다.

① History를 선택합니다.

② Multi Variable Plot에서 "Select"를 선택합니다.

③ 팝업창의 Select Gauge을 선택하여Gauge를 선택합니다.

CTRL를 누루고선택하면 모두 선택할 수 있습니다.

④ Y-variabl을 선택합니다. : Pressure

⑤ 데이터를 수용합니다.

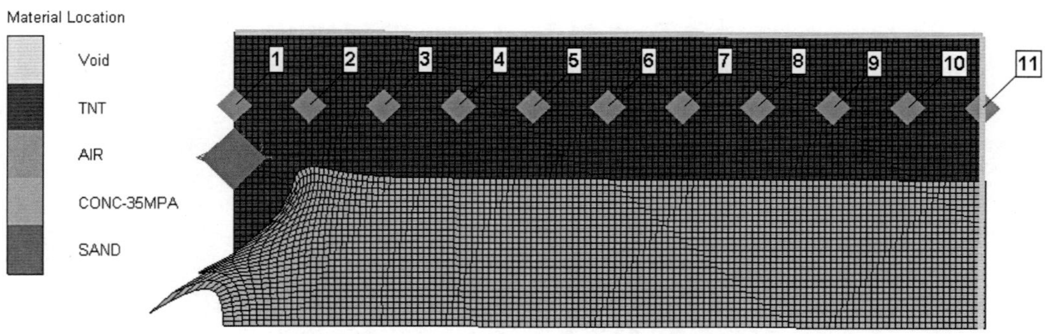

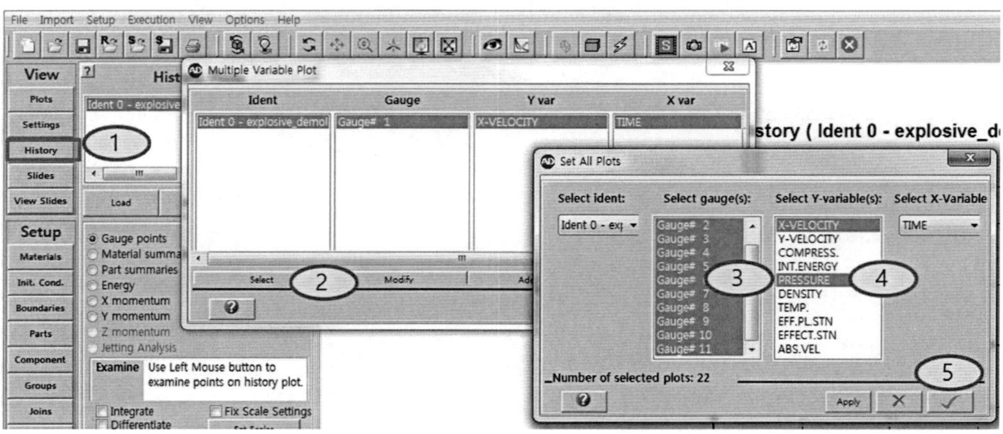

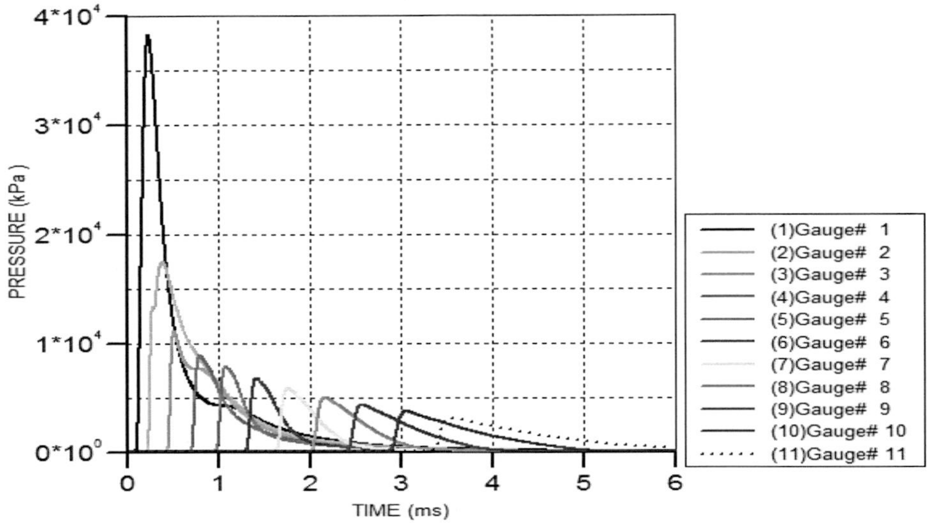
PRESSURE (kPa)
4*10^4
3*10^4
2*10^4
1*10^4
0*10^0
0
1
2
3
4
5
6
TIME (ms)
(1)Gauge# 1
(2)Gauge# 2
(3)Gauge# 3
(4)Gauge# 4
(5)Gauge# 5
(6)Gauge# 6
(7)Gauge# 7
(8)Gauge# 8
(9)Gauge# 9
(10)Gauge# 10
(11)Gauge# 11

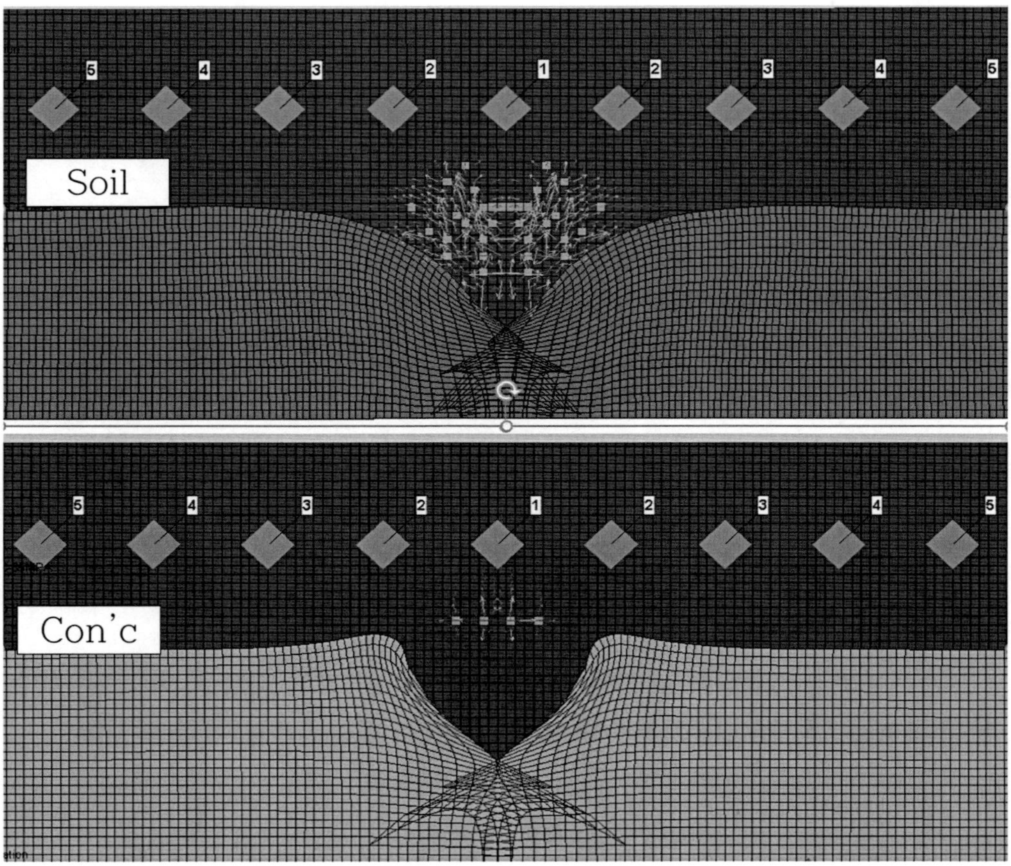
5 4 3 2 1 2 3 4 5
Soil
5 4 3 2 1 2 3 4 5
Con'c

① History에서 Multi Variable을 선택합니다.

② Multi Variable Plot에서 "Pressure"로 변경하고 확인합니다.

③ Write Text Output을 선택합니다.

④ 팝업 화면에 데이터가 나타납니다. 데이터를 선택합니다. (CTRL-C)

⑤ 엑셀 파일에 CTRL-V로 데이터를 삽입합니다.

⑥ 엑셀 데이터를 사용하여 그래프를 그립니다.

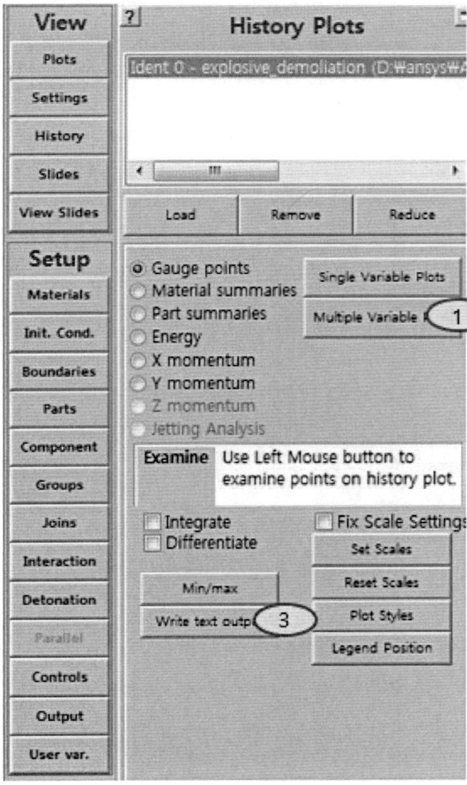

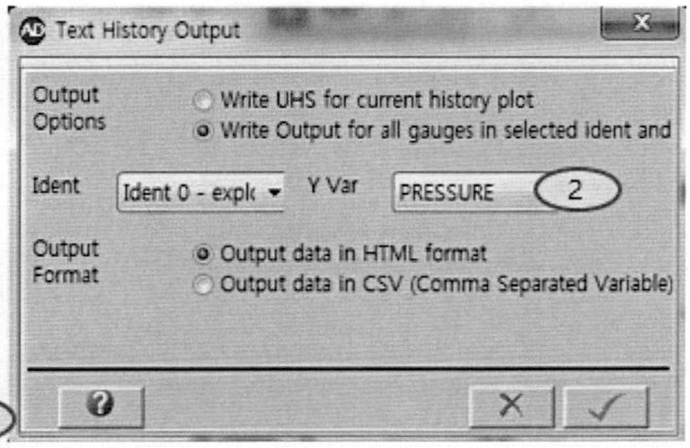

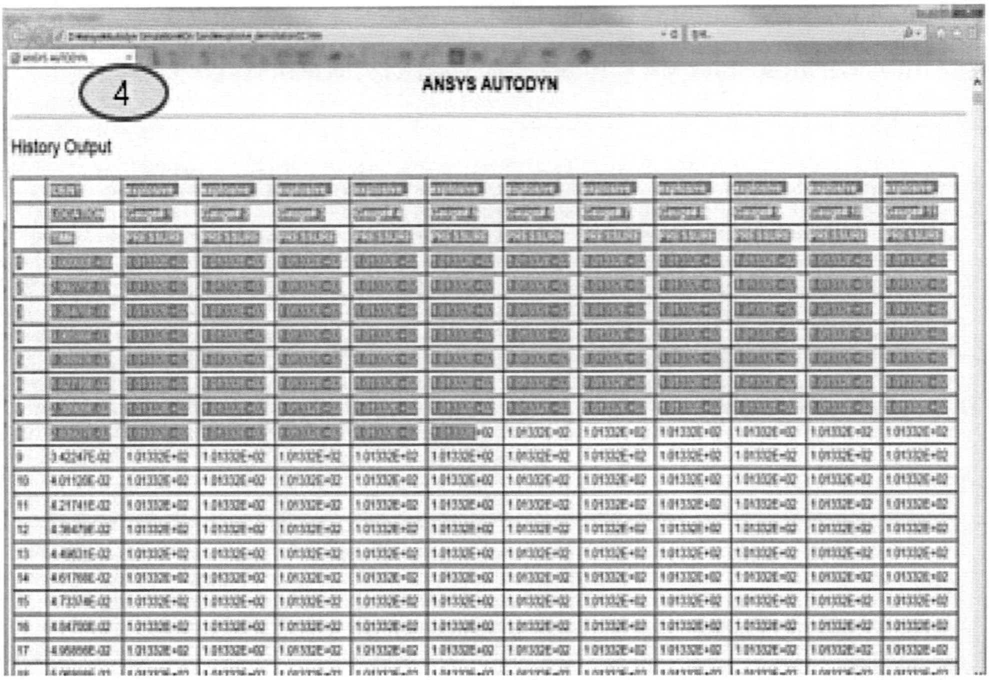

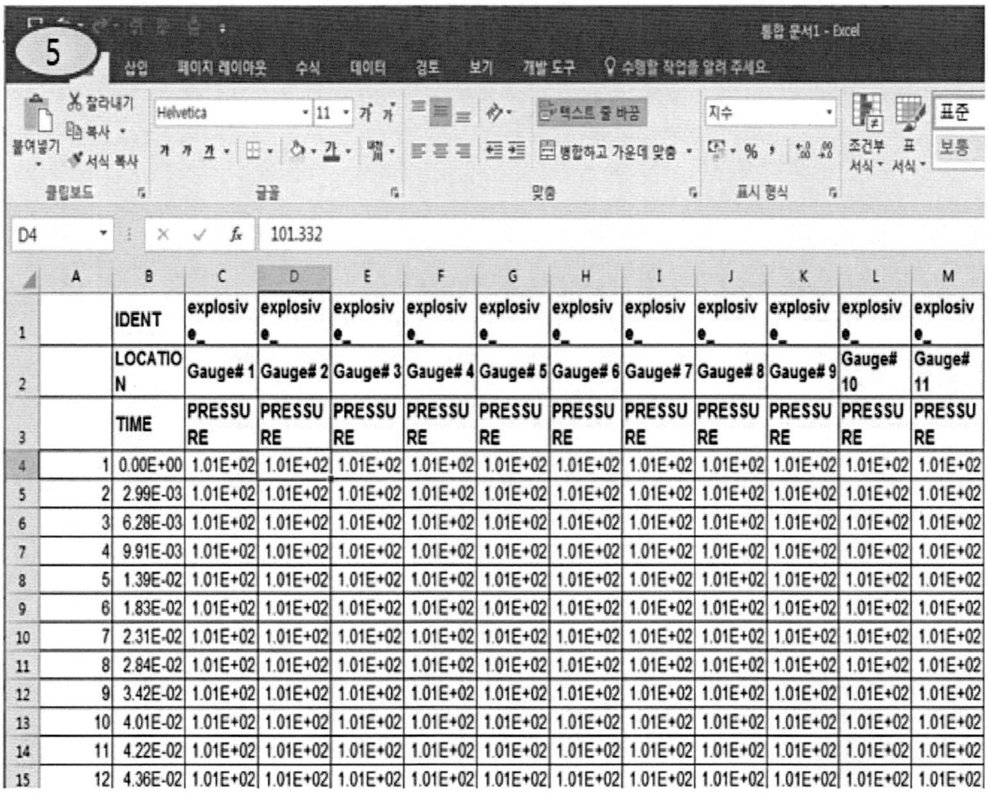

	A	B	C	D	E	F	G	H	I	J	K	L	M
1		IDENT	explosive_	explosive_	explosive_	explosive_	explosive_	explosive_	explosive_	explosive_	explosive_	explosive_	explosive_
2		LOCATION	Gauge# 1	Gauge# 2	Gauge# 3	Gauge# 4	Gauge# 5	Gauge# 6	Gauge# 7	Gauge# 8	Gauge# 9	Gauge# 10	Gauge# 11
3		TIME	PRESSURE	PRESSURE	PRESSURE	PRESSURE	PRESSURE	PRESSURE	PRESSURE	PRESSURE	PRESSURE	PRESSURE	PRESSURE
4	1	0.00E+00	1.01E+02	1.01E+02	1.01E+02	1.01E+02	1.01E+02	1.01E+02	1.01E+02	1.01E+02	1.01E+02	1.01E+02	1.01E+02
5	2	2.99E-03	1.01E+02	1.01E+02	1.01E+02	1.01E+02	1.01E+02	1.01E+02	1.01E+02	1.01E+02	1.01E+02	1.01E+02	1.01E+02
6	3	6.28E-03	1.01E+02	1.01E+02	1.01E+02	1.01E+02	1.01E+02	1.01E+02	1.01E+02	1.01E+02	1.01E+02	1.01E+02	1.01E+02
7	4	9.91E-03	1.01E+02	1.01E+02	1.01E+02	1.01E+02	1.01E+02	1.01E+02	1.01E+02	1.01E+02	1.01E+02	1.01E+02	1.01E+02
8	5	1.39E-02	1.01E+02	1.01E+02	1.01E+02	1.01E+02	1.01E+02	1.01E+02	1.01E+02	1.01E+02	1.01E+02	1.01E+02	1.01E+02
9	6	1.83E-02	1.01E+02	1.01E+02	1.01E+02	1.01E+02	1.01E+02	1.01E+02	1.01E+02	1.01E+02	1.01E+02	1.01E+02	1.01E+02
10	7	2.31E-02	1.01E+02	1.01E+02	1.01E+02	1.01E+02	1.01E+02	1.01E+02	1.01E+02	1.01E+02	1.01E+02	1.01E+02	1.01E+02
11	8	2.84E-02	1.01E+02	1.01E+02	1.01E+02	1.01E+02	1.01E+02	1.01E+02	1.01E+02	1.01E+02	1.01E+02	1.01E+02	1.01E+02
12	9	3.42E-02	1.01E+02	1.01E+02	1.01E+02	1.01E+02	1.01E+02	1.01E+02	1.01E+02	1.01E+02	1.01E+02	1.01E+02	1.01E+02
13	10	4.01E-02	1.01E+02	1.01E+02	1.01E+02	1.01E+02	1.01E+02	1.01E+02	1.01E+02	1.01E+02	1.01E+02	1.01E+02	1.01E+02
14	11	4.22E-02	1.01E+02	1.01E+02	1.01E+02	1.01E+02	1.01E+02	1.01E+02	1.01E+02	1.01E+02	1.01E+02	1.01E+02	1.01E+02
15	12	4.36E-02	1.01E+02	1.01E+02	1.01E+02	1.01E+02	1.01E+02	1.01E+02	1.01E+02	1.01E+02	1.01E+02	1.01E+02	1.01E+02

시뮬레이션 결과 그림에서 콘크리트 포장 면이면 폭발 구의 지름은 1769mm로, 깊이는 1120mm로 산정되었다. (1셀 크기: 80 mm). 폭발물의 바닥이 모래일 때 폭발 구의 지름은 4160mm로 깊이는 1120mm로 산정된다. 폭발 실증시험으로 생긴 폭발 구의 지름은 1600mm이고 깊이는 440mm로 측정되었다. 콘크리트 포장 면인 경우가 모래에서의 폭발보다 이격거리에서 반사압력이 높은 것으로 해석되었다. 그러므로 폭발 실증시험에서는 콘크리트 포장면 위에 폭발물(TNT 125kg)을 설치해야 폭발 압력의 저감이 발생하지 않는다고 할 수 있다.

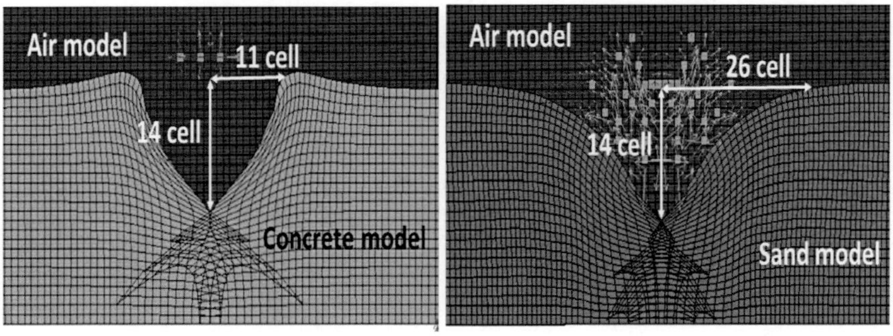

그림. 폭발물 설치 바닥 조건에 따른 폭발구 시뮬레이션

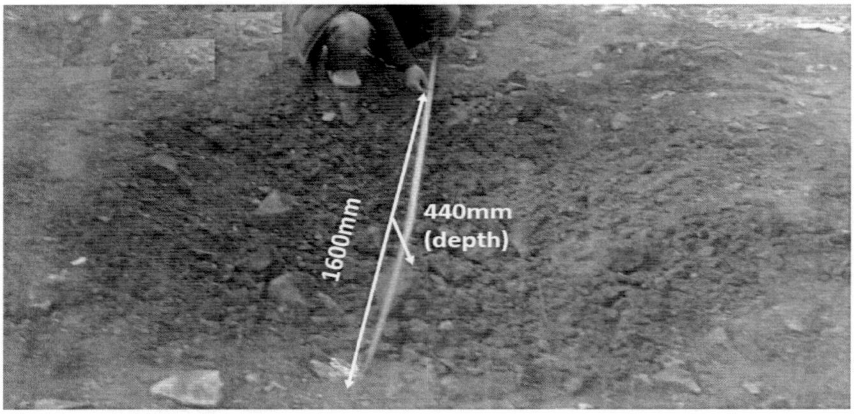

그림. 폭발구 형상

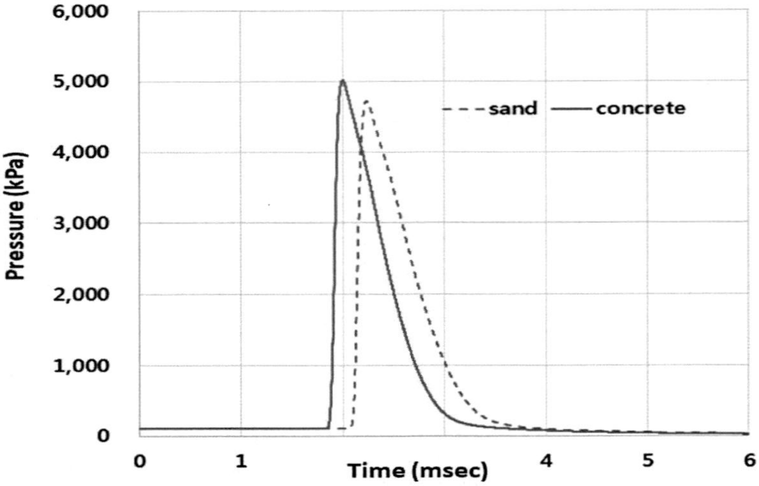

그림. 폭발물 설치 바닥 조건에 따른 반사압력 비교

3. 방폭문이 철치된 콘크리트 구조체가 반사압에 미치는 영향

1) 구조 계획

① 모듈의 목표

방폭문 폭발 실증시험에 사용하는 콘크리트구조체에 대한 요구사항은 다음과 같다. 콘크리트구조체는 측면, 상, 하, 배면이 차단된 박스형 철근 콘크리트구조체로 제작한다. 구조체의 두께는 40cm 이상, 콘크리트 강도는 28MPa 이상이어야 한다. 폭발에 의한 반사압력을 충분히 받기 위하여 방폭문 가장자리와 구조체 전면 가장자리는 방폭문 폭의 1/2 이상 크게 제작되어야 한다. 방폭문의 바닥 틀 높이는 지면에서 최소 15cm 이상이 되어야 한다. 폭발물을 중심으로 임의 떨어진 거리 5.66m에 구조체를 만들고 방폭문을 설치한다.

② 모델링 개요 (단위 : mm)

콘크리트구조체는 그림 ①의 5.6m(폭) × 3.2m((높이) x 4m(깊이)로 라그랑지 모델링을 하고, 공기는 오일러 모델링을 한다. 라그랑지 모델과 오일러 모델의 1셀 크기는 100mm로 정사면체로 구성한다. 콘크리트구조체에 발생하는 반사압력은 지표면에서 1.5m 높이에서 관측하도록 방폭문 강판의 중앙위치에 위치에 설치한다.

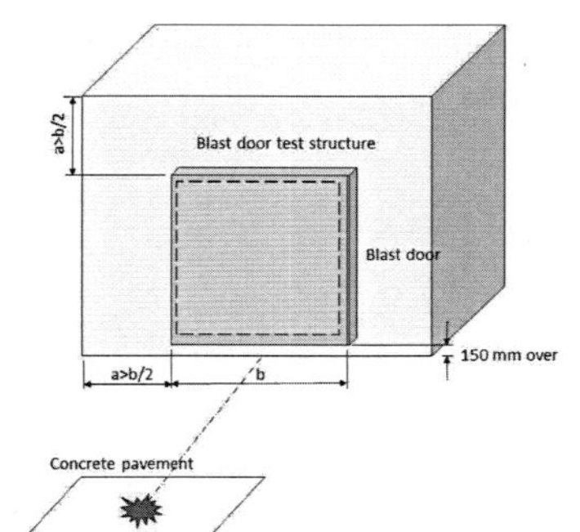

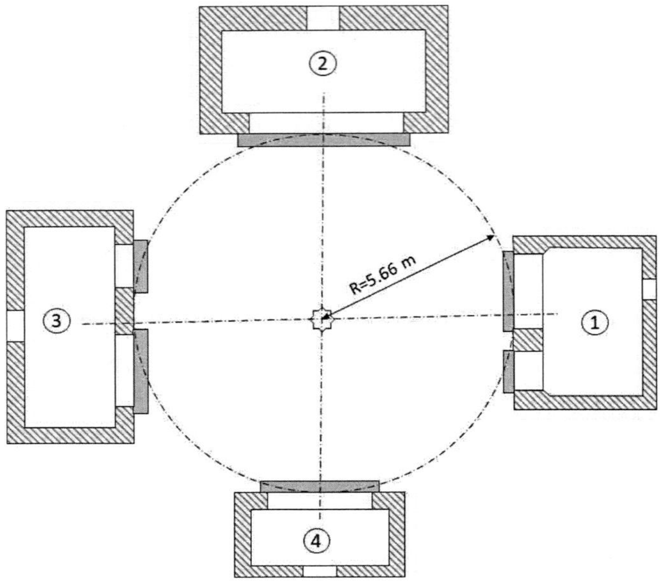

2) 구조해석

Step 1. 폭발구 모델링 (2D-Wedge TNT Model)

폭발구를 사용하지 않는다.

Step 2 구조물에 대한 모델링

1) Project Schematic 설정

① 명시적 역학 (ANSYS) 프로젝트 만들기

② 프로젝트 단위로 MKS를 선택하고 Workbench에서 Native Applications을 청하면 해당 값이 프로젝트 단위로 표시됩니다.

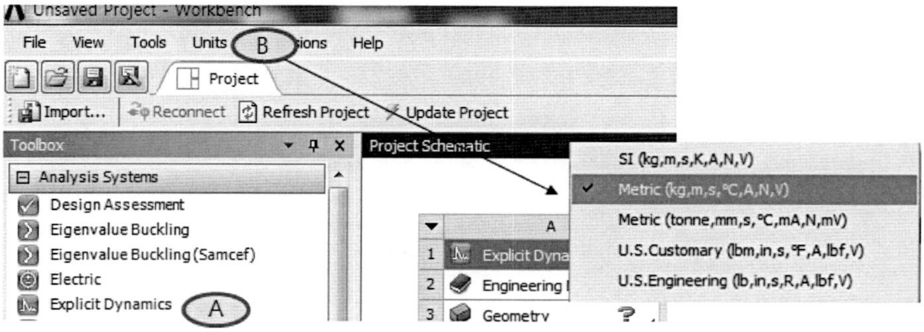

③ Engineering Data Sources에 Concrete 추가한다.

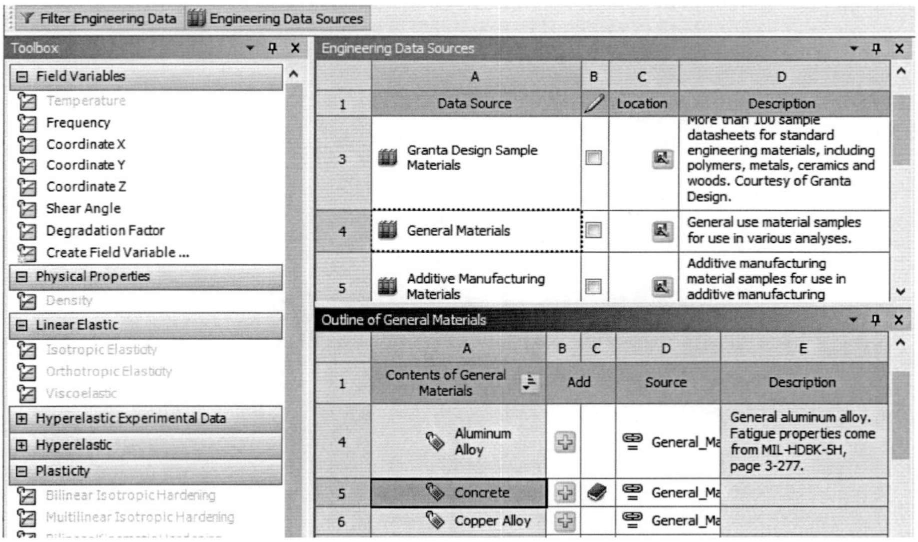

④ Workbench Schematic 현황.

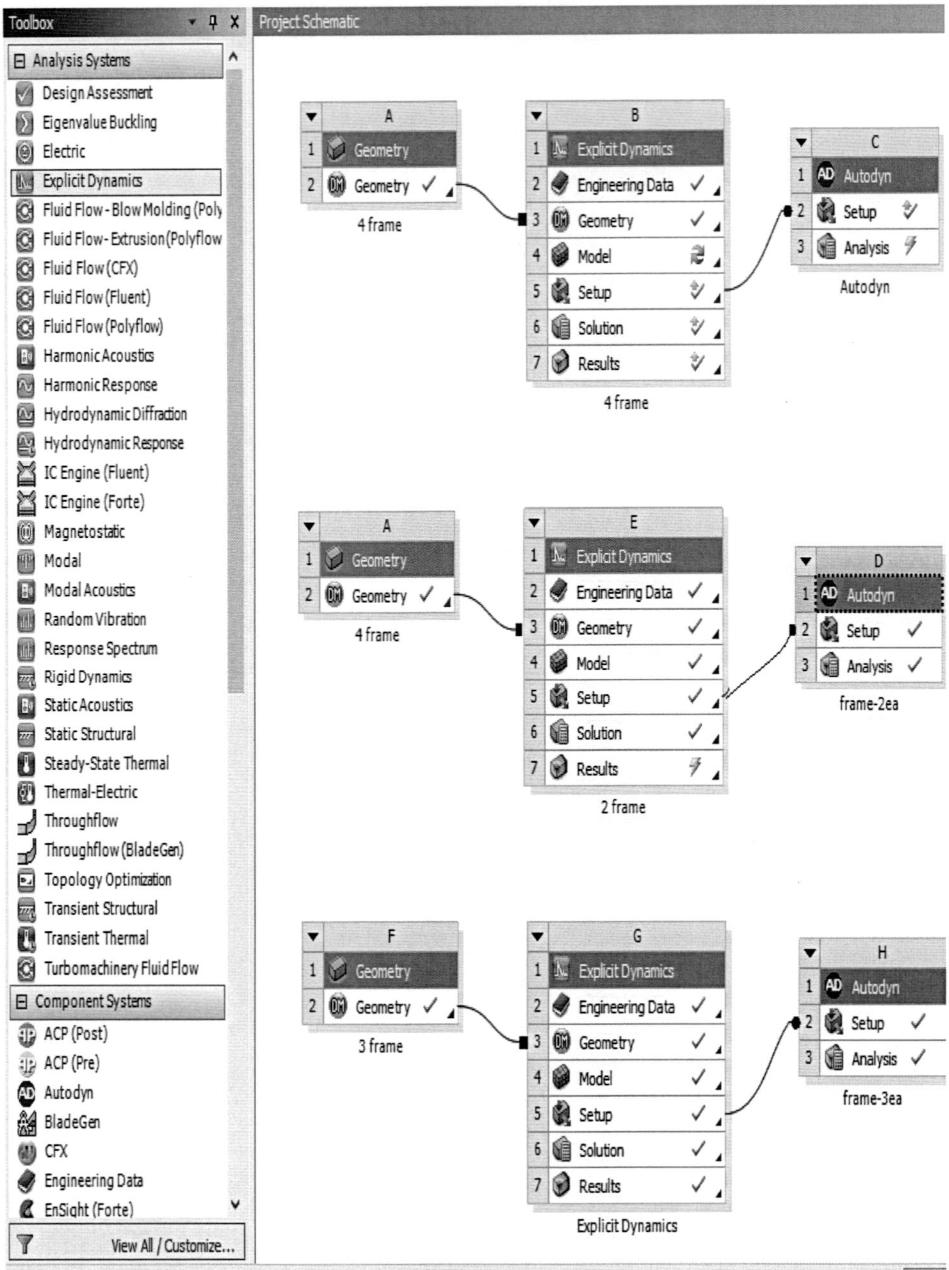

2) 형상 불러오기 - 하기 모델을 하나씩 구조해석을 수행한다.

① 4 concrete frame

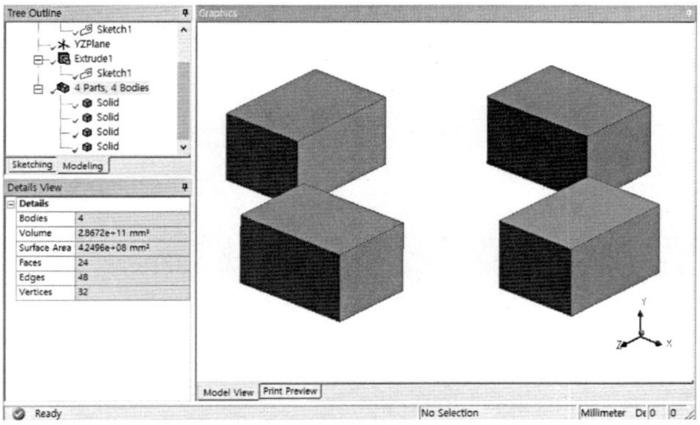

② 3 concrete frame

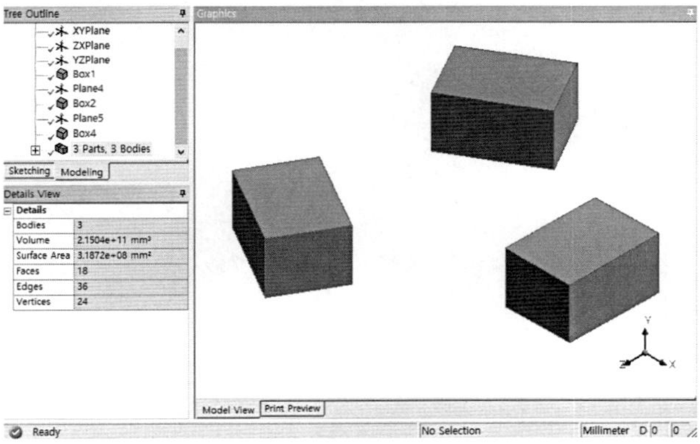

③ 2 concrete frame

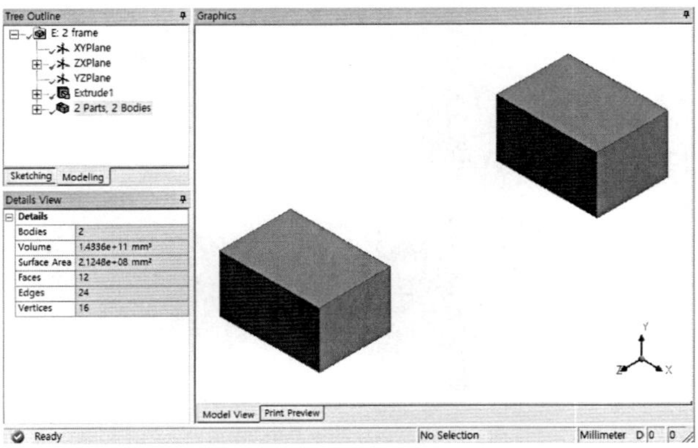

3) Workbench Mechanical에서 모델 편집

① 워크 벤치에서 모델을 선택하여 편집모드로 진입한다.

② Explicit Dynamic-mechanical에서 단위계를 설정한다. -> MKS 단위계 선택

4) Door를 강체로 만듭니다.

① Geometry에서 Frame1를 선택한다.

② Frame1의 재질을 Concrete로 변경한다.

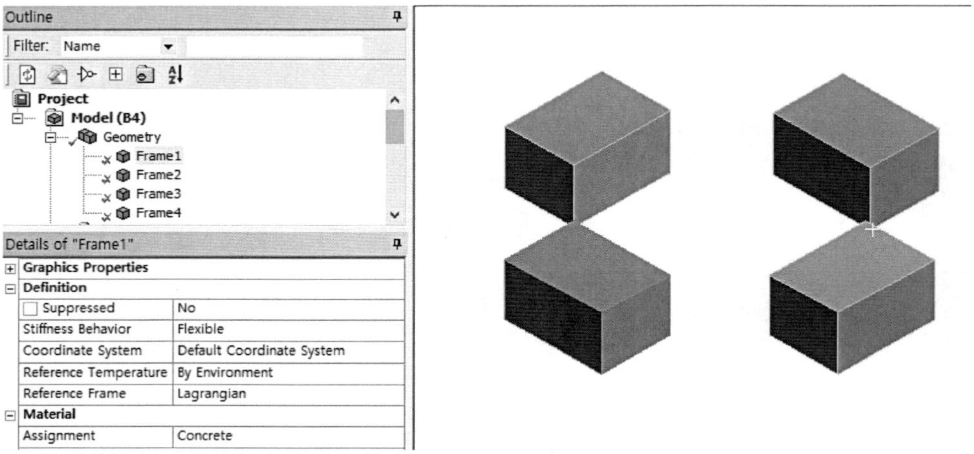

5) 기본 메쉬 생성

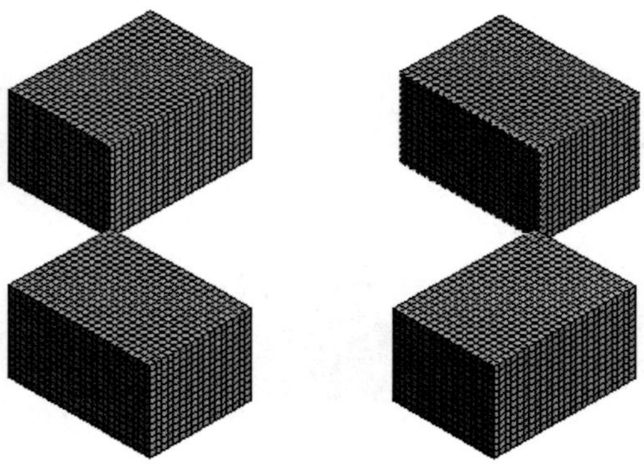

① 기본 메쉬 생성

(기본 메쉬 생성하며 요소 크기는 중요하지 않다)

6) 표준 지구 중력 적용

① 표준 지구 중력 삽입 (중력의 방향을 고려한다)

이것은 솔루션에 큰 영향을 미치지 않지만 AUTODYN은 적어도 강제 또는 초기 조건이 적용되지 않는 한 Explicit Dynamic에 연결할 수 없다.

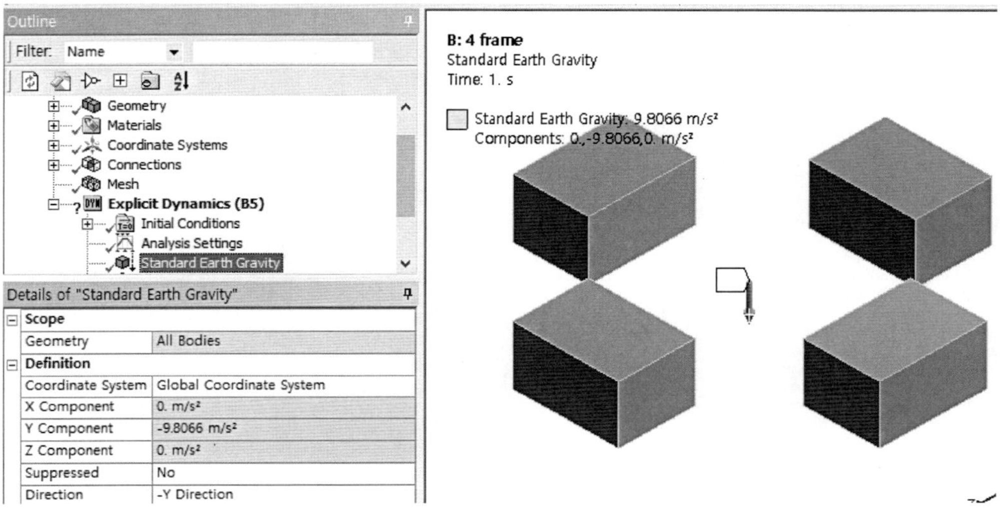

7) Frame의 바닥면을 Fixed support로 고정한다.

이것은 AUTODYN에서 초기 조건으로 Fixed Support를 설정하기 위함이다.

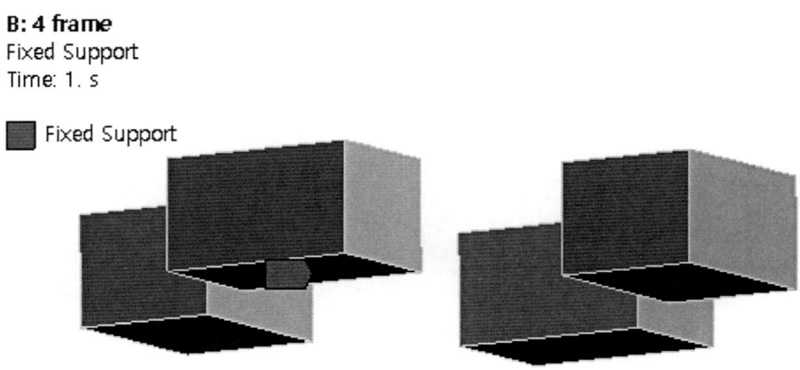

8) Explicit Dynamics를 수행

해석 결과가 Error로 발생한다.

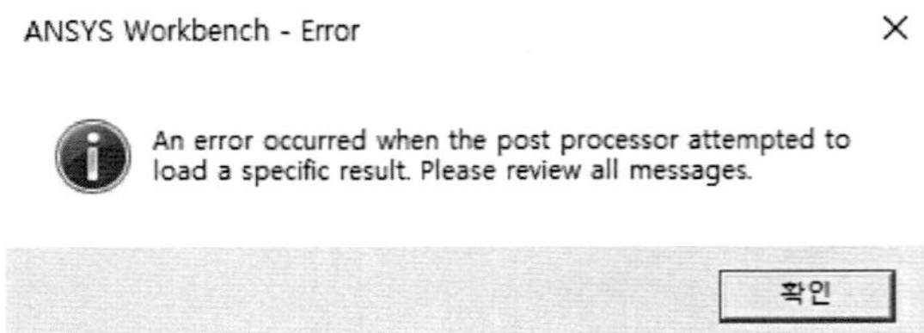

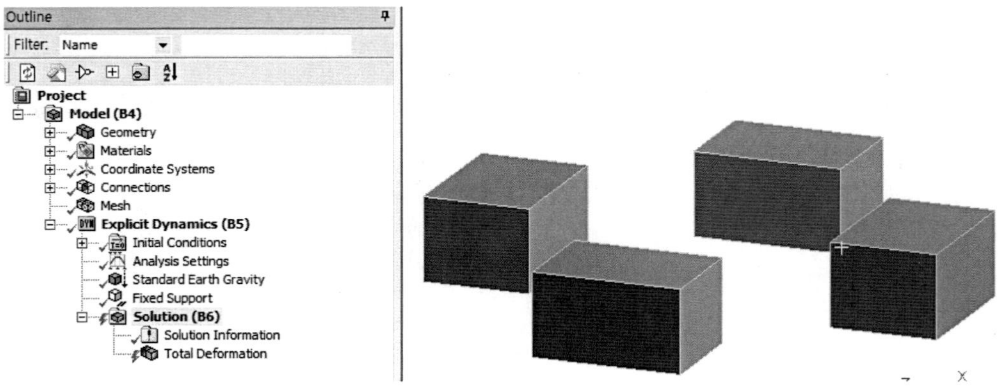

Error와 관계없이 Autodyn을 연결하여 수행한다.

Step 3 구조물에 대한 폭발해석

(1) 방폭문 폭발해석(3D)을 위한 새로운 프로젝트 시작

① Workbench에서 Autodyn 불러오고 Setup을 서로 연결한다.

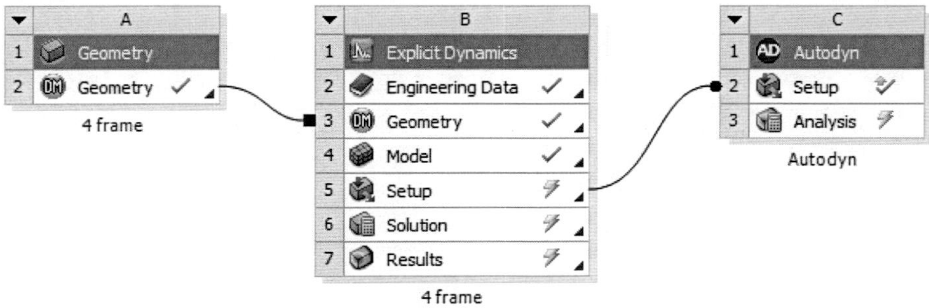

(2) Autodyn을 더블클릭하여 Autodyn을 활성화한다.

(3) Material > 재료 검색

(3.1) 라이브러리에서 재료 데이터 검색

① 메뉴에서 "Material"를 클릭하고 "Load"로 재료 데이터를 불러온다

② 라이브러리에서 다음 자료를 선택 하십시오. : 공기, TNT

③ 데이터를 선택 확인한다.

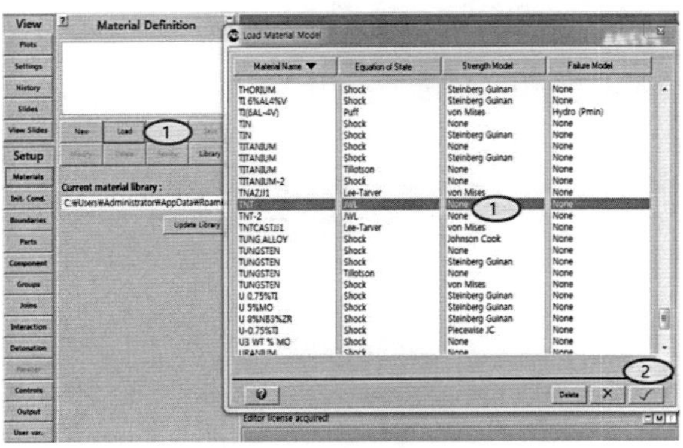

④ 결과로 그래픽 화면(view panel)에서 "Scale"에 AIR TNT가 추가된 것을 확인할 수 있고 Material Definition에도 AIR TNT가 추가된 것을 볼 수

있다.

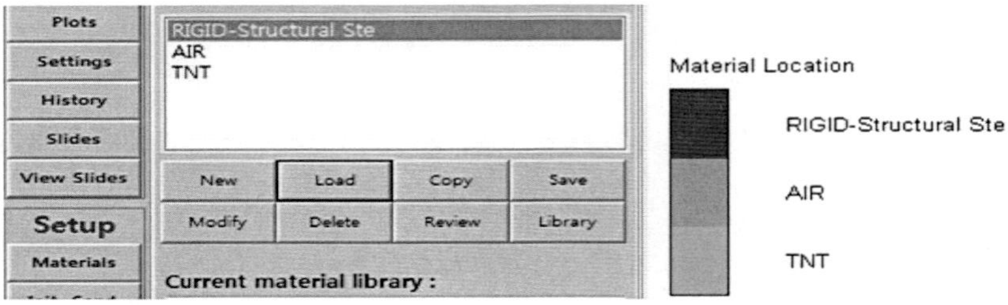

(4) 초기 조건을 설정한다.

① 네비게이션 바에서 “Init. Cond"를 선택하십시오.

② 대화 상자에서 "New"를 선택하십시오

③ Initial Condition Set Name을 기록한다 : **StillAir**

④ Include Material를 선택하고 Material를 선택 : AIR

Internal Energy를 입력한다 : 206800

⑤ 데이터를 수용한다.

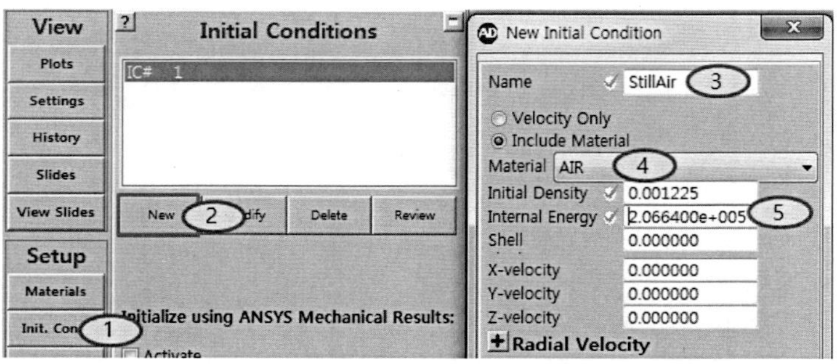

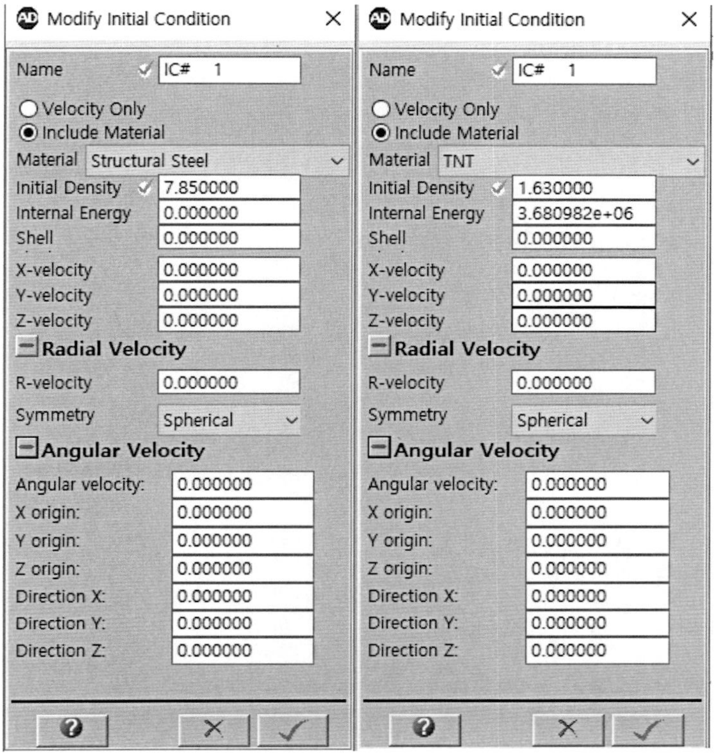

(5) 경계조건을 정의한다.

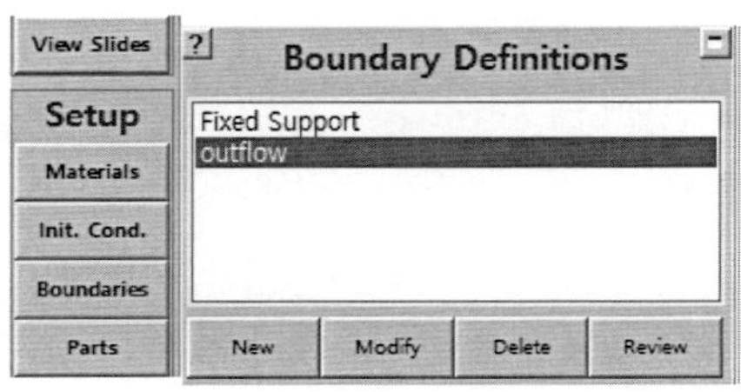

① Boundary를 선택한다.

② 대화 상자에서 New를 선택한다

③ Boundary Name을 기록한다 : Outflow

④ Type을 정한다 : Flow_out

sub option을 정한다

: Flow_out(Euler)

⑤ Preferred Material을 설정한다.

: ALL_EQUAL

⑥ 데이터를 수용한다.

⑦ 결과 화면으로 다음과 같이 나타난다.

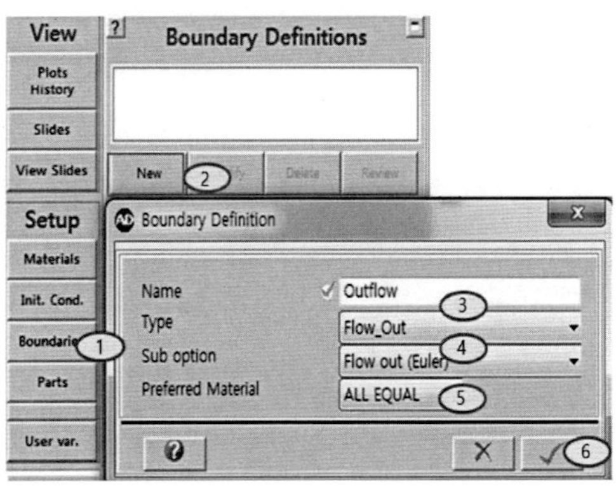

(6.1) 폭발을 위해서 Euler Part를 생성한다.

① Parts를 선택한다.

② 대화 상자에서 "New"를 선택

③ 팝업창의 Part Name을 입력한다. : space

④ Solver를 선택한다 : **Euler 3D Muti-material**

⑤ Definition을 설정하다. : Part Wized

⑥ 다음 단계로 이동

⑦ Predef를 선정한다. : Box

⑧ Geometry를 정의한다.

⑨ 다음 단계로 이동한다.

⑩ Cell의 크기를 입력한다. : I=61, J=19, K=61

⑪ 다음 단계로 이동한다.

⑫ Fill Part에서 Fill with Initial Condition Set을 선택한다

⑬ Material을 선택한다. : AIR

⑭ Internal Energy를 입력한다. : 206800

⑮ 데이터를 수용한다.

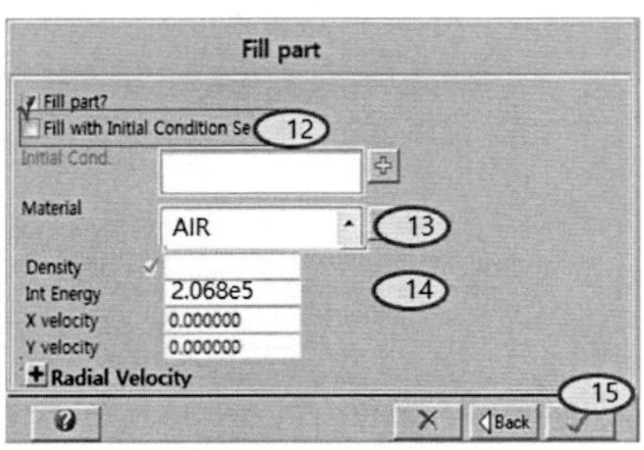

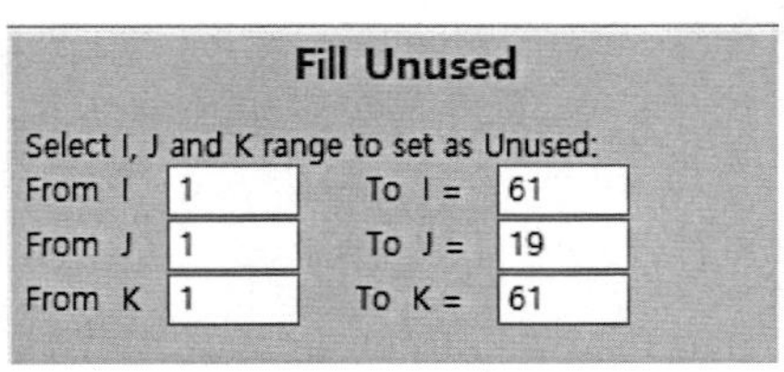

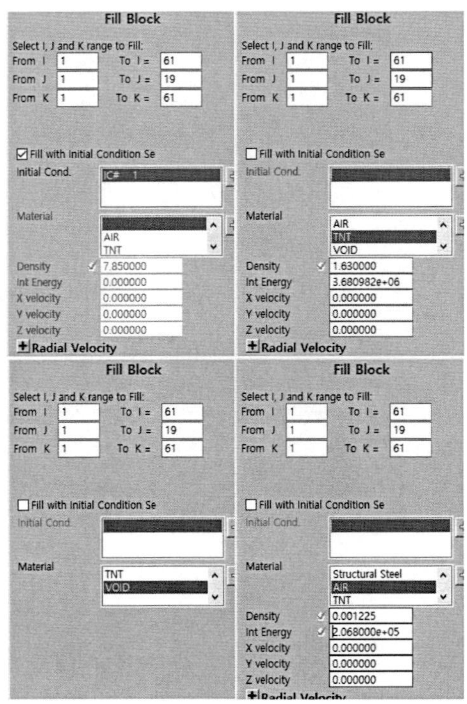

(6.3) 구형 폭발 결과를 3D로 다시 맵핑

① 탐색 표시줄에서 "부품"을 선택하십시오.

② 데이터 파일 선택 (채우기)

③ 데이터 파일 읽기 선택

④ 파일을 선택한다 :

Door_spherical_blast.fil"파일을 찾아 선택하십시오

⑤ 재 맵핑 원점을 입력한다 : (0, 0, 7000)

⑥ 재배치할 재료를 선택한다 : Air, TNT

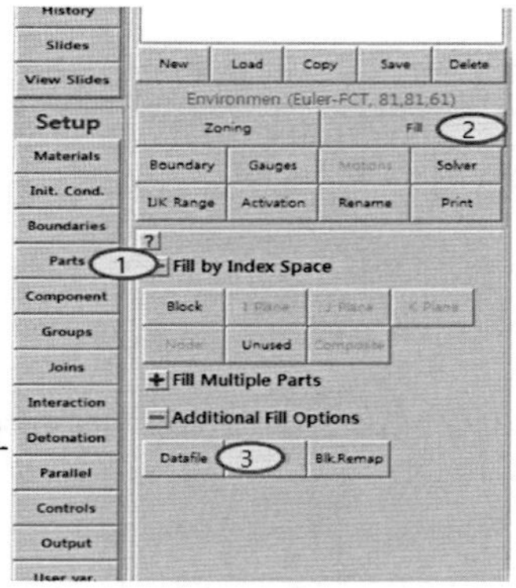

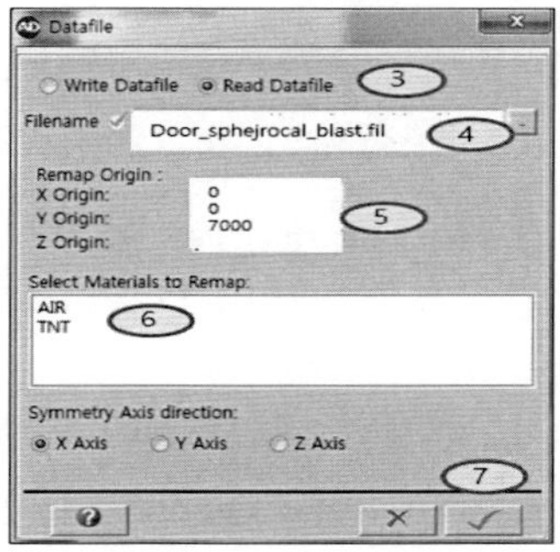

⑦ 데이터를 수락합니다.

(모든 경고 메시지에 예라고 답함).

(6.4) 경계조건을 적용한다

① 탐색 표시 줄에서 "부품"을 선택하십시오.

② 경계(Boundary) 선택

③ 차단(Block) 선택

④ 기본값을 사용하여 전체 메쉬에

유출 경계를 적용합니다.

⑤ 선택 "지우기"

⑥ I, J, K 을 설정한다.

⑦ 데이터 승인

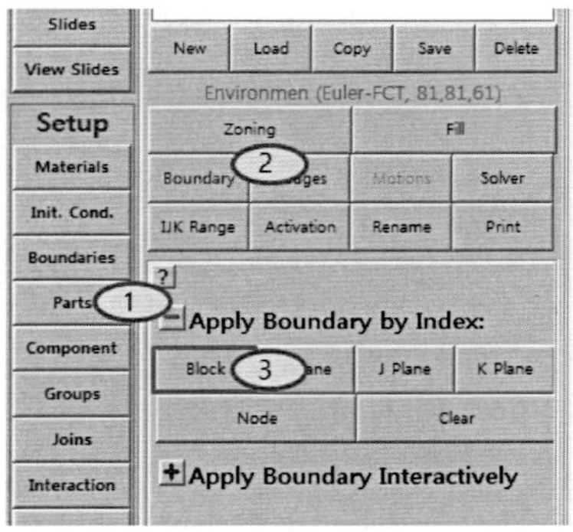

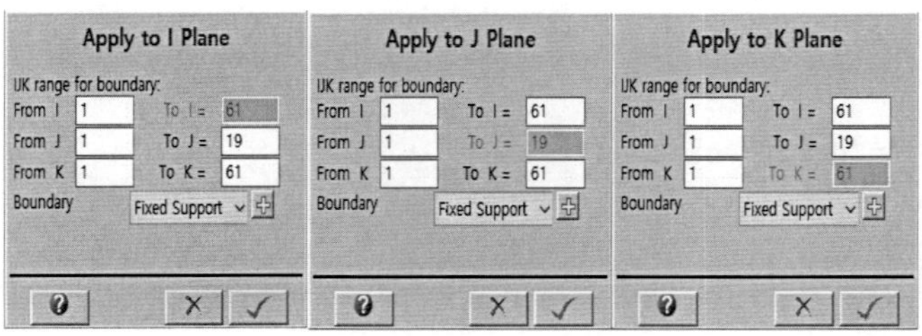

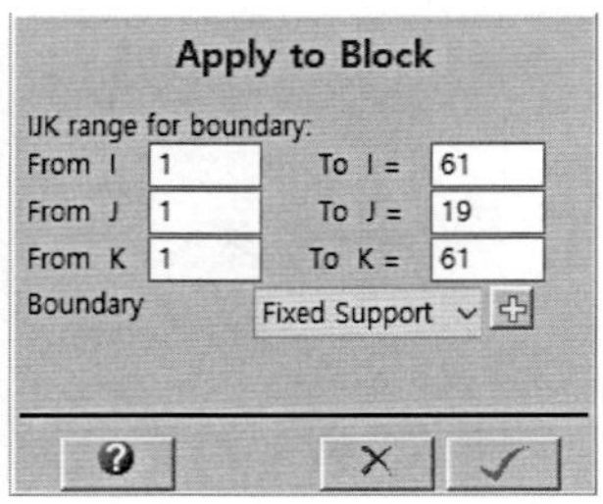

(6.5) Gauge points

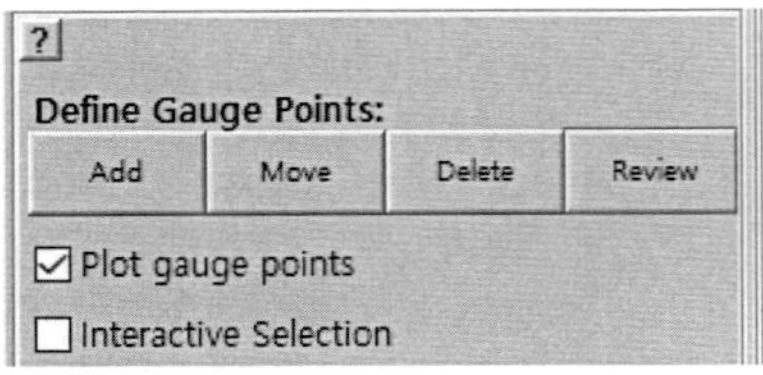

Gauge Point Summary

Number	Type	Part	I	J	K	X-Coordinate	Y-Coordinate	Z-Coordinate
1	Fixed	blast	60	7	34	5.66E+03	1.00E+03	0.00E+00

(7) Interaction :

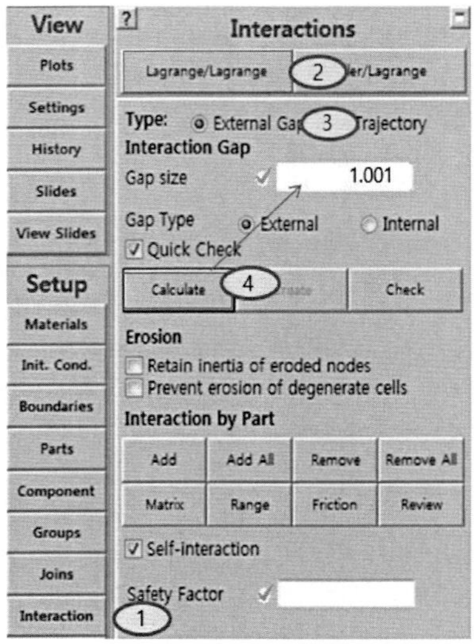

① Interaction을 클릭한다

② Lagrange-Lagrange

③ Type을 설정한다. : External Gap

④ Calculate를 클릭한다.

AUTODYN은 계산을 해서

Gap Size를 제공한다 : 1.001

⑤ 나머지는 Default를 수용

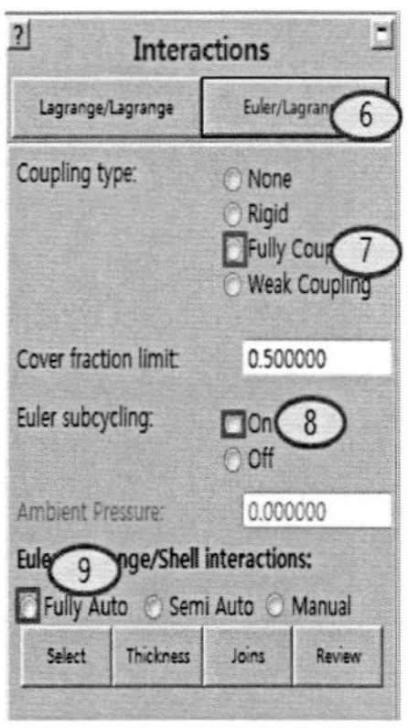

⑥ Euler-Lagrange를 클릭한다.

⑦ Type을 설정한다.

: Fully Coupled

⑧ Euler sub cycling

: On

⑨ Euler-Lagrange/shell interactions

: Fully Auto

(8) Component - 설정하지 않음

(9) Group - 설정하지 않음

(10) Joints - 설정하지 않음

(11) TNT에 대한 폭발 지점 정의

① 탐색 표시 줄에서 "Detonation"을 설정하지 않음

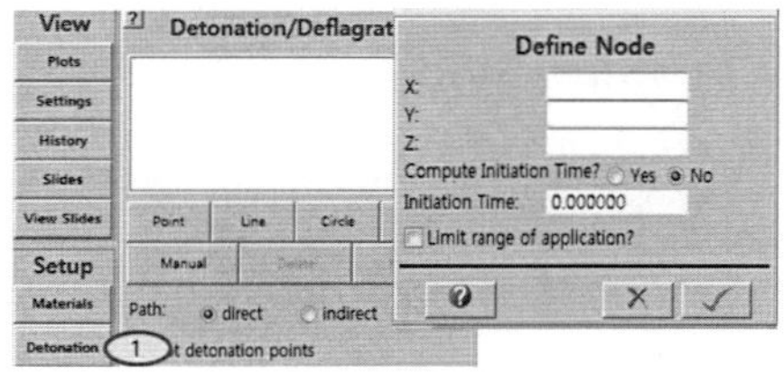

Detonation Point Summary

Detonation - 3D Point

X Coordinate	0.00E+00
Y Coordinate	2.62E+02
Z Coordinate	0.00E+00
Initiation time	0.00E+00
Range of Influence	Unrestricted

(12) Parallel-설정하지 않음

(13) 솔루션 컨트롤 설정

① 탐색 표시 줄에서 “Controls"을 선택하십시오.

② 사이클 제한에 큰 숫자를 입력하고 "50.0"ms 시간 제한

(이것은 폭풍이 전파하는 데 걸리는 시간입니다. 반경 45m까지)

③ Wrapup Criteria에서

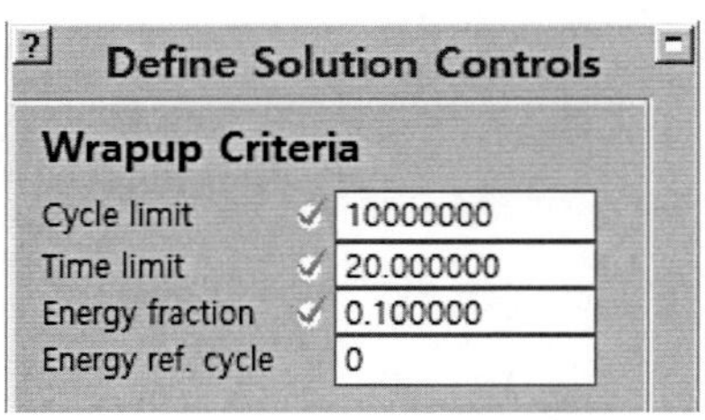

(14) 결과저장설정

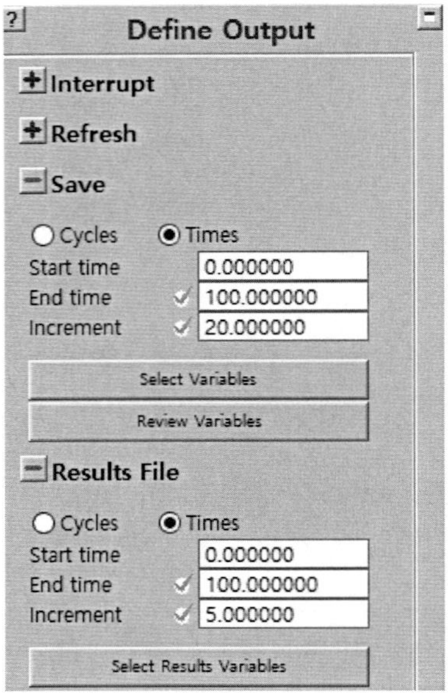

① 탐색 표시 줄에서 “Output"을 선택하십시오.

② 저장 시간 설정:

ⓐ Start Time : 0.0

ⓑ End times : 100.

ⓒ Increment : 5 ms

(15) user var. -설정하지 않음

(16.1) 해석실행

① 탐색 표시 줄에서 “Parts"을 선택하십시오.

② “Gauges“를 선택하시오.

③ ADD를 선택한다

④ “XYZ-Space”를 선택한다.

⑤ Gauges의 좌표값을 입력한다.

⑥ 데이터를 수용한다.

콘크리트구조체 1개 (a)와 2개 (b)의 해석 결과에서 반사압력의 차이가 거의 없다고 할 수 있다. 콘크리트구조체 3개 (c)를 사용한 폭발해석에서는 반사압력이 콘크리트구조체 2개의 실험결과 비교하여 반사압력이 2배 증가했으며, 콘크리트구조체 4개 (d)에서는 3배의 반사압력이 증가하였다. 콘크리트구조체가 3개인 경우, 콘크리트구조체에서는 반사압력이 맴돌이 현상같이 일어나는 것을 관찰할 수 있다(c). 따라서 콘크리트구조체의 수량은 반사압에 깊은 상관관계가 있으므로 실증 시험할 때 콘크리트구조체에 발생하는 반사압을 시뮬레이션하여 폭발물의 중량을 선정해야 한다.

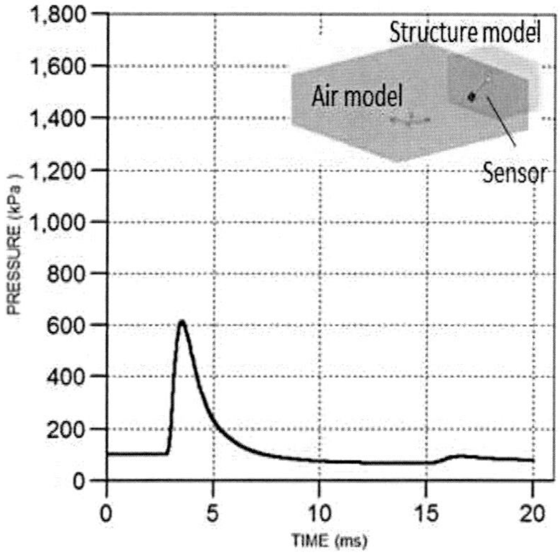

(a) 1개 콘크리트구조체.

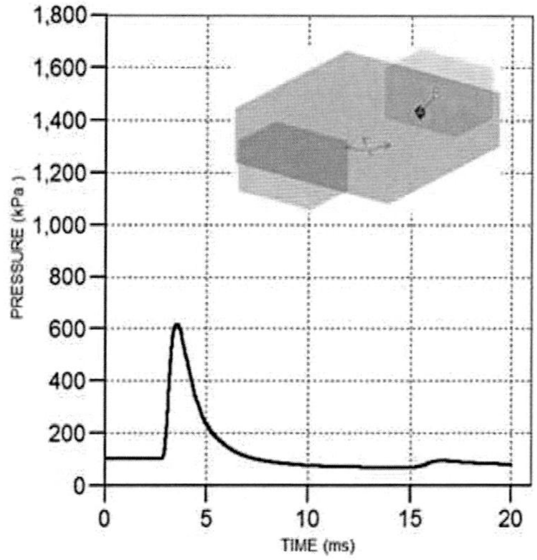

(b) 2개 콘크리트구조체.

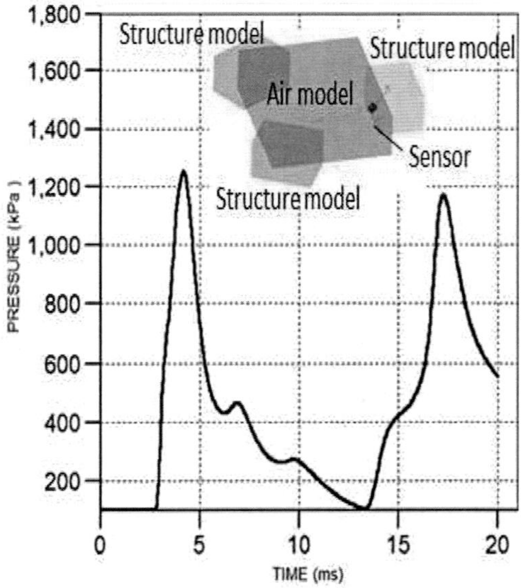

(c) 3개 콘크리트구조체.

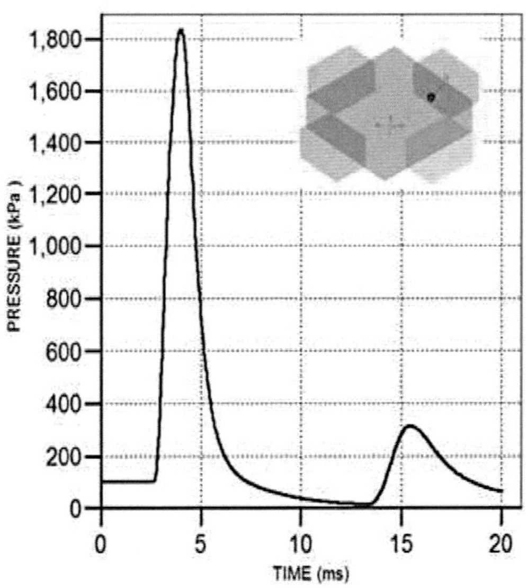

(d) 4개 콘크리트구조체.

그림. 콘크리트 구조체 개수에 따른 반사압의 크기 추이